Pearson

U0335842

21天学通
Java（第8版）

[美] 罗格斯·卡登海德（Rogers Cadenhead） 著

袁国忠 译

人民邮电出版社

北　京

图书在版编目（CIP）数据

21天学通Java：第8版／（美）罗格斯·卡登海德
(Rogers Cadenhead) 著；袁国忠译. -- 北京：人民邮
电出版社，2022.2（2022.12重印）
ISBN 978-7-115-57920-1

Ⅰ．①2… Ⅱ．①罗… ②袁… Ⅲ．①JAVA语言—程序
设计 Ⅳ．①TP312

中国版本图书馆CIP数据核字(2021)第234281号

版权声明

◆ 著　　　　[美] 罗格斯·卡登海德（Rogers Cadenhead）
　　译　　　　袁国忠
　　责任编辑　傅道坤
　　责任印制　王　郁　焦志炜
◆ 人民邮电出版社出版发行　　北京市丰台区成寿寺路 11 号
　　邮编　100164　　电子邮件　315@ptpress.com.cn
　　网址　https://www.ptpress.com.cn
　　北京九州迅驰传媒文化有限公司印刷
◆ 开本：787×1092　1/16
　　印张：26　　　　　　　　　2022 年 2 月第 1 版
　　字数：762 千字　　　　　　2022 年 12 月北京第 2 次印刷
　　著作权合同登记号　图字：01-2018-7740 号

定价：99.90 元
读者服务热线：(010)81055410　印装质量热线：(010)81055316
反盗版热线：(010)81055315
广告经营许可证：京东市监广登字 20170147 号

内容提要

　　本书循序渐进地介绍了 Java 编程语言知识，并提供了丰富的实例和练习，同时全面涵盖了 Java 12 这一新标准以及与 Android 开发相关的 Java 编程知识。

　　本书包括 3 周的课程，第 1 周介绍 Java 语言的基本知识，包括数据类型、变量、表达式、对象、数组、条件语句、循环、类、包、接口、异常、线程等；第 2 周介绍 Java 类库，包括链表、栈、哈希映射和位组等数据结构以及 Swing 组件、布局管理器和 Java Web Start 等；第 3 周介绍 Java 编程的高级主题，包括内部类、输入和输出、闭包、通过 Internet 进行通信、使用数据库、XML、Web 服务、Android 编程示例等内容。

　　本书可作为初学者学习 Java 编程技术的教程，也可供已掌握其他语言的程序员学习 Java 时参考。

作者简介

罗格斯·卡登海德（Rogers Cadenhead）是一位经验丰富的软件开发人员，出版了 30 多部编程和 Web 发布方面的著作。当前在云平台 ServiceNow 上使用 Java 和 JavaScript 开发应用程序，还维护着本书配套网站 www.java21days.com。

献辞

献给儿子马克斯、伊莱和山姆，祝贺你们走出家门，在佛罗里达州两所优秀的大学找到了自己的位置。经历过奥斯汀州立大学、里奇兰德学院、得克萨斯大学阿灵顿分校和北得克萨斯州大学的求学之旅后，我深知大学的求学经历将让你们受益终身。看到你们在学术上青出于蓝而胜于蓝，我感到非常自豪！

致谢

像本书这样涉及范围广泛的图书能够得以出版，有赖于很多人的辛勤劳动与奉献，这些人大多是 Pearson 出版社的工作人员，他们是鲍里斯·明金（Boris Minkin）、曼迪·弗兰克（Mandie Frank）、凯蒂·威尔逊（Kitty Wilson）、格雷格·杜恩奇（Greg Doench）和马克·泰伯（Mark Taber），非常感谢他们。最重要的是，要感谢我的妻子玛丽，以及我的儿子马克斯、伊莱和山姆。

还要感谢那些指出本书以前版本的内容和排版错误，以及提出改进意见的读者。

前　言

有些事物出其不意地吸引了全世界的注意力。Slack、Linux、Popeyes 的鸡肉三明治和电视节目《蒙面歌王》的异军突起颠覆了传统思维模式。

而 Java 语言的巨大成功却在人们的意料之中。自从 Java 语言面世以来，人们就对它充满殷切的期望。当 Java 融入 Web 浏览器时，公众以无比的热情欢迎这门新语言的到来。

Sun 公司联合创始人比尔·乔伊（Bill Joy）在介绍这种新语言时，毫不掩饰其孤注一掷的心态："15年来，我们一直力图开发出一种更佳的编程语言和环境，用于创建更简单、更可靠的软件，Java 就是这种努力的最终结晶。"

Sun 于 1991 年开发出了 Java，并于 4 年后向公众发布；2010 年，Sun 被 Oracle 收购。从 Java 面世起，Oracle 就一直大力支持，它将继续支持这门语言，并提供新版本。而现在还有开源实现。

Java 始终没有辜负媒体在其面世早期的大力宣传。Java 的诞生和应用让程序员们能够以更高的效率完成软件开发。

最初，Java 是作为 Web 浏览器中运行的程序来提升网站吸引力的技术；今天，一些大型网站仍使用它来驱动关系数据库支持的动态云应用程序；Java 还被用于编写深受欢迎的 Android 手机和平板电脑应用，如 Subway Surfers 和 Instagram。

Java 的每个新版本都增强了其作为通用编程语言的功能，拓展了其应用领域。当前，Java 的应用领域涉及桌面应用程序、Internet 服务器、移动设备，以及众多其他的领域。

现在，Java 语言的第 13 个主要版本（Java 12）完全能够同诸如 C++、Python 和 JavaScript 等通用开发语言媲美。

您可能熟悉诸如 Eclipse、NetBeans 和 IntelliJ IDEA 等 Java 编程工具。它们可用于开发 Java 程序，同时您也可以使用 Oracle JDK 和开源的 OpenJDK。这两个开发包都是用于编写、编译和测试 Java 程序的命令行工具，都可从网上免费下载，但许可条款不同。另一个免费工具是 Apache 提供的 NetBeans，这是一个用于创建 Java 程序的集成开发环境，可从 NetBeans 官网下载。

本书全面介绍如何使用 Java 最新版（编写本书时）和 Java 标准版中最佳的技术来开发 Java 软件，Java 标准版是使用相当广泛的 Java 版本。本书中的程序都是使用 Apache NetBeans 创建的，并经过了详细测试，让您能够快速应用在每章学到的技能。

阅读本书后，您将知道 Java 语言为何能成为地球上使用广泛的编程语言。

组织结构

本书介绍 Java 语言和如何使用它创建可运行在任何计算环境中的应用程序。阅读本书后，读者将对 Java 语言和 Java 类库有深入的了解，并能够开发用于完成诸如 Web 服务、数据库连接、XML 处理和网络编程等任务的程序。

您将通过实践来学习，在每章中，您都将创建多个程序，这些程序演示了所介绍的主题。本书所有的程序源代码都可在配套网站 www.java21days.com 中下载。该网站还提供了补充材料，如对读者问题的回答。

本书包括 3 周的课程，分为 21 章，对 Java 语言及其类库进行介绍。每一周的课程都阐述了开发 Java 程序的一个重要方面。此外，本书还带有 5 个附录，读者可从异步社区的对应页面中下载。

第 1 周介绍 Java 语言本身。

- 第 1 章介绍基本知识：Java 是什么、为何要学习它，以及如何使用面向对象编程技术来创建 Java 程序。您还将创建自己的第一个 Java 应用程序。
- 第 2 章详细介绍基本的 Java 元素：表达式、基本数据类型和变量。
- 第 3 章详细阐述如何在 Java 中处理对象：如何创建对象、如何访问其变量和调用其方法，以及如何比较对象。
- 第 4 章更深入地介绍 Java，包括数组、条件语句和循环等。
- 第 5 章详细地探讨如何创建类——类是所有 Java 程序的基石。
- 第 6 章深入介绍包和接口，它们对于将类分组和组织类层次结构很有帮助。
- 第 7 章介绍 Java 功能中的异常、线程。异常可用于处理错误，线程用于同时运行程序的各个组成部分。

第 2 周介绍 Oracle 提供的最有用的类，您可以在 Java 程序中使用它们。

- 第 8 章介绍可替代字符串和数组的数据结构：链表、栈、哈希映射和位组。还介绍了一种特殊的 for 循环，它使这些数据结构的使用更容易。
- 第 9 章介绍如何使用 Swing 来创建图形用户界面。Swing 包含大量的类，用于表示界面、图形和用户交互。
- 第 10 章介绍可用于 Java 程序中的常用界面组件，包括按钮、文本框、滑块、滚动窗格和图标。
- 第 11 章阐述如何使用布局管理器来美化用户界面。布局管理器是一组决定组件在界面上如何排列的类。
- 第 12 章阐述事件处理类，以结束对 Swing 的介绍。事件处理类让程序能够响应鼠标单击和其他用户操作事件。
- 第 13 章介绍如何在用户界面组件上绘制几何图形和字符。
- 第 14 章结束对 Swing 的探索，开始介绍线程化类和一种复杂的布局管理器。

第 3 周介绍 Java 编程的高级主题。

- 第 15 章全面介绍 Lambda 表达式。Lambda 表达式也被称为闭包，让您能够在 Java 中使用一种新的编程方式——函数式编程。本章还将深入介绍与闭包紧密相关的内部类。
- 第 16 章阐述如何使用流来进行输入和输出。流是让您能够访问文件和网络，以及进行其他复杂数据处理的类。
- 第 17 章更深入地介绍流，以编写能够使用 HTTP 通过 Internet 进行通信的程序，这包括套接字编程、缓冲区、通道和 URL 处理。
- 第 18 章介绍如何使用 JDBC 连接到关系数据库。您将学习如何使用 Java 自带的开源数据库 Derby 的功能。
- 第 19 章介绍如何使用 XML 对象模型（XOM）和开源 Java 类库读写 RSS 文档。RSS Feed 是当前使用最广泛的 XML 格式之一，让数百万用户能够跟踪网站更新和其他新 Web 内容。
- 第 20 章探索如何使用 Java 和 Apache XML-RPC 类库编写 Web 服务客户端。
- 第 21 章是综合应用，演示了如何创建一个名为 Banko 的益智游戏。您将深入研究一个完整 Java 应用程序的源代码，并熟悉阅读完本书后自己创建功能齐备的应用程序的流程。

读者对象

本书针对下列 3 类读者介绍 Java 语言。

- 对编程不太熟悉的新手。
- 早期 Java 版本的用户。
- 经验丰富的其他编程语言（如 Visual C++、JavaScript 或 Python）开发人员。

阅读本书后，读者将熟悉 Java 语言的各个功能，能够使用 Java 来完成较大的编程项目——无论是 Web 领域还是其他领域。

即使读者没有编程经验，以前没有编写过程序，也不用担心本书是否适合您。本书通过程序来阐述所有的概念，因此不管读者的经验是否丰富，都能够理解其中介绍的主题。如果读者熟悉变量和循环，也将从本书中受益。本书的读者分以下几类。

- 在学校上过编程课，对编程有所了解，并听说 Java 易学且功能强大。
- 有多年使用其他语言的编程经验，常听人赞美 Java，因此想看一看它是否名副其实。
- 听说 Java 适合于 Web 应用程序和 Android 编程。

如果读者不了解面向对象编程——Java 采用的编程模式，也不用担心。本书假设读者没有面向对象设计方面的背景，在您学习 Java 的同时，将了解这种开发方法。

如果读者对编程一无所知，阅读本书时可能会有些吃力。Java 很容易上手，读者只要耐心地阅读，并完成所有的示例，就能够掌握 Java 并开始使用它来编写自己的程序。

排版约定

注意	提供与当前讨论相关的信息，有时涉及技巧。
提示	提供建议，如更简单的任务完成方式。
警告	指出潜在的问题，帮助读者远离麻烦。

每章最后是与该章主题相关的常见的问题和作者的回答；小测验和练习，帮助读者测试对该章内容的掌握程度；认证练习，可帮助读者备考 Java 认证。练习和认证练习的解决方案可在本书配套网站 www.java21days.com 找到。

资源与支持

本书由异步社区出品，社区（https://www.epubit.com/）为您提供相关资源和后续服务。

提交勘误

作者和编辑尽最大努力来确保书中内容的准确性，但难免会存在疏漏。欢迎您将发现的问题反馈给我们，帮助我们提升图书的质量。

当您发现错误时，请登录异步社区，按书名搜索，进入本书页面，单击"提交勘误"，输入勘误信息，单击"提交"按钮即可。本书的作者和编辑会对您提交的勘误进行审核，确认并接受后，您将获赠异步社区的 100 积分。积分可用于在异步社区兑换优惠券、样书或奖品。

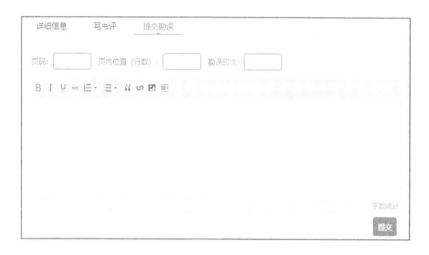

扫码关注本书

扫描下方二维码，您将会在异步社区微信服务号中看到本书信息及相关的服务提示。

与我们联系

我们的联系邮箱是 contact@epubit.com.cn。

如果您对本书有任何疑问或建议，请您发邮件给我们，并请在邮件标题中注明本书书名，以便我们更高效地做出反馈。

如果您有兴趣出版图书、录制教学视频，或者参与图书翻译、技术审校等工作，可以发邮件给本书的责任编辑（fudaokun@ptpress.com.cn）。

如果您所在的学校、培训机构或企业，想批量购买本书或异步社区出版的其他图书，也可以发邮件给我们。

如果您在网上发现有针对异步社区出品图书的各种形式的盗版行为，包括对图书全部或部分内容的非授权传播，请您将怀疑有侵权行为的链接发邮件给我们。您的这一举动是对作者权益的保护，也是我们持续为您提供有价值的内容的动力之源。

关于异步社区和异步图书

"**异步社区**"是人民邮电出版社旗下IT专业图书社区，致力于出版精品IT技术图书和相关学习产品，为作译者提供优质出版服务。异步社区创办于2015年8月，提供大量精品IT技术图书和电子书，以及高品质技术文章和视频课程。更多详情请访问异步社区官网 https://www.epubit.com。

"**异步图书**"是由异步社区编辑团队策划出版的精品IT专业图书的品牌，依托于人民邮电出版社近30年的计算机图书出版积累和专业编辑团队，相关图书在封面上印有异步图书的LOGO。异步图书的出版领域包括软件开发、大数据、AI、测试、前端、网络技术等。

异步社区

微信服务号

目　录

第1周　Java 语言

第 2 周　Java 类库

第 3 周　Java 编程

第1周

Java 语言

第 1 章
Java 基础

Java 试图解决众多领域的问题，实际上也确实在这方面取得了极大的成功。它让程序员能够开发应用程序服务器和手机程序，进行科学编程、软件编写，以及进行星际导航等。

——Java 语言之父詹姆斯·高斯林（James Gosling）

Java 编程语言在 20 多年前首次发布时，是一个应用于 Web 浏览器的颇具创意的工具，它有很大的发展潜力。"潜力"是一个有时限的恭维之词。潜力迟早需要变成现实，否则将被"衰落""浪费空间""失望"等取代。

通过阅读本书，您在提高自身能力的同时，还能够对 Java 语言是否仍然像早期宣传的那样做出一定的判断。

此外，您还有可能成为极具潜力的 Java 程序员。

1.1 Java 语言

自 1996 年发布 Java 1.0 以来，Java 编程语言始终没有辜负人们对它的期望。在诸如 Google、NASA、IBM、ServiceNow 和 Netflix 等企业和组织中，有超过 1500 万名程序员学习了该语言并正在使用它；遍布世界各地的众多大学的计算机科学系将其列为核心教学课程。Java 最初用于在网页中创建简单程序，而现在已被用于众多领域，包括以下几种。

- 云服务器。
- 关系数据库。
- 轨道望远镜。
- 电子图书阅读器。
- 手机。

当前，Java 在开发 Web 应用程序和服务器方面依然很有用，但其应用领域已远远超出 Web，成为一门流行的通用编程语言。

1.1.1 Java 的历史

20 世纪 90 年代，Sun 公司的詹姆斯·高斯林和一个开发团队致力于开发一个交互式电视项目，高斯林对当时使用的编程语言 C++感到失望。C++是一门面向对象的编程语言，面世时间比 Java 早了 10 年，它是在 C 语言的基础上开发出来的。

高斯林把自己关在办公室，设计了一种适合其项目的语言，解决了 C++中一些令其烦恼的问题。

这个交互式电视项目以失败告终，但出人意料的是，在此期间开发出来的新语言却适用于此时逐渐流行的一种新媒介——万维网。

1995 年 3 月 23 日，Java Alpha 版本发布 1.0a2 版本发布，这是 Java 首次与公众见面。虽然与 C++（以及当今的 Java）相比，该语言的大多数特性太初级，但被称作小程序（applet）的 Java 程序可作为网页的一部分运行在当时非常流行的浏览器 Netscape Navigator 中，堪称"杀手级"应用。

Java 是当时第一种拥有用于 Web 的交互式编程技术的编程语言，这给这种新语言提供了极大的舆论优势，在短短的 6 个月内便吸引了数十万开发人员。

在人们对 Java Web 编程技术的好奇心趋使下，该语言的整体优势逐渐显现出来。至今，程序员们仍在继续使用它。当前 Java 程序员人数超过了 C++程序员。

自面世以来，Java 语言的发展始终受 Sun 公司控制。但到 2010 年，情况发生了变化。2010 年，Sun 公司被数据库和企业软件巨头 Oracle 以 74 亿美元的价格收购。长期以来，Oracle 一直在其产品中使用 Java，具有支持 Java 发展的强烈需求，并不断在新版本中改善其功能。

1.1.2　Java 概述

Java 是一种面向对象的、独立于平台的安全语言，它比 C++更容易学习、更能避免被误用。

面向对象编程（OOP）是一种软件开发方法，将程序视为一组协同工作的对象。对象是使用被称作类的模板创建的，它们由数据和使用数据所需的代码组成。Java 是完全面向对象的，在本章后面，当您创建第一个类并使用它来创建对象时将明白这一点。

独立于平台指的是程序无须修改便能运行在不同的计算环境中。Java 程序被编译成一种名为字节码的格式，而字节码可被任何带 Java 虚拟机（JVM）的计算机或设备运行。您可以在 Windows 10 机器上创建 Java 程序，然后在 Linux Web 服务器、使用 macOS 10.14 的 Apple Mac 和使用 Android 的三星 Galaxy S10 手机上运行。只要平台安装了 JVM，就能运行字节码。

虽然 Java 是否比其他语言更容易学习是程序员们争论的焦点之一，但其主要在以下几方面相较 C++显得更容易。

- Java 自动负责内存的分配和释放，将程序员从这种容易出错而烦琐的工作中解放出来。
- Java 没有指针。对经验丰富的程序员来说，指针是一种功能强大的特性，但也容易误用并带来严重的安全隐患。
- Java 只具备面向对象编程中的单继承。
- 在不同的平台中运行时，无须对 Java 代码进行重新编译，因为生成的字节码可在任何平台上运行。

Java 之所以安全的两个关键因素是没有指针且能自动管理内存。

1.1.3　选择开发工具

简单介绍 Java 后，接下来就应用其中的一些概念，来创建您的第一个 Java 程序。

从头到尾阅读本书后，您将对 Java 的功能有深入了解，包括图形、XML 处理、微服务和数据库开发。您将能够编写在计算机、Web 服务器、手机以及其他计算环境中运行的 Java 程序。

开始编写程序之前，您必须在计算机上安装用于编辑、编译和运行 Java 程序（这些程序使用的是最新的 Java 版本）的软件。

有多种流行的集成开发环境（IDE）支持 Java 12，如开源的 Apache NetBeans 和 Eclipse，以及商用 IDE IntelliJ IDEA。

如果您在学习 Java 语言的同时学习使用这些工具，那将是一项非常艰巨的任务。大多数 IDE 主要针对的是需要提高效率的、经验丰富的程序员，而不是刚开始学习一门新语言的新手。

最简单的 Java 开发工具是 Java 开发包（JDK），可从 Java SE Downloads 页面免费下载。

每当 Oracle 发布新的 Java 版本时，都会在网上提供支持新版本的免费 JDK，这通常位于下载页面的开头。在本书编写期间，最新的 JDK 版本为 Java SE 12.0.2 Oracle JDK。

使用 JDK 开发 Java 程序的缺点在于，JDK 是一组命令行工具，没有提供用于编辑程序、为运行做准备、打包以便部署以及进行测试的图形用户界面。命令行是用于输入文本命令的提示符，在 Windows 中为程序"命令提示符"，而在 macOS 中为终端。

有一款优秀的免费 IDE 可供选择，它就是 Apache NetBeans，可从其官网下载。虽然 NetBeans 是一款复杂的 IDE，但如果仅进行基本的 Java 编程和测试，使用起来还是比较容易的。对大多数人来说，NetBeans 比 JDK 更易于使用，因此本书将使用 NetBeans 编写 Java 代码。

如果您的计算机没有安装 Java 开发工具，而您又想尝试一下 NetBeans，可参阅附录 A。它简要地介绍了如何使用该软件，包括如何下载并安装 NetBeans，以及如何使用它来创建 Java 程序，以确保该程序能正确运行。

在计算机上安装支持最新版 Java 的 Java 开发工具后，便可以开始学习使用该语言了。

如果您的计算机没有安装这样的工具，现在需要安装——最好是 NetBeans。

提示 _____ | 有关前面提到的其他 Java IDE 的更详细信息，请参阅 IDEA 和 Eclipse 网站。

1.2 面向对象编程

对于刚入门的 Java 程序员来说，最大的挑战在于学习该语言的同时还要学习面向对象编程。您将通过学习 Java 来掌握面向对象编程技术。不学习面向对象编程，您就无法学习 Java。

面向对象编程是一种创建计算机程序的方法，它模仿了现实世界中物体被组合在一起的方式。

采纳这种开发风格，可以创建出更可靠、更容易理解、可复用性更高的程序。为此，必须首先研究 Java 是如何实现面向对象编程原理的。

如果您熟悉面向对象编程，本章的很多内容将起到温故知新的作用。即使跳过那些介绍性内容，也应创建示例程序，以积累一些开发、编译和运行 Java 程序的经验。

概念化计算机程序的方式很多，其中之一是将程序视为一系列依次执行的指令，这通常被称为过程化编程。早期的编程语言 BASIC 就属于过程化语言。

过程化语言模仿了计算机执行指令的方式，因此程序与计算机执行任务的方式一致。过程化程序员首先必须学习如何将问题分解为一系列简单的步骤。

面向对象语言从另一个角度来看待计算机程序，它将重点放在您要求计算机完成的任务，而不是计算机完成任务的方式上。

在面向对象编程中，计算机程序被视为一组相互协同、共同完成任务的对象。每个对象都是程序的独立部分，它以特定的、高度可控制的方式与其他部分进行交互。

在现实生活中，一个面向对象设计的例子是立体声音响系统，它通过将一组不同的对象组合在一起而构建起来，这些对象通常称为组件，示例如下。

- 低音喇叭：用于播放低频声音。
- 调谐器：用于接收无线电广播信号。
- CD 播放器：用于读取光盘中的音频数据。
- 唱机：用于读取唱片中的音频数据。

这些组件能够通过标准的输入/输出端子彼此进行交互。即使您买的音箱、低音喇叭、调谐器、唱机和 CD 播放器来自不同的厂家，只要它们有相同的端子标准，就可以将它们组合成一个立体声音响系统。

面向对象编程的工作原理与此相同：您创建新对象，并将其与既有对象连接起来，以组合成程序。这些既有的对象可能是您开发的，也可能来自 Oracle、Google、Apache Project 或其他软件开发商。每个对象都是程序中的一个组件，它们以标准方式组合在一起，每个对象都在程序中扮演着特定角色。

对象是计算机程序中的独立组件，包含一组相关的特性，能完成特定的任务。设计良好的对象以尽可能简单的方式完成其职责。一个对象如果职责太多，就意味着需要将这些职责分给两个甚至更多的对象去完成。

1.3 对象和类

面向对象编程是基于现实世界的情况进行建模的，对象由多种更小的对象构成。

然而，组合对象只是面向对象编程的特征之一，另一个重要特征是使用类。

类是用于创建对象的模板。使用同一个类创建的每个对象都具有相似的特性和功能。

类包含一组特定对象的所有特性。使用面向对象语言编写程序时，并不定义各个对象，而定义类并使用它们来创建对象。

使用 Java 编写网络程序时，您可能会创建 Router 类，它描述了所有 Internet 路由器的特性。这些路由器都具备如下特性。

- 连接到计算机的以太网端口。
- 发送和接收信息。
- 与 Internet 服务器通信。

Router 类是路由器的抽象概念模型。要在程序中有能够实际操纵的具体东西，必须有对象：必须使用 Router 类创建 Router 对象。使用类创建对象的过程叫作实例化（instantiation），这就是对象也被称作实例的原因。

在程序中，可使用 Router 类创建很多不同的 Router 对象，其中每个对象都可以有不同的特性。

- 有些充当高速调制解调器，有些则不充当。
- 它们可支持不同的通信协议。

虽然有这么多的不同，但两个 Router 对象仍有足够多的共性，使其被视为相关的对象。

再来看一个例子：使用 Java 可以创建一个类来表示出现在窗口和图形用户界面中的所有的命令按钮——可单击的矩形框。

开发 Button 类时，可以定义如下特性。

- 显示在按钮上的文本。
- 按钮的大小。
- 被单击后的行为。
- 按钮的外观，如是否有三维阴影效果。

定义 Button 类后，就可以创建按钮实例（Button 对象）了。这些对象都具有类定义的按钮的基本特性，但根据需要，每个对象都可以有不同的外观和行为。

创建 Button 类，可避免为程序中要使用的每个命令按钮重写这些代码，还可在任何程序中复用该 Button 类来创建不同类型的按钮。

编写 Java 程序时，您实际上设计和构建了一组类。程序运行时，将根据需要使用这些类来创建对象，并使用这些对象。作为 Java 程序员，您的任务是创建一组合适的类，以完成程序要完成的任务。

好在不必每次都从头开始编写类。Java 语言包含 Java 类库，其中的类超过 4400 个，实现了您所需的大部分基本功能。这些类随诸如 NetBeans、JDK 等开发工具一起被安装。

当您谈论如何使用 Java 语言时，实际谈论的是如何使用该类库、Java 定义的标准关键字和运算符。

类库能够处理很多任务，如数学函数、文本处理、图形显示、用户交互以及网络功能等。使用这些类与使用您自己创建的 Java 类没有什么不同。

对于复杂的 Java 程序，可能需要创建一整套新类，这些类可组成独立的类库，以便在其他程序中使用。

复用是面向对象编程的基本优点之一。

注意	在 Java 类库中，一个标准 Java 类——`javax.swing` 包中的 `JButton`，提供了上述虚构 `Button` 类的所有功能，还有诸多其他的功能。在第 9 章，您将使用这个类来创建对象。

1.4　属性和行为

Java 类包含两种不同类型的信息：属性和行为。这两者在 `MarsRobot` 中都有，`MarsRobot` 是本书中类实现的项目。该项目使用计算机模拟行星探测工具，灵感来自 NASA 喷气推进实验室（Jet Propulsion Laboratory）用来探测火星地质情况的火星探测车（Mars Exploration Rover）。

创建该程序之前，您需要学习一些如何使用 Java 编写面向对象程序的知识。刚接触时，这些概念可能难以理解，但本书将给您提供大量将这些概念付诸实践的机会。

1.4.1　属性

属性（attribute）是对象区别于其他对象的数据，可用于确定属于该类的对象的外观、状态和其他性质。

火星探测工具可能有如下属性。

- **状态**：探测、移动、返回。
- **速度**：以每小时的英里数计量。
- **温度**：以华氏温度计量。

在类中，属性是通过变量定义的，变量是计算机程序中用来存放信息的位置。实例变量是值随对象而异的属性。

实例变量（instance variable）定义了特定对象的属性。对象的类定义了属性的种类，每个实例都存储了自己的属性值。实例变量也被称为对象变量（object variable）。

每个类属性都有一个相应的变量，可以通过修改该变量的值来修改对象的属性。

例如，`MarsRobot` 类将速度定义为一个名为 `speed` 的实例变量（必须定义成一个实例变量，因为每个机器人都以自己的速度运动）。可以通过修改机器人的 `speed` 实例变量，使该机器人更快或更慢地移动。

创建对象时，可以给实例变量赋值，并在对象的整个生命周期中保持不变；也可以在程序运行过程中使用该对象时，给它指定不同的值。

对于无须在每个对象中都不同的变量，让类的全部对象共享同一个值更合理，这样的属性叫作类变量。

类变量（class variable）定义了整个类的属性。该变量用于类本身及其所有实例，因此不管使用该类创建了多少个对象，该变量都只存储一个值。

在 `MarsRobot` 类中，存储机器人最大移动速度的变量 `topSpeed` 就是一个类变量。如果使用实例变量来存储这种速度，则在每个对象中，该变量的值都可能不同。这可能引发问题，因为没有机器人能超过指定的速度。

使用类变量可以避免这种问题，因为类的所有对象自动共享相同的值，每个 `MarsRobot` 对象都能够访问该变量。

1.4.2 行为

行为（behavior）指的是对象能够对自身和其他对象执行的操作。行为可以用来修改对象的属性，接收来自其他对象的信息，以及向其他对象发送消息让它们执行任务。

火星机器人可能有如下行为。

- 检查当前温度。
- 开始探测。
- 加速或减速。
- 报告当前位置。

行为是使用方法实现的。

方法（method）是类中一组用来完成特定任务的相关语句，用以针对对象本身或其他对象执行特定任务，相当于其他编程语言中的函数和子例程。通常设计良好的方法只执行一项任务。

对象间使用方法彼此通信，这犹如一个对象向另一个对象发出命令。类或对象可能调用其他类或对象的方法，其原因有很多，包括以下几种。

- 将变化报告给另一个对象。
- 告知其他对象对自身进行修改。
- 要求其他对象执行某项操作。

例如，两个火星机器人可以使用方法来报告彼此的位置，以免发生碰撞；一个机器人可以要求另一个机器人停下来，以便它能够顺利通过。

正如变量分为实例变量和类变量一样，方法也分为实例方法和类方法。实例方法（instance method）通常简称为方法，用于处理对象。如果一个方法修改的是对象，那么它必须是实例方法。类方法（class method）应用于类本身。

1.4.3 创建类

前面对面向对象编程作了简单的介绍，为搞明白类、对象、属性和行为，您将开发一个 `MarsRobot` 类，使用这个类创建对象并在程序中使用它们。

注意 | 该程序的主旨是探索面向对象编程。有关 Java 编程语法的更详细的信息，请参阅第 2 章。

着手编写应用程序 MarsRobot 前，需要做些准备工作。

本书创建 Java 程序时，使用的开发工具主要是 NetBeans。NetBeans 将 Java 类组织成项目，使用项目来存储您在本书将创建的类。请启动 NetBeans，并创建一个项目，具体步骤如下。

（1）选择菜单 File > New Project，打开 New Project 对话框。

（2）在 Categories 窗格中选择 Java with Ant。

（3）在 Projects 窗格中选择 Java Applications，再单击 Next 按钮，打开 New Java Application 对话框［如果激活了对 Java SE 的支持（Java SE support）］。

（4）如果您被告知必须激活对 Java SE 的支持，单击 Activate 按钮。激活后，将出现对话框 New Java Application。

（5）在文本框 Project Name 中输入项目名（如 **Java21**）。在您输入项目名的同时，文本框 Project Folder 的内容将相应地更新。请将这个文件夹记录下来——您编写的 Java 程序将存储在这个文件夹中。

（6）取消选中复选框 Create Main Class。

（7）单击 Finish 按钮。

这将创建一个项目，您可在本书中始终使用它。

如果您以前创建过项目，可能已经在 NetBeans 中打开了它（如果没有，请选择菜单 File > Open Recent Project，并选择已创建的项目）。您新建的类将添加到当前打开的项目中。

新建的项目将在 NetBeans 中打开。下面在这个项目中添加一个新类。

（1）选择菜单 File > New File，打开 New File 对话框。

（2）在 Categories 窗格中选择 Java。

（3）在 File Type 窗格中选择 Empty Java File，再单击 Next 按钮，打开 Empty Java File 对话框。

（4）在文本框 Class Name 中输入 **MarsRobot**。

（5）在文本框 Package 中输入 **com.java21days**。文本框 Created File 中将显示将创建的文件的名称——**MarsRobot.java**，且不能编辑。

（6）单击 Finish 按钮。

这将打开 NetBeans 源代码编辑器，其中包含一个空文件。输入程序清单 1.1 所示的源代码，再选择菜单 File > Save，保存文件 MarsRobot.java。

注意	不要输入该程序清单中每行开头的行号，它们不是程序的组成部分。本书使用行号旨在方便描述各个代码行。

程序清单 1.1　完整的 MarsRobot.java 源代码

```
 1: package com.java21days;
 2:
 3: class MarsRobot {
 4:     String status;
 5:     int speed;
 6:     float temperature;
 7:
 8:     void checkTemperature() {
 9:         if (temperature < -80) {
10:             status = "returning home";
11:             speed = 5;
12:         }
13:     }
14:
15:     void showAttributes() {
16:         System.out.println("Status: " + status);
17:         System.out.println("Speed: " + speed);
18:         System.out.println("Temperature: " + temperature);
19:     }
20: }
```

当您保存该文件时，如果没有错误，NetBeans 将自动创建 **MarsRobot** 类。这个过程称为编译类，使用的是被称为编译器的工具。编译器将源代码转换为 JVM 能够运行的字节码。

在程序清单 1.1 中，第 1 行的 package 语句将这个类放在一个包中。在 Java 中，包提供了一种将相关类编组的方式，这里使用的包名为 com.java21days。

第 3 行的 class 语句定义了一个名为 MarsRobot 的类。第 3 行的花括号（{）到第 20 行的花括号（}）之间的所有内容都属于这个类。

MarsRobot 类包含 3 个实例变量和两个实例方法。

实例变量是在第 4～6 行定义的：

```
String status;
int speed;
float temperature;
```

变量名为 status、speed、temperature，其中每个变量都将用来存储一种不同类型的信息。

- status：存储一个 String 对象——由字母、数字、标点符号或其他字符组成。
- speed：存储一个 int 对象，即整数。
- temperature：存储一个 float 对象，即浮点数值。

String 对象是使用 Java 类库中的 String 类创建的。

> **提示**　由该程序可知，类可以将对象用作实例变量。

MarsRobot 类的第一个实例方法是在第 8～13 行定义的：

```
void checkTemperature() {
    if (temperature < -80) {
        status = "returning home";
        speed = 5;
    }
}
```

方法的定义方式与类相似，包括指定方法名称、返回值和其他内容的语句。

checkTemperature()方法位于第 8 行和第 13 行的花括号之间。可对 MarsRobot 对象调用该方法，以确定其温度。该方法检查对象的 temperature 实例变量的值是否小于-80，如果是，则修改另外两个实例变量。

- 将变量 status 改为文本 "returning home"，这表明温度太低，机器人应返回基地。
- 将 speed 改为 5（假设这是机器人的最快速度）。

第二个实例方法——showAttributes()是在第 15～19 行定义的：

```
void showAttributes() {
    System.out.println("Status: " + status);
    System.out.println("Speed: " + speed);
    System.out.println("Temperature: " + temperature);
}
```

这个方法使用 System.out.println()来输出 3 个实例变量的值，同时输出一些文本用于解释每个值的含义。

如果还没有保存该文件，请选择菜单 File > Save。如果保存文件后没有修改过它，该菜单项将不可用。

1.4.4　运行程序

即便您正确地输入了程序清单 1.1 所示的源代码，并将其编译成了类，也无法使用它来做任何事情。因为您所创建的类只是定义了 MarsRobot 对象，而没有创建这种对象，所以无法使用这个类来做任何事情。

使用 MarsRobot 类的方式有两种。

- 创建一个单独的 Java 程序，并在其中创建这个类的对象。
- 在 MarsRobot 类中添加一个特殊的类方法——main()，使其能作为应用程序运行，再在方法 main()中创建 MarsRobot 对象。

这里使用第一种方法。

程序清单 1.2 是 Java 类 MarsApplication 的源代码，它用于创建一个 MarsRobot 对象，设置其实例变量并调用其方法。请按照下面介绍的步骤在 NetBeans 中新建一个文件，并将其放在 com.java21days 包中，命名为 MarsApplication。

具体步骤如下。

（1）选择菜单 File > New File，打开 New File 对话框。

（2）在 Categories 窗格中选择 Java。

（3）在 File Type 窗格中选择 Empty Java File，再单击 Next 按钮，打开 Empty Java File 对话框。

（4）在文本框 Class Name 中输入 MarsApplication。

（5）在文本框 Package 中，输入 com.java21days，文本框 Created File 中将显示将创建的文件的名称——MarsApplication.java。

（6）单击 Finish 按钮。

这将新建指定的文件。在 NetBeans 源代码编辑器中，输入程序清单 1.2 所示的源代码。

程序清单 1.2　完整的 MarsApplication.java 源代码

```
 1: package com.java21days;
 2:
 3: class MarsApplication {
 4:     public static void main(String[] arguments) {
 5:         MarsRobot spirit = new MarsRobot();
 6:         spirit.status = "exploring";
 7:         spirit.speed = 2;
 8:         spirit.temperature = -60;
 9:
10:         spirit.showAttributes();
11:         System.out.println("Increasing speed to 3.");
12:         spirit.speed = 3;
13:         spirit.showAttributes();
14:         System.out.println("Changing temperature to -90.");
15:         spirit.temperature = -90;
16:         spirit.showAttributes();
17:         System.out.println("Checking the temperature.");
18:         spirit.checkTemperature();
19:         spirit.showAttributes();
20:     }
21: }
```

选择菜单 File > Save，NetBeans 将自动把这个文件编译成 MarsApplication 类，其中包含可供 JVM 运行的字节码。

提示 ——————— 在编译或运行程序时如果遇到了问题，可在异步社区的本书页面下载源代码。

编译该应用程序后，可运行它。为此，可选择菜单 Run > Run File。在 NetBeans 的 Output 窗格中，将显示 MarsApplication 类的输出，如图 1.1 所示。

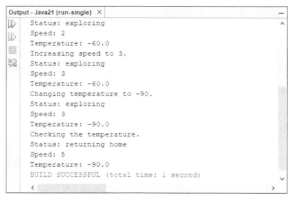

图 1.1　MarsApplication 类的输出

根据程序清单 1.2 可知，类方法 main() 执行了以下操作。

- **第 4 行**：创建并命名 main() 方法。所有 main() 方法的格式都与此相同，这将在第 5 章介绍。现在，您需要注意的是关键字 static，它表明该方法是一个类方法，供所有 MarsRobot 对象共享。
- **第 5 行**：以 MarsRobot 类为模板新建了一个 MarsRobot 对象，该对象被命名为 spirit。
- **第 6~8 行**：给对象 spirit 的 3 个实例变量赋值——status 设置为文本 "exploring"，speed 设置为 2，temperature 设置为 -60。
- **第 10 行**：调用了对象 spirit 的 showAttributes() 方法。这个方法用于输出实例变量 status、speed 和 temperature 的当前值。
- **第 11 行**：在该行和随后的几行中，使用 System.out.println() 语句在 Output 窗格中输出圆括号内双引号中的文本。
- **第 12 行**：在再次显示属性的值之前，将 speed 实例变量的值设置为 3。
- **第 15 行**：在第三次显示属性的值之前，将 temperature 实例变量的值设置为 -90。
- **第 18 行**：调用 spirit 对象的 checkTemperature() 方法。该方法用于检查实例变量 temperature 的值是否小于 -80。如果是，则将新的值赋予 status 和 speed。

注意　　如果由于某种原因，不能使用 NetBeans 或其他 IDE 来编写 Java 程序，而必须使用 JDK，请参阅附录 D，其中介绍了如何安装 JDK。

1.5　组织类和类行为

Java 面向对象编程还涉及另外两个概念——继承和包，它们都是用于组织类的机制。

1.5.1　继承

继承是面向对象编程中最重要的概念之一，直接影响您如何设计和编写 Java 类。

继承是一种机制，它让一个类能够继承另一个类的行为和属性。通过继承，一个类可自动拥有现有类的功能，因此只需定义与现有类不同的地方。有了继承，所有的类（无论是您创建的类，还是 Java 类库中的类）都以层次结构来组织。继承其他类的类叫子类，被继承的类叫超类。一个类只能有一个超类，但可以有任意数目的子类。子类继承了其超类的所有属性和行为。

实际上，这意味着如果超类具备您的类所需的行为和属性，则无须重新定义或复制代码，便可获得与超类相同的行为和属性。子类将自动从其超类获得这些东西，而超类又从其超类获得相应的东西，以此类推。这样便形成了层次结构。子类将拥有层次结构中位于它上面的所有类的特性，同时也有自己的特性。

这与您从您父母那里继承各种东西（如身高、头发颜色、喜欢花生黄油和香蕉三明治）相同。它们也从其"父母"那里继承了一些特征，它们的"父母"又是从它们"父母"的"父母"那里继承，这样一直往后追溯。

图 1.2 展示了类的层次结构排列方式。

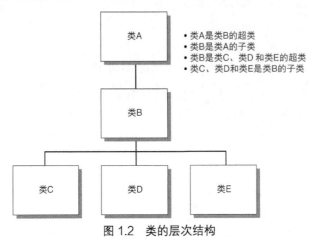

- 类A是类B的超类
- 类B是类A的子类
- 类B是类C、类D和类E的超类
- 类C、类D和类E是类B的子类

图 1.2　类的层次结构

Java 类层次结构的顶端是 Object 类，它定义了对任何 Java 对象来说都必不可少的属性和行为。所有的类都是从这个超类继承而来的。Object 类是层次结构中最通用的类，定义了 Java 类库中的所有类的行为。

在层次结构中越往下，类的用途越具体，即在层次结构的顶部定义的是抽象概念，越往下，这些概念越具体。

使用 Java 创建新类时，常常希望它具备某个现有类的所有功能，并做一些增加和修改。例如，您可能希望有一个新版本的 Button，能够在单击时发出声音。可以将这个新版本命名为 AudioButton。

要不经过任何重建工作而得到 Button 的所有功能，可以将 AudioButton 类定义为 Button 的子类。

这样，您的类将自动继承 Button 定义的行为和属性，以及 Button 的超类定义的行为和属性。您需要关心的只是新类不同于 Button 的内容，这被称为子类化（subclassing）。

子类化指的是通过继承已有的类来创建一个新类。子类只需指出其属性和行为不同于超类的地方。

如果您的类定义了全新的行为，且不是其他类的子类，则可以直接继承 Object 类。

如果您创建类时没有指定超类，Java 将认为它直接继承 Object 类。本章前面创建的 MarsRobot 类没有指定超类，因此是 Object 类的子类。

1.5.2　创建类层次结构

如果您创建了大量的类，则应该让您的类从现有类层次结构继承，并构建自身的层次结构。这有如下优点。

- 可将多个类共有的功能放在一个超类中，这样它们将成为更低层类的一部分。
- 对超类的修改将自动反映到其所有的子类、子类的子类等中，而无须修改或重新编译更低层的类，它们将通过继承获得新的信息。

例如，假设创建了一个 Java 类来实现探测机器人的所有特性。

MarsRobot 类已经完成，它正常工作，一切都很好。现在要求您创建一个名为 MercuryRobot 的 Java 类。

这两种机器人有相似的特性：都是在恶劣环境下执行研究工作的机器人，且都能够跟踪其当前的温度和速度。

您首先想到的可能是，打开源代码文件 MarsRobot.java，将其大部分代码复制到新的源代码文件 MercuryRobot.java，再根据新机器人的用途做必要的修改。但是这种做法很麻烦。

更好的办法是找出 MarsRobot 和 MercuryRobot 的共同功能，并将它们放到一个更通用的类层次结构中。对于只有类 MarsRobot 和 MercuryRobot 的情况，这也许是一项繁重的工作，但如果您还想加入 MoonRobot、UndeseaRobot 和 DesertRobot，情况将如何呢？将共同的行为放在可复用的超类中将极大地减少工作量。

要设计一个满足该目标的类层次结构，应从顶层的 Object 类开始，它是所有 Java 类的"祖宗"。

可以将这些机器人的"老祖宗"命名为 Robot。一般而言，机器人可被视为一种自控的探测设备。因此，在 Robot 类中，您只需定义使其成为自控探测设备的行为。

在 Robot 下面有两个类：WalkingRobot 和 DrivingRobot。这两个类之间的明显区别在于，一个靠"腿"移动，另一个靠轮子移动。WalkingRobot 的行为可能包括弯腰捡东西、蹲下、跑动等。DrivingRobot 的行为与此不同。图 1.3 展示了目前已有的类层次结构。

现在，这个层次结构可以更具体。从 WalkingRobot 类可以派生出多个类：ScienceRobot、GuardRobot、SearchRobot 等。另外，您可以根据更多不同的功能，创建两个中间类 TwoLegged 和 FourLegged，其中每个类都有不同的行为（见图 1.4）。

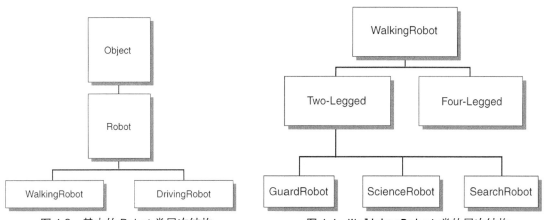

图 1.3 基本的 Robot 类层次结构   图 1.4 WalkingRobot 类的层次结构

最后，整个层次结构便完成了，并为 MarsRobot 找到了合适的位置。它可以是 ScienceRobot 的子类，ScienceRobot 是 WalkingRobot 的子类，WalkingRobot 是 Robot 的子类，而 Robot 又是 Object 的子类。

诸如状态、温度和速度等属性应放在什么位置呢？应放在最合适的地方。例如，因为所有机器人都需要跟踪其所处环境的温度，因此在 Robot 中将 temperature 定义为一个实例变量是合理的，这样所有的子类都将拥有这个实例变量。请记住，只需在层次结构中定义行为或属性一次，它将自动被每个子类继承。

注意   要设计出高效的类层次结构，需要做大量的规划和修正。当您试图将新的属性和行为加入层次结构中时，很可能发现需要将一些类移到别的位置，以便减少重复的特性和冗余的代码。

1.5.3 使用继承

Java 中的继承比现实生活中的继承要简单得多。Java 中的继承不需要遗嘱，也不需要法庭。

当您创建新对象时，Java 将记录该对象及其超类的每个变量。这样，所有的类组合形成当前对象的模板，每个对象都将包含合适的信息。

方法的工作原理与此相似，新对象可以访问其所属类及其超类的所有方法，这是在运行的程序中方法被使用时动态确定的。如果您调用了对象的方法，JVM 将首先检查该对象所属的类是否含有该方法。如果没有，则在其超类中查找，以此类推，直到找到该方法的定义为止，如图 1.5 所示。

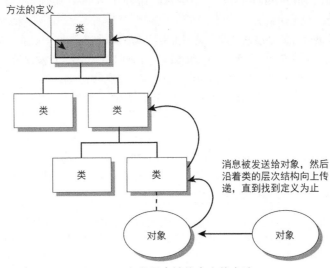

图 1.5　在类层次结构中查找方法

如果子类中定义了名称和其他方面都与超类相同的方法，情况将复杂起来。在这种情况下，将使用最先找到的方法（从层次结构的底部开始向上查找）。

因此，可以在子类中创建一个方法来防止调用超类中定义的方法。为此，该方法的名称、返回值和参数必须与超类方法相同。这被称为覆盖，如图 1.6 所示。

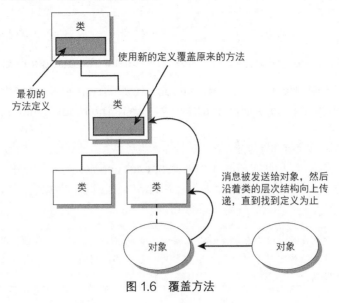

图 1.6　覆盖方法

注意 ┃ Java 的继承形式为单继承（single inheritance），即每个 Java 类只能有一个超类（虽然任何超类都可以有多个子类）。

在其他面向对象编程语言（如 C++）中，类可以有多个超类，并继承所有超类的变量和方法，这叫多重继承（multiple inheritance）。Java 只允许单继承，简化了继承机制。

1.5.4　包

本章前面创建的程序都放在 `com.java21days` 包中。包让您能够将相关的类和接口编组，消除了类名冲突的可能性。

引用 Java 类时，可使用简短的名称，如 `Object`，也可使用完整的名称，如 `java.lang.Object`。

默认情况下，您的 Java 类只需通过简短的名称就可引用 `java.lang` 包中的类。`java.lang` 包提供了基本的语言功能，如字符串处理和数学运算。要使用其他包中的类，必须使用完整的包名或使用 `import` 语句将包导入源代码文件中。使用 `import`，告知 Java 编译器在指定的包中查找，以便将简短的类名转换为完整的类名。

在 Java 类库中，`java.awt` 包中有一个 `Color` 类，要在程序中使用它，可使用完整名称 `java.awt.Color`。

为简化工作，可在程序中使用如下 `import` 语句：

```
import java.awt.Color;
```

这让您能够使用名称 `Color` 来引用这个类。

在 `import` 语句中，可使用星号（`*`）来表示指定包中的所有类：

```
import java.awt.*;
```

星号是一个通配符，使指定包中的所有类都被导入，因此上面的语句让您能够使用简短的名称引用 `Color` 和 `java.awt` 包中的其他所有类。

警告 ┃ 很多 Java 程序员都不使用*版 `import` 语句，而使用一系列的 `import` 语句分别导入要在程序中使用的各个类。NetBeans 能够替您完成这项任务。当您在代码中首次使用简短名称引用某个类时，NetBeans 编辑器将在代码行左边缘指出错误。如果您单击这种错误，将出现一个弹出式菜单，其中包含将相关类导入的命令。如果您选择某一命令，NetBeans 将添加相应的 `import` 语句。

要指定类所属的包，可使用 `package` 语句。您在本书中创建的很多类都放在包 `com.java21days` 中，它们使用了类似于下面的 `package` 语句：

```
package com.java21days;
```

这条语句必须位于程序的第一行。如果没有这样的语句，类将包含在被称为默认包的未命名包中。

1.6　总结

如果您是首次接触面向对象编程，可能觉得本章的内容太理论化，一时无法理解。其他人刚接触 OOP 时，也有同感。

当您的头脑中满是 OOP 的概念和术语时，可能担心无法消化其他 Java 知识。面对这种情况，有两个很好的建议。

- 不要烦恼。
- 保持冷静，继续向前。

至此，您应该对类、对象、属性和行为有了基本了解，同时还应该熟悉了实例变量和方法。在第2章，您将使用它们。

有关面向对象编程的其他概念（如继承和包），将在本书后面更详细地介绍。

在本书余下的篇幅中，都将使用面向对象编程，因为要使用 Java 编写程序，别无他途。

阅读完前 7 章后，您将拥有使用对象、类、继承以及面向对象编程的其他各方面的经验。

1.7　问与答

问：实际上，方法是在类中定义的函数。既然方法无论从外观和行为方面都类似于函数，为什么不将它们叫作函数呢？

答：有些面向对象编程语言确实将它们叫作函数（C++将它们叫作成员函数）。其他一些面向对象语言将位于类（对象）内、外的函数区分开来，因为在这些语言中，使用不同的术语对理解每个函数的工作原理至关重要。也正是因为其他语言有这种区别，同时术语"方法"在面向对象编程中很常用，所以 Java 也使用这个术语。在函数式编程语言中，称方法为函数。

问：实例变量和实例方法同类变量和类方法之间有何区别？

答：在 Java 程序中，您所做的几乎每项工作涉及的都是实例（也叫对象）而不是类。然而，对于有些行为和属性，存储在类本身中要比存储在对象中更合理。例如，java.lang 包中的 Math 类包含一个名为 PI 的变量，它存储的是π的近似值。这个值是不变的，因此这个类的不同对象没有必要保留自己的 PI 变量。另一方面，每个 String 对象都包含了一个 length()方法，用于计算该 String 对象的字符数。这个值对于 String 类的每个对象都可能不同，因而它必须是实例方法。

类变量始终驻留在内存中，直到 Java 程序结束运行，因此应慎用类变量。如果类变量指向一个对象，该对象也将始终驻留在内存中。这是一种程序占据太多内存导致运行缓慢的常见问题。

问：如果在 Java 类中导入整个包，是否会增大这个类编译后的尺寸？

答：不会。Java 术语"导入"容易让人误解。关键字 import 不会将指定类或包的代码加入当前创建的类中，而只是使我们在一个类中引用另一个类更容易。

在 Java 语句中，通过导入引用类时，可使用简短的名称，这是导入的唯一目的。在代码中，如果总是必须指定完整的类名，如 javax.swing.JButton 和 java.util.Random，而不是 JButton 和 Random，将非常烦琐。

1.8　小测验

请回答下述 3 个问题，以复习本章介绍的内容。

1.8.1　问题

1. 类又叫什么？
   A. 对象
   B. 模板

C. 实例
2. 创建子类时，必须定义它的哪些方面？
   A. 什么都不用定义，已定义好了
   B. 不同于其超类的内容
   C. 各个方面
3. 类的实例方法表示的是什么？
   A. 该类的属性
   B. 该类的行为
   C. 根据该类创建的对象的行为

1.8.2 答案

1. B。类是一个抽象模板，用于创建彼此相似的对象。
2. B。需要定义子类与超类有什么不同。由于继承，相同的内容已定义好。从理论上说，答案 A 是正确的，但如果子类的一切都与超类相同，就没有必要创建子类。
3. C。实例方法指的是特定对象的行为，而类方法指的是属于该类的所有对象的行为。

1.9 认证练习

下面的问题是 Java 认证考试中可能出现的问题，请不要查看本章的内容回答该问题。
下面的哪些说法是正确的？
A. 使用同一个类创建的所有对象都必须相同
B. 使用同一个类创建的对象可以有不同的属性
C. 对象将继承用于创建它的类的属性和行为
D. 类将继承其超类的属性和行为

1.10 练习

为巩固本章介绍的知识，请尝试完成下面的练习。
1. 在 MarsApplication 类的 main( ) 方法中，再创建一个名为 opportunity 的 MarsRobot 对象，设置其实例变量并将它们的值输出。
2. 为国际象棋中的棋子创建一个继承层次结构，并决定在层次结构的什么位置定义实例变量 color、startingPosition、forwardMovement 和 sideMovement。

第 2 章

Java 编程基础

　　Java 程序是由类和对象组成的，而类和对象又是由方法和变量组成的。方法是由语句和表达式组成的，表达式又由运算符组成。

　　至此，您可能担心 Java 就像俄罗斯套娃，除最小的洋娃娃外，每个洋娃娃里边都有一个更小的洋娃娃，而后者同前者一样错综复杂。

　　本章将消除您的这一担心，揭示 Java 编程的最小元素。因此，本章暂时撇开类、对象和方法，介绍 Java 中的基本元素。

　　本章包括以下内容。

- 语句和表达式。
- 变量和数据类型。
- 常量。
- 注释。
- 字面量。
- 算术运算符。
- 比较运算符。
- 逻辑运算符。

2.1　语句和表达式

　　您在 Java 程序中要完成的所有任务都可分解为一系列的语句。在编程语言中，语句是简单的命令，它让计算机执行某种操作。

　　语句表示程序中发生的单个操作。下面是 3 条简单的 Java 语句：

```
int bowlingScore = 225;
System.out.println("Free the bound periodicals!");
song.duration = 230;
```

　　有些语句能够提供一个值，例如在将两个数相加或比较两个变量是否相等时。

　　生成一个值的语句被称为表达式。这个值可以存储下来，供程序后续使用，也可以立即用于另一条语句或被丢弃。语句生成的值称为返回值。

　　有些表达式生成数字值，例如将两个数相加或相乘时；有些表达式生成布尔值（`true` 或 `false`）或 Java 对象，这将在本章后面介绍。

　　虽然在很多 Java 程序中，每条语句占一行，但这并不能决定语句到哪里结束。Java 语句都以分号（；）结尾。程序员可以在一行放置多条语句，且它们都能够通过编译，如下所示：

```
spirit.speed = 2; spirit.temperature = 60;
```

2.2 变量和数据类型 | 19

为了让您的程序对其他程序员（以及您自己）来说更容易理解，应遵循每条语句占据一行的约定。

在 Java 中，使用左花括号（ { ）和右花括号（ } ）将语句编组。位于这两个字符之间的语句称为块（block）或块语句（block statement），这将在第 4 章更详细地介绍。

2.2 变量和数据类型

在第 1 章创建的应用程序 MarsRobot 中，使用变量来记录信息。变量是程序运行时能够存储信息的地方，可在程序的任何地方对其值进行修改——因此被称为变量。

要创建变量，必须提供名称并指定它能够存储的信息类型。还可以在创建变量的同时给它指定初始值。

在 Java 中，有 3 种变量：实例变量、类变量和局部变量。

正如第 1 章指出的，实例变量用于定义对象的属性；

类变量定义类的属性，应用于类的所有实例；

局部变量用于方法定义乃至方法中更小的语句块中，仅当 Java 虚拟机（JVM）执行这些方法或语句块时，它们才被使用，离开方法或块之后，它们将不复存在。

虽然这 3 种变量的创建方式极其相似，但在使用方式上，类变量和实例变量不同于局部变量。本章介绍局部变量，而实例变量和类变量将在第 3 章介绍。

2.2.1 创建变量

在 Java 程序中使用变量之前必须先创建它——声明其名称和存储的信息类型，首先指出信息类型，然后是变量名。下面是一些变量声明的例子：

```
int loanLength;
String message;
boolean gameOver;
```

在上述示例中，int 类型表示整数，String 是用来存储文本的对象，boolean 用来存储 true/false 值。

就像其他 Java 语句一样，局部变量可在方法的任何地方声明，但必须在使用前声明。

下面的示例在程序 main() 方法的开头声明了 3 个变量：

```
public static void main(String[] arguments) {
    int total;
    String reportTitle;
    boolean active;
}
```

创建多个类型相同的变量时，可在同一条语句中声明它们，并用逗号将各个变量分开。下面的语句声明了 3 个名为 street、city 和 state 的 String 变量：

```
String street, city, state;
```

声明变量时，可以使用等号（=）给它赋值。下面的语句在创建新变量的同时给它们指定了初始值：

```
String zipCode = "02134";
int box = 350;
boolean pbs = true;
String name = "Zoom", city = "Boston", state = "MA";
```

正如最后一条语句所示，可以使用逗号分隔的方式给多个类型相同的变量赋值。

对于局部变量，在程序中使用它之前，必须给它赋值，否则程序将无法通过编译。因此，良好的习惯是在创建局部变量的同时给所有局部变量指定初始值。

对于实例变量和类变量，在您未对其初始化时，编译器将使用默认值对其进行初始化。默认情况下，实例变量和类变量的默认值取决于其数据类型。

对于数值变量，默认值为 0；对于布尔变量，默认值为 false；对于字符串和其他对象变量，默认为 null——表示"空"的特殊值；对于字符变量，默认值为 \u000——标准字符集 Unicode 中的空字符。

2.2.2 给变量命名

在 Java 中，变量名必须以字母、下划线（ _ ）或美元符号（ $ ）开头，不能以数字开头，也不能是单个下划线。在第一个字符之后，变量名可包含任何字母、数字、下划线和美元符号的组合。

注意　另外，Java 语言使用 Unicode 字符集，该字符集包括标准字符集，外加几千个用于表示国际字母的字符。有 Unicode 字符编号的重音字符和其他符号也可用于变量名中。

在程序中给变量命名并使用它时，Java 是区分大小写的——字母的大小写必须一致。因此，同一个程序中可以有变量 X 和 x，rose、Rose 和 ROSE 是不同的变量。

在本书或其他地方的程序中，Java 变量都被赋予一个有意义的名称，它们由多个单词组合而成。为方便辨识，可使用下述通用规则。

- 变量名的第一个字母小写。
- 变量名中其他单词的第一个字母大写。
- 其他字母都小写。

下面的变量声明遵循了上述命名规则：

```
JButton loadFile;
int localAreaCode;
boolean quitGame;
```

这种格式被称为驼峰式大小写，因为其中的大写字母就像是驼峰。

虽然在变量名中可以使用下划线，但除非在特殊情况下，否则不应使用它。如整个变量名都是大写时，使用下划线将各个单词分开，如下所示：

```
static int DAYS_IN_WEEK = 7;
```

本章后面将介绍要将整个变量名都大写的原因。

虽然在变量名中可以使用美元符号，但在任何情况下都不应这样做。Java 官方文档建议不要使用它，因此程序员都遵循这个约定。

2.2.3 变量类型

除名称外，变量声明还必须包括变量存储的信息类型。

- 基本数据类型，如 int、boolean 等。
- 类名。
- 数组。

有关如何使用数组变量，将在第 4 章介绍。本章重点介绍其他变量类型。

1. 数据类型

Java 提供了 8 种基本数据类型，用于存储整数、浮点数、字符和布尔值。它们通常被称为简单类型（primitive type），因为它们是 Java 内置的而不是对象，因此更容易使用。不管在什么操作系统和平台上，这些数据类型的长度和特征都相同，这与其他编程语言的某些数据类型不同。

用于存储整数的数据类型有 4 种，它们可存储的数字范围各不相同，如表 2.1 所示。

表 2.1　　　　　　　　　　　　　　　　　整型

类型	长度（位）	取值范围
byte	8	−128～127
short	16	−32768～32767
int	32	−2147483648～2147483647
long	64	−9223372036854775808～9223372036854775807

所有这些类型都是有符号的，这意味着它们既可以存储正数，也可以存储负数。给变量指定哪种类型取决于需要存储的值的范围。所有这些整型变量都不能正确存储超出其取值范围的值，所以在指定类型时一定要注意。

另一种数值是浮点数，其类型为 float 或 double。浮点数是带小数点的数字。float 类型的取值范围为 1.4E-45～2.4E+38；double 类型的精度更高，其取值范围为 4.9E-324～1.7E+308。鉴于 double 的精度更高，因此它通常比 float 更佳。

char 类型用于存储单个字符，如字母、数字、标点符号或其他符号。

最后一种基本类型是 boolean。正如前面介绍过的，其取值为 true 或 false。

所有这些变量类型名都是小写的，在程序中必须这样使用它们，Java 中存在与这些数据类型名称相同，但大小写不同的类，如 Boolean 和 Double。由于它们是类，因此在 Java 程序中创建它们的方式不同。下一章将介绍如何使用这些特殊的类。

注意　　如果算上 void，Java 中实际上有 9 种基本类型。void 表示"空"（nothing），用于表示方法不返回任何值。

2. 类的类型

除基本数据类型外，变量的类型还可以是类，如下所示：

```
String lastName = "Hopper";
Color hair;
MarsRobot robbie;
```

当变量的类型为类时，它指的是这种类或其子类的一个对象。

在上述代码中，最后一条语句声明了一个名为 robbie 的变量，用于存储 MarsRobot 类的对象。下一章将介绍如何将对象和变量关联起来。

2.2.4　给变量赋值

声明变量后，可以用赋值运算符（=）给它赋值。下面是两个赋值语句的例子：

```
idCode = 8675309;
accountOverdrawn = false;
```

2.2.5 常量

如果需要存储程序运行时可以修改的信息，使用变量很有用。

对于在程序中始终不变的值，可使用常量（值保持不变的变量）进行储存。

在 Java 中，可以创建各种类型的常量：实例常量、类常量和局部常量。要声明常量，可在变量声明前加上关键字 final，并指定初始值，如下所示：

```
final double PI = 3.141592;
final boolean DEBUG = false;
final int PENALTY = 25;
```

可使用常量来表示对象的不同状态，然后测试这些状态。假设有一个这样的程序，它直接从数字键盘读取方向输入——8 表示向上，4 表示向左，6 表示向右，2 表示向下，则您可以将这些值定义为整型常量：

```
final int LEFT = 4;
final int RIGHT = 6;
final int UP = 8;
final int DOWN = 2;
```

常量让程序更容易理解。为了说明这一点，请思考下面哪条语句更清楚地说明了其功能：

```
guide.direction = 4;
guide.direction = LEFT;
```

注意

> 在上述语句中，常量名都为大写，如 DEBUG 和 LEFT，以表明这是常量而不是变量。虽然 Java 并未要求常量名必须大写，但最好采用这种做法。

常量名由多个单词组成时，将整个常量名都大写将导致各个单词难以区分辨认，如 ESCAPECODE。在这种情况下，应使用下划线（_）将各个单词分开，如下所示：

```
final int ESCAPE_CODE = 27;
```

本章要介绍的第一个项目是一个这样的 Java 应用程序：创建多个变量，给它们赋初始值，再输出它们的值。请启动 NetBeans，并按如下步骤新建一个 Java 程序。

1. 选择菜单 File > New File 打开 New File 对话框。
2. 在 Categories 窗格中选择 Java。
3. 在 File Type 窗格中选择 Empty Java File，再单击 Next 按钮，打开 Empty Java File 对话框。
4. 在文本框 Class Name 中输入 Variables，这将把源代码文件命名为 Variables.java。
5. 在文本框 Package 中输入 org.cadenhead.java21。
6. 单击 Finish 按钮。

在源代码编辑器中，输入程序清单 2.1 所示的源代码。

程序清单 2.1 完整的 Variables.java 源代码

```
1: package com.java21days;
2:
3: public class Variables {
4:
5:     public static void main(String[] arguments) {
6:         final char UP = 'U';
7:         byte initialLevel = 12;
8:         short location = 13250;
9:         int score = 3500100;
```

```
10:        boolean newGame = true;
11:
12:        System.out.println("You have reached level " + initialLevel
13:            + " with a score of " + score + " at location " + location + ".");
14:        System.out.println("Press " + UP + " to go up.");
15:        System.out.println("Is this a new game? " + newGame);
16:    }
17: }
```

选择菜单 File > Save 将该文件保存。NetBeans 将自动编译该应用程序——如果没有错误。选择菜单 Run > Run File 以运行该程序，其输出结果如图 2.1 所示。

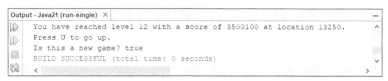

图 2.1　创建变量并输出它们的值

类所属的包是使用 `package` 语句指定的，这种语句必须位于 Java 程序的第一行：

```
package com.java21days;
```

这个类使用了 4 个局部变量和 1 个常量，并在第 12～15 行使用 `System.out.println()` 来进行输出。

`System.out.println()` 是一个用于在屏幕上显示字符串和其他信息的方法。这个方法接收一个参数：一个字符串。为了将多个变量或字面量作为 `println()` 的参数，使用运算符(+)将它们合并成一个字符串。

Java 还提供了方法 `System.out.print()`，它不在字符串后以换行符结束。要在同一行显示多个字符串，可连续调用方法 `print()`，而不是 `println()`。

2.3　注释

提高程序的可读性最有效的方式之一是使用注释——程序中说明代码作用的文本。Java 编译器在生成 Java 源代码文件的字节码版本（可被 JVM 运行的类）时会忽略注释，因此使用注释不会对程序造成任何危害。

在 Java 程序中，可以使用 3 种不同的注释。

单行注释以两个斜杠(//)开头。从这两个斜杠到行尾的所有内容都是注释，Java 编译器将忽略它们，如下面的语句所示：

```
int creditHours = 3; // set up credit hours for course
```

在编译器看来，上述代码行与下面的代码等效：

```
int creditHours = 3;
```

多行注释以/*开头，以*/结尾。这两个分隔符之间的所有内容（可以横跨多行）都被视为注释，如下所示：

```
/* This program occasionally deletes all files on
your hard drive and renders it unusable
forever when you click the Save button. */
```

Javadoc 注释以/**开头，以*/结尾。这两个分隔符之间的内容都被视为用于描述类及其方法的官方文档。

　　Javadoc 注释可被实用程序（如 JDK 中的 `javadoc`）读取。Javadoc 使用这种注释来创建网页，用于说明 Java 类的功能、指出 Java 类在继承层次结构中的位置、描述其每个方法。

提示	Java 类库中每个类的官方文档都是根据 Javadoc 注释生成的。有关如何使用工具 `javadoc` 的更详细信息，请参阅附录 E。

2.4 字面量

　　除变量外，还可以在 Java 语句中使用字面量。字面量可以是任何直接表示一个值的数字、文本或其他信息。

　　下面的赋值语句使用了字面量：

```
int year = 2019;
```

　　其中的字面量 2019 表示整数值 2019。数字、字符和字符串都是字面量。Java 有一些特殊类型的字面量，它们表示各种数字、字符、字符串和布尔值。

2.4.1 数字字面量

　　Java 有几种整型字面量。例如，数字 4 是一个 `int` 类型的整型字面量，可将其赋给 `byte` 或 `short` 类型的变量，因为它足够小，在这些整数类型的取值范围内。位于 `int` 取值范围之外的整型字面量将被视为 `long` 类型。也可以在字面量后面加上字母 `L`（或小写形式 `l`）来指出其类型为 `long`。例如，下面的语句将 4 视为一个 `long` 类型：

```
pennyTotal = pennyTotal + 4L;
```

　　该语句给变量 `pennyTotal` 的当前值加上 `long` 型字面量 4。

　　要表示负的数字字面量，可在前面加上负号（-），如-45。

　　浮点数字面量使用句点(.)表示小数点。下面的语句使用字面量来设置一个 `double` 类型变量的值：

```
double average = .344;
```

　　所有的浮点数字面量都被视为 `double` 类型，而不是 `float` 类型。要将字面量的类型指定为 `float`，可在其后面加上字母 `F`（或小写形式 `f`），如下所示：

```
float piValue = 3.1415927F;
```

　　在浮点数字面量中，可以使用指数表示法，即使用字母 `e`（或大写形式 `E`），而指数可以是负数。下面的语句使用了指数表示法：

```
double x = 12e22;
double y = 19E-95;
```

　　对于值很大的整型字面量，为提高其可读性，可在其中添加下划线（_）。这种下划线的作用与表示千分位的逗号相同，旨在让数字更易读。请看下面两条语句，其中一条的字面量使用了下划线：

```
int jackpot = 3500000;
int jackpot = 3_500_000;
```

　　其中两个字面量的值都是 3500000，但第 2 条语句更清晰。Java 编译器会忽略这样的下划线。

Java 也支持使用二进制、八进制和十六进制表示的数字字面量。

二进制是以 2 为基数的计数系统，这意味着每位只能是 0 或 1。对计算机来说，由 0 和 1 组成的值最简单，也是基本的计算部分。在二进制中，从 0 开始依次为 0、1、10、11、100、101 等。每个 0 或 1 称为 1 个位，8 位为 1 字节。二进制字面量以 0b 开头，如 0b101（十进制值 5）、0b11111111（十进制值 127）。

八进制是以 8 为基数的计数系统，这意味着每位只能是 0 和 7 之间的值。在八进制数中，第 8 个数是 10。八进制字面量以 0 开头，因此 010 表示十进制值 8，012 表示十进制值 10，而 020 表示十进制值 16。

十六进制是以 16 为基数的计数系统，每位可能的取值为 16 个。字母 A~F 表示最后的 6 个数字，因此这 16 个数依次为 0、1、2、3、4、5、6、7、8、9、A、B、C、D、E、F。十六进制字面量以 0x 开头，如 0x12（十进制值 18）或 0xFF（十进制值 255）。

对有些编程任务而言，采用八进制和十六进制比采用十进制更合适。如果您曾设置过网页元素的颜色，可能使用过十六进制数，如 0x001100（绿色）、0x000011（蓝色）和 0xFFCC99（奶油硬糖色）。

2.4.2 布尔字面量

布尔值 true 和 false 也是字面量。boolean 变量的取值只能是 true 或 false。
下面的语句给一个 boolean 变量赋值：

```
boolean chosen = true;
```

警告 如果您使用过其他语言，如 C 语言，则可能认为 1 和 true 等价，而 0 和 false 等价。在 Java 中，情况并非如此，必须使用值 true 和 false 来表示布尔值。

注意字面量 true 并不需要用引号引起。如果被引号引起，则 Java 编译器会将其视为字符串。

2.4.3 字符字面量

字符字面量是用单引号引起来的单个字符，如 'a'、'#' 和 '3'。您也许熟悉 ASCII 字符集，它包括 128 个字符，其中有数字、字母、标点符号和其他对计算有帮助的符号。Java 使用 16 位的 Unicode 标准，除 ASCII 字符外，还支持其他数以千计的字符。

有些字符字面量表示的是非打印字符或不能通过键盘输入的字符。表 2.2 列出了一些特殊编码，它们用于表示这些特殊字符和 Unicode 字符集中的字符。

表 2.2 字符的转义编码

转义字符	含义
\n	换行
\t	水平制表符
\b	退格
\r	回车
\f	换页
\\	反斜杠
\'	单引号
\"	双引号
\d	八进制
\xd	十六进制
\ud	Unicode 字符

表 2.2 的八进制、十六进制和 Unicode 转义编码中，字母 d 表示一个数字或十六进制数字（a~f 或 A~F）。您在本章前面见到过一个这样的编码，那就是\u000——字符变量的默认值。

2.4.4　字符串字面量

可在 Java 程序中使用的最后一种字面量为字符串字面量。Java 中的字符串是一种对象，而不是一种基本数据类型。同时，字符串不像其他编程语言（如 C 语言）中那样存储在数组中。

由于在 Java 中字符串为对象，因此存在用于合并和修改字符串，以及判断两个字符串是否等值的方法。

字符串字面量是用双引号引起来的一系列字符，如下所示：

```
String quitMsg = "Are you sure you want to quit?";
String password = "drowssap";
```

字符串中可以包含表 2.2 列出的转义字符，如下所示：

```
String example = "Socrates asked, \"Hemlock is poison?\"";
System.out.println("Sincerely,\nMillard Fillmore\n");
String title = "Sams Teach Yourself Node in the Commode\u2122";
```

在上述最后一行代码中，在支持 Unicode 的设备上，Unicode 编码序列\u2122 将生成一个 ™ 符号。

警告

> 虽然 Java 支持对 Unicode 字符的传输，但要在程序运行时显示这些字符，计算机（或移动设备）也必须支持 Unicode。Unicode 提供了一种对字符进行编码的方式，可用于支持该标准的系统。Java 支持任何 Unicode 字符的输出，只要该字符能够被主机的某种字体表示出来。
>
> 有关 Unicode 的更详细的信息，请访问 Unicode 联盟网站。

虽然在程序中使用字符串字面量的方式与其他字面量类似，但 JVM 在后台对它们的处理是不一样的。

对于字符串字面量，Java 将其存储为 String 对象。您不必像使用其他对象那样，显式地创建一个新对象，因此字符串字面量使用起来与基本数据类型一样简单。从这种意义上说，字符串与众不同——基本数据类型都不会被存储为对象。本章后面将更详细地介绍字符串和 String 类。

2.5　表达式和运算符

表达式是一条能够提供值的语句。最常见的是数学表达式，如下所示：

```
int x = 13;
int y = x;
int z = x * y;
```

这 3 条语句都是表达式——它们提供了可被赋给变量的值。第 1 条语句将字面量 13 赋给变量 x。第 2 条语句将变量 x 的值赋给变量 y。在第 3 条语句中，乘法运算符*用来将 x 和 y 相乘，结果存储在变量 z 中。

表达式可以是变量、字面量和运算符的任何组合，也可以是方法调用，因为方法能够将一个值返回给调用它的类或对象。

表达式提供的值称为返回值。在 Java 程序中，可将这个值赋给变量或以其他方式使用。

大多数 Java 表达式使用了运算符，如*。运算符是一些特殊符号，用于数学函数、赋值语句和逻辑比较。

2.5.1 算术运算符

在 Java 中，有 5 种用来完成基本算术运算的运算符，如表 2.3 所示。

表 2.3 算术运算符

运算符	含义	例子
+	加	3+4
–	减	5–7
*	乘	5*5
/	除	14/7
%	求模	20%7

每个运算符都有两个操作数，分别位于运算符两侧。减法运算符也可以用来对单个操作数求反，即将操作数与–1 相乘。

使用除法时，要注意操作数的类型。如果将除法运算的结果存储在整型变量中，结果将向下取整，因为 int 类型不能处理浮点数。例如，如果将结果存储在 int 变量中，则表达式 31/9 的结果为 3。

使用运算符%的求模运算得到的是除法运算的余数。例如，31%9 的结果是 4，因为 31 被 9 除的余数是 4。

需要指出的是，很多针对整数的算术运算的结果为 int 类型的值，而不管操作数是什么类型。处理其他类型的数值，如浮点数或长整型数时，应确保操作数的类型与所需结果的类型相同。

接下来要创建的项目是一个 Java 类（Weather），它演示了如何使用 Java 执行简单的算术运算。为此，在 NetBeans 中新建一个空 Java 文件，将其命名为 Weather 并放在 com.java21days 包中，再在源代码编辑器中输入程序清单 2.2 所示的源代码。输入完毕后选择菜单 File > Save 将这个文件保存。

程序清单 2.2　完整的 Weather.java 源代码

```
 1: package com.java21days;
 2:
 3: public class Weather {
 4:     public static void main(String[] arguments) {
 5:         float fah = 86;
 6:         System.out.println(fah + " degrees Fahrenheit is ...");
 7:         // To convert Fahrenheit into Celsius
 8:         // begin by subtracting 32
 9:         fah = fah – 32;
10:         // Divide the answer by 9
11:         fah = fah / 9;
12:         // Multiply that answer by 5
13:         fah = fah * 5;
14:         System.out.println(fah + " degrees Celsius\n");
15:
16:         float cel = 33;
17:         System.out.println(cel + " degrees Celsius is ...");
18:         // To convert Celsius into Fahrenheit
19:         // begin by multiplying by 9
20:         cel = cel * 9;
21:         // Divide the answer by 5
22:         cel = cel / 5;
23:         // Add 32 to the answer
24:         cel = cel + 32;
25:         System.out.println(cel + " degrees Fahrenheit");
26:     }
27: }
```

选择菜单 Run > Run File 运行该程序，它将生成图 2.2 所示的输出。

图 2.2　使用表达式对温度进行转换

该 Java 应用程序使用算术运算符将华氏温度转换为摄氏温度。

- **第 5 行**：声明浮点变量 `fah`，并将其初始化为 86。
- **第 6 行**：输出 `fah` 的当前值。
- **第 7 行**：第一个注释，解释了该程序的功能。这些注释将被 Java 编译器忽略。
- **第 9 行**：将 `fah` 的值减去 32。
- **第 11 行**：将 `fah` 的值除以 9。
- **第 13 行**：将 `fah` 的值乘以 5。
- **第 14 行**：将转换为摄氏温度后的 `fah` 的值输出。

第 16~25 行与此类似，但执行相反的转换——将摄氏温度转换为华氏温度。

2.5.2　再谈赋值

给变量赋值的语句是一个表达式，因为它生成一个值。利用这种语言特性，可以使用下面这种不同寻常的方式将赋值语句连在一起：

```
x = y = z = 7;
```

执行这条语句后，3 个变量（`x`、`y` 和 `z`）的值最后都为 7。

在赋值之前，将首先计算赋值表达式的右侧。因此，可以像下面这样使用表达式：

```
int x = 5;
x = x + 2;
```

在表达式 `x = x + 2` 中，首先计算 `x+2`；再将结果（7）赋给变量 `x`。

使用表达式给变量赋值是一种常见的编程方式。有几个专门用于这方面的运算符。

表 2.4 列出了这些赋值运算符及与其等效的表达式。

表 2.4　　　　　　　　　　　　　　　　　　　　赋值运算符

表达式	含义
x += y	x = x+y
x -= y	x = x-y
x *= y	x = x*y
x /= y	x = x/y

这些简化的赋值运算符与它们所代表的更长的赋值语句等效。然而，如果赋值语句的一侧是复杂的表达式，将出现不再等效的情况。

警告

如果 x 等于 20，y 等于 5，下面两条语句的结果将不同：

```
x = x / y + 5;
x /= y + 5;
```

其中第一条语句 x 的值为 9，而第二条语句 x 的值为 2。有疑问时，应使用多条赋值语句来简化表达式，而不要使用简化的运算符。

2.5.3 递增和递减运算符

一种常见的编程是将整型变量加 1 或减 1。有专门用于完成这种运算的运算符：递增和递减运算符。对变量做递增运算意味着将它的值加 1，做递减运算意味着减 1。

递增运算符是++，递减运算符是--。这些运算符位于变量名的前面或后面，如下所示：

```
int x = 7;
x++;
```

其中语句 x++将变量 x 的值从 7 增加到 8。

递增和递减运算符也可放在变量名前面，这将影响表达式的结果。

如果递增和递减运算符位于变量名前面，则被称为前缀运算符；如果位于变量名后面，则被称为后缀运算符。

在简单表达式（如 counts--;）中，无论使用前缀运算符还是后缀运算符，结果都相同，因此它们可以互换。然而，当递增和递减运算符被用于更复杂的表达式中时，选择前缀运算符还是后缀运算符至关重要。

请看下面的代码：

```
int x, y, z;
x = 42;
y = x++;
z = ++x;
```

上述两个表达式由于前缀运算符和后缀运算符的差别将产生完全不同的结果。

使用后缀运算符时，先使用变量的值，再将变量递增或递减。因此，在 y = x++中，先将 x 的值赋给 y，再将 x 的值加 1。

使用前缀运算符时，先将变量递增或递减，再使用变量的值。因此，在 z = ++x 中，先将 x 的值加 1，再将 x 的值赋给 z。

上述代码的最终结果是，y 等于 42，z 等于 44，x 等于 44。

如果对此还不清楚，下面的例子通过注释描述了每一步的情况：

```
int x, y, z; // x, y, and z are declared
x = 42;      // x is given the value 42
y = x++;     // y is given x's value before it is incremented (42)
             // and x then is incremented to 43
z = ++x;     // x is incremented to 44, then z is given x's value
```

警告 在特别复杂的表达式中使用递增运算符和递减运算符时，很可能得到意外的结果。"在 x 自增之前将 x 的值赋给 y"这一概念不再完全正确，因为 Java 总是先计算表达式右侧的内容，然后再把结果赋给表达式左侧的变量。Java 在处理表达式之前会存储一些值，以便后缀运算符能够像本节介绍的那样工作。当包含前缀运算符和后缀运算符的复杂表达式的结果不同于您的期望时，请将该表达式拆分成多个语句，以简化它。

2.5.4 比较运算符

Java 有几种可用于变量之间、变量和字面量（或其他类型的信息）之间进行比较的运算符。

这些运算符用于返回布尔值（true 或 false）的表达式，表达式的返回值取决于比较的结果为真还是为假。表 2.5 列出了这些比较运算符。

表 2.5	比较运算符	
运算符	含义	例子
= =	相等	x==3
!=	不相等	x!=3
<	小于	x<3
>	大于	x>3
<=	小于或等于	x<=3
>=	大于或等于	x>=3

下面的例子演示了比较运算符的用法：

```
boolean isHip;
int age = 37;
isHip = age < 30;
```

表达式 age<30 的结果为 true 还是 false 取决于 age 的值。由于这里的 age 为 37（比 30 大），因此 isHip 为布尔值 false。

2.5.5 逻辑运算符

结果为布尔值的表达式（如比较运算）可以被组合成更加复杂的表达式。这是通过逻辑运算符来实现的，逻辑运算符用于逻辑组合：AND、OR、XOR 和逻辑 NOT。

对于 AND 组合，可使用逻辑运算符&或&&。当两个布尔表达式通过&或&&组合在一起后，仅当两个布尔表达式都为真时，整个表达式的结果才为 true。

请看下面的例子：

```
boolean extraLife = (score > 75000) & (playerLives < 10);
```

这个表达式将两个比较表达式（score > 75000 和 playerLives <10）组合在一起。如果这两个表达式都为真，则 true 被赋给变量 extraLife；在其他情况下，false 被赋给 extraLife。

&和&&之间的差别在于 JVM 对组合表达式所做的工作量。如果使用&，则不管什么情况下，&两边的表达式都将被计算；如果使用&&，则当左边的表达式为 false 时，将不计算右边的表达式。

因此，&&的效率更高，它不做不必要的工作。在前面的代码示例中，如果 score 不比 75000 大，就根本不需要考虑 playLives 是否小于 10。

对于 OR 组合，可使用逻辑运算符|或||。如果运算符两边的任何一个布尔表达式为真，则组合表达式的结果为 true。

请看下面的例子：

```
boolean extralife = (score > 75000) || (playerLevel == 0);
```

该表达式合并了两个比较表达式：score > 75000 和 playerLevel == 0。只要这两个表达式中的任何一个为真，true 就被赋给变量 extraLife；仅当这两个表达式都为 false 时，false 才被赋给 extraLife。

注意，这里使用的是||，而不是|。因此，如果 score > 75000 为真，则变量 extraLife 将被设置成 true，而根本不会计算第二个表达式。

　　用于 XOR 合并的逻辑运算符只有一个：^。仅当被合并的两个布尔表达式的值相反时，整个表达式的结果才为 true；如果两个表达式都为真或都为假，则^运算符的结果为 false。

　　NOT 组合使用逻辑运算符!，后面跟一个表达式。它对布尔表达式的值求反，这与用负号来改变数字的符号类似。例如，如果 age<30 的结果为 true，则!(age<30)的结果将为 false。

　　在本书后面，您将大量地使用这些逻辑运算符，尤其是在第 5 章。

2.5.6　运算符优先级

　　当表达式中有多个运算符时，Java 有一套优先级规则用来判断运算符的执行顺序。在许多情况下，优先级决定了整个表达式的最终值。

　　例如，请看下面的表达式：

```
y = 6 + 4 / 2;
```

　　变量 y 的值为 5 还是 8 取决于哪个算术运算先被处理。如果先计算表达式 6+4，则 y 的值为 5；否则为 8。

　　通常，运算从先到后的顺序如下。

1. 递增和递减运算。
2. 算术运算。
3. 比较运算。
4. 逻辑运算。
5. 赋值运算。

　　如果两个运算的优先级相同，则左边的比右边的先被处理。表 2.6 列出了 Java 中众多运算符的优先级，排在越前面的运算符优先级越高。

表 2.6　运算符优先级

运算符	说明
. [ ] ( )	圆括号（( )）用来将表达式分组；句点（.）用来访问对象和类中的方法和变量；方括号（[ ]）用于数组
++ -- ! ~ instanceof	instanceof 运算符返回 true 或 false 值，这取决于该对象是否属于指定的类或其子类的一个实例
new (type)expression	new 运算符用来创建类的新实例；( )部分用于将值转换为另一种类型
* / %	乘法、除法和求模运算
+ -	加法和减法
<< >> >>>	按位左移和右移
< > <= >=	关系比较
== !=	相等和不相等
&	AND
^	XOR
|	OR
&&	逻辑 AND
||	逻辑 OR
?:	三目运算符
= += -= *= /= %= ^=	简写的赋值运算
&= |= >>= >>>=	简写的赋值运算

表 2.6 中的多种运算符都将在本书后面介绍。

再看表达式 y=6+4/2，由表 2.6 可知，除法先于加法计算，因此 y 的值为 8。

要改变表达式求值的顺序，可以用圆括号将需要先计算的表达式括起来。可以嵌套圆括号以确保按照所需的顺序对表达式进行求值——最内侧的圆括号内的表达式最先被计算。

下述表达式的结果为 5：

```
y = (6 + 4) / 2
```

因为先计算 6+4，得到 10，再除以 2，结果为 5。

圆括号还可以提高表达式的可读性。如果不能一眼看出表达式的优先级，可以添加圆括号来强制转换为希望的优先级，使语句更容易理解。

2.6 字符串运算

正如本章前面指出的，在数学领域之外，运算符 "+" 有另一种功能：拼接多个字符串。

在前面的一些代码示例中，您已经看到了像下面这样的语句：

```
String brand = "Jif";
System.out.println("Choosy mothers choose " + brand);
```

这两行代码将输出下述文本：

```
Choosy mothers choose Jif
```

运算符 "+" 将字符串、其他对象和变量合并为一个字符串。在上面的例子中，将字面量"Choosy mothers choose "与 String 对象 brand 的值合并在一起。

在 Java 中，拼接运算符的用法很简单，因为运算符 "+" 将任何类型的变量和对象值都作为字符串进行处理。如果拼接运算的任何一个部分是 String 对象或字符串字面量，则其他所有元素都将被当作字符串进行处理：

```
System.out.println(4 + " score and " + 7 + " years ago");
```

这将产生文本输出 4 score and 7 years ago，就像整数字面量 4 和 7 是字符串一样。

也可以用简化运算符+=在字符串末尾添加内容。例如，请看下面的表达式：

```
String myName = "Robert Downey";
myName += " Jr.";
```

这个表达式等效于：

```
myName = myName + " Jr.";
```

在这个例子中，"+=" 修改了 myName 的值（原来是 Robert Downey）——在后面添加 Jr.（因此变成 Robert Downey Jr.）。

表 2.7 总结了本章介绍的运算符。

表 2.7 运算符小结

运算符	含义
+	加
-	减
*	乘

续表

运算符	含义
/	除
%	求模
<	小于
>	大于
<=	小于或等于
>=	大于或等于
==	相等
!=	不相等
&&	逻辑 AND
‖	逻辑或 OR
!	逻辑非 NOT
&	AND
		OR
^	XOR
=	赋值
++	递增
— —	递减
+=	相加然后赋值
—=	相减然后赋值
*=	相乘然后赋值
/=	相除然后赋值
%=	求模然后赋值

2.7 总结

在本章中，您看到了 Java 中的基本元素。而语句和表达式让您能够创建高效的方法，进而创建出高效的对象和类。

您学习了如何创建变量并给它赋值，还学习了使用字面量来表示数字、字符和字符串值，以及如何使用运算符。在第 3 章中，您将利用这些知识来开发类。

2.8 问与答

问：如果将一个超出变量取值范围的整数值赋给该变量，将发生什么情况？

答：从逻辑上说，您可能认为该变量将被转换为与之接近的更大类型，但情况并非如此。相反，将发生溢出，即从一个极端回到另一个极端。例如，byte 变量的值从 127（可接受的值）变为 128（不可接受）时，将转到最小的可接受值，即–128，然后往上增大。我们并不希望程序中发生溢出，因此将值赋给数值变量时，不应超过其所属数据类型的取值范围。

在计算机的内存很小的时代，使用 byte 等较短的数据类型显得很重要。当前，计算机配置了大量内存和硬盘空间，其大小以太字节（Terabyte）计，因此最好使用较长的数据类型，如 int 类型，这样可确保变量有足够的空间存储所有可能的值。

问：为什么 Java 包含用于算术运算和赋值的简化运算符？明明它们不太好阅读。

答：Java 的语法是基于 C++的，而后者又是基于 C 语言的。C 语言是一门专家语言，它更重视功能，而不是可读性，简化运算符便是这种设计思想的产物之一。并不是非得在程序中使用它们，因为可以采用其他方式。如果愿意，可以在程序中尽量避免使用它们。然而，等您对 Java 更熟悉后，很可能会发现这些简化运算符与完整版一样容易理解。

问：创建程序时，如果没有在其中包含 package 语句，是否意味着它们不会放在包中？

答：所有 Java 程序都归属于某个包。程序包含 package 语句时，它将归属于指定的包；本章创建的程序都归属于 com.java21days 包。

不包含 package 语句的程序归属于未命名的默认包。虽然可以在这个未命名的包中创建程序，但对于使用 Java 创建的每个程序，最好都指定它所属的包。

2.9 小测验

请回答下述 3 个问题，以复习本章介绍的内容。

2.9.1 问题

1. 下面哪个字面量是合法的布尔值？
   A. "false"
   B. false
   C. 10
2. 下面哪条不属于 Java 的变量命名约定？
   A. 除第一个单词外，变量名中其他单词的首字母都大写
   B. 变量名的第一个字母小写
   C. 所有字母都大写
3. 下面哪种数据类型的取值范围为−32768～32767？
   A. char
   B. byte
   C. short

2.9.2 答案

1. B。在 Java 中，布尔值只能为 true 或 false。用引号将这些值括起来时，它们将被视为 String 类型，而不是布尔值。
2. C。常量名全部大写，以便将其与变量区分开来。
3. C。这是基本数据类型 short 的取值范围。

2.10 认证练习

下面的问题是 Java 认证考试中可能出现的问题，请不要查看本章的内容回答该问题。
下面哪组数据类型能够存储 3000000000（30 亿）？
A. short、int、long、float

B. `int`、`long`、`float`
C. `long`、`float`
D. `byte`

2.11 练习

为巩固本章介绍的知识，请尝试完成下面的练习。

1. 创建一个程序，计算 14000 美元的投资在 3 年后值多少。假设第一年增值 40%，第二年损失 1500 美元，第三年又增值 12%。

2. 编写一个程序，该程序显示两个数字，并使用 / 和 % 来输出它们相除后的商和余数。输出时，使用转义字符 \t 来输出制表符，将商和余数分开。

第 3 章
对象

Java 是一种面向对象的编程语言。在 Java 中，您主要使用对象来完成任务。您创建对象，修改和移动它们，修改其变量，调用其方法，将它们与其他对象合并起来。您开发类，使用这些类来创建对象，并将它们与其他类和对象一起使用。

本章将大量地使用对象，主要包括如下任务。

- 创建新对象。
- 测试和修改对象的类变量和实例变量。
- 调用对象的方法。
- 将对象从一个类转换为另一个类。

3.1 创建新对象

编写 Java 程序时，将定义一系列的类。正如第 1 章中介绍的，类是用来创建对象的模板。对象（也叫实例）是程序的独立元素，包含相关的特性和数据。在 Java 中，您使用类创建实例，然后对实例进行操作，因此本节将介绍如何使用类来创建新的对象。

还记得上一章介绍的字符串吗？使用字符串字面量（用双引号引起来的字符序列）可以创建新的 String 类的实例，该实例的值为该字符串。

从这种意义上说，String 类与众不同。虽然它也是一个类，但可以将字面量赋给它，就像基本数据类型一样。这种做法只适用于 String 类和表示基本数据类型的类，如 Integer 和 Double。要创建其他类的实例，需要使用 new 运算符。

> **注意**　　数字和字符的字面量又如何呢？它们也会创建对象吗？不会。数字和字符基本数据类型创建数字和字符，但为提高效率，它们不是对象。在第 5 章，您将学习如何使用对象来表示基本类型值。

3.1.1 使用 new 运算符

要创建新对象，可以使用 new 运算符和要创建的对象所属类的名称，并加上圆括号，如下面 3 个例子所示：

```
String name = new String("Kamala Khan");
URL address = new URL("https://www.epubit.com");
MarsRobot robbie = new MarsRobot();
```

圆括号很重要，不能省略。括号里可以为空，在这种情况下，创建的将是最简单的对象；也可以包含参数，这些参数决定了对象的实例变量的初始值和其他初始量。

下面的例子演示如何在创建对象时提供参数：

```
Random seed = new Random(606843071);
Point pt = new Point(0, 0);
```

圆括号中可包含的参数个数和类型由类本身决定，这是通过一种叫作构造函数（constructor）的特殊方法定义的（本章后面将更详细地介绍构造函数）。如果您使用类创建对象时，提供的参数的数目和类型不正确（或者在需要参数时，您没有提供），则编译程序时将出错。

本章的第一个项目将演示使用不同数目和类型的参数创建不同类型的对象。`java.util` 包中的 `StringTokenizer` 类将一个字符串划分为一系列叫作标记（token）的短字符串。

可以通过将某个字符或多个字符作为分隔符，来将字符串划分为多个标记。例如，使用斜杠字符（/）作为分隔符时，文本 **02/20/67** 可被划分为 3 个标记：**02**、**20** 和 **67**。

本章的第一个项目是一个这样的 Java 应用程序：使用字符串标记来分析股价数据。在 NetBeans 中，新建一个空 Java 文件，将其命名为 `TokenTester` 并放在 `com.java21days` 包中，再输入程序清单 3.1 所示的源代码。该程序使用 `new` 运算符以两种不同的方式创建 `StringTokenizer` 对象，然后显示每个对象包含的标记。

程序清单 3.1　完整的 TokenTester.java 源代码

```
 1: package com.java21days;
 2:
 3: import java.util.StringTokenizer;
 4:
 5: class TokenTester {
 6:
 7:     public static void main(String[] arguments) {
 8:         StringTokenizer st1, st2;
 9:
10:         String quote1 = "TWTR 37.14 7.28";
11:         st1 = new StringTokenizer(quote1);
12:         System.out.println("Token 1: " + st1.nextToken());
13:         System.out.println("Token 2: " + st1.nextToken());
14:         System.out.println("Token 3: " + st1.nextToken());
15:
16:         String quote2 = "RHT@185.98@80";
17:         st2 = new StringTokenizer(quote2, "@");
18:         System.out.println("\nToken 1: " + st2.nextToken());
19:         System.out.println("Token 2: " + st2.nextToken());
20:         System.out.println("Token 3: " + st2.nextToken());
21:     }
22: }
```

选择菜单 File > Save 或单击 NetBeans 工具栏中的 Save All 按钮，将这个文件保存。选择菜单 Run > Run File 运行该应用程序，其输出结果如图 3.1 所示。

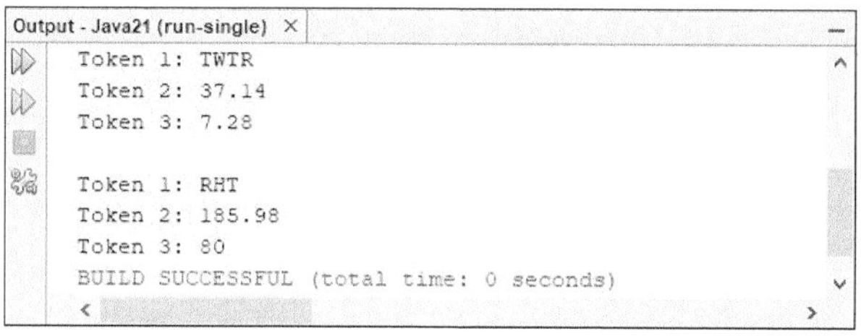

图 3.1　输出 StringTokenizer 对象中的标记

在这个应用程序中，创建了两个不同的 **StringTokenizer** 对象，这是通过给构造函数提供不同的参数实现的。

第一个对象是使用一个参数（名为 quote1 的 **String** 对象）创建的（第 11 行），即创建了一个使用默认分隔符的 **StringTokenizer** 对象。默认分隔符包括空格、制表符、换行符、回车和换页符。

如果字符串包含默认分隔符中的任何一种字符，该字符都将被用来划分标记。由于字符串 **quote1** 中包含空格，因此将使用空格来划分标记。第 12~14 行输出了第 11 行创建的 **StringTokenizer** 对象的 3 个标记：**TWTR**、**37.14** 和 **7.28**。

第 16 行构造第二个 **StringTokenizer** 对象时，提供了两个参数：**String** 对象 quote2 和字符@。第二个参数指定将字符@作为标记间的分隔符。第 17 行创建的 **StringTokenizer** 对象包括 3 个标记：**RHT**、**185.98** 和 80。

3.1.2 对象是如何创建的

当您使用运算符 new 时，将发生如下几件事：创建给定类的实例，为它分配内存，调用给定类定义的一种特殊方法。这种特殊方法叫作构造函数。

一种创建新实例的方式是使用构造函数。构造函数初始化新对象及其变量，创建该对象所需的其他对象，并执行初始化该对象所需的其他操作。

同一个类可以有多个构造函数，每个构造函数的参数数目和类型各不相同。使用 new 运算符创建对象时，您可以在参数列表中指定不同的参数，这样将调用相应的构造函数。

在程序 **TokenTester** 中，之所以能够以不同方式使用 new 运算符来完成不同的工作，是因为 **StringTokenizer** 类定义了多个构造函数。创建自己的类时，您可以根据需要定义任意数目的构造函数，以实现类的不同行为。

在同一个类中，两个构造函数的参数数目和类型不能都相同，因为参数数目和类型是区分构造函数的唯一途径。

如果类没有定义任何构造函数，那么创建这个类的对象时，默认将调用没有参数的构造函数。这个构造函数所做的唯一工作是，调用其超类中不接收任何参数的构造函数。

| **警告** | 只有没有定义任何构造函数的类才有默认构造函数。只要您在类中定义了一个构造函数，就不会再它有不带任何参数的默认构造函数。 |

3.1.3 内存管理

如果您熟悉其他面向对象编程语言，也许会问：是否有一个与 new 对应的运算符，用于在对象不再需要时将其释放？

在 Java 中，内存管理是动态的、自动的。当您创建新对象时，Java 自动为该对象分配适当数量的内存，您不必显式地为对象分配内存。这项工作由 Java 虚拟机完成。

由于内存管理是自动的，因此使用完对象后，您不必释放它占用的内存。在大多数情况下，当您使用完对象后，Java 能够判断出该对象已经不再有任何活动的引用（该对象没有被赋给任何正在使用的变量或被存储在数组中）。

程序运行时，Java 虚拟机定期地查找未用的对象，并回收这些对象占用的内存，这就是 Java 的垃圾回收机制，它是完全自动的。您不必显式地释放对象占用的内存，只需确保不再占用要删除的对象。

这是 Java 明显优于 C++的特性之一。在 C++中，程序员忘记销毁对象而导致的内存泄漏是程序崩溃的最常见原因之一。

3.2 使用类变量和实例变量

至此，您能够创建包含类变量和实例变量的对象，但如何使用这些变量呢？类变量和实例变量的用法在很大程度上与前一章介绍的局部变量相同，您可以将它们用于表达式中，在语句中给它们赋值，等等。只是引用类变量和实例变量的方式稍有不同。

3.2.1 获取值

要获取实例变量的值，可以使用句点表示法。实例变量和类变量由两个部分组成。

- 句点运算符（.）左边为对象和类的引用。
- 句点右边为变量。

句点表示法是引用对象的实例变量和方法的一种方式。

例如，如果有名为 customer 的对象，而该对象有一个名为 orderTotal 的变量，则可以这样引用该变量：

```
float total = customer.orderTotal;
```

这条语句将对象 customer 的实例变量 orderTotal 的值赋给浮点变量 total。

以句点表示法访问变量的语句是表达式（返回一个值），句点的两边也都是表达式。这意味着可以嵌套实例变量的访问。

在前面的例子中，如果 customer 对象是 store 类的实例变量，则可使用两次句点表示法来访问 customer 的实例变量 orderTotal，如下面的语句所示：

```
float total = store.customer.orderTotal;
```

句点表达式是从左向右求值的，因此首先得到的是 store 的实例变量 customer，而 customer 本身包含实例变量 orderTotal。因此最后的结果是，将变量 orderTotal 的值赋给变量 total。

以这种方式串接对象时需要注意的一点是，如果被串接的任何对象没有值就将引发错误。如果没有将变量 store 的值设置为一个对象，上面的代码行将引发 NullPointerException 错误。类似这样的错误将在第 7 章更详细地介绍。

3.2.2 设置值

要使用句点表示法给实例变量赋值，可使用运算符=，就像给基本类型变量赋值一样。下面的语句使用了句点表示法：

```
customer.layaway = true;
```

这条语句将布尔实例变量 layaway 的值设置为 true。

程序清单 3.2 所示的程序 Pointsetter 用于检测并修改 Point 对象的实例变量。Point 对象位于 java.awt 包中，表示一个包含 x 和 y 值的坐标点。

在 NetBeans 中，新建一个空 Java 文件，将其命名为 Pointsetter 并放在 com.java21days 包中，再输入程序清单 3.2 所示的源代码并保存。

程序清单 3.2　完整的 Pointsetter.java 源代码

```
1: package com.java21days;
2:
3: import java.awt.Point;
```

```
 4:
 5: class PointSetter {
 6:
 7:     public static void main(String[] arguments) {
 8:         Point location = new Point(4, 13);
 9:
10:         System.out.println("Starting location:");
11:         System.out.println("X equals " + location.x);
12:         System.out.println("Y equals " + location.y);
13:
14:         System.out.println("\nMoving to (7, 6)");
15:         location.x = 7;
16:         location.y = 6;
17:
18:         System.out.println("\nEnding location:");
19:         System.out.println("X equals " + location.x);
20:         System.out.println("Y equals " + location.y);
21:     }
22: }
```

运行该程序时，其输出结果如图 3.2 所示。

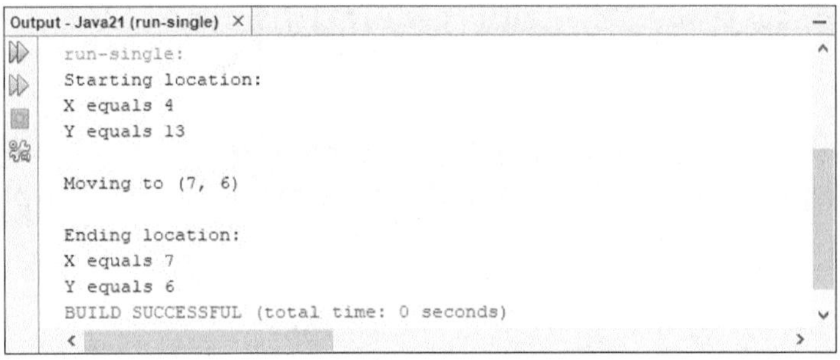

图 3.2　设置并输出对象的实例变量

在这个应用程序中，创建了一个 Point 实例，其中 x 等于 4，y 等于 13（第 8 行）。然后使用句点表示法获取了这些值。

接下来，将 x 和 y 的值分别改为 7 和 6（第 15~16 行）。最后，再次输出 x 和 y 的值，以证明它们已被修改。

3.2.3　类变量

类变量是在类中定义和存储的，其值应用于类及其所有实例。

每个实例都有实例变量的一个副本，它们可以修改实例变量的值，而不会影响其他的实例；而类变量只有一个副本，修改它的值将影响所有的实例。

定义类变量的方法是，在前面加上关键字 static。例如，请看下面的类定义代码片段：

```
class FamilyMember {
    static String surname = "Mendoza";
    String name;
    int age;
}
```

类 FamilyMember 的每个实例都有自己的 name 和 age 值，但对所有成员来说，类变量 surname 的值都相同：Mendoza。修改 surname 的值将影响所有 FamilyMember 实例。

注意 类变量也被称为静态（static）变量，这是取了 static 的一种意思：固定在某处。如果类有一个静态变量，则对于该类的每个对象，该变量的值都相同。

要访问类变量，可使用与实例变量相同的句点表示法。要取得或修改类变量的值，可以在句点运算符的左边使用实例名或类名。在下面的示例中，两行输出代码的输出结果相同：

```
FamilyMember dad = new FamilyMember();
System.out.println("Family's surname is: " + dad.surname);
System.out.println("Family's surname is: " + FamilyMember.surname);
```

由于可以使用对象来修改类变量的值，因此容易对类变量及其值从何而来感到困惑。由于类变量的值将影响所有实例，因此只要将一个 FamilyMember 对象的变量 surname 设置为"Paciorek"，这个类的所有对象的 surname 都将相应地变化。

使用类变量时，为避免混乱，应使用类名来引用类变量。这样就能够清楚地指出引用的是类变量，同时出现奇怪的结果时，调试起来也会更容易。

3.3 调用方法

通过调用对象的方法来让对象完成相关操作。

调用对象的方法时也使用句点表示法。被调用的对象位于句点左边，方法名及其参数位于句点右边：

```
customer.addToCart(itemNumber, price, quantity);
```

调用方法时，方法名后面都必须有圆括号，即使该方法没有任何参数，也应如下例所示：

```
customer.cancelOrder();
```

程序清单 3.3 所示的程序 StringChecker 调用了 String 类定义的一些方法。String 类包含用于字符串检测和修改的方法。要创建该程序，可在 NetBeans 中新建一个空 Java 文件，将其命名为 StringChecker，并将其放在 com.java21days 包中。

程序清单 3.3 完整的 StringChecker.java 源代码

```
 1: package com.java21days;
 2:
 3: class StringChecker {
 4:
 5:     public static void main(String[] arguments) {
 6:         String str = "You know nothing, Jon Snow";
 7:         System.out.println("The string is: " + str);
 8:         System.out.println("Length of this string: "
 9:             + str.length());
10:         System.out.println("The character at position 7: "
11:             + str.charAt(7));
12:         System.out.println("The substring from 9 to 16: "
13:             + str.substring(9, 16));
14:         System.out.println("The index of the first 'w': "
15:             + str.indexOf('w'));
16:         System.out.println("The index of the beginning of the "
17:             + "substring \"Jon\": " + str.indexOf("Jon"));
18:         System.out.println("The string in uppercase: "
19:             + str.toUpperCase());
20:     }
21: }
```

运行这个程序，其输出结果如图 3.3 所示。

```
Output - Java21 (run-single)  ×
run-single:
The string is: You know nothing, Jon Snow
Length of this string: 26
The character at position 7: w
The substring from 9 to 16: nothing
The index of the first 'w': 7
The index of the beginning of the substring "Jon": 18
The string in uppercase: YOU KNOW NOTHING, JON SNOW
BUILD SUCCESSFUL (total time: 0 seconds)
```

图 3.3　通过调用 String 类的方法来更深入地了解字符串

第 6 行使用字符串字面量"You know nothing, Jon Snow"创建了一个 String 实例。程序的其他部分调用了不同的字符串方法，对该字符串进行各种操作。

- 第 7 行输出这个字符串的值。
- 第 9 行调用 String 对象的 length()方法，以确定这个字符串包含多少个字符。
- 第 11 行调用 charAt()方法，该方法返回字符串中指定位置的字符。
- 第 13 行调用 substring()方法，该方法接收两个用于指明范围的整数，并返回指定范围内的子串。调用 substring()方法时，也可以只提供一个参数，在这种情况下，将返回从指定位置开始到字符串末尾的子串。
- 第 15 行调用 indexOf()方法，该方法返回给定字符第一次出现的位置。字符字面量是用单引号引起来的，因此参数为'w'，而不是"w"。
- 第 17 行演示了 indexOf()方法的另一种用法：它将一个字符串作为参数，并返回该字符串的起始位置。字符串字面量是用双引号引起来的。
- 第 19 行使用 toUpperCase()方法来返回全部大写的字符串副本。

注意　　如果您将应用程序 StringChecker 的输出与字符串中的字符进行比较，可能会产生疑问：w 明明是字符串中的第 8 个字符，其位置怎么是 7 呢？除 length()外，所有方法都好像偏移了一个位置。其中的原因在于，这些方法考虑位置时，从 0 而不是 1 开始计数。因此，Y 的位置为 0，o 的位置为 1，u 的位置为 2，以此类推。在 Java（和其他编程语言）中，您经常会遇到这样的编号方式。

3.3.1　设置字符串的格式

对格式有特殊要求的数字（如金额）通常需要以精确的方式显示。对于金额，只在小数点后面显示两位（表示分），在前面加上美元符号（$），并使用逗号来分隔各个包含 3 位数字的编组，如 $5,848.30。

要在显示字符串时指定这样的格式，可使用方法 System.out.format()。该方法接收两个参数：输出格式模板和要显示的字符串。下面的示例给显示的整数添加了美元符号和逗号：

```
int accountBalance = 5005;
System.out.format("Balance: $%,d%n", accountBalance);
```

上述代码的输出结果为 Balance: $5,005。

格式字符串以百分符号（%）开头，后面跟一个或多个标志。格式字符串%,d 用于显示十进制数，并将每 3 位用逗号分隔。格式字符串%n 用于显示换行符。

下面的示例用于输出 pi 的值，其中包含 11 位小数：

```
double pi = Math.PI;
System.out.format("%.11f%n", pi);
```

其输出结果为 **3.14159265359**。

提示   *Oracle 的 Java 网站向初学者提供了一个有关设置输出格式的教程，其中描述了一些常用的格式编码。*

3.3.2　嵌套方法调用

方法可以返回对象的引用、基本数据类型或不返回任何值。在程序 StringChecker 中，对 `String` 对象调用的所有方法的返回值都被成功输出。例如，`charAt()`方法返回字符串中指定位置的字符。

方法返回的值也可存储到变量中：

```
String label = "From";
String upper = label.toUpperCase();
```

在这个例子中，`String` 对象 `upper` 中存储了调用 `label.toUpperCase()`返回的值：文本 `From`。

如果方法返回一个对象，则可以在同一条语句中调用该对象的方法。也就是说可以像嵌套变量那样嵌套方法。

在本章前面，介绍了一个调用时无须提供参数的方法：

```
customer.cancelOrder();
```

如果方法 `cancelOrder()`返回一个对象，则可以在同一条语句中调用该对象的方法，如下所示：

```
customer.cancelOrder().fileComplaint();
```

上述语句调用 `fileComplaint()`方法，该方法是在 `customer` 的方法 `cancelOrder()`返回的对象中定义的。

也可以将嵌套方法调用和实例变量引用结合起来。在下面的例子中，`putOnLayaway()`方法是在实例变量 `orderTotal` 存储的对象中定义的，该实例变量本身位于对象 `customer` 中：

```
customer.orderTotal.putOnLayaway(itemNumber, price, quantity);
```

在本书前 3 章中，经常用到的方法 `System.out.println()`演示了这种嵌套变量和方法的方式。该方法在计算机的标准输出设备中显示字符串和其他数据。

`System` 类位于 `java.lang` 包中，它描述了 Java 所在系统的特有行为。`System.out` 是一个类变量，它存储了 `PrintStream` 类的一个实例。该 `PrintStream` 对象表示的是系统的标准输出，这通常是显示器，但也可能是打印机或文件。`PrintStream` 对象有一个方法 `println()`，该方法将一个字符串发送给输出流。`PrintStream` 类位于 `java.io` 包中。

3.3.3　类方法

类方法也被称为静态方法，它们与类变量一样应用于整个类，而不是类的某个实例。类方法通常用作通用的工具方法，它直接操作整个类，而不是某个对象。

例如，类 String 包含了一个名为 valueOf() 的类方法，它可以接收多种参数类型之一（整型、布尔型、其他对象等）。方法 valueOf() 返回一个 String 实例，其中包含参数的字符串值。这个方法并不直接操纵现有的 String 实例，但对于从另一个对象或数据类型获得一个字符串的操作，在 String 类中定义它是合理的。

类方法还可用来将通用的方法集中起来，放在一个地方（类中）。例如，在 java.lang 包中定义的类 Math，将大量的数学运算作为类方法。不能从 Math 类创建对象，但您可以使用类的方法，并将数字和布尔值作为参数。

例如，类方法 Math.max() 接收两个参数，并返回其中较大的值。您不必创建 Math 的实例，可以在需要时随时调用它，如下所示：

```
int firstPrice = 225;
int secondPrice = 217;
int higherPrice = Math.max(firstPrice, secondPrice);
```

句点表示法被用来调用类方法。与类变量一样，句点的左边可以是类实例或类本身。然而，基于讨论类变量时提到的原因，使用类名将使代码更容易阅读。

下述示例的最后两行的结果相同，都是字符串"550"：

```
String s, s2;
s = "potrzebie";
s2 = s.valueOf(550);
s2 = String.valueOf(550);
```

3.4 对象的引用

在处理对象时，理解引用至关重要。引用是一个地址，它指明了对象的变量和方法的存储位置。

将对象赋给变量或将其作为参数传递给方法时，并没有直接使用对象，甚至没有使用对象的副本，而是使用对象的引用。

为了更好地说明引用意味着什么，程序清单 3.4 所示的应用程序 RefTester 演示了引用的工作原理。在 NetBeans 中，新建一个空 Java 文件，将其命名为 RefTester 并放在 com.java21days 包中，再输入程序清单 3.4 所示的源代码。

程序清单 3.4　完整的 RefTester.java 源代码

```
 1: package com.java21days;
 2:
 3: import java.awt.Point;
 4:
 5: class RefTester {
 6:     public static void main(String[] arguments) {
 7:         Point pt1, pt2;
 8:         pt1 = new Point(100, 190);
 9:         pt2 = pt1;
10:
11:         pt1.x = 200;
12:         pt1.y = 290;
13:         System.out.println("Point1: " + pt1.x + ", " + pt1.y);
14:         System.out.println("Point2: " + pt2.x + ", " + pt2.y);
15:     }
16: }
```

保存并运行该应用程序，其输出结果如图 3.4 所示。

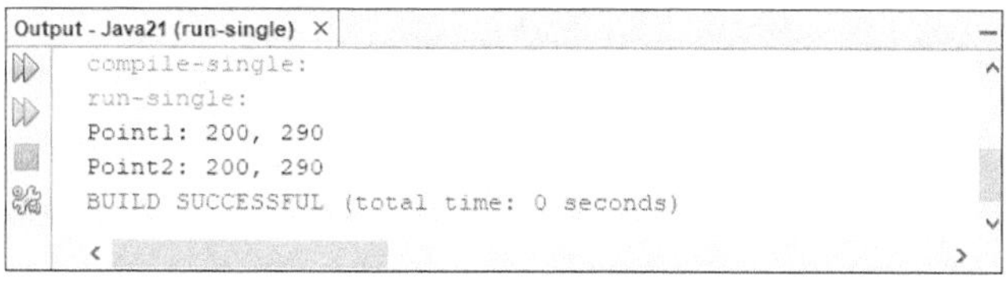

图 3.4　测试引用

在程序的前半部分执行如下操作。

- **第 7 行**：创建两个 Point 变量 pt1 和 pt2。
- **第 8 行**：将一个新的 Point 对象赋给 pt1。
- **第 9 行**：将变量 pt1 赋给 pt2。

第 11～14 行将 pt1 的变量 x 和 y 分别设置为 200 和 290，再将 pt1 和 pt2 的所有变量都输出到屏幕上。

您可能认为 pt1 和 pt2 有不同的值，但图 3.4 表明，情况并非如此。正如您看到的，pt2 的变量 x 和 y 也被修改了，虽然在程序中没有对它们做任何显式的修改。这是因为第 9 行让 pt2 引用 pt1，而不是将 pt1 的副本赋给 pt2。

pt2 引用的对象与 pt1 相同，它们都可用来引用该对象或修改它的变量。

要让 pt1 和 pt2 引用不同的对象，可以在第 8～9 行分别使用 new Point() 语句来创建不同的对象，如下所示：

```
pt1 = new Point(100, 190);
pt2 = new Point(200, 190);
```

在 Java 中，将参数传递给方法时，引用变得相当重要。这将在本章后面做更详细的介绍。

注意

> 如果您有 C 语言和 C++ 编程经验，此时可能会有疑问：Java 中有显式指针和指针算术吗？答案是没有。这些特性实现起来很容易出错，而这正是 Java 面世的主要原因。使用引用和 Java 数组，可实现大多数指针功能，同时避免指针的众多缺点。

3.5　对象和基本数据类型的强制类型转换

Java 对其处理的信息非常苛刻。Java 方法和构造函数要求所有的事情都是确定的，不能"容忍"任何可选的情况出现。即将参数传递给方法或在表达式中使用变量时，必须使用数据类型正确的变量。如果方法需要的参数是 int 类型的值，而您试图传递一个 float 值，Java 编译器将报错。同样，使用一个变量的值来设置另一个变量时，它们的类型必须是兼容的，即要么它们的类型相同，要么后者的取值范围比前者大。

注意

> Java 编译器在一个方面非常灵活：String 对象。拼接运算符（+）简化了 println() 方法、赋值语句和方法参数中的字符串操作。如果被拼接的变量中有一个是字符串，则 Java 将其他变量都作为字符串进行处理。这使下面的操作成为可能：
>
> ```
> float gpa = 3.25F;
> System.out.println("Honest, mom, my GPA is a " + (gpa + 1.5));
> ```
>
> 在 Java 中，使用拼接运算符，可以用一个字符串存储多个对象和基本数据类型变量的文本表示。

有时，Java 程序中某个值的类型并非您所需要的。这可能是因为类或数据类型不合适，例如您需要 int，而它是一个 float。

在这种情况下，可以通过强制类型转换将值从一种类型转换为另一种类型。

强制类型转换（casting）生成一个类型不同于源值的新值。

虽然强制类型转换的概念很简单，但其过程却很复杂，这是由于 Java 既有基本数据类型（如 int、float 和 boolean），又有对象类型（String、Point 等）。本节将介绍 3 种形式的强制类型转换。

- 基本数据类型之间的强制类型转换，如从 int 转换到 float 或从 float 转换到 double。
- 从一种类的对象强制转换为另一种类的对象，如从 Object 转换为 String。
- 从基本数据类型强制转换为对象，然后从对象中提取出基本数据类型的值。

讨论强制类型转换时，以源和目标的方式考虑问题将更容易。源是要被强制转换为另一种类型的变量，目标是转换后的结果。

3.5.1 强制转换基本数据类型

基本数据类型之间的强制转换让您能够将值从一种基本数据类型转换为另一种基本数据类型。这通常发生在数字类型上，而有一种基本数据类型永远不能用于强制类型转换：布尔值要么为 true，要么为 false，不能用于强制类型转换操作中。

在许多基本数据类型间的强制转换中，目标要能保存比源更大的值，才能使转换起来更容易。例如，将 byte 转换为 int。因为 byte 的取值范围为-128～127，而 int 的取值范围为-2100000～21000000，所以将 byte 转换为 int 时，有足够多的空间来存储值。

通常，可将 byte 或 char 用作 int，将 int 用作 long 或 float，将任何数字类型用作 double。在大多数情况下，由于取值范围更大的数据类型的精度更高，因此不会导致信息丢失。例外情况是将整数转换为浮点数。将 long 转换为 float 或将 long 转换为 double 时，都可能导致精度降低。

> **注意**　　字符可以用作 int，因为每个字符都有相应的数字编码，它表示该字符在字符集中的位置。如果变量 key 的值为 65，则强制类型转换（char）key 的结果为字符 A。在 ASCII 字符集中，A 对应的数字编码是 65。这种字符集是 Java 支持的字符的一部分。

将取值范围大的类型值转换为取值范围小的类型值时，必须显式地进行强制类型转换，否则将导致精度降低。显式强制类型转换的格式如下：

(typename) value

其中 typename 是目标数据类型，如 short、int 或 float。value 是表达式，其结果为要转换的源类型。例如，在下面的例子中，x 被 y 除后的结果被强制转换为 int 类型：

```
float x = 5.0F;
float y = 2.0F;
int result = (int)(x / y);
```

注意，由于强制类型转换的优先级高于算术运算，所以这里必须使用圆括号，否则，x 将被首先转换为 int 类型，然后被 y 除，从而得出错误的结果。

3.5.2 强制转换对象

类的对象也可被转换为其他类的对象，但必须满足如下条件：源类和目标类之间存在继承关系，即其中一个类是另一个类的子类。

与将基本数据类型转换为取值范围更大的类型相似，有些对象无须显式地转换。具体地说，由于子类包含超类的所有信息，因此可以在任何需要超类对象的地方使用子类的对象。

例如，来看一个方法，它接收两个参数：一个为 `Object` 类型，另一个为 `Component` 类型。`Component` 类位于 `java.awt` 包中，这个包包含用于创建图形用户界面的类。

可以将任何类的实例作为 `Object` 参数，因为所有 Java 类都是 `Object` 的子类。

对于 `Component` 参数，可以给它传递 `Component` 的子类，如 `Button`、`Container` 和 `Label`（它们都位于 `java.awt` 包中）。

在程序的任何地方都是如此，而不仅仅是在方法调用中。如果有一个 `Component` 变量，则可以将该类或其子类的任何对象赋给该变量，而无须进行强制类型转换。

反过来也如此，可以在需要子类的地方使用超类。然而这有一个问题：由于子类的行为比超类多，因此精度将降低。超类对象可能不具备子类对象的所有行为。

例如，如果在调用 `Integer` 对象的方法的地方使用其超类 `Number` 的对象，而 `Number` 对象没有一些 `Integer` 特有的方法，那么试图调用目标对象没有的方法将出错。

要在需要子类对象的地方使用超类对象，必须显式地进行强制类型转换。在转换过程中，不会损失任何信息，而是会得到子类定义的全部方法和变量。要将对象强制转换为另一种类，需要使用与强制转换基本数据类型相同的操作：

(classname) object

其中 `classname` 是目标类的名称，`object` 是源对象的引用。强制类型转换创建一个 `classname` 对象的引用，而原来的对象则继续存在。

下面的示例将类 `VicePresident` 的一个实例强制转换为类 `Employee` 的实例。`VicePresident` 是 `Employee` 的子类，包含更多信息：

```
Employee emp = new Employee();
VicePresident veep = new VicePresident();
emp = veep; // no cast needed for upward use
veep = (VicePresident) emp; // must cast explicitly
```

等到第 9 章处理图形用户界面时您将发现，使用 Java2D 图形操作时，必须强制转换对象的类型。您必须将 `Graphics` 对象强制转换为 `Graphics2D` 对象后，才能在屏幕上画图。下面的例子使用了一个名为 `screen` 的 `Graphics` 对象来创建一个名为 `screen2D` 的 `Graphics2D` 对象：

```
Graphics2D screen2D = (Graphics2D) screen;
```

`Graphics2D` 是 `Graphics` 的子类，这两个类都位于 `java.awt` 包中。第 13 章将全面介绍 java 2D 图形这个主题。

除了将对象强制转换为某种类外，还可以将对象强制转换为接口，但仅当该对象的类或其超类之一实现了该接口时才行。将对象强制转换为接口意味着您可以调用该接口的方法，即使该对象的类并没有实现这个接口。

3.5.3 基本数据类型和对象之间的转换

在任何情况下，您都不能将对象强制转换为基本数据类型或将基本数据类型强制转换为对象。

在 Java 中，基本数据类型和对象是完全不同的概念。`java.lang` 包中包含了对应于每种基本数据类型的类：`Float`、`Boolean`、`Byte` 等。这些类大多数与数据类型的名称相同，只是类名首字母大写（如 `Short`，而不是 `short`；`Double`，而不是 `double` 等）。另外，有两个类的名称与对应数据类型不同，即分别对应于 `char` 和 `int` 类型的 `Character` 和 `Integer` 类。

使用每个基本数据类型对应的类，可以创建存储相同值的对象。下面的语句创建了类 `Integer` 的一个实例，其值为 7801：

```
Integer dataCount = new Integer(7801);
```

使用这种方式创建对象后，可像使用其他对象那样使用它（虽然不能修改它的值）。当您想将它作为基本数据类型值使用时，也有用于实现这种目的的方法。例如，下面的语句演示了如何从对象 `dataCount` 获得一个 `int` 类型的值：

```
int newCount = dataCount.intValue(); // returns 7801
```

在程序中，常常需要将字符串转换为数字类型，如整数类型。需要 `int` 类型的结果时，可以使用 `Integer` 类的类方法 `parseInt()` 来实现，如下例所示：

```
String pennsylvania = "65000";
int penn = Integer.parseInt(pennsylvania);
```

下面的类用来处理对象，而不是基本数据类型：`Boolean`、`Byte`、`Character`、`Double`、`Float`、`Integer`、`Long`、`Short` 和 `Void`。这些类通常被称为对象封装器（object wrapper），因为它们提供了基本数据类型值的对象表示。

> **警告** 如果您在程序中使用上述代码，该程序将无法通过编译。如果参数不是合法的数值，`parseInt()` 方法将发 `NumberFormatException` 错误。为处理这种错误，必须使用特定的错误处理语句，这将在第 7 章介绍。

通过自动封装（autoboxing）和拆封（unboxing）——一种自动转换过程，处理表示同一类值的基本数据类型和对象时更为容易。自动封装自动地将基本数据类型值转换为对象，而拆封则执行相反的操作。

编写语句时，如果在本应使用基本数据数据类型变量的地方使用了一个对象或在本应使用对象的地方使用了基本数据类型变量，相应的值将被转换，以便语句能够被成功地执行。

最初的几个 Java 版本没有提供这种功能。

下面是一个自动封装和拆封的例子：

```
Float f1 = 12.5F;
Float f2 = 27.2F;
System.out.println("Lower number: " + Math.min(f1, f2));
```

方法 `Math.min()` 接收两个 `float` 参数，但在上述示例中，给这个方法传递的是两个 `Float` 对象。编译器不会因为这种不一致而报错。相反，它将 `Float` 对象拆封为 `float` 值，再将其传递给 `min()` 方法。

> **警告** 仅当对象包含值时才能对它进行拆封。如果没有调用构造函数来创建对象，程序将无法通过编译。

3.6 比较对象值和类

除强制类型转换外，还常常需要对对象执行下列 3 种操作。
- 比较对象。
- 确定对象所属的类。

- 判断对象是否是特定类的实例。

3.6.1 比较对象

前一章介绍了用于对值进行比较的运算符：相等、不相等、小于等。这些运算符中的大部分都只能用于基本数据类型值，而不能用于对象。如果将非基本数据类型值作为操作数，Java 编译器将报错。

对于这一规则，一种例外情况是用于相等关系的运算符：==（相等）和 !=（不相等）。用于对象时，这些运算符的功能并非您期望的那样。它们不是检查一个对象的值是否与另一个对象相同，而是判断运算符两边引用的是否是同一个对象。

要比较类的对象，并使结果有意义，必须在类中实现特殊的方法，并调用这些方法。

一个很好的例子是 String 类。两个不同的 String 对象可能包含相同的值。然而，如果使用==运算符来比较它们，则它们将被认为不相等，因为它们不完全相等：它们虽然内容相同，但不是同一个对象。

要检查两个 String 对象的值是否相同，可调用其 equals() 方法。该方法检测字符串中的每个字符，如果两个字符串的值相同，则返回 true。程序清单 3.5 所示的应用程序 EqualsTester 演示了这一效果。请在 NetBeans 中创建这个应用程序，并将其放在 com.java21days 包中，然后选择菜单 File > Save 或单击工具栏按钮 Save All，将文件保存。

程序清单 3.5 完整的 EqualsTester.java 源代码

```
 1: package com.java21days;
 2:
 3: class EqualsTester {
 4:     public static void main(String[] arguments) {
 5:         String str1, str2;
 6:         str1 = "Boy, that escalated quickly.";
 7:         str2 = str1;
 8:
 9:         System.out.println("String1: " + str1);
10:         System.out.println("String2: " + str2);
11:         System.out.println("Same object? " + (str1 == str2));
12:
13:         str2 = new String(str1);
14:
15:         System.out.println("String1: " + str1);
16:         System.out.println("String2: " + str2);
17:         System.out.println("Same object? " + (str1 == str2));
18:         System.out.println("Same value? " + str1.equals(str2));
19:     }
20: }
```

该程序的输出结果如图 3.5 所示。

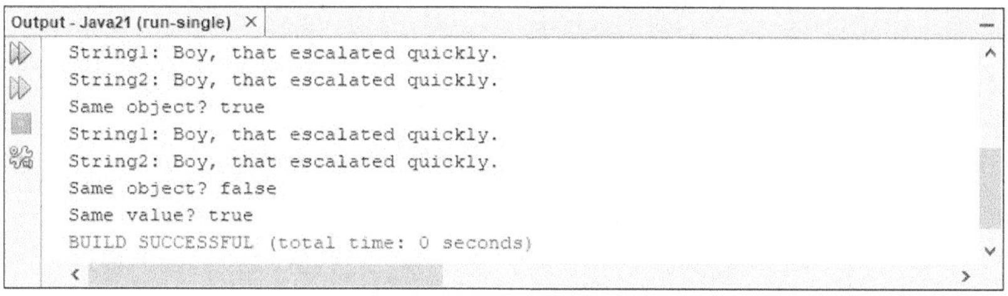

图 3.5 检查两个 String 对象是否相等

该程序的前半部分（第 5～7 行）声明了两个变量（str1 和 str2），将字面量"Boy, that escalated quickly."赋给 str1，然后将 str1 赋给 str2。正如前面介绍的，现在 str1 和 str2 指向同一个对象，第 11 行的相等性测试证明了这一点。

该程序的后半部分创建一个新的 String 对象（其值与 str1 相同），并将它赋给 str2。

现在，str1 和 str2 指向两个不同的字符串对象，但它们的内容相同。使用==运算符（第 17 行）来检测它们是否是同一个对象时，得到预料之中的答案（false，它们在内存中不是同一个对象）。第 18 行使用 equals()方法来检测时，得到的结果也是预料之中的（true，它们的值相同）。

注意

> 为什么修改 str2 时，要使用 new 而不使用另一个字面量？字符串字面量在 Java 中是经过优化的：如果使用字面量创建一个字符串，再用相同的字符内容创建另一个字符串，Java 将返回原来的 String 对象。这样，两个字符串将是同一个对象——您并没有创建两个不同的对象。

3.6.2　判断对象所属的类

要确定对象所属的类，可以采用下述方式。这里判断的是赋给变量 key 的对象所属的类：

```
String name = key.getClass().getName();
```

方法 getClass()是在 Object 类中定义的，因此所有 Java 对象都包含它。这个方法返回一个 Class 对象，指出了对象所属的类。对象的 getName()返回一个表示类名的字符串。

另一种检测方式是使用 instanceof 运算符，它使用两个操作数：运算符左边为对象的引用，右边是类名。该表达式返回一个布尔值：如果该对象是这种类或其子类的实例，结果为 true，否则为 false。如下例所示：

```
boolean check1 = "Texas" instanceof String; // true

Object obiwan = new Object();
boolean check2 = obiwan instanceof String; // false
```

instanceof 运算符还可用于接口。如果对象实现了某个接口，则使用运算符 instanceof 测试该接口时，结果将为 true。

不同于其他 Java 运算符（如*表示乘法运算符，+表示加法运算符），instanceof 运算符没有使用符号来表示，而是使用关键字 instanceof 来表示。

3.7　总结

至此，您已通过前 3 章学习了 Java 是如何实现面向对象编程的，可以更准确地判断它在编程中的用途。

您可能认为面向对象编程（OOP）提高了抽象程度，会妨碍您使用编程语言来完成工作。接下来的几章，将更深入地说明为何 OOP 是 Java 不可分割的部分，这也许会让您转变上述观点。

但您也可能认为 OOP 值得使用，因为它有很多优点：提高了可靠性、可复用性和可维护性。

在本章中，您学习了如何处理对象，即创建对象、读取和修改它们的值、调用它们的方法。您还学习了如何将对象从一种类强制转换为另一种类、将一种基本数据类型强制转换为一种类，以及使用自动封装和拆封功能实现自动转换。

3.8 问与答

问：我不太明白对象与基本数据类型（如 int 和 boolean）之间的差别。

答：基本数据类型（byte、short、int、long、float、double、boolean 和 char）表示 Java 语言中最小的元素。它们不是对象，虽然在很多情况下处理起来与对象类似——可以将其赋给变量，传递给方法或从方法返回。

对象是类的实例，因此通常是比数字和字符复杂得多的数据类型，并常常将数字和字符作为实例变量和类变量。

问：在应用程序 **StringChecker** 中，length() 和 charAt()方法看上去有些不太合理。如果 length()表明字符串包含 33 个字符，则使用 charAt()来显示字符串中的字符时，不也应使用 1~33 的数字进行编号吗？

答：这两个方法看待字符串时有些差别。方法 length() 计算字符串中的字符个数，第一个字符记为 1，第二个为 2，以此类推。方法 charAt()认为字符串中第一个字符的编号为 0，这与 Java 中数组元素的编号相同。例如字符串"Charlie Brown"，它包含 13 个字符，字符编号为 0~12，即字母 C 到字母 n。

问：如果 Java 没有指针，如何进行类似链表的操作呢？如在链表中，使用指针来从一个节点链接到另一个节点，从而可以在它们之间移动。

答：与其说 Java 没有指针，不如说它没有显式指针。对象引用实际上就是指针。要创建类似链表的结构，可以创建一个 Node 类，其中包含一个 Node 类型的实例变量。要将节点对象连接起来，可将节点对象赋给它前面一个对象的实例变量。因为对象引用是指针，这样创建链表将达到和指针相同的效果（在第 8 章中，将使用 Java 类库中的链表）。

3.9 小测验

请回答下述 3 个问题，以复习本章介绍的内容。

3.9.1 问题

1. 哪个运算符可以用来调用对象的构造方法，以创建新对象？
   A. `+`
   B. `new`
   C. `instanceof`
2. 哪种方法适用于类的所有对象，而不是某个对象？
   A. 通用方法
   B. 实例方法
   C. 类方法
3. 如果程序中包含名为 obj1 和 obj2 的对象，则使用语句 obj2=obj1 时将发生什么情况？
   A. `obj2` 的实例变量的值将与 `obj1` 相同
   B. `obj2` 和 `obj1` 是同一个对象
   C. A 和 B 都不对

3.9.2 答案

1. B。new 运算符后面跟着对象的构造函数调用。
2. C。无须创建类的对象就可调用类方法。
3. B。运算符=并不将一个对象的值复制到另一个对象中，而是使两个变量引用同一个对象。

3.10 认证练习

下面的问题是 Java 认证考试中可能出现的问题，请回答该问题，不要查看本章的内容，也不要使用 Java 编译器对代码进行测试。

在下面的代码中：

```
public class AyeAye {
    int i = 40;
    int j;

    public AyeAye() {
        setValue(i++);
    }

    void setValue(int inputValue) {
        int i = 20;
        j = i + 1;
        System.out.println("j = " + j);
    }
}
```

当调用 setValue() 方法输出变量 j 时，该变量的值为多少？

A. 42
B. 40
C. 21
D. 20

3.11 练习

为巩固本章介绍的知识，请尝试完成下面的练习。

1. 创建一个程序，将 MM/DD/YYYY 格式（如 04/29/2020）的生日转换为 3 个单独的字符串。
2. 创建一个类，该类含有实例变量 height、weight 和 depth，这些变量的类型都为 int。创建一个 Java 程序，该程序使用这个新类，并给对象的这些实例变量赋值，然后输出这些值。

第 4 章
数组、逻辑和循环

本章介绍 Java 语言中的 3 种特性。
- 如何使用数组将类或数据类型相同的数据分组？
- 如何让程序根据某种逻辑来决定是否执行某项操作？
- 如何使用循环来重复执行 Java 程序中的部分代码？

您使用 Java 完成的大部分重要工作将大量地使用这 3 种特性。

对计算机来说，这些特征让软件完成其擅长的工作之一：负责完成重复的任务。

4.1 数组

在前面的内容中，您在每个 Java 程序中只处理几个变量。在某些情况下，使用单个变量来存储信息是可行的，但如果需要记录 20 条相关的信息，该如何处理呢？可以创建 20 个不同的变量，并给它们指定初值，这样虽然烦琐，但也可行。然而，随着处理的信息量越来越大，这种做法将越来越烦琐。如果有 100 项甚至 1000 项数据，该如何办呢？

数组让您能够存储一系列数据项，其中的每一项具有相同的基本数据类型、类或相同的父类，且每一项都有自己的位置，因此访问起来很容易。

数组可用的类型与变量相同，但数组被创建后，就只能用来存储指定类型的信息。例如，可以有 int 数组、String 对象的数组或数组的数组，但一个数组不能同时存储 String 对象和 int 类型的值。

有一种规避这种限制的方法：一个数组可同时存储特定类及其所有子类的对象，因此一个 Object 数组可包含任何 Java 对象，包括与基本数据类型对应的类的对象。

Java 实现数组的方式与其他编程语言不同，它将数组视为对象，就像对其他对象一样对其进行处理。

创建数组的步骤如下。

（1）声明一个用于存储数组的变量。

（2）创建一个数组对象，并将它赋给数组变量。

（3）在数组中存储信息。

4.1.1 声明数组变量

创建数组时，首先需要声明一个用来存储数组的变量。数组变量指出了数组将存储的对象的类或数据类型，以及数组的名称。为将其与常规变量的声明区别开来，需要将一对方括号（[ ]）添加到对象、数据类型或变量名后面。

下面的语句都是数组变量声明：

```
String[] requests;
```

```
Point[] targets;
float[] donations;
```

声明数组时，还可以将方括号放在变量名而不是类型后面，如下所示：

```
String requests[];
Point targets[];
float donations[];
```

注意

使用哪种数组声明风格取决于个人喜好。本书的示例程序都将方括号放在信息类型后，而不是变量名后。在Java程序员中，这种方法也更加流行。

4.1.2 创建数组对象

声明数组变量后，接下来需要创建一个数组对象，并将它赋给数组变量。为此需要以下操作。
- 使用 new 运算符。
- 直接初始化数组的内容。

由于在 Java 中，数组是对象，因此可以使用 new 运算符来创建新的数组实例，如下所示：

```
String[] players = new String[10];
```

该语句用于创建一个新的字符串数组，该数组包含 10 个可用于存储 String 对象的元素。使用 new 运算符来创建数组对象时，必须指定数组的大小。上述语句并没有将 String 对象存储到数组元素中，您必须在后面完成这项任务。

就像可以存储对象一样，数组对象也可以存储诸如 int 或 boolean 等基本数据类型的值：

```
int[] temps = new int[99];
```

使用 new 运算符创建数组对象时，其所有元素都被自动地初始化（数字数组为 0，布尔数组为 false，字符数组为 '\0'，对象数组为 null）。

注意

Java关键字 null 指的是 null 对象(可用于任何对象引用)。它并不像C语言中的 NULL 常量那样，为0或字符 '\0'。

由于对象数组被创建时，数组中每个对象的引用皆为 null，因此使用之前必须将对象赋给每个数组元素。

下面的例子创建一个由 3 个 Integer 对象组成的数组，然后将对象赋值给每个元素：

```
Integer[] series = new Integer[3];
series[0] = new Integer(10);
series[1] = new Integer(3);
series[2] = new Integer(5);
```

也可以在创建数组的同时，对其进行初始化，方法是将数组元素放在花括号（{}）中，并用逗号分隔：

```
Point[] markup = { new Point(1,5), new Point(3,3), new Point(2,3) };
```

花括号中的每个元素的数据类型都必须与数组的数据类型相同。采用这种方式来创建并初始化数组时，数组的大小与花括号中包含的元素数目相同。上述例子创建了一个名为 markup 的 Point 对象数组，它包含了 3 个元素。

由于 String 对象可以不用 new 运算符来创建并初始化，因此创建字符串数组时，可以这样进行初始化：

```
String[] titles = { "Mr.", "Mrs.", "Ms.", "Miss", "Dr." };
```

这条语句用于创建一个名为 titles 的 String 对象数组，该数组包含 5 个元素。

所有数组都有一个名为 length 的实例变量，它指出了数组包含多少个元素。例如，titles.length 的值为 5。

数组第一个元素的下标为 0，而不是 1，因此，如果数组包含 5 个元素，那么可以使用下标 0～4 来访问这些元素。在数组 titles 中，字符串"Mr."为第 0 个元素，而"Dr."为第 4 个元素。

4.1.3 访问数组元素

创建并初始化数组后，便可以读取、修改和检查数组中各个元素的值。访问元素值的方法是，使用数组名和用方括号括起来的下标。名称和下标可用于表达式中，如下所示：

```
testScore[40] = 920;
```

这条语句将数组 testScore 的第 41 个元素的值设置为 920，因为元素编号从 0 开始。语句中的 testScore 可以是存储数组的变量，也可以是一个结果为数组的表达式；下标指出了要访问哪个元素。

数组第一个元素的下标为 0，而不是 1，因此在包含 12 个元素的数组中，各个元素的下标分别为 0～11。

数组下标将被检查，以确保它位于数组边界之内，该边界是在创建数组时指定的。在 Java 中，不能对超出数组边界的元素进行访问或赋值，这避免了类似其他语言中因数组越界引发的问题。请看下面两条语句：

```
float[] rating = new float[20];
rating[20] = 3.22F;
```

在 NetBeans 中，这两行代码将导致编译错误，因为数组 rating 没有编号为 20 的元素——它总共有 20 个元素，编号为 0～19。Java 编译器将输出错误消息 ArrayIndexOutOfBoundsException。

如果数组下标是在程序运行时计算得到的，而它超出了数组的边界，则 Java 虚拟机也将产生错误。第 7 章将更详细地介绍错误（在 Java 中通常被称为异常）。

避免在程序中无意间超越数组边界的方法之一是，使用 length 实例变量，所有数组对象（不管数组类型是什么）都有这样的变量。length 变量包含了数组中的元素个数。下面的语句用于输出数组 rating 包含的元素个数：

```
System.out.println("Elements: " + rating.length);
```

4.1.4 修改数组元素

正如前面的示例所示，可以给数组元素赋值，方法是在数组名和下标后面加上赋值运算符和要指定的值，如下所示：

```
temperature[4] = 85;
day[0] = "Sunday";
manager[2] = manager[0];
```

需要牢记的一点是，Java 对象数组是一组对对象的引用。将对象赋给对象数组中的元素时，将创建一个对该对象的引用。移动数组中的值，是在重新指定引用，而不是将值从一个元素复制到另一个元素中。对于基本数据类型（如 int 或 float）的数组，这种操作实际上是将值从一个元素复制到另一个元素中；String 数组也是如此，虽然 String 数组的元素是对象。

数组的创建和修改都相当简单，但它们提供了众多的 Java 功能。程序清单 4.1 所示的应用程序 HalfDollars 创建并初始化 3 个数组，然后输出这些数组的元素。在 NetBeans 中新建一个空 Java 文件，将其命名为 HalfDollars 并放在 com.java21days 包中，再在编辑器中输入程序清单 4.1 所示的源代码。

程序清单 4.1　完整的 HalfDollars.java 源代码

```
 1: package com.java21days;
 2:
 3: class HalfDollars {
 4:     public static void main(String[] arguments) {
 5:         int[] denver = { 2_100_000, 2_900_000, 6_100_000 };
 6:         int[] philadelphia = new int[denver.length];
 7:         int[] total = new int[denver.length];
 8:         int average;
 9:
10:         philadelphia[0] = 2_100_000;
11:         philadelphia[1] = 1_800_000;
12:         philadelphia[2] = 4_800_000;
13:
14:         total[0] = denver[0] + philadelphia[0];
15:         total[1] = denver[1] + philadelphia[1];
16:         total[2] = denver[2] + philadelphia[2];
17:         average = (total[0] + total[1] + total[2]) / 3;
18:
19:         System.out.print("2016 production: ");
20:         System.out.format("%,d%n", total[0]);
21:         System.out.print("2017 production: ");
22:         System.out.format("%,d%n", total[1]);
23:         System.out.print("2018 production: ");
24:         System.out.format("%,d%n", total[2]);
25:         System.out.print("Average production: ");
26:         System.out.format("%,d%n", average);
27:     }
28: }
```

应用程序 HalfDollars 使用 3 个 int 数组来存储 Denver 和 Philadelphia 造币厂生产的 50 美分硬币的总量。该程序的输出结果如图 4.1 所示。

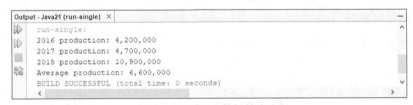

图 4.1　输出 int 数组的内容

这里创建的类 HalfDollars 包含 3 个实例变量，这些变量用于存储 int 数组。

第一个 int 数组名为 denver，是在第 5 行声明并初始化的，它包含了 3 个整数：元素 0 的值为 2_100_000，元素 1 为 2_900_000，元素 2 为 6_100_000。这些数字是 Denver 造币厂 3 年各生产的 50 美分硬币的总量。指定整数字面量时，将每 3 位编组并用下划线（_）分隔，使数字更容易阅读，编译器将忽略这些下划线。

第 2 个和第 3 个实例变量（`philadelphia` 和 `total`）是在第 6 行和第 7 行声明的。数组 `philadelphia` 包含 Philadephia 造币厂的生产总量，`total` 用来存储两个地方合计的生产总量。

在第 6 行和第 7 行没有为数组 `philadelphia` 和 `total` 的元素赋初值。因此，每个元素的值都为默认值 0。

变量 `denver.length` 用来将这两个数组的元素数目指定为与数组 `denver` 相同。每个数组都有 `length` 变量，使用它可以知道数组包含的元素数目。

在这个应用程序中，`main()` 方法中的其他代码执行如下操作。

- 第 8 行创建一个名为 `average` 的 `int` 变量。
- 第 10~12 行将新值赋给数组 `philadelphia` 的 3 个元素。
- 第 14~16 行给数组 `total` 的元素赋值。在第 14 行中，将 `denver` 的元素 0 与 `philadelphia` 的元素 0 之和赋给 `total` 的元素 0。第 15 行和第 16 行使用了类似的表达式。
- 第 17 行将变量 `average` 的值设置为 3 个 `total` 元素的平均值。由于 `total` 的 3 个元素和 `average` 都是整型，因此平均值也为整型，而不是浮点型。
- 第 19~26 行输出存储在数组 `total` 和变量 `average` 中的值。这里使用了方法 `System.out.format()`，通过添加逗号使输出的数字更容易阅读。

该应用程序处理数组的方式效率低下。除用来指明要引用哪个数组元素的下标不同外，这些语句几乎相同。如果应用程序 HalfDollars 用来跟踪 100 年的总产量，而不是 3 年的产量，该程序将包含大量重复的代码。

操纵数组时，可以使用循环来遍历数组元素，而不是分别进行处理。这样，代码将更加简短，也更容易阅读。在本章后面介绍循环后，将重新编写该程序。

4.1.5 多维数组

数组可以是多维的：包含多个下标，以多维方式存储信息。

多维数组经常用于表示在 (x,y) 格点数组元素中的数据。

为支持多维数组，Java 允许您声明数组的数组。这些数组还可以包含数组，以此类推，最后达到所需维数。

例如，假设一个程序需要完成以下任务。

- 对一年中的每一天，都记录一个整数。
- 将这些值分周进行组织。

为组织这些数据，一种方法是创建一个包含 53 个元素的数组，其中的每个元素又是一个包含 7 个元素的数组：

```
int[][] dayValue = new int[53][7];
```

该数组的数组总共包含 371 个整数，足够存储一年中每一天的数据（还有余）。可以使用下面的语句来设置第 10 周的第一天的值：

```
dayValue[9][0] = 14200;
```

数组索引从 0 而不是 1 开始，因此第 10 周对应于元素 9，而第 1 天对应于元素 0。

也可以使用这些数组的实例变量 `length`，就像其他数组一样。下面的语句声明了一个三维 `int` 数组，并输出了每一维的元素数目：

```
int[][][] cen = new int[100][52][7];
```

```
System.out.println("Elements in 1st dimension: " + cen.length);
System.out.println("Elements in 2nd dimension: " + cen[0].length);
System.out.println("Elements in 3rd dimension: " + cen[0][0].length);
```

4.2 块语句

Java 中的语句被组织为块。块以花括号开始和结束——左花括号（{）表示开始，右花括号（}）表示结束。

前 4 章的程序中都使用了花括号。它们被用于在类定义中包含变量和方法，以及定义属于某个方法的语句。

块也叫作块语句（block statement），因为整个块可用在任何可使用单条语句的地方（在 C 语言和其他语言中，它们被称为复合语句）。块中语句从上到下依次执行。

块可以放在其他块中，就像将方法放在类定义中一样。

使用块时，需要注意的重要一点是，它为块中声明的局部变量创建了作用域。

作用域是程序的一部分，在其中变量存在并可使用。如果在变量的作用域外使用它，将发生错误。

在 Java 中，变量的作用域是声明该变量的语句所在的块。可以在块中声明和使用局部变量，在该块执行完毕后，这些变量将不复存在。例如，下面的 testBlock() 方法包含一个块：

```
void testBlock() {
    int x = 10;
    { // start of block
        int y = 40;
        y = y + x;
    } // end of block
}
```

在这个方法中定义了两个变量：x 和 y。变量 y 的作用域是它所在的块（注释 // start of block 和 // end of block 分别指出了这个块的起始位置和结束位置），因此只能在该块内被使用。试图在方法 testBlock() 的其他部分使用变量 y 将出错。

变量 x 是在方法内（但在内部块之外）创建的，因此可用于方法内的任何地方。可以在方法内的任何地方修改 x 的值，而且该值将保留下来。

块语句可用于类定义和方法定义中，还可用于接下来将介绍的逻辑和循环结构中。像上述示例那样使用内部块的方式并不常见（这样做完全是出于演示目的，但这在 Java 中是合法的）。

4.3 if 条件语句

编程的一个关键方面在于，程序能够判断它应该做什么，这是通过条件语句来实现的。条件语句仅在指定条件满足时才执行。

最简单的条件语句是 if。if 条件语句使用布尔表达式来判断是否执行语句。如果表达式返回 true，则执行语句。

下面是一个简单的例子，仅当实例变量 arguments.length 的值小于 3 时，它才输出 Not enough arguments：

```
if (arguments.length < 3) {
    System.out.println("Not enough arguments");
    System.exit(-1);
}
```

如果想在 if 表达式不为 true 时执行其他操作，可使用关键字 else。下面的例子使用了 if 和
else：

```
String server;
int duration;
if (arguments.length < 1) {
    server = "localhost";
} else {
    server = arguments[0];
}
```

if 条件语句根据单个布尔测试的结果执行不同的语句。

注意	Java 的 if 语句与其他语言中的 if 语句的区别在于，Java 要求测试返回布尔值（true 或 false）。在 C 语言和 C++中，测试可以返回整数值。

使用 if 语句时，只能将一条语句作为测试表达式为 ture 时执行的代码，将另一条语句作为测试
为 false 的执行的代码。

然而，正如本章前面指出的，在 Java 中，块可以出现在任何可以使用单条语句的地方。要在 if
语句中完成多项操作，而不仅仅是一项，可以将这些语句放在块中。请看下面的程序片段，它摘
自第 1 章：

```
if (temperature < -80) {
    status = "returning home";
    speed = 5;
}
```

其中 if 语句包含了测试表达式 temperature < -80。如果变量 temperature 的值小于-80，
块语句将被执行，因而会发生如下两项操作。

- 将变量 status 的值设置为 returning home。
- 将变量 speed 的值设置为 5。

如果 temperature 大于或等于-80，整个语句块都将被跳过。

所有 if 语句和 else 语句都使用布尔测试来判断是否执行语句。因此，可将布尔变量用作测试表
达式，如下所示：

```
String status;
boolean outOfGas = true;
if (outOfGas) {
    status = "inactive";
}
```

上面的例子使用了一个名为 outOfGas 的 boolean 变量，其功能与下面的代码等效：

```
if (outOfGas == true) {
    status = "inactive";
}
```

4.4 switch 条件语句

在任何语言中，都常常需要将变量同某个值进行比较，如果不匹配，再同另一个值进行比较，以
此类推。如果使用 if 语句，可能会很烦琐，因为可能需要同多个值进行比较。例如，最后的代码可能
像下面这样，包含一系列 if 语句：

```
if (operation == '+') {
    add(object1, object2);
} else if (operation == '-') {
    subtract(object1, object2);
} else if (operation == '*') {
    multiply(object1, object2);
} else if (operation == '/') {
    divide(object1, object2);
}
```

if 语句的这种用法叫作嵌套 if 语句，因为每个 else 语句又包含一个 if 语句，直到所有可能的测试全部完成。

在 Java 中，一种应对这种情形的更佳方式是，使用 switch 语句将条件组织起来。下面是一个使用 switch 语句的例子：

```
char grade = 'D';
switch (grade) {
    case 'A':
        System.out.println("Great job!");
        break;
    case 'B':
        System.out.println("Good job!");
        break;
    case 'C':
        System.out.println("You can do better!");
        break;
    default:
        System.out.println("Ouch!");
}
```

switch 语句基于一个测试变量。在上面的例子中，测试的是变量 grade 的值，该变量存储的是 char 类型的值。

测试变量可以是基本数据类型 byte、char、short 或 int，还可以是 String 类。下面的代码根据 String 对象 command 的值决定调用哪个方法：

```
String command = "close";
switch (command) {
    case "open":
        openFile();
        break;
    case "close":
        closeFile();
        break;
    default:
        System.out.println("Invalid command");
    }
}
```

测试变量将依次与每个 case 值进行比较。如果找到匹配的值，则执行相应的语句。

如果没有找到匹配的值，则执行 default 语句。default 语句是可选的，如果被省略，则没有任何 case 匹配时，将不执行任何操作。

switch 语句中的测试变量只能是可转换为 int 的基本数据类型，如 char 或字符串。不能在 switch 中使用取值范围更大的数据类型，如 long 和 float，也不能测试除相等性外的其他关系。

下面是前面的嵌套 if 语句的修订版，它使用了 switch 语句：

```
switch (operation) {
```

```
case '+':
    add(object1, object2);
    break;
case '-':
    subtract(object1, object2);
    break;
case '*':
    multiply(object1, object2);
    break;
case '/':
    divide(object1, object2);
    break;
}
```

在每个 case 后，可以有任意数目的语句。与 if 语句不同，不必将多条语句用花括号括起来。

每个 case 中都有一个 break 语句，用于指出何时停止执行语句。如果 case 中没有 break 语句，则找到匹配的情况后，该 case 中的语句及其后到 break 或 switch 末尾的所有语句都将被执行。

在有些情况下，这可能是您期望的效果；然而，在大多数情况下，应该包含 break 语句，以确保只执行相应的代码。在 4.8 节中，您将知道，break 语句用于跳到下一个右花括号后面的代码处。

一种不需要 break 的情况是，对于多个不同的值，都执行相同的语句。为此，可以使用多个 case 行，switch 将执行它找到的第一条语句。

例如，在下面的 switch 语句中，如果 x 的值为 2、4、6 或 8，将输出字符串 x is an even number；在其他情况下，将输出 x is an odd number。

```
int x = 5;
switch (x) {
    case 2:
    case 4:
    case 6:
    case 8:
        System.out.println("x is an even number");
        break;
    default:
        System.out.println("x is an odd number");
}
```

本章的下一个项目——程序清单 4.2 所示的应用程序 DayCounter 接收 2 个参数，即月份和年份，并输出指定月份的天数。这里使用了 switch 语句、if 语句和 else 语句。要在 NetBeans 中创建该应用程序，只需新建一个空 Java 文件，将其放在 com.java21days 包中，并输入相应的源代码即可。

程序清单 4.2　完整的 DayCounter.java 源代码

```
 1: package com.java21days;
 2:
 3: class DayCounter {
 4:     public static void main(String[] arguments) {
 5:         int yearIn = 2020;
 6:         int monthIn = 2;
 7:         if (arguments.length > 0) {
 8:             monthIn = Integer.parseInt(arguments[0]);
 9:         }
10:         if (arguments.length > 1) {
11:             yearIn = Integer.parseInt(arguments[1]);
12:         }
13:         System.out.println(monthIn + "/" + yearIn + " has "
14:             + countDays(monthIn, yearIn) + " days.");
15:     }
16:
```

```
17:    static int countDays(int month, int year) {
18:        int count = -1;
19:        switch (month) {
20:            case 1:
21:            case 3:
22:            case 5:
23:            case 7:
24:            case 8:
25:            case 10:
26:            case 12:
27:                count = 31;
28:                break;
29:            case 4:
30:            case 6:
31:            case 9:
32:            case 11:
33:                count = 30;
34:                break;
35:            case 2:
36:                if (year % 4 == 0) {
37:                    count = 29;
38:                } else {
39:                    count = 28;
40:                }
41:                if ((year % 100 == 0) & (year % 400 != 0)) {
42:                    count = 28;
43:                }
44:        }
45:        return count;
46:    }
47: }
```

该程序使用命令行参数来指定月份和年份。第一个参数是月份，必须是 1～12 的整数；第二个参数是年份，应该是一个 4 位数。

如果运行该应用程序时未指定参数，它将使用月份 2 和年份 2020，从而输出图 4.2 所示的结果。

图 4.2　使用 switch-case 语句来处理各种条件

要在 NetBeans 中指定参数，可选择菜单 Run > Set Project Configuration > Customize。这将打开 Project Properties 对话框，如图 4.3 所示。

在文本框 Main Class 中，输入要运行的 `main()` 方法所属类的名称：`com.java21days.Day Counter`。

在文本框 Arguments 中，输入命令行参数，并用空格分隔，如 9 2019。然后单击 OK 按钮保存配置。

为了在 NetBeans 中使用这些参数运行该应用程序，选择菜单 Run > Run Project（不要选择菜单 Run > Run File）。使用参数 9 和 2019 运行时，该应用程序的输出结果如图 4.4 所示。

应用程序 DayCounter 使用 `switch` 语句来确定天数。这条语句位于程序清单 4.2 的 `countDays()` 方法中（始于第 17 行）。

方法 `countDays()` 有两个 `int` 参数：`month` 和 `year`。天数将被存储在变量 `count` 中，它的初始值为`-1`，然后被替代为正确的计数。

从第 19 行开始的 `switch` 语句使用 `month` 作为条件值。

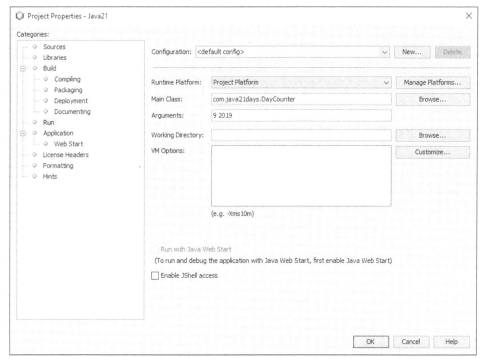

图 4.3 在 NetBeans 中设置应用程序的命令行参数

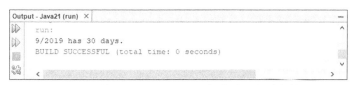

图 4.4 使用 switch-case 语句来处理各种条件

对于其中的 11 个月份来说，天数都很容易计算：1 月、3 月、5 月、7 月、8 月、10 月和 12 月都有 31 天，而 4 月、6 月、9 月和 11 月都有 30 天。

这 11 个月的计数是在程序清单 4.2 的第 20~34 行完成的。正如您期望的，月份从 1（1 月）到 12（12 月）进行编号。当 `case` 语句与 `month` 的值相同时，其后所有的语句都被执行，直到遇到 `break` 语句或到达 `switch` 语句末尾。

2 月的情况稍微有点复杂，在程序的第 36~43 行进行处理。闰年的 2 月有 29 天，而其他年份的 2 月只有 28 天。闰年必须满足如下条件之一。

- 该年份能被 4 整除，但不能被 100 整除。
- 该年份能被 400 整除。

正如第 2 章介绍的，求模运算符 `%` 返回除法运算的余数，那么可以通过 `if-else` 语句使用上述条件来判断 2 月份有多少天，其结果取决于年份。

在第 36~40 行的 `if-else` 语句中，当年份能够被 4 整除时，将 `count` 设置为 `29`，否则设置为 `28`。

第 41~43 行中的 `if` 语句使用运算符 `&` 来合并两个条件表达式：`year % 100 == 0` 和 `year & 400 != 0`。如果这两个条件都为真，则 `count` 设置为 `28`。

`countDays()` 方法最后返回 `count` 的值（第 45 行）。

运行 DayCounter 程序时，第 4~15 行的 `main()` 方法被执行。

在所有的 Java 程序中，命令行参数被存储在一个 `String` 对象数组中。在程序 DayCounter 中，这个数组名为 arguments。第一个命令行参数被存储在 arguments[0] 中，第二个存储 arguments[1] 中，依次向上编号，直到所有的参数都被存储。如果应用程序运行时没有提供参数，这个数组也会被创建，只是不包含任何元素。

第 5 行和第 6 行创建 int 变量 yearIn 和 monthIn，用来存储要被检查的年份和月份。

第 7 行的 if 语句使用 arguments.length 来确保 arguments 数组至少有一个元素。如果有，则执行第 8 行。

第 8 行调用 parseInt()，并将 arguments[0] 传递给它。这是 Integer 类的一个类方法，它将 String 对象作为参数，如果该字符串是一个有效的整数，则将它作为 int 类型返回，返回的值被存储在 monthIn 中。第 11 行执行类似的操作——用 arguments[1] 作为参数调用 parseInt()，以便设置 yearIn 的值。

第 13～14 行是程序的输出。输出时，调用了方法 countDays()，并将 monthIn 和 yearIn 作为参数传递给它，然后将该方法的返回值输出。

> **注意**
>
> 至此，您可能想知道如何从用户那里获取输入，而不是使用命令行参数来获取。然而，没有用来读取输入的 System.out.println() 方法，在不使用图形用户界面的情况下，要读取输入，必须更深入地了解 Java 中的输入和输出类。这个内容将在第 16 章介绍。

4.5　三目运算符

在条件语句中，除使用关键字 if 和 else 外，还可使用三目运算符——也叫条件运算符。这个运算符是三目的，因为它有 3 个操作数。

条件运算符是一个表达式，用于返回一个值——这不同于更通用的 if，if 使语句或语句块被执行。对于短小简单的条件而言，这个运算符很有用，如下所示：

```
test ? trueResult : falseResult;
```

test 是一个表达式，返回 true 或 false，就像 if 语句的条件测试一样。如果 test 为 true，则三目运算符返回 trueResult 的值；如果 test 为 false，则返回 falseResult 的值。例如，下面的语句检测 myScore 和 yourScore 的值，返回其中较大的一个值并将其赋给变量 ourBestScore：

```
int ourBestScore = myScore > yourScore ? myScore : yourScore;
```

该语句将 myScore 和 yourScore 中较大的那个值赋给 ourBestScore。

三目运算符的这种用法与下面的 if-else 语句等价：

```
int ourBestScore;
if (myScore > yourScore) {
    ourBestScore = myScore;
} else {
    ourBestScore = yourScore;
}
```

三目运算符的优先级很低——通常在所有子表达式计算完毕后才被计算。在优先级上，唯一比它低的运算符是赋值运算符。要重温运算符优先级，请参阅第 2 章的表 2.6。

> **警告**
>
> 三目运算符的功能可以用简单的 if-else 语句来实现，因此初学这门语言时，没有必要使用该运算符。但需要返回一个值时，三目运算符便可派上用场，因为在 Java 中，if 语句无法做到这一点。

4.6　for 循环

for 循环用于重复执行语句，直到指定条件得到满足。虽然 for 循环通常用于在语句重复次数确定的情况下简化迭代，但 for 循环也可用于几乎任何类型的循环中。

在 Java 中，for 循环的格式如下：

```
for (initialization; test; increment) {
    statement;
}
```

for 循环的开始包含 3 部分。

- initialization 是一个表达式，用来初始化循环的起始状态。如果有循环变量，可在该表达式中进行声明和初始化，例如 int i = 0。在 for 循环的这部分中声明的变量是循环中的局部变量，循环执行完毕后，它们将不复存在。可以在这部分初始化多个变量，其中各个表达式之间是用逗号分隔的。语句 int i = 0, j = 10 声明了变量 i 和 j，它们都是循环中的局部变量。
- test 是每次迭代前都将进行的检测，它必须是布尔表达式或返回布尔值的函数，如 i<10。如果测试结果为 true，则循环继续执行；一旦测试结果为 false，循环将结束。
- increment 可以是任何表达式或方法调用。通常，increment 用于修改循环变量的值，从而将循环状态逐步引向返回 false 的状态，最终结束循环。increment 在每次迭代后进行。与 initialization 类似，increment 也可以包含多个表达式，各个表达式之间用逗号分隔。

for 循环的 statement 部分是每次迭代执行的语句。与 if 语句一样，这也可以是单条语句或块语句，前面的例子中使用了一个块，因为这种情况更常见。下面的 for 循环将一个 String 数组的所有元素都设置为"Mr."：

```
String[] salutation = new String[10];
int i; // the loop index variable
for (i = 0; i < salutation.length; i++) {
    salutation[i] = "Mr.";
}
```

其中，变量 i 用作循环计数——它计算循环执行的次数。每次循环执行之前，都将该计数值与数组 salutation 中的元素数目 salutation.length 进行比较。当循环计数值等于或大于 salutation.length 时，循环结束。

for 语句的最后一部分是 i++，意为每次循环后，循环计数值都递增 1。如果没有这条语句，循环将不会结束。

循环内的语句将数组 salutation 的元素设置为"Mr."。循环计数用于判断对哪个元素进行修改。

for 循环的任何部分都可以是一条空语句，即不带任何表达式和语句的分号，这样，这部分将被忽略。注意，在 for 循环中使用空语句后，必须在程序的其他地方初始化或递增循环变量（循环计数）。

如果所有的工作都在循环的第 1 行完成了，则 for 循环体也可以是一条空语句。例如，下面的 for 循环找出大于 4000 的第一个质数（这里假设存在一个名为 notPrime() 的方法，该方法返回一个布尔值，指出 i 是不是质数）。

```
for (i = 4001; notPrime(i); i += 2);
```

这条 for 语句以分号结尾，这表明其循环体没有包含任何语句。

对于 for 循环，一种常见的错误是，for 语句以分号结尾：

```
int x = 1;
```

```
for (i = 0; i < 10; i++);
    x = x * i; // this line is not inside the loop!
```

在这个例子中，`for` 语句中括号后面的分号将结束循环，因此 `x = x*i` 不是循环的一部分。`x=x*i` 只被执行一次，因为它位于 `for` 循环外面。注意不要在 Java 程序中犯这种错误。

接下来将使用 `for` 循环重新编写应用程序 HalfDollar，以去除冗余的代码。

原来的应用程序处理的是包含 3 个元素的数组。程序清单 4.3 所示的版本（HalfLooper）更简短、更灵活，但输出结果相同。要创建该应用程序，可在 NetBeans 中新建一个空 Java 文件，将其命名为 HalfLooper 并放在 `com.java21days` 包中。

程序清单 4.3 完整的 HalfLooper.java 源代码

```
 1: package com.java21days;
 2:
 3: class HalfLooper {
 4:     public static void main(String[] arguments) {
 5:         int[] denver = { 2_100_000, 2_900_000, 6_100_000 };
 6:         int[] philadelphia = { 2_100_000, 1_800_000, 4_800_000 };
 7:         int[] total = new int[denver.length];
 8:         int sum = 0;
 9:
10:         for (int i = 0; i < denver.length; i++) {
11:             total[i] = denver[i] + philadelphia[i];
12:             System.out.format((i + 2015) + " production: %,d%n",
13:                 total[i]);
14:             sum += total[i];
15:         }
16:
17:         System.out.format("Average production: %,d%n",
18:             (sum / denver.length));
19:     }
20: }
```

该程序的输出结果与应用程序 HalfDollars 相同（见图 4.1）。

这里使用了一个 `for` 循环，而不是分别对 3 个数组进行处理。在程序清单 4.3 中，第 10～15 行的循环执行如下操作。

- **第 10 行**：建立循环，并将名为 `i` 的 `int` 变量作为循环计数。每次循环后，该计数都将递增 1，当 `i` 等于或大于数组 `denver` 的元素数目 `denver.length` 时，循环结束。
- **第 11～13 行**：设置循环计数指定的 `total` 元素的值，再输出该值及指明年份的文本。
- **第 14 行**：将 `total` 元素的值加到变量 `sum` 中，后者将用于计算年平均值。

使用更通用的循环遍历数组时，程序能够处理不同长度的数组，给数组元素赋值并输出这些值。

> **注意**　Java 还有一种用于遍历诸如数组、链表、映射等集合中所有元素的 `for` 循环，这将在第 8 章介绍这些数据结构时一并介绍。

4.7 while 和 do 循环

循环类型还有 while 和 do 循环，这些循环也用于让一段 Java 代码重复执行，直到满足指定条件为止。

4.7.1 while 循环

while 循环用于重复执行一条语句，直到指定条件不为 `true`。下面是一个例子：

```
while (i < 13) {
    x = x * i++; // the body of the loop
}
```

与关键字 while 一起的条件是一个布尔表达式，这里为 i<13。如果表达式返回 true，while 循环将执行循环体，然后再次对条件进行检测。这一过程将不断重复下去，直到条件为 false。

虽然上面的循环使用花括号来构成一个块语句，但它们并非必需的，因为该循环体只有一条语句：x = x*i++。然而，使用花括号也不会带来任何问题，如果以后需要在循环体内添加其他语句，花括号将是必不可少的。

程序清单 4.4 所示的应用程序 ArrayCopier 使用 while 循环将一个 int 数组（array1）中的元素复制到一个 float 数组（array2）中，并将每个元素转换为 float 类型。需要注意的是，遍历到第一个数组中值为 1 的元素后，循环将立刻结束。

在 NetBeans 中创建一个空 Java 文件，将其命名为 ArrayCopier 并放在 com.java21days 包中，再输入程序清单 4.4 所示的源代码。

程序清单 4.4   完整的 ArrayCopier.java 源代码

```
 1: package com.java21days;
 2:
 3: class ArrayCopier {
 4:     public static void main(String[] arguments) {
 5:         int[] array1 = { 7, 4, 8, 1, 4, 1, 4 };
 6:         float[] array2 = new float[array1.length];
 7:
 8:         System.out.print("array1: [ ");
 9:         for (int i = 0; i < array1.length; i++) {
10:             System.out.print(array1[i] + " ");
11:         }
12:         System.out.println("]");
13:
14:         System.out.print("array2: [ ");
15:         int count = 0;
16:         while ( count < array1.length && array1[count] != 1) {
17:             array2[count] = (float) array1[count];
18:             System.out.print(array2[count++] + " ");
19:         }
20:         System.out.println("]");
21:     }
22: }
```

该程序的输出结果如图 4.5 所示。

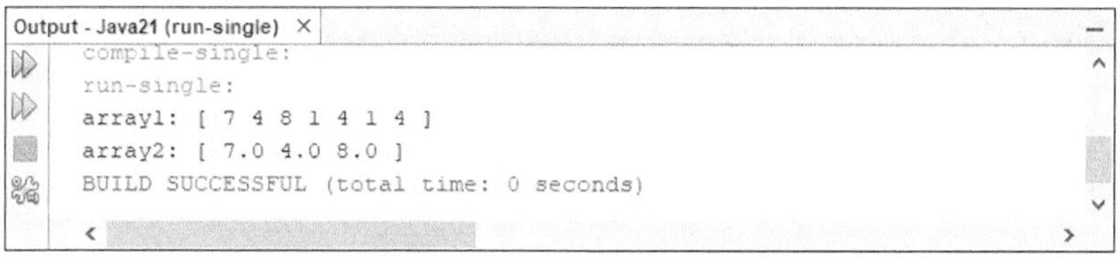

图 4.5   使用 while 循环来查看数组的内容

main() 方法执行的操作如下。

- 第 5 行和第 6 行声明了数组。array1 是一个 int 数组，被初始化成合适的数字。array2 是一个 float 数组，其长度与 array1 相同。

- 第9～11行用于输出——使用一个for循环来遍历array1，以输出其元素的值。
- 第16～19行给array2的元素赋值（将数字转换为浮点数），并将这些值输出。首先声明了一个count变量，用于跟踪数组下标。while循环检测两个条件，它们分别是count＜array1.length和array1[count]!=1。可使用逻辑条件运算符&&来进行检测。使用&&时，仅当两个条件都为true时，整个表达式才为true；如果其中任何一个条件为false，则整个表达式为false，循环结束。

该程序的输出结果表明，array1的前3个元素都被复制到array2中，但第4个元素为1，因此循环结束。如果array1没有值为1的元素，array2将包含与array1相同的值。如果while循环的测试一开始就为false（例如，array1的第一个元素为1），while循环体将一次也不执行。如果至少需要执行循环1次，可以采用下述两种方法之一。

- 在while循环外复制该循环体。
- 使用do循环（这将在下一节介绍）。

其中，do循环是更佳的解决方案。

4.7.2　do-while循环

do循环，即do-while循环，与while循环非常类似，主要区别在于检测条件的位置。

while循环在循环执行前检测条件，因此如果首次检测时条件就为false，则循环体一次也不会被执行。

do循环在检测条件之前，至少执行循环体一次，因此如果首次检测时条件为false，则循环体已执行一次了。

下面的例子使用do循环不断将一个long值加倍，直到它大于3万亿：

```
long i = 1;
do {
    i *= 2;
    System.out.print(i + " ");
} while (i < 3_000_000_000_000L);
```

在条件i<3_000_000_000_000L被检测之前，循环体已执行过一次。此后，如果检测结果为true，循环将继续执行；如果为false，循环将结束。请记住，使用do循环时，循环体至少执行一次。

do循环和while循环的差别在于，在检测结果不为true的情况下，while循环什么都不做，而do循环先执行一次循环，再检测是否为true。

for循环、while循环和do循环的用途相同，但方式存在细微的差别。编写代码时，您可能难以在这些循环中做出选择。如何选择没有对错之分，选择使用for、while还是do循环在很大程度上取决于您的喜好。

4.8　跳出循环

在所有循环中，当测试条件得到满足时循环将结束。有时，在循环执行过程中发生了某种情况后，需要提早结束循环。在这种情况下，可以使用关键字break和continue。

前面已经将break用于switch语句中，break结束switch语句的执行，继续执行程序。在循环中，关键字break的功能与此相同：立即结束当前循环。如果在循环中嵌套了循环，将跳到外层循环中，否则执行循环后的语句。

例如，程序清单 4.4 所示应用程序 ArrayCopier 中的 while 循环，它将 int 数组的元素复制到 float 数组中，直到全部复制完毕或数组元素为 1。可以在 while 循环体内检测后一种情况，并使用 break 跳出循环：

```
int count = 0;
while (count < array1.length) {
    if (array1[count] == 1) {
        break;
    }
    array2[count] = (float) array2[count++];
}
```

关键字 continue 直接进入循环的下一次迭代。对于 do 循环和 while 循环，这意味着重新回到块语句从头执行；对于 for 循环，则计算增量表达式，然后执行块语句。当需要在循环内忽略某些特殊的情况时，关键字 continue 很有用。对于上述将一个数组中的元素复制到另一个数组中的例子，可以检测当前元素是否为 1，在元素为 1 时使用 continue 来进入下一次迭代，这样结果数组中将不会包含 0。注意，由于跳过了第一个数组中值为 1 的元素，因此需要两个跟踪数组的计数器：

```
int count = 0;
int count2 = 0;
while (count++ <= array1.length) {
    if (array1[count] == 1) {
        continue;
    }
    array2[count2++] = (float) array1[count];
}
```

标号

break 和 continue 都有可选的标号，用于指出从哪里开始继续执行程序。没有标号时，break 跳到外层循环或循环后面的语句处，continue 开启下一次迭代。使用标号后，break 可以跳到循环外的某个位置，continue 可以跳到当前循环外的循环中。

要使用标号，请在循环的起始部分前面添加标号和冒号。然后，使用 break 或 continue 时，在这些关键字后面加上标号的名称，如下所示：

```
out: for (int i = 0; i < 10; i++) {
    for (int j = 0; j < 50; j++) {
        if (i * j > 400) {
            break out;
        }
    }
}
```

在上述代码片段中，标号 out 标记的是外层循环。然后，在 for 循环中，当特定条件满足时，break 将跳出这两层循环。如果没有标号 out，break 将跳出内层循环，并继续执行外层循环。

在 Java 中，标号用得很少，因为通常有其他替代方式。

4.9 总结

本章您学习了如何声明数组变量、将对象赋给数组变量，以及访问和修改数组元素。使用 if 语句和 switch 条件语句，可以根据布尔测试来决定执行程序的哪部分。您还学习了 for 循环、while

循环和 do 循环，它们都能够让程序的一部分不断执行，直到满足给定的条件为止。您将在 Java 程序中频繁地使用这些特性。

4.10　问与答

问：我在 if 的块语句中声明了一个变量，当 if 语句完成后，该变量的定义便消失了，它到哪里去了？

答：从技术上说，块语句构成了一个新的词法作用域（lexical scope）。这意味着在块内声明的变量仅在该块内可见和可用。当该块执行完毕后，其中声明的所有变量都将消失。比较好的办法是在最外层的块中声明所需的变量——通常是块语句的开头。对于 for 循环的循环计数，则应在 for 循环的第一行进行声明。

问：为什么我不能在 switch 语句中对字符串进行检测？

答：您完全可以这样做。如果您在 NetBeans 中不能这样做，请确保安装了最新的 Java 版本，并对开发环境进行设置，使其使用该版本。这项特性是在 Java 7 中引入的。

在 NetBeans 中，要确保当前项目使用的是 Java 12 或更高版本，可选择菜单 File > Project Properties 打开 Project Properties 对话框。在 Categories 列表中选择 Libraries，将 Java Platform 设置为 JDK 12 或更高版本，再单击 OK 按钮保存所做的修改并关闭该对话框。

4.11　小测验

请回答下述 3 个问题，以复习本章介绍的内容。

4.11.1　问题

1. 哪种循环在条件表达式被计算之前至少执行循环体语句一次？
   A. do-while
   B. for
   C. while
2. 下面哪一项不能用作 case 语句中的测试？
   A. 字符
   B. 字符串
   C. 对象
3. 数组的哪个实例变量可用来确定数组的长度？
   A. size
   B. length
   C. MAX_VALUE

4.11.2　答案

1. A。在 do-while 循环中，while 条件语句位于循环末尾。即使其初始值为 false，循环体也将执行一次。
2. C。在 Java 旧版本中，字符串都不能用于 case 语句中的测试，但现在不是这样的了。

3. B。变量 length 是一个表示数组长度的整数。

4.12 认证练习

下面的问题是 Java 认证考试中可能出现的问题，请回答该问题，不要查看本章的内容或使用 Java 编译器对代码进行测试。

对于下述代码：

```java
public class Cases {
    public static void main(String[] arguments) {
        float x = 9;
        float y = 5;
        int z = (int)(x / y);
        switch (z) {
            case 1:
                x = x + 2;
            case 2:
                x = x + 3;
            default:
                x = x + 1;
        }
        System.out.println("Value of x: " + x);
    }
}
```

当 x 被输出时，其值为多少？

A. 9.0

B. 11.0

C. 15.0

D. 该程序不能通过编译

4.13 练习

为巩固本章介绍的知识，请尝试完成下面的练习。

1. 使用 DayCounter 程序中的 countDays() 方法创建一个应用程序，用于显示指定年份中的每一天（从 1 月 1 日到 12 月 31 日）。

2. 创建一个类，该类将 10 个数字对应的单词（one 到 ten）转换为 long 类型的值。要求使用 switch 语句来进行转换，并通过命令行参数获取要转换的单词。

第 5 章
创建类和方法

如果您以前使用过其他编程语言，可能会被术语"类"的含义所困扰。它看上去与术语"程序"的含义相同，但您可能对两者之间的关系不太确定。

在 Java 中，程序由主类（main）和用于支持主类的其他类组成，包括您可能需要的 Java 类库中的类（如 String、Math 等）。

在本章中，随着创建类和方法（它定义了类或对象的行为）的介绍，您将明白类（class）的含义。本章的内容如下。

- 类的组成部分。
- 创建和使用实例变量。
- 创建和使用方法。
- 应用程序中的 main() 方法。
- 创建重载方法。
- 创建构造函数。

5.1 定义类

由于前几章中都创建过类，因此现在您应该熟悉有关类定义的基础知识。类是通过关键字 class 和名称来定义的，如下所示：

```
class Ticker {
    // body of the class
}
```

默认情况下，类将从 Object 类继承而来，Object 类是 Java 类层次结构中所有类的超类。关键字 extends 用于指定一个类的超类，如下面的 Ticker 的子类所示：

```
class SportsTicker extends Ticker {
    // body of the class
}
```

Java 采用单继承，因此只能使用 extends 来继承一个超类。未使用 extends 指定超类时，超类默认为 Object 类。

5.2 创建实例变量和类变量

每当创建类时，都必须定义新类不同于其超类的行为。

行为是通过指定新类的变量和方法来定义的。Java 中有 3 种常用的变量：类变量、实例变量和局部变量。下一节将介绍方法。

5.2.1 定义实例变量

第 2 章介绍了如何声明和初始化局部变量，这种变量位于方法定义中。实例变量的声明和定义与局部变量几乎相同，主要区别在于实例变量位于类定义中。

在方法定义外声明且没有使用关键字 static 修饰的变量是实例变量。根据编程习惯，大多数实例变量是在第一行类定义后声明的，但也可以在末尾定义。

下面是一个简单的类定义，它定义了类 MarsRobot，这个类是从其超类 ScienceRobot 继承而来的：

```
class MarsRobot extends ScienceRobot {
    String status;
    int speed;
    float temperature;
    int power;
}
```

这个类定义包含 4 个变量。由于这些变量都不是在方法内定义的，因此它们是实例变量。

- status：一个字符串，指出机器人的当前状态（如"exploring"或"returning home"）。
- speed：一个整数，指出机器人的当前移动速率。
- temperature：一个浮点数，指出机器人所处环境的当前温度。
- power：一个整数，指出机器人当前的蓄电池电力。

5.2.2 类变量

前面介绍过，类变量适用于整个类，而不是该类的特定对象。

类变量适用于在同一种类的不同对象之间共享信息或记录类级信息。

在类定义中，使用关键字 static 来声明类变量，如下所示：

```
static int SUM;
static final int MAX_OBJECTS = 10;
```

根据约定，很多 Java 程序员都将类变量名大写，以便将这种变量与其他变量区分开来。Java 虽然没有要求这样做，但推荐这样做。

5.3 创建方法

第 3 章介绍过，方法定义了对象的行为，即在对象被创建时发生的事情和对象在其生命周期内能够执行的各种任务。

本节介绍方法定义和方法的工作原理。本章后面将介绍一些有关方法的高阶内容。

5.3.1 定义方法

在 Java 中，方法定义包含 4 个基本的部分。

- 方法名。
- 参数列表。

- 方法返回的对象类型或基本数据类型。
- 方法体。

方法定义的前两个部分构成了方法的特征标记。

注意

> 在本节中，省略了方法定义的两个可选部分，即限定符（如 public 或 private）和关键字 throws，后者指出了方法可能引发的异常。有关这部分的知识，将在第 6 章和第 7 章介绍。

在其他语言中，方法（可能叫作函数、子例程或过程）的名称足以将其与程序中的其他方法区别开来。

在 Java 中，同一个类可以包含多个名称相同但特征标记不同的方法，这称为方法重载，本章后面将更详细地介绍。

下面是一个基本的方法定义：

```
returnType methodName(type1 arg1, type2 arg2, type3 arg3 ...) {
    // body of method
}
```

returnType 是方法返回值的基本类型或类，如果方法不返回任何值，则为 void。

方法的参数列表是一组变量声明，它们被放在圆括号内，并用逗号分隔。这些参数是方法体内的局部变量，当方法调用时，将获得它们的值。

注意，如果方法返回一个数组对象，则方括号可位于 returnType 或参数列表后面。由于前一种格式更容易理解，因此本书采用这种格式。例如，下面的代码声明了一个返回 int 数组的方法：

```
int[] makeRange(int lower, int upper) {
    // body of method
}
```

方法体内可以包含语句、表达式、对其他对象的方法调用、条件语句、循环等。

除非返回类型被声明为 void，否则方法执行完毕后，将返回某种类型的值，且必须在方法的出口点使用关键字 return 显式地返回这个值。

程序清单 5.1 所示的 RangeLister 类定义了一个 makeRange()方法，该方法接收两个整数（下界和上界）并创建一个数组，该数组包含上、下界之间（上、下界本身在内）的所有整数。

在 NetBeans 中新建一个空 Java 文件，将其命名为 RangeLister 并放在 com.java21days 包中，再输入程序清单 5.1 所示的源代码。

程序清单 5.1　完整的 RangeLister.java 源代码

```
 1: package com.java21days;
 2:
 3: class RangeLister {
 4:     int[] makeRange(int lower, int upper) {
 5:         int[] range = new int[(upper-lower) + 1];
 6:
 7:         for (int i = 0; i < range.length; i++) {
 8:             range[i] = lower++;
 9:         }
10:         return range;
11:     }
12:
13:     public static void main(String[] arguments) {
14:         int[] range;
15:         RangeLister lister = new RangeLister();
16:
17:         range = lister.makeRange(4, 13);
18:         System.out.print("The array: [ ");
```

```
19:            for (int i = 0; i < range.length; i++) {
20:                System.out.print(range[i] + " ");
21:            }
22:            System.out.println("]");
23:        }
24: }
```

在 NetBeans 中，选择菜单 Run > Run File 运行这个程序，其输出结果如图 5.1 所示。

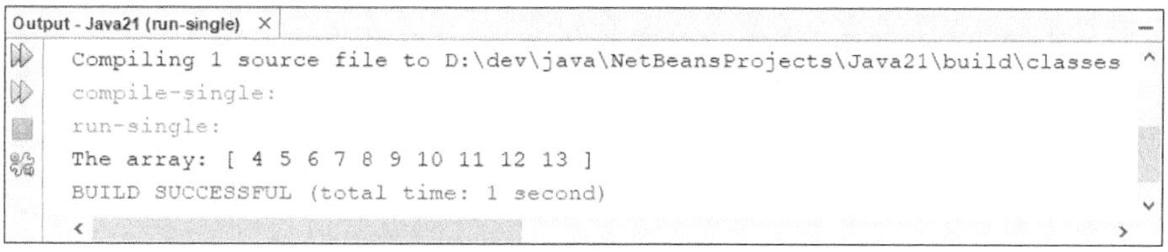

```
Output - Java21 (run-single)  ×                                                    —
  Compiling 1 source file to D:\dev\java\NetBeansProjects\Java21\build\classes  ^
  compile-single:
  run-single:
  The array: [ 4 5 6 7 8 9 10 11 12 13 ]
  BUILD SUCCESSFUL (total time: 1 second)
  <                                                                          >
```

图 5.1　使用方法来创建并输出数组

该类中的 `main()` 方法通过使用参数 4 和 13 调用方法 `makeRange()` 来测试它的功能。在第 7~9 行，该方法创建一个空的整型数组，然后使用 4~13 来填充该数组。

5.3.2　关键字 this

有时候，您可能想在方法体中引用当前对象，即其方法被调用的对象。例如，您可能需要访问当前对象的实例变量或将当前对象作为参数传递给其他方法。

要在方法中引用当前对象，可以使用关键字 `this`。

关键字 `this` 指向当前对象，可用于任何可使用对象引用的地方：在句点表示法中，作为方法的参数；作为当前方法的返回值等。下面是一些使用关键字 `this` 的例子，其中的注释对相应的用法作了说明：

```
top = this.x;          // the x instance variable for this object
zed.resetData(this);   // call the resetData method, defined in
                       // the zed class, and pass it the current object

return this;           // return the current object
```

在很多情况下，不需要显式地使用关键字 `this`，因为它是默认的。例如，可以通过名称来引用当前类中定义的实例变量和方法调用，因为 `this` 已隐示地存在于这些引用中。因此，可以将前面的代码重写，如下所示：

```
top = x;               // the x instance variable for this object
```

注意　引用实例变量时，是否可以省略关键字 `this` 取决于是否在局部作用域中声明了同名的变量。这一内容将在下一节做更详细的介绍。

由于 `this` 是对类的当前实例的引用，因此只能在实例方法的定义体内或构造函数中使用它。在类方法（用关键字 `static` 声明的方法）中，不能使用 `this`。

5.3.3　变量作用域和方法定义

要使用变量，必须知道其作用域。作用域是程序的一部分，在其中可以使用某个变量。当超出作用域的范围时，该变量将不复存在。

在 Java 中声明变量时，便限定了该变量的作用域。例如，局部变量只能在定义它的语句块中使用。实例变量的作用域为整个类，因此可以被类中的任何实例方法使用。

当您引用变量时，Java 从最里面的作用域向外查找其定义。

最里面的作用域可能是一个语句块，如 while 循环的内容。

下一个作用域可能是包含该语句块的方法。

如果在方法中没有找到该变量，将检查类本身。

由于 Java 这种对变量作用域的查找方式，您可以在较小的作用域内创建一个变量来隐藏（或取代）该变量的原始值，这可能会带来一些小 bug。

例如下面的 Java 应用程序：

```
class ScopeTest {
    int test = 10;

    void printTest() {
        int test = 20;
        System.out.println("Test: " + test);
    }
    public static void main(String[] arguments) {
        ScopeTest app = new ScopeTest();
        app.printTest();
    }
}
```

在这个类中，有两个名称皆为 test 的变量。第一个是实例变量，被初始化为 10；第二个是局部变量，值为 20。

在方法 printTest()中，局部变量 test 隐藏了实例变量 test，因此当 printTest()被调用时，输出 test 值为 20，虽然有一个值为 10 的实例变量 test。为了避免这种问题，可以使用 this.test 来引用实例变量，使用 test 来引用局部变量。

隐藏性更强的情况是，在子类中重新定义了超类中已有的变量。这可能导致难以发现的 bug。例如，您想要调用方法来修改一个实例变量的值，却错误地修改了另一个变量。将对象从一个类转换为另一个类时，可能出现另一种 bug：实例变量的值被神秘地修改，因为不是从该类而是从其超类中获取了那个值。

避免这种情况的最好办法是，了解超类中定义的所有变量，并避免重新定义超类中已有的变量。

5.3.4　将参数传递给方法

调用接收对象参数的方法时，对象是作为引用传递到方法体的。您在方法内对该对象所做的任何操作都将影响原来的对象。

请记住，这样的对象包括数组和数组的对象。将数组传递给方法，并在方法中修改其内容时，将影响原来的数组。另一方面，基本数据类型和字符串是以值传递的，因此在方法中无法修改原来的值。

程序清单 5.2 所示的 Passer 类演示了这一点。请在 NetBeans 中创建这个类，并将其放在 com.java21days 包中。

程序清单 5.2　完整的 Passer.java 源代码

```
1: package com.java21days;
2:
3: class Passer {
4:
5:     void toUpperCase(String[] text) {
6:         for (int i = 0; i < text.length; i++) {
7:             text[i] = text[i].toUpperCase();
8:         }
```

```
 9:     }
10:
11:     public static void main(String[] arguments) {
12:         Passer passer = new Passer();
13:         passer.toUpperCase(arguments);
14:         for (int i = 0; i < arguments.length; i++) {
15:             System.out.print(arguments[i] + " ");
16:         }
17:         System.out.println();
18:     }
19: }
```

这个应用程序接收一个或多个命令行参数，并以大写的形式输出它们。

要在 NetBeans 中设置参数，可选择菜单 Run > Set Project Configuration > Customize，这将打开 Project Properties 对话框。在文本框 Main Class 中输入 `com.java21days.Passer`，在文本框 Arguments 中输入 `Athos Aramis Porthos`（或您选择的其他单词），再单击 OK 按钮。选择菜单 Run > Run Project 以运行该应用程序。

如果指定参数时采纳了上述建议，这个程序的输出结果将如图 5.2 所示。

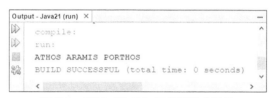

图 5.2　测试对象是如何传递给方法的

应用程序 Passer 使用存储在字符串数组 `arguments` 中的命令行参数。

创建一个 `Passer` 对象，然后调用方法 `toUpperCase()`，并将数组 `arguments` 作为参数传递给这个方法（第 12～13 行）。

由于传递给方法的是对该数组对象的引用，因此在第 7 行修改数组元素的值时，将修改原来的元素（而不是它的副本），第 14～16 行通过输出该数组说明了这一点。

警告

> 在 NetBeans 中运行应用程序 Passer 时，如果什么也没有发生，可能是由于您选择的是菜单 Run > Run File，而不是 Run > Run Project。Run File 不使用项目配置中设置的参数，Run Project 才会使用。

5.3.5　类方法

类变量和实例变量之间的关系与类方法和实例方法的关系相同。

类方法可被类的任何实例使用，也可被其他类使用。此外，与实例方法不同的是，调用类方法时，不需要有类的对象。

例如，Java 类库中有一个 `System` 类，它定义了一组可用于输出信息、检索配置信息以及完成其他任务的方法。下面是两个使用其类方法的语句：

```
System.exit(0);
long now = System.currentTimeMillis();
```

方法 `exit()` 用于关闭应用程序，其参数指出了是成功（`0`）还是失败（其他值）。方法 `current TimeMillis()` 返回一个 `long` 类型的值，指出从 1970 年 1 月 1 日 00：00：00 起到当前所经过的微秒数：当前日期和时间的数字表示。

定义类方法时，需要在方法定义前加上关键字 `static`，就像需要在类变量前加上 `static` 一样。例如，前面使用的类方法 `exit()` 的特征标记可能如下：

```
static void exit(int argument) {
    // body of method
}
```

Java 类库包含各种基本数据类型的包裹类，如 `Integer` 和 `Float`。使用这些类中定义的方法，可以将对象转换为基本数据类型或将基本数据类型转换为对象。但无论采用哪种表示，包含的值都相同。

例如，类 `Integer` 中的类方法 `parseInt()` 可将字符串作为参数，并返回该字符串的 `int` 表示：

```
int count = Integer.parseInt("42");
```

在这条语句中，`parseInt()` 将 `String` 值 "42" 转换为 `int` 值 42，而这个值被存储在变量 `count` 中。

如果方法名前没有关键字 `static`，则该方法将是实例方法。实例方法只能通过对象调用，而不能通过类来调用。第 1 章创建了一个名为 `checkTemperature()` 的实例方法，用来检测行星探测机器人所处环境的温度。

> **提示**　类方法和实例方法的差别在于，操纵或影响特定对象的方法都应定义为实例方法，那些提供通用功能，但不直接影响特定对象的方法应声明为类方法。

不同于实例方法，类方法不能被继承，因此在子类中不能覆盖超类的类方法。

5.4　创建 Java 应用程序

了解如何创建类、对象、类变量和实例变量，以及类方法和实例方法后，便可以将它们组合起来，构成 Java 程序。

Java 应用程序是能独立运行的 Java 程序。

Java 应用程序由一个或多个类构成，根据需要，它可大可小。虽然到现在为止，您创建的所有 Java 应用程序除输出一些字符外，几乎没做别的，但实际上也可创建使用窗口、图形和用户界面的 Java 应用程序。

要让 Java 应用程序能够运行，只需一个用作程序入口的类即可。而要成为应用程序的入口类，只需包含 `main()` 方法。应用程序运行时，Java 虚拟机将调用 `main()` 方法。

`main()` 方法的特征标记如下：

```
public static void main(String[] arguments) {
    // body of method
}
```

其中各项的含义如下。

- `public` 意味着该方法对其他类和对象也是可用的。`main()` 方法必须被声明为 `public`。第 6 章将更详细地介绍公有和私有方法。
- `static` 意味着 `main()` 方法是一个类方法。
- `void` 意味着 `main()` 方法不返回任何值。
- `main()` 方法接收一个参数：一个字符串数组。该参数用于存储命令行参数。

`main()` 方法的方法体包含启动应用程序所需的代码，如初始化变量和创建对象。

main()方法是一个类方法。程序运行时，并不会自动创建包含 main()方法的对象，如果想将类作为对象来处理，必须在 main()方法中创建该类的一个实例（就像在应用程序 Passer 中那样，如程序清单 5.2 的第 12 行所示）。

在 NetBeans 项目中，可将一个类指定为项目的主类。项目被打包成一个 Java 归档（JAR）文件后，如果该 JAR 文件被执行，将运行主类。

要设置主类，可选择菜单 Run > Set Project Configuration > Customize，在打开的 Project Properties 对话框的文本框 Main Class 中输入相应类的名称。

助手类

Java 程序可能只包含一个类（包含 main()方法的类），也可能由好几个类构成（即使是简单的程序，实际上也使用了 Java 类库中大量的类）。可以在程序中创建任意数目的类。

只要是 Java 能够找到的类，程序在运行时就可以使用。然而，只有入口类需要 main()方法。main()方法被调用后，接下来将执行程序中使用的各种类和对象中的方法。虽然助手类可以包含 main()方法，但程序运行时，助手类将被忽略。

5.5　Java 应用程序和参数

由于 Java 应用程序是独立的程序，因此将参数传递给应用程序可确定其运行方式。

可以使用参数来决定应用程序将如何运行或让通用的应用程序能够操纵不同类型的输入。程序参数有多种用途，如打开调试输入或指定要加载的文件。

5.5.1　将参数传递给 Java 应用程序

如何将参数传递给 Java 应用程序因 Java 的运行环境而异。

使用 JDK 中的 java 解释器时，要将参数传递给 Java 程序，应在运行程序时，在命令行中提供参数。例如：

```
java Transmitter April 450 -10
```

其中 java 是解释器的名称，Transmitter 是 Java 应用程序的名称，其他的内容是传递给程序的 3 个参数：April、450 和-10。请注意参数之间的空格。

对于包含空格的参数，必须用引号将其引起来。例如，请看下面的命令行：

```
java Transmitter Wilhelm Niekro Hough "Tim Wakefield" 49
```

使用引号将 Tim Wakefield 引起来后，它将被视为一个参数。程序将接收 5 个参数：Wilhelm、Niekro、Hough、Tim Wakefield 和 49。使用引号可防止 Tim Wakefield 中的空格被视为参数分隔符；参数传递给程序并被 main()方法接收后，分隔参数的空格将不被视为参数的一部分。

警告　这里的引号不是用来标识字符串的。传递给应用程序的每个参数都被存储在一个 String 对象数组中，即使它是一个数值（如上述示例中的 450、-10 和 49）。

由于 NetBeans 在幕后运行 JVM，因此无法通过命令行来指定参数。但是，您可在项目配置（选择菜单 Run > Set Project Configuration > Customize）中设置参数，就像本章前面运行应用程序 RangeLister 时所做的那样。

5.5.2 在 Java 程序中处理参数

运行 Java 应用程序时，如果提供了参数，这些参数将被存储在一个字符串数组中，然后传递给应用程序的 main() 方法。再来看一下 main() 方法的特征标记：

```
public static void main(String[] arguments) {
    // body of method
}
```

其中，arguments 是用于存储参数列表的字符串数组，可以按照您的喜好给这个数组命名。

在 main() 方法中，可以通过遍历该参数数组使用这些传递给程序的参数。程序清单 5.3 所示的 Averager 类是一个 Java 应用程序，它接收数值参数，并返回这些参数的和与平均值。

在 NetBeans 中新建一个空 Java 文件，将其命名为 Averager 并放在 com.java21days 包中。

程序清单 5.3　完整的 Averager.java 源代码

```
 1: package com.java21days;
 2:
 3: class Averager {
 4:     public static void main(String[] arguments) {
 5:         int sum = 0;
 6:
 7:         if (arguments.length > 0) {
 8:             for (int i = 0; i < arguments.length; i++) {
 9:                 sum += Integer.parseInt(arguments[i]);
10:             }
11:             System.out.println("Sum is: " + sum);
12:             System.out.println("Average is: " +
13:                 (float) sum / arguments.length);
14:         }
15:     }
16: }
```

在 NetBeans 中运行该应用程序之前，在项目配置中指定两个或更多的数值参数，就像对应用程序 RangerLister 所做的那样。这些参数都必须是整数。

在应用程序 Averager 中，第 7 行确保至少给该程序传递了一个参数。这是通过 length 来实现的，该实例变量包含数组 arguments 中的元素个数。处理命令行参数时，总是需要执行与此类似的操作；否则，当用户提供的命令行参数少于您所期望的个数时，程序将因 ArrayIndexOutOfBound Exception 错误而崩溃。

如果至少给这个应用程序传递了一个参数，则第 8~10 行的 for 循环将遍历数组 arguments 中的所有字符串。

由于所有的命令行参数都作为一个 String 对象被传递给 Java 应用程序，因此在数学表达式中使用这些参数之前，必须将它们转换为数值。第 9 行使用了类 Integer 的 parseInt() 类方法，该方法将一个 String 对象作为参数，并返回一个 int 值。

如果参数被设置为 75 1080 95 16，则该应用程序的输出结果将如图 5.3 所示。

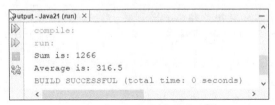

图 5.3　在应用程序中接收参数

5.6 创建同名方法

使用 Java 类库时，常常会遇到有很多同名方法的类。

名称相同的方法是通过下述两个因素区分的。

- 参数个数。
- 参数的数据类型或对象。

这两个因素都是方法特征标记的一部分。使用多个名称相同但特征标记不同的方法被称为重载。

方法重载可以避免使用完全不同的方法来完成几乎相同的任务。重载也使方法能够根据接收的参数进行不同的操作。

当您调用对象的方法时，Java 将对方法名和参数进行匹配，以确定应执行哪个方法定义。

要创建重载方法，可在同一个类中创建多个不同的方法定义，它们的名称相同，但参数列表不同。不同之处可以是参数数目、参数类型，也可以两者都不同。只要参数列表是独有的，Java 就允许对方法进行重载。

> **警告**
>
> 在区分重载的方法时，Java 不考虑返回值类型。如果创建两个特征标记相同但返回值不同的方法，类将不能通过编译。此外，方法中每个参数的变量名是无关紧要的，只与参数的数目和类型有关系。

在下一个项目中，将创建一个重载方法。该方法的开头是一个简单的类定义，定义了一个名为 Box 的类，该类定义了一个矩形，这是通过使用 4 个实例变量（x1、y1、x2 和 y2）定义矩形的左上角和右下角坐标来实现的：

```
class Box {
    int x1 = 0;
    int y1 = 0;
    int x2 = 0;
    int y2 = 0;
}
```

当类 Box 的新实例被创建时，其所有实例变量都被初始化为 0。

实例方法 buildBox() 将这些实例变量设置为指定的值：

```
Box buildBox(int x1, int y1, int x2, int y2) {
    this.x1 = x1;
    this.y1 = y1;
    this.x2 = x2;
    this.y2 = y2;
    return this;
}
```

该方法接收 4 个 int 类型的参数，并返回一个对 Box 对象的引用。由于参数的名称与实例变量相同，因此在方法中引用实例变量时使用了关键字 this。

该方法可以用来创建矩形，但如果想以另一种方式来定义矩形的大小又该怎么办呢？一种方式是使用 Point 对象，而不是坐标，因为 Point 对象包含实例变量 x 和 y。

可以重载 buildBox()，即创建该方法的另一个版本，它接收两个 Point 对象作为参数：

```
Box buildBox(Point topLeft, Point bottomRight) {
    x1 = topLeft.x;
    y1 = topLeft.y;
    x2 = bottomRight.x;
    y2 = bottomRight.y;
```

```
        return this;
    }
```

要让代码能够运行，必须导入 java.awt.Point 类，这样才能使用 Point 引用。

另一种定义矩形的方式是，使用顶角坐标、宽度和高度：

```
Box buildBox(Point topLeft, int w, int h) {
    x1 = topLeft.x;
    y1 = topLeft.y;
    x2 = (x1 + w);
    y2 = (y1 + h);
    return this;
}
```

为了完成这个例子，需要创建一个 printBox() 方法和 main() 方法，前者显示矩形的坐标，后者让 Box 类变成应用程序，并采用各种方式来定义矩形。完整的类定义如程序清单 5.4 所示。请在 NetBeans 中创建这个类，并将其放在 com.java21days 包中。

程序清单 5.4　完整的 Box.java 源代码

```
 1: package com.java21days;
 2:
 3: import java.awt.Point;
 4:
 5: class Box {
 6:     int x1, y1, x2, y2 = 0;
 7:
 8:     Box buildBox(int x1, int y1, int x2, int y2) {
 9:         this.x1 = x1;
10:         this.y1 = y1;
11:         this.x2 = x2;
12:         this.y2 = y2;
13:         return this;
14:     }
15:
16:     Box buildBox(Point topLeft, Point bottomRight) {
17:         x1 = topLeft.x;
18:         y1 = topLeft.y;
19:         x2 = bottomRight.x;
20:         y2 = bottomRight.y;
21:         return this;
22:     }
23:
24:     Box buildBox(Point topLeft, int w, int h) {
25:         x1 = topLeft.x;
26:         y1 = topLeft.y;
27:         x2 = (x1 + w);
28:         y2 = (y1 + h);
29:         return this;
30:     }
31:
32:     void printBox(){
33:         System.out.print("Box: <" + x1 + ", " + y1);
34:         System.out.println(", " + x2 + ", " + y2 + ">");
35:     }
36:
37:     public static void main(String[] arguments) {
38:         Box rect = new Box();
39:
40:         System.out.println("Calling buildBox with "
41:             + "coordinates (25,25) and (50,50):");
```

```
42:        rect.buildBox(25, 25, 50, 50);
43:        rect.printBox();
44:
45:        System.out.println("\nCalling buildBox with "
46:            + "points (10,10) and (20,20):");
47:        rect.buildBox(new Point(10, 10), new Point(20, 20));
48:        rect.printBox();
49:
50:        System.out.println("\nCalling buildBox with "
51:            + "point (10,10), width 50 and height 50:");
52:
53:        rect.buildBox(new Point(10, 10), 50, 50);
54:        rect.printBox();
55:    }
56: }
```

这个程序的输出结果如图 5.4 所示。

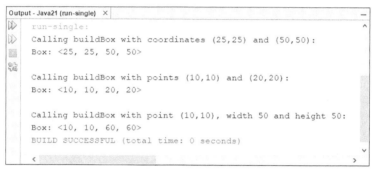

图 5.4　调用多个类似的方法

可以根据实现类行为的需要，定义任意数目的方法版本。

当有几个方法来完成类似的任务时，可以考虑在一个方法中调用另一个方法来简化代码。例如，对于程序清单 5.4 中第 16～22 行的 buildBox() 方法，可替换为如下代码简短得多的方法：

```
Box buildBox(Point topLeft, Point bottomRight) {
    return buildBox(topLeft.x, topLeft.y,
        bottomRight.x, bottomRight.y);
}
```

该方法中的 return 语句调用第 8～14 行的 buildBox() 方法，并将 4 个 int 类型的参数传递给它，这样得到的结果相同，但使用的语句更少。

这个应用程序使用了一种处理对象的快捷方式，而这种方式在本书前面没有介绍过。请看第 53 行：

```
rect.buildBox(new Point(10, 10), 50, 50);
```

这里使用了运算符 new 来指定方法的参数，从而将参数设置为调用相应的构造函数创建的对象。在 Java 中之所以可以这样做，是因为对 new 的调用是一个表达式，其值为新创建的对象。

上述语句与下面两行代码等效：

```
Point rectangle = new Point(10, 10);
rect.buildBox(rectangle, 50, 50);
```

但只包含一行代码的版本的效率更高，因为它没有将一个这样的对象存储到变量中，即它只被使用一次，后面的代码根本不需要访问它。在 Java 程序中，经常使用这种快捷方式。

5.7 构造函数

在类定义中，还可以定义构造函数，这些方法在对象被创建时自动被调用，即构造函数是在对象被创建（被构造）时调用的方法。

与其他方法不同，构造函数不能被直接调用。使用 new 运算符来创建类的实例时，Java 完成下述 3 项工作。

- 为对象分配内存。
- 初始化对象的实例变量：赋予初始值或设置为默认值（数字为 0、对象为 null、布尔值为 false、字符值为\0）。
- 调用类的构造函数。

如果类没有定义任何构造函数，则结合使用 new 和该类的名称时，仍将创建一个对象。然而，您就必须设置它的实例变量或调用初始化对象所需的方法。

如果类没有构造函数，Java 将隐式地提供一个不接收任何参数的构造函数，并调用这个构造函数来创建其对象。因此，即便没有定义任何构造函数，也可使用 new 来调用不接收任何参数的构造函数。

通过在类中定义构造函数，可以为实例变量设置初始值、调用基于这些变量的方法、调用其他对象的方法以及设置对象的初始属性。

还可以重载构造函数（就像重载常规方法那样），这样可以根据提供给 new 的参数创建出具有特定属性的对象。

如果类包含接收一个或多个参数的构造函数，则仅当在这个类中定义过无任何参数的构造函数时，才能调用这样的构造函数。

5.7.1 基本的构造函数

构造函数与常规方法类似，但有 3 个基本区别。

- 构造函数名称总是与类相同。
- 构造函数没有返回类型。
- 构造函数不能使用 return 语句来返回一个值。

例如，下面的类使用一个构造函数，根据 new 的参数来初始化其实例变量：

```
class MarsRobot {
    String status;
    int speed;
    int power;

    MarsRobot(String in1, int in2, int in3) {
        status = in1;
        speed = in2;
        power = in3;
    }
}
```

可以使用下面的语句来创建这个类的对象：

```
MarsRobot curiosity = new MarsRobot("exploring", 5, 200);
```

这样，实例变量 status 将被设置为 exploring，speed 将被设置为 5，power 将被设置为 200。

5.7.2 调用另一个构造函数

如果构造函数的部分行为与已有构造函数相同，可在该构造函数中调用已有构造函数。Java 提供了一种特殊的语法来完成这项工作，可用下面的代码来调用当前类中定义的构造函数：

```
this(argument1, argument2, argument3);
```

关键字 this 用于调用构造函数时，其用法与用于访问当前对象的变量时类似。在上面的语句中，this() 中的参数是用于构造函数的。

例如，来看一个简单的类 Circle，它使用圆心坐标 (x, y) 和半径长度定义了一个圆形。类 Circle 有两个构造函数：一个定义了半径，另一个将半径设置为默认值 1：

```
class Circle {
    int x, y, radius;

    Circle(int xPoint, int yPoint, int radiusLength) {
        this.x = xPoint;
        this.y = yPoint;
        this.radius = radiusLength;
    }
    Circle(int xPoint, int yPoint) {
        this(xPoint, yPoint, 1);
    }
}
```

类 Circle 的第二个构造函数只接收圆心的 (x, y) 坐标作为参数。由于没有定义半径，因此将使用默认值 1——调用第一个构造函数，并将参数 xPoint、yPoint 和整数字面量 1 作为参数传递给它。

5.7.3 重载构造函数

与常规方法一样，构造函数也能接收不同数目和类型的参数。这让您能够使用所需属性来创建对象或让对象使用不同类型的输入计算出对应的属性。

例如，本章前面的 Box 类中定义的方法 buildBox() 可用作构造函数，因为它用于将对象的实例变量初始化为合适的值。因此，您可以创建一个构造函数，而不是用最初定义的方法 buildBox()（它接收 4 个表示对角坐标的参数）。

程序清单 5.5 是一个新类 Box2，其功能与原来的类 Box 相同，但重载的是构造函数，而不是buildBox() 方法。请在 NetBeans 中创建 Box2 类，并将其放在 com.java21days 包中。

程序清单 5.5 完整的 Box2.java 源代码

```
 1: package com.java21days;
 2:
 3: import java.awt.Point;
 4:
 5: class Box2 {
 6:     int x1, y1, x2, y2 = 0;
 7:
 8:     Box2(int x1, int y1, int x2, int y2) {
 9:         this.x1 = x1;
10:         this.y1 = y1;
11:         this.x2 = x2;
12:         this.y2 = y2;
13:     }
14:
```

```
15:    Box2(Point topLeft, Point bottomRight) {
16:        this(topLeft.x, topLeft.y, bottomRight.x,
17:            bottomRight.y);
18:    }
19:
20:    Box2(Point topLeft, int w, int h) {
21:        this(topLeft.x, topLeft.y, topLeft.x + w,
22:            topLeft.y + h);
23:    }
24:
25:    void printBox() {
26:        System.out.print("Box: <" + x1 + ", " + y1);
27:        System.out.println(", " + x2 + ", " + y2 + ">");
28:    }
29:
30:    public static void main(String[] arguments) {
31:        Box2 rect;
32:
33:        System.out.println("Calling Box2 with coordinates "
34:            + "(13,35) and (10,40):");
35:        rect = new Box2(13, 35, 10, 40);
36:        rect.printBox();
37:
38:        System.out.println("\nCalling Box2 with points "
39:            + "(9,27) and (17,19):");
40:        rect = new Box2(new Point(9, 27), new Point(17, 19));
41:        rect.printBox();
42:
43:        System.out.println("\nCalling Box2 with 1 point "
44:            + "(5,40), width 22 and height 20:");
45:        rect = new Box2(new Point(5, 40), 22, 20);
46:        rect.printBox();
47:
48:    }
49: }
```

运行这个应用程序时，输出结果如图 5.5 所示。

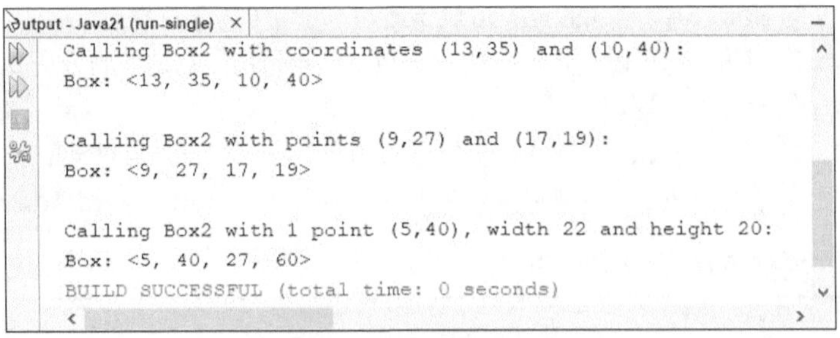

图 5.5　调用重载的方法

在程序清单 5.5 中，第二个和第三个构造函数分别在第 16～17 行和第 21～22 行使用了关键字 this 来调用第一个构造函数，即将根据指定参数创建对象的任务交给了关键字 this。

5.8　覆盖方法

当您调用对象的方法时，Java 将在该对象的类中查找方法的定义。如果类中没有找到，将在对象的超类中查找；如果超类中也没有找到，将继续沿类层次结构向上查找，直到找到方法的定义为止。继承让您能够在子类中重复定义和使用方法，而无须复制代码。

然而，有时候您可能希望对象对相同方法的调用做出行为不同的响应。在这种情况下，可以覆盖该方法。为此，可在子类中定义一个特征标记（名称和参数列表）与超类方法相同的方法。这样，当该方法被调用时，将找到并执行子类的方法，而不是超类的方法。这被称为覆盖方法。

5.8.1 创建覆盖现有方法的方法

要覆盖方法，只需在子类中创建一个特征标记与超类方法相同的方法。由于 Java 将执行它找到的第一个与特征标记匹配的方法定义，因此新的特征标记隐藏了原来的方法定义。

下面是一个简单的例子，程序清单 5.6 包含两个类——Printer 和 SubPrinter，前者包含一个名为 printMe() 的方法，该方法显示有关这个类的对象的信息；后者是 Printer 的子类，它新增了实例变量 z。请在 NetBeans 中创建这个文件，将其命名为 Printer 并放在 com.java21days 包中。

程序清单 5.6　完整的 Printer.java 源代码

```
 1: package com.java21days;
 2:
 3: class Printer {
 4:     int x = 0;
 5:     int y = 1;
 6:
 7:     void printMe() {
 8:         System.out.println("x is " + x + ", y is " + y);
 9:         System.out.println("I am an instance of the class " +
10:             this.getClass().getName());
11:     }
12: }
13:
14: class SubPrinter extends Printer {
15:     int z = 3;
16:
17:     public static void main(String[] arguments) {
18:         SubPrinter obj = new SubPrinter();
19:         obj.printMe();
20:     }
21: }
```

编译上述文件时，将生成两个类文件，而不是一个。因为这个源代码文件定义了类 Printer 和 SubPrinter，所以编译器将生成两个类文件。运行 SubPrinter（在 NetBeans 中，选择菜单 Run > Run File），将得到图 5.6 所示的输出。

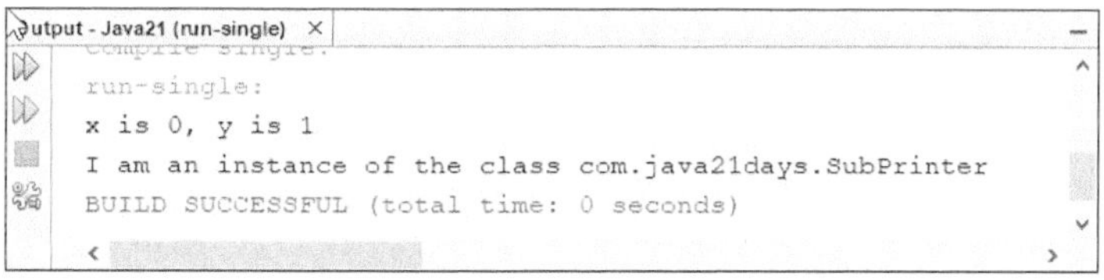

```
Output - Java21 (run-single) ×
compile-single:
run-single:
x is 0, y is 1
I am an instance of the class com.java21days.SubPrinter
BUILD SUCCESSFUL (total time: 0 seconds)
```

图 5.6　在子类中调用超类的方法

警告

> Printer 类没有 main() 方法，不能作为应用程序运行。因此，当您在 NetBeans 中选择菜单 Run > Run File 时，将自动运行 SubPrinter 类的 main() 方法，因为其他类都没有这样的方法。如果源代码文件包含多个带 main() 方法的类，NetBeans 将询问您要运行哪个类。

在 SubPrinter 类的 main() 方法中，创建了一个 SubPrinter 对象，并调用了方法 printMe()。由于 SubPrinter 类没有定义 printMe() 方法，因此 Java 将在 SubPrinter 的超类中查找，即首先在 Printer 类中查找。Printer 类中有一个 printMe() 方法，因此它被执行。遗憾的是，这个方法不会输出实例变量 z，从图 5.6 的输出结果可以知道这一点。这是因为超类没有定义这个变量，因此无法获取它。

为解决这个问题，可在 SubPrinter 类中覆盖 printMe() 方法，并在其中添加一条显示实例变量 z 的语句：

```
void printMe() {
    System.out.println("x is " + x + ", y is " + y +
        ", z is " + z);
    System.out.println("I am an instance of the class " +
        this.getClass().getName());
}
```

5.8.2 调用原来的方法

通常，覆盖超类中已经实现的方法的原因有两个。

* 完全替换原来的方法定义。
* 扩展原来的方法，添加新增的行为。

覆盖方法并重新定义方法将隐藏原来的方法定义。然而，有时候需要在原来的方法中添加行为，而不是完全替换它，尤其是当原来的方法和覆盖它的方法有部分行为相同时。在覆盖的方法中调用原来的方法后，只需添加新增的行为。

要调用原来的方法，可以使用关键字 super。该关键字将方法调用沿类层次结构向上传递，如下所示：

```
void doMethod(String a, String b) {
    // do stuff here
    super.doMethod(a, b);
    // do more stuff here
}
```

关键字 super 类似于关键字 this，它表示超类的占位符。在能够使用 this 的任何地方都可以使用它，但 super 指的是超类而不是当前对象。

5.8.3 覆盖构造函数

从理论上说，构造函数是不能被覆盖的。由于构造函数总是与当前类同名，因此构造函数是新创建的，而不是继承而来的。当类的构造函数被调用时，所有超类中特征标记与此相同的构造函数也将被调用。因此，类中所有继承而来的部分都将被初始化。

然而，为类定义构造函数时，您可能想修改对象的初始化方式，初始化类中新增的变量，以及继承而来的变量的内容。为此，可以显式地调用超类的构造函数，并修改需要修改的变量。

要调用超类中的常规方法，可以使用 super.methodname(arguments)。由于构造函数没有可供调用的方法名，因此采用如下格式：

```
super(argument1, argument2, ...);
```

对于 super() 的用法，Java 指定了特殊的规则：它必须是构造函数定义中的第一条语句。如果构造函数没有在第一条语句中显式地调用 super()，Java 将自动调用不带参数的 super()。

由于对方法 super() 的调用必须是第一条语句,因此在覆盖构造函数时,您不能像下面这样做:

```
if (condition == true) {
    super(1,2,3); // call one superclass constructor
} else {
    super(1,2); // call a different constructor
}
```

与在构造函数中使用 this() 类似,super() 将调用直接超类的构造函数(这可能会调用其超类的构造函数,以此类推)。注意,要使 super() 调用生效,超类中必须有特征标记与此相同的构造函数,在您编译源类时,Java 编译器会检查这一点。

您不必调用超类中特征标记与子类的构造函数相同的构造函数,而只需要为需要初始化的值调用构造函数。实际上,可以创建一个这样的类,即它的构造函数的特征标记与任何超类的构造函数都完全不同。

程序清单 5.7 是一个名为 NamedPoint 的类,它是从 java.awt 包中的 Point 类扩展而来的。Point 类只有一个构造函数,该构造函数接收 x 和 y 作为参数,并返回一个 Point 对象。NamedPoint 类新增了一个实例变量(一个表示名称的字符串),并定义了一个用于初始化 x、y 和名称的构造函数。请在 NetBeans 中创建这个类,并将其放在 com.java21days 包中。

程序清单 5.7　NamedPoint 类

```
 1: package com.java21days;
 2:
 3: import java.awt.Point;
 4:
 5: class NamedPoint extends Point {
 6:     String name;
 7:
 8:     NamedPoint(int x, int y, String name) {
 9:         super(x, y);
10:         this.name = name;
11:     }
12:
13:     public static void main(String[] arguments) {
14:         NamedPoint np = new NamedPoint(5, 5, "SmallPoint");
15:         System.out.println("x is " + np.x);
16:         System.out.println("y is " + np.y);
17:         System.out.println("Name is " + np.name);
18:     }
19: }
```

该程序的输出结果如图 5.7 所示。

图 5.7　在子类中扩展超类的构造函数

NamedPoint 的构造函数调用 Point 的构造函数来初始化 Point 的实例变量(x 和 y)。虽然您自己初始化 x 和 y 也很容易,但您可能不知道 Point 在初始化自身时还执行了哪些操作。因此,比较好的办法是将构造函数沿类层次结构向上传递,以确保一切都被正确地设置。

5.9 总结

学习完本章后，您应该对 Java 中的类与 Java 程序之间的关系有了比较清楚的认识。

Java 程序都有一个主类，它与其他类进行交互。这也许是 Java 与其他语言之间的一个主要区别。本章结合使用了前面介绍的所有有关创建 Java 类的知识。

- 实例变量和类变量，它们用于存储类和对象的属性。
- 实例方法和类方法，它们定义了类的行为。您学习了如何定义方法——包括方法特征标记的组成部分、如何从方法中返回值、如何将参数传递给方法，以及如何使用关键字 this 来引用当前对象。
- Java 应用程序中的 main() 方法以及如何从命令行将参数传递给它。
- 重载方法，它复用方法名，但提供不同的参数。
- 构造函数，它定义了对象的初始值和其他初始状态。

5.10 问与答

问：在一个类中，有一个名为 origin 的实例变量；同时在该类的一个方法中，还有一个名为 origin 的局部变量。由于变量作用域的关系，实例变量被局部变量隐藏了。有什么办法来访问实例变量的值吗？

答：要避免这种问题，最简单的办法是避免局部变量的名称与实例变量相同。如果出于某种原因，您将一个局部变量和一个实例变量都命名为 origin，可以使用 this.origin 来引用实例变量，用 origin 来引用局部变量。

问：我创建了两种方法，它们的特征标记如下：

```
int total(int arg1, int arg2, int arg3) { ... }
float total(int arg1, int arg2, int arg3) { ... }
```

当我编译包含这些方法的类时，Java 编译器报错，即使它们的特征标记并不同。哪里有问题？

答：Java 编译器报错是因为这两个方法的特征标记相同。在 Java 中，仅当参数列表不同，即参数数目或参数的类型不同时，才是合法的方法重载。返回类型并非方法特征标记的一部分，因此重载方法时不考虑它，仅当调用方法时才考虑，因为如果两个方法的参数列表完全相同，Java 如何知道该调用哪个呢？

问：我在 NetBeans 中创建应用程序 Averager 时，第 8 行有一个警告图标和消息 Use enhanced for loop to iterate over the array，这是为什么呢？

答：这是因为 NetBeans 在提醒您采用更合适的方式编写这个 for 循环，即使用改进的 for 循环。这种 for 循环将在第 8 章介绍，在 Java 中迭代数组元素或数据存储类时，使用这种 for 循环更简单。

NetBeans 能够将常规 for 循环转换为改进的 for 循环。要完成这一操作，可单击警告图标，并选择 Use enhanced for loop to iterate over the array。这将把第 8 行的 for (int i = 0; i < arguments.length; i++) { 转换为 for (String argument : arguments) {。这样转换后，对第 9～10 行没有任何影响。要恢复到原来的样子，可按 Ctrl + Z 快捷键撤销所做的修改。

问：我编写了接收 4 个参数的程序，但如果提供的参数太少，它会因为运行时错误而崩溃。这是为什么呢？

答：检查参数数目和类型是您的职责，Java 不会替您做。如果程序需要 4 个参数，您就必须在方法 main()中检查用户是否提供了 4 个参数（为此，可使用数组的 length 变量，它指出了数组包含多少个元素），如果没有，则返回一条错误消息并让程序就此结束。

5.11 小测验

请回答下述 3 个问题，以复习本章介绍的内容。

5.11.1 问题

1. 如果局部变量与实例变量同名，如何在局部变量的作用域内引用实例变量？
   A. 无法引用，应该将其中一个变量重新命名
   B. 在实例变量名前使用关键字 this
   C. 在实例变量名前使用关键字 super
2. 实例变量是在类的什么地方声明的？
   A. 任何地方
   B. 方法外面
   C. 类声明之后，第一个方法之前
3. 如何将包含空格的参数传递给程序？
   A. 用引号引起来
   B. 用逗号分隔参数
   C. 用句点分隔参数

5.11.2 答案

1. B。答案 A 是个好主意，但变量名冲突可能导致 Java 程序出现难以查找的错误。
2. B。通常应在类声明之后、方法声明之前声明实例变量，但实际上只要在所有方法外面就可以。
3. A。传递给程序后，引号将不是参数的一部分。

5.12 认证练习

下面的问题是 Java 认证考试中可能出现的问题，请回答该问题，不要查看本章的内容，也不要使用 Java 编译器对代码进行测试。

对于下述代码：

```
public class BigValue {
    float result;

    public BigValue(int a, int b) {
        result = calculateResult(a, b);
    }

    float calculateResult(int a, int b) {
        return (a * 10) + (b * 2);
    }

    public static void main(String[] arguments) {
        BiggerValue bgr = new BiggerValue(2, 3, 4);
        System.out.println("The result is " + bgr.result);
```

```
    }
}

class BiggerValue extends BigValue {

    BiggerValue(int a, int b, int c) {
        super(a, b);
        result = calculateResult(a, b, c);
    }

    // answer goes here
        return (c * 3) * result;
    }
}
```

为使变量 result 的值为 312.0，应将//answer goes here 替换为什么语句?

A. `float calculateResult(int c) {`

B. `float calculateResult(int a, int b) {`

C. `float calculateResult(int a, int b, int c) {`

D. `float calculateResult() {`

5.13   练习

为巩固本章介绍的知识，请尝试完成下面的练习。

1. 修改第 1 章的 MarsRobot 类，使其包含构造函数。
2. 创建一个表示四维点的 FourDPoint 类，这个类是从 java.awt 包中的 Point 类的子类。

第 6 章
包、接口和其他类特性

类是用于创建对象的模板，对象能够存储数据和完成任务，无论使用 Java 语言做什么，都将看到对象的身影。

本章将进一步介绍有关类的知识：如何创建、使用和组织类，以及制定其他人使用它们的规则。这包括以下内容。

- 控制对方法和变量的访问。
- 将类、方法和变量固定下来，禁止在子类中覆盖其定义或值。
- 创建抽象的类和方法，将通用行为放到超类中。
- 将多个类组合成包。
- 使用接口填补类层次结构中的空白。

6.1 限定符

在前面的章节中，您学习了如何定义类、方法和变量。本章将介绍各种组织类的方式，这些技术都使用 Java 语言中的特殊限定符。限定符是关键字，将它们加入定义中可改变相关定义的含义。

Java 语言有如下限定符。

- 限定符 public、protected 和 private：用于控制对类、方法和变量的访问。
- 限定符 static：用于创建类方法和类变量。
- 限定符 final：用于固定（finalize）类、方法和变量的实现。
- 限定符 abstract：用于创建抽象的类和方法。
- 限定符 synchronized 和 volatile：用于线程。

要使用限定符，可将其对应的关键字放在要限定的类、方法或变量的定义中。限定符位于语句的最前面，如下所示：

```
public class RedButton extends javax.swing.JButton {
    // ...
}

private boolean offline;

static final double WEEKS = 9.5;

protected static final int MEANING_OF_LIFE = 42;

public static void main(String[] arguments) {
    // body of method
}
```

在一条语句中使用多个限定符时，它们的顺序无关紧要，只要位于要限定的元素之前即可。不要将方法的返回类型（如 void）看作限定符。返回类型必须位于方法名前面，且在返回类型和方法名之间没有限定符。

限定符是可选的，通过前面几章中对一些限定符的使用，您应该认识到了这一点。在程序中使用限定符的原因很多。

控制对方法和变量的访问

最常用的限定符是控制对方法和变量的访问的限定符：public、private 和 protected。这些限定符决定了类中的哪些变量和方法对其他类是可见的。

通过控制访问，可以控制其他类将如何使用您的类。类中的有些变量和方法只能在该类中使用，应对与该类进行交互的其他类隐藏，这被称为封装：对象控制外部世界对它的了解程度和如何与它进行交互。

封装防止类中的变量被其他类读取或修改，使其他类只能通过调用该类的方法来使用这些变量。Java 语言提供了 4 种级别的访问控制：默认（不使用访问控制限定符）、私有、公有和保护。

1. 默认

声明变量和方法时，可以不使用任何限定符，如下所示：

```
String version = "0.7a";

boolean processOrder() {
    // ...
    return true;
}
```

声明变量和方法时，如果没有使用任何访问控制限定符，则它们对同一个包中的其他任何类来说都是可用的。Java 类库被组织成包，如 java.swing 和 java.util，前者是一系列窗口类，用于图形用户界面编程；后者包含大量的实用工具类。

对于声明时没有使用任何限定符的变量，同一个包中的其他任何类都可以读取或修改它；而对于声明时没有使用任何限定符的方法，同一个包中的其他任何类都可以调用它。除此之外，其他任何类都不能以任何方式访问这些元素。

这种访问控制级别并没有过多地对访问进行控制。当您考虑其他类将如何使用您的类时，这种访问控制的用处不大。

2. 私有

要完全将方法或变量隐藏起来，不被其他任何类使用，可使用 private 限定符。这种变量仅在其所在的类中是可见的。

私有实例变量可被其所属类中的方法使用，但不能被其他任何类的对象使用。私有方法也可被其所属类中的其他方法调用，但不能被其他任何方法调用。这种限制也会影响继承：任何私有变量和私有方法都不能被子类继承。

对于下面两种情况，私有方法很有用。
- 其他类没有理由使用该变量时。
- 其他类以不合适的方式修改该变量将带来严重的后果时。

例如，有一个名为 CouponMachine 的 Java 类，它为一个在线购物网站生成折扣。其中有一个名为 salesRatio 的变量，可以根据购买量控制折扣比例。这个变量对生意盈亏影响重大，如果它可被

其他类修改，则 CouponMachine 类的行为将可能发生显著变化。为防止这种情况发生，可将变量
salesRatio 声明为私有的。

下面的类使用了私有访问控制：

```
class Logger {
    private String format;

    public String getFormat() {
        return this.format;
    }

    public void setFormat(String fmt) {
        if ( ("common".equals(fmt)) || ("combined".equals(fmt)) ) {
            this.format = fmt;
        }
    }
}
```

在上述代码中，类 Logger 的变量 format 是私有的，其他类不能直接检索和设置它的值。

要访问这个变量，只能通过公有方法 getFormat()和 setFormat(String)，其中前者返回
format 的值，后者设置 format 的值。

方法 setFormat(String)包含这样的逻辑：只能将变量 format 设置为"common"或"combined"。
这演示了将公有方法作为访问实例变量的唯一途径的优点：这些方法能够对如何检索和设置变量的值
进行控制。

使用 private 限定符是对象封装自身的主要方式。如果不使用 private 来隐藏变量和方法，将
无法控制类被使用的方式。如果不对访问进行控制，其他类将可以自由地修改类的变量，并以任何方
式调用其方法。

使用 private 限定符的一个优点是，可以修改类的实现，而不影响使用它的用户。如果您想出了一
种更好地完成某项工作的方式，可以重新编写类，只要确保私有方法接收的参数和返回的类型不变即可。

3. 公有

在有些情况下，您可能希望类中的方法或变量可供任何类使用。例如，java.awt 包中的类
Color 包含一些常用颜色变量，如 black，显示图形的类要使用黑色来绘图时，都将使用该变量，
因此不应控制对 black 的访问。

类变量通常被声明为公有的。例如，Football 类中一组用于记录得分的变量。变量 TOUCHDOWN
可能等于 6，变量 FIELD_GOAL 可能等于 3，而变量 SAFETY 可能等于 2。如果这些变量是公有的，
其他类可使用它，如下面的语句所示：

```
if (yard < 0) {
    System.out.println("Touchdown!");
    score = score + Football.TOUCHDOWN;
}
```

限定符 public 使方法或变量可供其他任何类使用。在前面编写的每个应用程序中，都对 main()
方法使用了该限定符：

```
public static void main(String[] arguments) {
    // ...
}
```

应用程序的 main()方法必须是公有的，否则，Java 虚拟机将不能调用它以运行该应用程序。

由于类的继承性，所有的公有方法和变量都将被其子类继承。

4. 保护

第 4 种访问控制级别是使方法和变量仅供以下类使用。

- 子类。
- 同一个包中的其他类。

为此，可以使用 `protected` 限定符，如下例所示：

```
protected boolean outOfData = true;
```

注意　　您可能会问，这两组类之间有何区别？子类难道不是与超类位于同一个包中吗？并非总是这样。例如类，它表示 SQL 数据库中的日历日期，是更通用的日期类 java.util.Date 的子类。保护访问控制与默认访问控制之间的区别在于，被保护的变量可被子类使用，即使子类和超类位于不同的包中。

如果想让子类更容易实现，这种级别的访问控制将很有用，因为您的类可能需要使用超类的方法或变量来帮助其完成任务。由于子类继承了大多数与超类相同的行为和属性，因此它也可能需要完成与超类同样的任务。保护访问控制让子类能够使用助手方法或变量，同时防止无关类使用它们。

来看一个名为 AudioPlayer 的类，用于播放音频文件。AudioPlayer 类有一个名为 openSpeaker() 的方法，这是一个内部方法，它与硬件进行交互，让扬声器能够播放声音。对 AudioPlayer 类之外的其他类而言，openSpeaker() 方法并不重要，因此首先想到的是将它声明为私有的。AudioPlayer 类的部分代码如下：

```
class AudioPlayer {

    private boolean openSpeaker(Speaker sp) {
        // implementation here
    }
}
```

如果 AudioPlayer 类不被继承，上述代码将很规范。但如果您要创建一个名为 Streaming Audio-Player 的作为 AudioPlayer 的子类，情况又将如何呢？这个类有可能需要访问 openSpeaker() 方法，以便能够覆盖它以支持流式音频设备。您不希望任何对象都能够使用该方法（因此它不能是公有的），但希望子类能够访问它（因此它应是被保护的）。

5. 比较各种访问控制级别

这些不同的访问控制类型之间的差别不太好理解，尤其是 `protected` 方法和变量。表 6.1 对各种访问控制进行了总结，以帮助读者弄清楚从限制最宽松（公有）到限制最严格（私有）的各种访问控制之间的差别。

表 6.1　　　　　　　　　　　　　　　访问控制级别之间的差别

可见性	公有	保护	默认	私有
同一个类中	是	是	是	是
同一个包中的任何类	是	是	是	否
包外的任何类	是	否	否	否
同一个包中的子类	是	是	是	否
同一个包外的子类	是	是	否	否

6. 访问控制和继承

涉及方法的访问控制的最后一个问题是继承。当您创建子类并覆盖方法时，必须考虑原来方法的访问控制。

作为通用的规则，覆盖方法时，新方法的访问控制不能比原来的方法更严格，但可以更宽松。换言之，在子类中，方法的可见性不能低于它覆盖的方法的可见性。下面是一些用于继承方法的规则。

- 在超类中被声明为公有的方法在子类中必须也是公有的。
- 在超类中被声明为保护的方法在子类中可以是保护的或公有的，但不能是私有的。
- 对于没有访问控制的方法（没有使用限定符），在子类中其访问控制可以更严格。

被声明为私有的方法根本不能被继承，因此上述规则不适用。

7. 存取器方法

在很多情况下，对于类中的实例变量能够存储的值可能有严格的限制，如变量 zipCode。在美国，邮政编码必须是 5 位数（还有一种 ZIP+4 格式，它包含 9 位数）。

为防止外部类错误地设置变量 zipCode，可以将它声明为私有的：

```
private int zipCode;
```

然而，其他类必须能够设置 zipCode 变量时，又该怎么办呢？在这种情况下，可以让其他类通过存取器方法来访问该私有变量。

存取器方法因其对某些内容的存取权限而得名，如果不通过存取器方法，将无法访问这些内容。通过使用方法来提供对私有变量的访问，可以控制该变量将如何被使用。在有关邮政编码的示例中，可以防止其他类将 zipCode 设置为不正确的值。

通常，有分别用于读取和设置变量的存取器方法。读取方法的名称以 get 开头，而设置方法的名称以 set 开头，如 getZipCode(int) 和 setZipCode(int)。

这种约定有一个例外：如果访问的变量为布尔变量，存取器方法将不以 get 开头，而以 is 开头，例如，布尔变量 valid 的存取器方法为 isValid()。下面是一个示例：

```
private boolean empty;

public boolean isEmpty() {
    return empty;
}
```

使用存取器方法来访问实例变量是一种常用的面向对象编程技术。这提高了类的可复用性，因为它可以防止变量被不正确地使用。

6.2 静态变量和方法

您已经在程序中使用过限定符 static，它是在第 5 章中介绍的。限定符 static 用于创建类方法和类变量，如下所示：

```
public class Circle {
    public static double PI = 3.14159265F;
    public double radius;

    public double area() {
        return PI * radius * radius;
    }
}
```

要访问类变量和类方法，可以使用类名和变量（或方法）名，并用句点将它们连接起来，如 **Color.black** 和 **Circle.pi**；也可以使用类的对象名，但对于类变量和类方法而言，使用类名更好，这样变量或方法的类型将更清晰。对于实例变量和实例方法，不能通过类名来引用。

下面的语句使用了类变量和类方法：

```
double circumference = 2 * Circle.PI * radius;
double randomNumber = Math.random();
```

提示　基于与实例变量相同的原因，类变量也将因私有而只能通过存取器方法来使用。

本章将创建的第一个项目是一个名为 **InstanceCounter** 的类，它使用类变量和实例变量来记录创建了多少个这种类的对象。在 NetBeans 中，新建一个空 Java 文件，将其命名为 **InstanceCounter** 并放在 **com.java21days** 包中，再输入程序清单 6.1 所示的源代码，然后将文件保存。

程序清单 6.1　完整的 InstanceCounter.java 源代码

```
 1: package com.java21days;
 2:
 3: public class InstanceCounter {
 4:     private static int numInstances = 0;
 5:
 6:     protected static int getCount() {
 7:         return numInstances;
 8:     }
 9:
10:     private static void addInstance() {
11:         numInstances++;
12:     }
13:
14:     InstanceCounter() {
15:         InstanceCounter.addInstance();
16:     }
17:
18:     public static void main(String[] arguments) {
19:         System.out.println("Starting with " +
20:             InstanceCounter.getCount() + " objects");
21:         for (int i = 0; i < 500; ++i) {
22:             new InstanceCounter();
23:         }
24:         System.out.println("Created " +
25:             InstanceCounter.getCount() + " objects");
26:     }
27: }
```

当您保存或运行 Java 类时，NetBeans 将对其进行编译。如果没有错误，您便可运行这个类，其输出结果如图 6.1 所示。

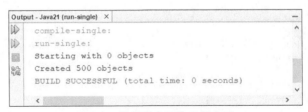

图 6.1　使用类变量和实例变量

这个应用程序演示了 Java 语言的多个特性。第 4 行声明了一个名为 numInstances 的私有类变量，用于存储对象数。numInstances 是一个类变量（用 static 声明的），因为对象数与整个类（而不是特定对象）相关。它还是私有的，只能通过存取器方法检索它的值。

注意对 numInstances 的初始化。实例变量在实例创建时被初始化，而类变量在类创建时被初始化。初始化类之前，无法对类或其实例做任何操作，因此上述类将按计划运行。

第 6～8 行创建了一个 get 方法，用于取得私有类变量的值。这个方法也被声明为类方法，因为它被用于类变量。方法 getCount() 被声明为保护的，而不是公有的，因为只有这个类及其子类需要这个值，因此对其他类隐藏该方法。

注意，没有用于设置 numInstances 值的存取器方法，这是由于仅当新的实例被创建时，这个值才递增 1，它不能被设置为随机值，因此没有创建存取器方法，而是创建了一个特殊的名为 addInstance() 的私有方法（第 10～12 行），它将 numInstance 的值递增 1。

第 14～16 行创建了类的构造函数。构造函数在创建新对象时被调用，这使它成为调用 addInstance() 以将该变量的值递增 1 的最为合理的地方。

main() 方法表明，可以将该类作为 Java 应用程序来运行，并测试其他所有的方法。在方法 main() 中，创建了 500 个 InstanceCounter 类的对象，然后输出类变量 numInstances 的值。

6.3 final 类、方法和变量

限定符 final 用于类、方法和变量，表示它们将不会被修改。对于类、方法和变量，final 的含义各不相同，具体如下。

- final 类不能被继承。
- final 方法不能被子类覆盖。
- final 变量的值不能被修改。

6.3.1 变量

final 变量常被称为常量（或常量变量），因为它们的值在任何时候都不会改变。

对于变量，限定符 final 通常与 static 一起使用，这样，该常量将是类变量。对于保持不变的值，没有什么理由让每个对象都存储这个值的副本，故应将其声明为类变量。

下面是声明常量的例子：

```
public static final int TOUCHDOWN = 6;
static final String TITLE = "Captain";
```

6.3.2 方法

final 方法不能被子类覆盖。在类声明中，使用限定符 final 来声明，如下所示：

```
public final void getSignature() {
    // body of method
}
```

将方法声明为 final 的最常见的原因是提高类的运行效率。

通常，当 JVM 运行方法时，首先在当前类中查找该方法，接下来在其超类中查找，并一直沿类层次结构向上查找，直到找到该方法为止。这提供了灵活性，简化了开发工作，但代价是执行速度

较慢。

如果方法是用 `final` 限定符修饰的，Java 编译器便可将其可执行字节码直接放到调用它的程序中，因为该方法不会被子类覆盖而发生变化。

首次开发一个类时，没有理由使用 `final`。然而，如果要提高类的执行速度，可以将一些方法改为用 `final` 限定符修饰。如果这样做，子类将无法覆盖它们，因此应三思而后行。

Java 类库将很多常用的方法用 `final` 限定符声明，这样当程序调用它们时，执行速度将更快。

注意	私有方法是 `final` 的，无须显式地声明，因为不可能在子类中覆盖私有方法。

6.3.3　类

通过在类的声明中使用限定符 `final` 可将其指定为不能继承的，如下所示：

```
public final class ChatServer {
    // body of method
}
```

在创建子类的声明中，`final` 类不能出现在关键字 `extends` 的后面。与 `final` 方法一样，`final` 类以降低灵活性为代价，提高了 Java 语言的执行速度。

您可能会问，使用 `final` 类有什么损失？这说明您还没有继承过 Java 类库中的类。很多常用的类都是 `final` 的，如 `java.lang.String`、`java.lang.Math` 和 `java.net.URL`。如果您想创建一个类，其行为与字符串相似，但要做些修改，您不能继承 `String` 并只定义不同的行为，而必须从头开始。

在 `final` 类中，所有方法都自动是 `final` 的，因此声明它们时，无须使用限定符。

由于能够将其行为和属性传递给子类的类可能更有用，因此您应仔细考虑：将类声明为 `final` 时，是否得大于失。

6.4　抽象类和方法

在类层次结构中，类的位置越高，其定义的抽象程度越高。位于类层次结构顶部的类只能定义所有类都有的行为和属性。更具体的行为和属性应在层次结构的更低层定义。

定义类层次结构的过程中，当您确定通用的行为和属性时，有时可能会遇到一些永远不需要被直接实例化的类。这样的类用于定义其子类都有的行为和属性。

这些类被称为抽象类，是使用限定符 `abstract` 来声明的。下面是一个这样的例子：

```
public abstract class Palette {
    // ...
}
```

`java.awt.Component` 就是一个抽象类，它是所有图形用户界面组件的超类。由于很多组件都是从这个类继承而来的，因此它包含了对这些组件都很有用的方法和变量。然而，并没有这样的通用组件可以被加入用户界面中，从而无须在程序中创建 `Component` 对象。

抽象类可以包含常规类能够包含的任何内容，包括构造函数，因为子类可能需要继承这种方法。抽象类也可以包含抽象方法，这时只有方法特征标记，而没有实现。这些方法将在抽象类的子类中实现。抽象类是用限定符 `abstract` 来声明的。不能在非抽象类中声明抽象方法。如果一个抽象类除抽象方法外什么都没有，则使用接口更合适，这将在本章后面介绍。

6.5 包

包是一种组织类的方式。包可以包含多个类，这些类的用途、作用域相关或有继承关系。

如果程序使用的类不多，可能几乎没有必要了解包。但随着程序越来越复杂，将类组织成包的好处很快显现出来。

由于以下几个主要的原因，包就显得很有用了。

- 包让您能够将类组织成单元。在硬盘中，您通过文件夹来组织文件和应用程序，而包让您能够将类编组，让每个程序只使用所需的类。
- 包减少了名称冲突带来的问题。随着 Java 类数量的增长，类重名的可能性也不断增加。当您在同一个程序中使用多组类时，可能发生名称冲突，从而导致错误。包让您能够引用所需的类，即使这个类与另一个包中的某个类同名。
- 包让您能够以更广泛的方式保护类、变量和方法，而不是分别对每个类进行保护。后面将对此做更详细的介绍。
- 包可用于唯一地标识类。

本书一直在使用包。每当您使用命令 `import` 或通过全名来引用类时（如 `java.util.String Tokenizer`），都使用了包。

要使用包中的类，可采用下述 3 种机制之一。

- 如果要使用的类位于包 `java.lang` 中（如 `System` 或 `Date`），可以通过类名来引用该类。`java.lang` 包中的类将自动在所有的程序中可用。
- 如果要使用的类位于其他包中，可以通过全名——包括包名（如 `java.awt.Font`）——来引用该类。
- 如果要频繁使用其他包中的类，可以导入单个类或整个包。类或包被导入后，只需通过类名便可引用相应的类。

没有被声明为所属包的类将放到一个未命名的默认包中。要引用这种类，只需使用该类名。

要引用其他包中的类，可以使用全名：包名和类名。在这种情况下，无须将类或包导入：

```
java.awt.Font text = new java.awt.Font();
```

对于程序中只使用一两次的类，使用全名可能更合适。然而，如果需要多次使用某个类，应将其导入以减少输入量。没有理由不使用 `import`，如果采取本书的做法，总是将要使用的类导入，这样类名将更短，代码也更容易理解。

6.5.1 import 声明

要导入包中的类，可使用 `import` 声明。可以导入单个类：

```
import java.util.ArrayList;
```

也可以导入包中的所有类，方法是使用星号（`*`）代替类名，如下所示：

```
import java.awt.*;
```

在 `import` 语句中，星号只能用来代替类名，而不能用于导入多个名称类似的包。

例如，Java 类库包含 `java.util`、`java.util.jar` 和 `java.util.prefs` 等包，您不能使用下面的语句来导入这 3 个包：

```
import java.util.*;
```

上述语句只导入包 java.util。要导入这 3 个包，必须使用下述语句：

```
import java.util.*;
import java.util.jar.*;
import java.util.prefs.*;
```

另外，星号不能用于指定类名的一部分（例如，使用 L*导入所有以字母 L 开头的类）。使用 import 声明时，要么使用星号导入整个包，要么只导入其中的一个类。

import 声明位于文件开头，在任何类定义之前，但在包定义之后，您将在下一节看到这一点。

分别导入各个类还是导入整个包在很大程度上是一种编程风格。导入整个包并不会降低程序的运行速度，也不会增加程序的长度，只有代码中实际使用的那些类才会被加载。但是必须承认，导入整个包的确使阅读代码的人难以知道代码中使用了哪些类。

注意	如果您熟悉 C 语言或 C++，可能以为 import 声明类似于#include，这样由于包含其他文件中的源代码，程序将非常庞大。在 Java 中，情况并非如此，关键字 import 只是告诉 Java 编译器到哪里去查找类，而不会实际导入任何类的代码。

import 语句还可用于通过名称引用类中的常量。

引用类中的常量时，通常在前面加上类名，如 Color.black、Math.PI 和 File.separator。

使用 import static 语句，可以通过更简短的形式引用指定类中的常量。关键字 import static 后面跟一个接口（类）的名称和一个星号，例如：

```
import static java.lang.Math.*;
```

上述语句表示只需使用名称便能够引用 Math 类中的常量，如 E 和 PI。下面是一个简单的类的例子，它利用了这种特性：

```
import static java.lang.Math.*;

public class ShortConstants {
    public static void main(String[] arguments) {
        System.out.println("PI: " + PI);
        System.out.println("" + (PI * 3));
    }
}
```

6.5.2 类名冲突

导入类或包后，通常可以通过类名来引用类，而不用提供包名。但在下述情况下，必须明确包名：在不同包中有多个名称相同的类。

在进行数据库编程（将在第 18 章介绍）时便可能发生名称冲突。这种编程可能涉及 java.util 和 java.sql 包，它们都包含一个名为 Date 的类。

如果要在读写数据库中数据的类时用这两个包，可以使用下述语句导入它们：

```
import java.sql.*;
import java.util.*;
```

导入这两个包后，如果在引用 Date 类时没有指定包名，将发生错误：

```
Date now = new Date();
```

这是因为 Java 编译器无法判断语句中引用的是哪个 Date 类，因此必须像下面这样指定包名：

```
java.util.Date = new java.util.Date();
```

提示 ┃ 在 NetBeans 中，可在编写程序时轻松地导入类。您在源代码编辑器中输入语句时，如果使用了未导入的类，NetBeans 能够检测到这一点，进而在相应代码行的左边显示一个警告图标（灯泡和红色圆圈）。如果您单击这个图标，将出现一个菜单，其中包含用于导入这个类的命令。如果您选择这个命令，将在类开头添加相应的 `import` 语句。

6.6　创建自己的包

在 Java 中，创建用于组织类的包比创建类更容易。

6.6.1　选择包名

首先要确定包名。为包选择什么样的名称取决于您将如何使用这些类。您可能以自己的姓名或公司名来给包命名，也可以根据涉及的 Java 系统部分来命名（如 `graphics` 或 `messaging`）。如果包将以开放源代码或是商业产品的方式发布，则应使用一个能够唯一地标识其创建者的包名。

Oracle 推荐使用受您控制的域名来给包命名。

为得到包名，将域名中的元素反转，使域名中最后一部分成为第一部分，然后是倒数第二部分。根据这种规则，假设我的个人域名为 `cadenhead.org`，则我创建的所有包都以 `org.cadenhead` 开头，如 `org.cadenhead.game` 和 `org.cadenhead.xml`。

本书配套网站的域名为 `java21days.com`，因此本书创建的类大都放在 `com.java21days` 包中。

这种规则确保其他 Java 开发人员不会提供同名的包（如果他们也遵循这种规则；大多数开发人员确实是这么做的）。

另一个约定是，包名不使用大写字母，以便将其与类名区别开来。例如，内置类 `String` 的全名为 `java.lang.String`，从中很容易区分包名 `java.lang` 和类名 `String`。

6.6.2　创建文件夹结构

创建包的第二步是在硬盘上创建一个与包名对应的文件夹结构，名称的每部分对应一个不同的文件夹。例如，对于包 `org.cadenh***.rss`，需要创建一个名为 `org` 的文件夹，然后在该文件夹中创建一个名为 `cadenh***`的文件夹，再在 `cadenh***`中创建一个名为 `rss` 的文件夹，最后将这个包中的类存储到 `rss` 文件夹中。

在 NetBeans 中，当您将类加入包中时，将自动创建相应的文件夹，并将源代码和类文件存储在正确的子文件夹中。您只需要指定包名。

为明白这一点，请单击 Projects 窗格中的 Files 标签，以显示 Files 选项卡，如图 6.2 所示，其中显示了项目 Java21 中的文件和文件夹。在本书前面，您一直将类放在 `com.java21days` 包中。如果您依次

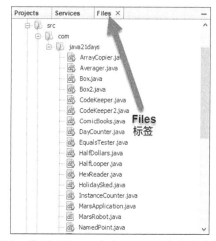

图 6.2　在 NetBeans 中查看项目的包文件夹结构

展开文件夹 src、com 和 java21days，将看到这个包中所有类的 Java 源代码文件。

6.6.3 将类加入包中

创建包的最后一步是将类加入包中，即在类文件中的 import 语句和 class 声明之前添加一条语句——package 声明和完整的包名，如下所示：

```
package org.cadenhead.rss;
```

package 声明必须是源代码文件的第一行（注释和空行除外）。

6.6.4 包和类访问控制

前面介绍的用于方法和变量的访问控制限定符，也可以控制对类的访问。

如果没有为类指定限定符，则类的访问控制为默认级别，即可被同一个包中的其他任何类使用，但在包外不可见，也不可用。通过包保护的类被隐藏在其所在的包中，不能通过类名来导入或引用该类。

要让类在包外可见并可导入，可在其定义中加入限定符 public，使之为公有的：

```
public class Visible {
    // ...
}
```

被声明为公有的类可被包外的类访问。

注意，在 import 语句中使用星号时，导入的只是包中的公有类，其他类仍被隐藏，只能被包中的类使用。

为什么要将类隐藏在包中呢？原因与在类中隐藏变量和方法相同：创建只有您的实现代码可以使用的工具类和行为，或者限制程序接口，从而最大限度地降低修改带来的影响。设计类时，就应该对整个包进行全盘考虑，确定哪些类应声明为公有的，哪些类应隐藏。

要创建一个优秀的包，必须定义一组小型的、清晰的公有类和方法，供其他类使用，然后使用任意数量的隐藏的支持类来实现它们。本章后面将介绍私有类的另一种用途。

6.7 接口

与抽象类和抽象方法一样，接口也提供了其他类要实现的行为模板。它们还在类和对象设计方面提供了巨大优势，对 Java 的单继承面向对象编程方法提供了有益的补充。

6.7.1 单继承存在的问题

在经过深入考虑或经历复杂设计后，您可能发现，对类层次结构的简化是受到限制的，尤其是不同超类的子类需要同时使用某些行为时。

其他面向对象编程语言包含多重继承的概念，可以解决这种问题。通过多重继承，类可以继承多个超类，从而获得其全部超类的行为和属性。

这种概念加大了学习和使用编程语言的难度。使用多重继承后，方法调用和如何组织类层次结构的问题将复杂得多，同时容易让人迷惑，并带来了多义性。

由于 Java 的目标之一是比给它提供灵感的语言更简单，因此 Java 没有多重继承，采用的是更简单的单继承。

Java 接口是一组抽象行为，可以被混合到任何类中，从而给它添加超类不支持的行为。

Java 接口只包含抽象方法定义和常量——既没有实例变量，也没有方法实现。

在 Java 类库中，期望很多完全不同的类都实现某种行为时，都将实现和使用接口。在本章后面，您将使用一个接口——`java.lang.Comparable`。

6.7.2　接口和类

虽然类和接口的概念不同，但也有很多相同的地方。与类一样，接口也是在源文件中声明的，并被编译为`.class`文件。在大多数情况下，在可以使用类的地方，也可以使用接口。

在本书的所有示例中，几乎都可以将类名替换为接口名。Java 程序员说到"类"时，常常指的是"类或接口"。接口补充并扩展了类的功能，它们几乎被同等对待，但接口不能被实例化：`new` 运算符只能创建非抽象类的实例。

6.7.3　实现和使用接口

对于接口，您可以进行两项操作：在类中使用接口和定义自己的接口。下面首先在类中使用接口。

要在类中使用接口，可以在类定义中包含关键字 `implements`：

```
public class AnimatedSign extends Sign
    implements Runnable {
    //...
}
```

在上述例子中，接口 `Runnable` 扩展了 `Sign` 类的子类 `AnimatedSign` 的行为。

由于接口只提供了抽象的方法定义，因此您必须在自己的类中使用同样的特征标记来实现这些方法。

实现接口时，必须实现该接口中所有的方法，而不能有选择地实现其中的某些方法。通过实现接口，也意味着这个类支持整个接口。

类实现接口后，其子类将继承这些新方法（并可以覆盖或重载它们），就像超类定义了这些方法一样。如果您的类是从实现特定接口的超类继承而来的，则不必在类定义中包含关键字 `implements`。

6.7.4　实现多个接口

与只能指定一个超类的继承不同，您可以在类中包含任意数目的接口。您的类必须实现这些接口的所有行为。要在类中包含多个接口，只需将它们的名称用逗号分开：

```
public class AnimatedSign extends Sign
    implements Runnable, Observer {
    // ...
}
```

注意，实现多个接口可能将问题复杂化。如果两个接口定义了相同的方法，该怎么办呢？可以采用下面 3 种方式来解决这个问题。

- 如果两个方法的特征标记相同，可以在类中实现一个方法，其定义能够满足两个接口。
- 如果方法的参数列表不同，则是一种简单的方法重载：实现两种方法特征标记，分别满足各自的接口定义。
- 如果方法的参数列表相同，但返回值不同，则无法创建一个能够满足两个接口的方法。别忘了，仅当参数列表（而不是返回类型）不同时，才能进行方法重载。在这种情况下，试图编译实现这两个接口的类将产生编译器错误，这说明接口设计有缺陷，可能需要重新考虑设计方案。

6.7.5 接口的其他用途

几乎在任何可以使用类的地方，都可以使用接口来代替。例如，可以将变量的类型声明为接口：

```
Iterator loop;
```

当变量的类型被声明为接口时，就只能存储实现了该接口的对象。在这个例子中，可将实现了接口 Iterator 的任何类的对象存储到变量 loop 中。由于 loop 是一个 Iterator 类型的对象，因此可通过它调用该接口的 3 个方法：hasNext()、next() 和 remove()。

可以将对象强制转换为接口，就像可以将对象强制转换为其他的类那样。

6.8 创建和扩展接口

接口的声明方式几乎与类相同，也可以被组织成层次结构。然而，声明接口时必须遵循某些规则。

6.8.1 新接口

要创建新的接口，可以这样声明它：

```
interface Expandable {
    // ...
}
```

上述声明几乎与类定义相同，只是使用的是关键字 interface，而不是 class。接口内部是方法和变量。

接口内部的方法定义是公有和抽象的，可以显式地声明，如果没有包括那些声明时用的限定符，它们将被自动转换为公有和抽象的。不能在接口内部将方法声明为私有或保护的。

例如，下面的 Expandable 接口有两个方法，其中的 expand() 方法被显式地声明为公有和抽象的，而 contract() 方法被隐式地声明为公有和抽象的。

```
public interface Expandable {
    public abstract void expand(); // explicitly public and abstract
    void contract(); // effectively public and abstract
}
```

这两个方法都是公有和抽象的。

与类中的抽象方法一样，接口内部的方法也没有方法体。接口只包含方法的特征标记，不涉及任何实现。

除方法外，接口还可以包含变量，但这些变量必须声明为 public、stactic 和 final 的（使之成为常量）。与方法一样，可以显式地用这些限定符声明变量，或者不使用这些限定符，将其隐式地声明。下面是 Expandable 接口的定义，但新增了两个变量：

```
public interface Expandable {
    public static final int INCREMENT = 10;
    long CAPACITY = 15000; // becomes public static and final
```

```
public abstract void expand(); // explicitly public and abstract
void contract(); // effectively public and abstract
}
```

与类一样，接口也必须是公有或被保护的。然而，需要注意的是，如果声明接口时没有使用限定符 `public`，则接口不会自动将其方法转换为公有和抽象的，也不会将其常量转换为公有的。非公有接口的方法和常量也是非公有的，这些方法和常量只能被同一个包中的类和其他接口使用。

与类一样，接口也可以属于某个包。接口还可以导入其他包中的接口和类，就像类一样。

6.8.2　接口中的方法

关于接口中的方法，需要注意的是：这些方法被认为是抽象的，可用于任何类，但如何为这些方法定义参数呢？您并不知道什么类将使用它们！答案在于这样一个事实，即可以在任何能够使用类名的地方使用接口名。将方法参数定义为接口类型，可以创建通用参数，以适用于可能使用该接口的任何类。

例如接口 `Trackable`，它定义了方法 `track()` 和 `quitTracking()`（不带任何参数）。可能还有一个 `beginTracking()` 方法，它接收一个参数：一个 `Trackable` 对象。

参数应为什么类型呢？必须是实现了接口 `Trackable` 的任何对象，而不能是特定类及其子类。因此解决办法是，在接口中将参数声明为 `Trackable`：

```
public interface Trackable {
    public abstract Trackable beginTracking(Trackable self);
}
```

然后，在类中实现该方法时，接收通用的 `Trackable` 参数，并将它强制转换为相应的对象：

```
public class Monitor implements Trackable {

    public Trackable beginTracking(Trackable self) {
        Monitor mon = (Monitor) self;
        // ...
        return mon;
    }
}
```

6.8.3　扩展接口

与类一样，也可以将接口组织成层次结构。当一个接口继承另一个接口时，子接口将获得父接口中声明的所有方法定义和常量。

要扩展接口，可使用关键字 `extends`，就像扩展类一样：

```
interface PreciselyTrackable extends Trackable {
    // ...
}
```

注意，与类不同的是，接口层次结构中没有像 `Object` 类那样的接口，它并没有根。接口可以独立存在，也可以继承另一个接口。

另外，不同于类层次结构，接口层次结构可以多重继承。例如，一个接口可以继承任意数量的接口（在定义的 `extends` 部分，使用逗号将它们分开），新接口将包含其所有父接口中的方法和常量。

在接口中，管理方法名冲突的规则与使用多个接口的类相同。多个只有返回值不同的方法将导致编译错误。

6.8.4 创建网上商店

为探究本章前面介绍的所有内容，应用程序 Storefront 使用了包、访问控制、接口和封装。该应用程序用于管理网上商店中的商品，处理两项主要的任务。

- 根据库存量计算每种商品的销售价格。
- 按照销售价格对商品排序。

应用程序 Storefront 由两个类构成：Storefront 和 Item。这些类被组织到一个名为 org.cadenhead.ecommerce 的包。

在 NetBeans 中，选择菜单 File > New File，新建一个空 Java 文件，再单击 Next 按钮。将类名和包名分别设置为 Item 和 org.cadenhead.ecommerce，再单击 Finish 按钮并输入程序清单 6.2 所示的源代码。

程序清单 6.2　完整的 Item.java 源代码

```
 1: package org.cadenhead.ecommerce;
 2:
 3: public class Item implements Comparable {
 4:     private final String id;
 5:     private final String name;
 6:     private final double retail;
 7:     private final int quantity;
 8:     private double price;
 9:
10:     Item(String idIn, String nameIn, String retailIn, String qIn) {
11:         id = idIn;
12:         name = nameIn;
13:         retail = Double.parseDouble(retailIn);
14:         quantity = Integer.parseInt(qIn);
15:
16:         if (quantity > 400) {
17:             price = retail * .5D;
18:         } else if (quantity > 200) {
19:             price = retail * .6D;
20:         } else {
21:             price = retail * .7D;
22:         }
23:         price = Math.floor( price * 100 + .5 ) / 100;
24:     }
25:
26:     @Override
27:     public int compareTo(Object obj) {
28:         Item temp = (Item) obj;
29:         if (this.price < temp.price) {
30:             return 1;
31:         } else if (this.price > temp.price) {
32:             return -1;
33:         }
34:         return 0;
35:     }
36:
37:     public String getId() {
38:         return id;
39:     }
40:
41:     public String getName() {
```

```
42:         return name;
43:     }
44:
45:     public double getRetail() {
46:         return retail;
47:     }
48:
49:     public int getQuantity() {
50:         return quantity;
51:     }
52:
53:     public double getPrice() {
54:         return price;
55:     }
56: }
```

保存该文件后，查看 NetBeans 的 Projects 窗格，将发现源代码文件 Item.java 放在了一个不同的地方，如图 6.3 所示。

NetBeans 将这个源代码文件放到了 org.cadenhead. ecommerce 包中。

Item 是一个支持类，它表示网上商店出售的产品。其中有一些私有实例变量，用于存储产品的 ID、名称、库存（数量）、零售价格和销售价格。

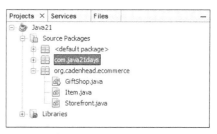

图 6.3 将 NetBeans 项目中的包编组

由于这个类的所有实例变量都是私有的，因此其他类不能设置或获取它们的值。程序清单 6.2 的第 37~55 行创建了存取器方法，供其他程序获取这些值。其中每个方法都以 get 开头，然后是首字母大写的变量名称，这是 Java 类库采用的 Java 编程标准。例如，getPrice() 返回 price 的值。这里没有提供用于设置这些实例变量的方法——将在构造函数中进行设置。

第 1 行指出，Item 类位于 org.cadenhead.ecommerce 包中。

Item 类实现了 Comparable 接口（第 3 行），这使得对类的对象进行排序度得更容易。这个接口只有一个方法：compareTo(Object)，它返回一个整数。

方法 compareTo() 用于比较类的两个对象：当前对象和作为参数传递给该方法的对象。该方法的返回值指出了这个类的对象的排列顺序。

- 如果当前对象应排在另一个对象之前，则返回-1。
- 如果当前对象应排在另一个对象之后，则返回 1。
- 如果两个对象相同，则返回 0。

在 compareTo() 方法中，需要决定根据哪个实例变量来对对象进行排序。第 27~35 行覆盖 compareTo() 方法，设计为根据 price 变量进行排序。因此商品将按价格从高到低排列。

为对象实现 Comparable 接口后，可以调用两个类方法来对由这种对象组成的数组、链表或其他集合进行排序。本节后面创建 Storefront 类后，您将明白这一点。

第 10~24 行的构造函数 Item() 接收 4 个 String 对象作为参数，并使用它们来设置实例变量 id、name、retail 和 quantity。对于最后两个参数，必须分别使用类方法 Double.parseDouble() 和 Integer.parseInt() 将其从字符串转换为数值。

实例变量 price 的值取决于商品的库存量。

- 如果库存量超过 400，price 被设置为 retail 的 50%（第 16~17 行）。
- 如果库存量在 201 和 400 之间，price 被设置为 retail 的 60%（第 18~19 行）。
- 对于其他情况，price 被设置为 retail 的 70%（第 20~22 行）。

第 23 行对 price 进行四舍五入，使之只包含两位或更少的小数，即将诸如 **$6.92999999999999** 的价格改为 **$6.93**。方法 Math.floor() 将小数舍入为与之最接近且不大于它的整数，并将结果以 double 类型的值返回。

还需要一个类，用于表示出售这些商品的网上商店。为此，新建一个空 Java 文件，将其命名为 Storefront，并将包名设置为 **org.cadenhead.ecommerce**，然后输入程序清单 6.3 所示的源代码。

程序清单 6.3 完整的 Storefront.java 源代码

```
 1: package org.cadenhead.ecommerce;
 2:
 3: import java.util.*;
 4:
 5: public class Storefront {
 6:     private final LinkedList catalog = new LinkedList();
 7:
 8:     public void addItem(String id, String name, String price,
 9:         String quant) {
10:
11:         Item it = new Item(id, name, price, quant);
12:         catalog.add(it);
13:     }
14:
15:     public Item getItem(int i) {
16:         return (Item) catalog.get(i);
17:     }
18:
19:     public int getSize() {
20:         return catalog.size();
21:     }
22:
23:     public void sort() {
24:         Collections.sort(catalog);
25:     }
26: }
```

Storefront 与 Item 类属于同一个包，因此在 NetBeans 的 Projects 窗格中，它们将在一起列出。

Storefront 类用于管理网上商店中的商品。每种商品都是一个 Item 对象，而这些对象存储在一个名为 catalog 的 LinkedList 实例变量中（第 6 行）。

第 8~13 行的 addItem() 方法根据传递给它的 4 个参数创建一个新的 Item 对象：ID、名称、价格和库存量。创建 Item 对象后，调用 add() 方法（将该 Item 对象作为参数），将对象加入链表 catalog 中。

方法 getItem() 和 getSize() 提供了获取 catalog 变量中存储的私有信息的接口。第 19~21 行的 getSize() 方法调用 catlog.size() 方法，后者返回 catalog 中的对象数。

由于链表中的对象像数组和其他数据结构那样被编号，因此可以使用索引号来读取它们。第 15~17 行的 getItem() 方法调用 catalog.get(int)，并将索引号作为参数值，以返回链表相应位置处的对象。

第 23~25 行的 sort() 方法体现了在类 Item 中实现 Comparable 接口的好处。类方法 Collections.sort() 将对链表和其他数据结构中的对象进行排序，排序期间将调用对象的 compareTo() 方法确定排列顺序。

为完成这个项目，需要创建一个应用程序。这个应用程序为 GiftShop，它创建并使用了 Item 对象和 Storefront 对象。这个应用程序也属于 org.cadenhead.ecommerce 包。为此，新建一个 Java 类，将其命名为 GiftShop，并输入程序清单 6.4 所示的源代码。

程序清单 6.4　完整的 GiftShop.java 源代码

```
 1: package org.cadenhead.ecommerce;
 2:
 3: public class GiftShop {
 4:     public static void main(String[] arguments) {
 5:         Storefront store = new Storefront();
 6:         store.addItem("C01", "MUG", "9.99", "150");
 7:         store.addItem("C02", "LG MUG", "12.99", "82");
 8:         store.addItem("C03", "MOUSEPAD", "10.49", "800");
 9:         store.addItem("D01", "T SHIRT", "16.99", "90");
10:         store.sort();
11:
12:         for (int i = 0; i < store.getSize(); i++) {
13:             Item show = (Item) store.getItem(i);
14:             System.out.println("\nItem ID: " + show.getId() +
15:                 "\nName: " + show.getName() +
16:                 "\nRetail Price: $" + show.getRetail() +
17:                 "\nPrice: $" + show.getPrice() +
18:                 "\nQuantity: " + show.getQuantity());
19:         }
20:     }
21: }
```

GiftShop 类演示了类 **Storefront** 和 **Item** 使之可用的公有接口的每一部分。您可以进行如下操作。

- 创建网上商店。
- 添加商品。
- 按销售价格将商品排序。
- 遍历链表，显示每种商品的信息。

该程序的输出结果如图 6.4 所示。

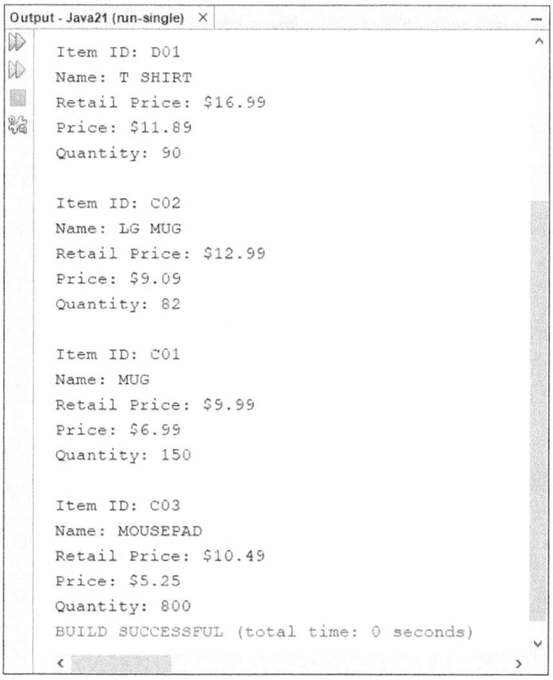

图 6.4　按价格由高到低列出礼品商店出售的商品

这些类的很多实现细节都对 GiftShop 和其他可能使用这个包的类隐藏了。

例如，开发 GiftShop 的程序员无须知道 Storefront 使用链表来存放商店中所有商品的数据。如果 Storefront 的开发者后来决定使用另一种数据结构，只要方法 getSize() 和 getItem() 返回预期的值，GiftShop 仍将能够正常工作。

6.9　总结

本章介绍了如何将访问控制限定符用于方法和变量，从而封装对象，还介绍了如何在开发 Java 类和类层次结构时使用其他限定符，如 static、final 和 abstract。

为进一步体现开发一套类的效果并更好地使用这些限定符，还介绍了如何将类组织成包。这些编组将您的程序更好地组织起来，让您可以与很多公开其代码的 Java 程序员共享这些类。

最后介绍了如何实现接口，在类层次结构外定义行为时，这种 Java 语言功能很有用。

6.10　问与答

问：在任何地方使用存取器方法都不会降低 Java 代码的运行速度吗？

答：并不总是这样。随着 Java 编译器的改进，其能够进行更多优化，程序执行将能够自动提高存取器方法的运行速度。但如果您很关心速度，可以将存取器方法声明为 final 的，在大多数情况下，它们在速度上可以与直接存取实例变量媲美。

问：基于所学的知识，私有的抽象方法和 final 抽象方法（类）都不合理，它们合法吗？

答：不合法，它们将导致编译错误。要有所作用，抽象方法就必须被覆盖，而抽象类就必须被继承，但如果它们也是 private 或 final 的，则这两种操作都将是非法的。

6.11　小测验

请回答下述 3 个问题，以复习本章介绍的内容。

6.11.1　问题

1. 哪些包将自动导入您的 Java 类中？
   A. 没有
   B. 存储在 Classpath 指定的文件夹中的类
   C. java.lang 包中的类
2. 根据包的命名约定，包名的第一部分应是什么？
   A. 您的姓名和一个句点
   B. 您的顶级域名和一个句点
   C. 文本 java 和一个句点
3. 如果您创建了一个子类并要覆盖一个 public 方法，则对该方法可以使用哪些限定符？
   A. 只能是 public
   B. public 或 protected
   C. public、protected 或默认访问控制

6.11.2 答案

1. C。如果要使用简短的类名（如 `LinkedList`），而不是完整的包名和类名（如 `java.util.LinkedList`），必须导入其他所有包。

2. B。该约定假设所有的 Java 包开发人员都拥有（或可以使用）一个 Internet 域名，以便人们能够从网上下载包。

3. A。所有公有方法在子类中仍必须是公有的。在子类中覆盖超类的方法时，可让方法的访问控制更宽松，但不能更严格。

6.12 认证练习

下面的问题是 Java 认证考试中可能出现的问题，请回答该问题，不要查看本章的内容或使用 Java 编译器进行试验。

对于下面的代码：

```
package org.cadenhead.bureau;

public class Information {
    public int duration = 12;
    protected float rate = 3.15F;
    float average = 0.5F;
}
```

以及：

```
package org.cadenhead.bureau;

public class MoreInformation extends Information {
    public int quantity = 8;
}
```

以及：

```
package org.cadenhead.bureau.us;

import org.cadenhead.bureau.*;

public class EvenMoreInformation extends MoreInformation {
    public int quantity = 9;
    EvenMoreInformation() {
        super();
        int i1 = duration;
        float i2 = rate;
        float i3 = average;
    }
}
```

在 `EvenMoreInformation` 类中，哪些实例变量是可见的？

A. quantity、duration、rate 和 average

B. quantity、duration 和 rate

C. quantity、duration 和 average

D. quantity、rate 和 average

6.13 练习

为巩固本章介绍的知识，请尝试完成下面的练习。

1. 对项目 Storefront 进行修改，使其中的每种商品都有一个 noDiscount 变量。如果该变量为 true，则以零售价格出售商品。

2. 创建一个 ZipCode 类，它使用访问控制来确保其实例变量 zipCode 总是一个 5 位数。

第 7 章

异常和线程

本章介绍 Java 中两个功能最强大的元素：线程和异常。线程让程序能够更高效地利用其资源，这是通过将程序的计算密集型任务分离开来，避免其降低程序其他部分的运行速度来实现的；异常让程序能够识别错误并做出响应，异常甚至可以帮助程序校正状态，并在可能的情况下继续运行。

线程是实现了 `Runnable` 接口或继承了 `Thread` 类的对象，能与 Java 程序的其他部分同时运行；异常是表示 Java 程序运行阶段可能发生的错误的对象。

本章将首先介绍异常，因为开发线程时需要使用异常。

7.1 异常

使用任何语言的程序员都致力于编写没有 bug 的程序，以及不会崩溃的程序，能够妥善地处理任何情况并能够在异常情况下恢复的程序。

导致错误的因素包括：程序员没有预料到的问题、没有充分测试以及程序员无法控制的情形。如用户输入的数据不正确、文件损坏（因此其中的数据不正确）、无法连接网络、硬件设备没有响应、太阳黑子、恶作剧等。

在 Java 中，可能导致程序出错的奇怪事件被称为异常。Java 定义了多种用于处理异常的特性。

- 如何在代码中处理异常，并妥善地从潜在的问题中恢复。
- 如何告诉类的用户，预期有潜在的异常。
- 检测到异常时，如何引发它。
- 如何使用异常来限制代码，使代码更健壮。

在大多数编程语言中，要处理错误状况，必须完成比处理正常运行的程序更多的工作。可能需要使用复杂的语句结构来处理可能发生的错误。

例如下面的语句，它们可能用于加载磁盘中的文件。由于存在很多异常情况（如磁盘错误、文件找不到等），因此加载文件很容易出现问题。如果程序必须使用文件中的数据才能正常运行，则必须处理这些情况。

下面是一种可能的解决方案：

```
int status = loadTextFile();
if (status != 1) {
    // something unusual happened; report it
    switch (status) {
        case 2:
            System.out.println("File not found");
            break;
        case 3:
            System.out.println("Disk error");
            break;
```

```
        case 4:
            System.out.println("File corrupted");
            break;
        default:
            System.out.println("Error");
    }
} else {
    // file loaded OK; continue with program
}
```

上述代码试图调用方法 `loadTextfile()` 来加载文件，该方法是在程序的其他地方定义的。该方法返回一个整数，指出文件被正确地加载（`status==1`）还是发生了错误（`status` 等于任何非 1 的值）。

程序使用 `switch` 语句，根据发生的错误对其进行处理。最终的错误处理代码中并没有对最常见的情况（成功加载文件）进行处理。这里只处理了某些错误，如果程序发生其他错误，将需要更多地嵌套 `if...else` 和 `switch...case` 语句块。

正如您看到的，在较复杂的程序中，错误管理非常棘手，而前述错误管理代码导致 Java 类难以阅读和维护。

如果以这种方式来处理错误，将无法让编译器采用一致的方式进行如下检查：调用方法时是否使用了正确的参数；是否将变量设置成了正确的对象。

虽然前面的例子使用的是 Java 语法，但您绝不会在程序中以这样的方式处理错误，因为您可以使用一组异常类，它们的效果好得多。

异常包括可能对程序造成致命的错误，还包含其他一些异常情况。通过管理异常，能够管理错误，并妥善地对其进行处理。

通过结合使用特殊的语言特性、编译阶段的一致性检查和一组可扩展的异常类，可在 Java 程序中更轻松地管理错误和其他异常情况。

有了这些特性，您可以将一个全新的要素加入类、类层次结构和整个系统的行为和设计中。类和接口的定义描述了程序在理想情况下的行为。通过将异常处理加入程序设计中，您可以描述程序在不理想的情况下的行为，让使用这些类的人知道，在这些情况下将产生什么样的结果。

异常类

至此，您很可能遇到过至少一种 Java 异常：您可能在运行 Java 应用程序时没有提供所需的命令参数，导致出现错误消息 `ArrayIndexOutOfBoundsException`。

发生异常时，应用程序可能退出，并且屏幕上会显示一组难以理解的错误。这些错误就是异常。程序没有成功完成其工作就退出时，说明引发了异常。异常可能由 Java 虚拟机和您使用的类引发，也可能是程序特意引发的。

除引发异常外，还可捕获异常。捕获异常指的是对异常情况进行处理，以避免程序崩溃，后面将对此做更详细的介绍。

在 Java 中，异常是对象，即它们是从类 `Throwable` 继承而来的类的实例。当异常被引发时，将创建 `Throwable` 类的一个实例。

`Throwable` 有两个子类：`Error` 和 `Exception`。`Error` 实例是 JVM 内部的错误，这种错误很少见，但通常是致命的，对于它们，您除捕获和引发外可做的很有限。例如 `OutOfMemoryError`，它表明出现了灾难性情况——没有程序继续运行下去所需的内存。

`Exception` 类与编程的关系更为紧密。`Exception` 的子类分为两组。

- unchecked 异常（`RuntimeException` 类的子类），如 `ArrayIndexOutofBounds`、

Security Exception 和 NullPointerException。

- checked 异常，如 EOFException 和 MalformedURLException。

unchecked 异常也叫运行时异常，通常是由于代码不够健壮造成的。例如，如果进行了正确的检查，以确保代码不超越数组边界，将不会发生 ArrayIndexOutofBounds 异常。除非使用一个之前未被声明为用来存储对象的变量，否则不会发生 NullPointerException 异常。

> **警告**　如果程序导致 unchecked 异常，应通过改善代码来消除这些问题。对于可在创建 Java 程序时消除的编程错误，不要依赖异常管理来处理。

checked 异常表明发生了奇怪且无法控制的事情。例如，如果读取文件内容时意外地跨越了文件尾，将发生 EOFException 异常；当 Web 地址（也叫 URL）的格式不正确时，将发生 MalformedURL Exception 异常。checked 异常包含一些您创建的异常，用于指出程序运行中发生了不正常的情况。

与其他类一样，异常也被组织成层次结构，其中超类表示较通用的错误，子类表示更具体的错误。当您在代码中处理异常时，这种组织结构将更为重要。

主要的异常类（Throwable、Exception 和 RuntimeException）都位于 java.lang 包中。在 Java 类库中，还有很多其他的包定义了其他异常，这些异常用于整个类库。

java.io 包定义了一个名为 IOException 的通用异常类，它是 java.io 包中的输入和输出异常类（EOFException 和 FileNotFoundException）、java.net 包中的网络异常类（如 MalformedURLException），以及 java.utile 包中异常类（如 ZipException）的父类。

7.2　管理异常

知道异常是什么后，如何在代码中处理异常呢？在很多情况下，当您使用了可能引发异常的方法时，Java 编译器将要求您对异常进行管理：您必须在代码中对这些异常进行处理，否则程序将不能通过编译，同时 NetBeans 将指出其中的错误。本节将介绍一致性检测和如何使用关键字 try、catch 和 finally 来处理可能发生的异常。

7.2.1　异常一致性检测

Java 类库使用得越多，遇到类似于下面这种异常的可能性就越大：

```
Exception java.lang.InterruptedException
must be caught or it must be declared in the throws clause
of this method.
```

在 Java 中，方法可以指出它可能引发的错误类型。例如，读取文件的方法可能引发 IOException 错误，因此声明这些方法时，需要使用一个特殊的限定符来指出可能的错误。当您在 Java 程序中使用这些方法时，必须保护代码不受这些异常的影响。

这种规则是由编译器执行的，编译器以相同的方式对代码进行检测，以确保您调用方法时提供的参数数目和类型都是正确的。

进行这种检测能够降低程序由于致命错误而崩溃的可能性，因为您将预先知道程序使用的方法可能引发什么样的异常。

如果您定义方法时，指出了它们可能引发的异常，Java 将要求定义该方法的用户必须对这些错误进行处理。

7.2.2 保护代码和捕获异常

假设您编写代码后，在编译时遇到异常消息，那么根据该消息，您必须捕获这种异常或声明方法以引发该异常。

首先，捕获可能的异常需要完成两项工作。

- 将包含可能引发异常的方法的代码放在 try 块中。
- 在 catch 块中对异常进行处理。

try 块尝试执行一个代码块，看看能否执行它而不导致异常。如果失败并发生异常，将由 catch 块进行处理。

您已经见过 try 和 catch。在第 6 章，使用 String 值创建一个整数时使用了如下代码：

```
public SquareTool(String input) {
    try {
        float in = Float.parseFloat(input);
        // rest of method
    } catch (NumberFormatException nfe) {
        System.out.println(input + " is not a valid number.");
    }
}
```

在上述代码中，类方法 Float.parseFloat() 可能引发 NumberFormatException 异常，这表明指定的字符串不能转换为数字（一种可能导致这种异常的情形是，input 的值为 15x，而这不是数字）。

为处理这种异常，将 parseFloat() 放在了 try 块中，并建立了一个与之相关联的 catch 块。该 catch 块将接收 try 中引发的任何 NumberFormatException 对象。

catch 子句的圆括号中的内容类似于方法定义中的参数列表，其中包含待捕获的异常类和变量名。在 catch 块中，可以使用该变量名来引用异常对象。

异常对象包含方法 getMessage()，用于显示详细的错误消息，该消息描述发生的情况。

下面是第 6 章使用的 try...catch 语句的修订版：

```
try {
    float in = Float.parseFloat(input);
} catch (NumberFormatException nfe) {
    System.out.println("Oops: " + nfe.getMessage());
}
```

至此，介绍的示例都能够捕获特定类型的异常。由于异常类被组织成层次结构，同时可以在需要超类的地方使用子类，因此可以在一条 catch 语句中捕获一组异常。

编写处理来自文件、Internet 服务器等的输入/输出的程序时，需要处理多种类型的 IOException 异常（IO 表示输入/输出）。该异常有两个子类：EOFException 和 FileNotFoundException。通过捕获 IOException，也可以捕获其子类的实例。

要捕获多种没有任何继承关系的异常，可以将多个 catch 块用于同一个 try 块，如下所示：

```
try {
    // code that might generate exceptions
} catch (IOException ioe) {
    System.out.println("Input/output error");
    System.out.println(ioe.getMessage());
} catch (ClassNotFoundException cnfe) {
    System.out.println("Class not found");
    System.out.println(cnfe.getMessage());
} catch (InterruptedException ie) {
    System.out.println("Program interrupted");
    System.out.println(ie.getMessage());
}
```

使用多个 catch 块时，将执行第一个匹配到的 catch 块，并忽略其他 catch 块。

您还可在一条 catch 语句中捕获多种异常。为此，可使用管道字符 | 分隔异常类，如下例所示：

```
try {
    // code that reads a file from disk
} catch (EOFException | FileNotFoundException exc) {
    System.out.println("File error: " + exc.getMessage());
}
```

上述代码在同一个 catch 块中捕获两种异常：EOFException 和 FileNotFoundException。将发生的异常赋给了参数 exc，再调用了其 getMessage() 方法。在列表中与引发的异常匹配的第一个类将被赋给参数。

在 catch 语句中，指定多个存在继承关系的异常类时，必须按正确的顺序排列它们。下面的代码就不规范：

```
try {
    // code that reads a file from disk
} catch (IOException | EOFException | FileNotFoundException exc) {
    System.out.println("File error: " + exc.getMessage());
}
```

这些代码不能通过编译，因为 IOException 是其他两个异常类的超类，而它位于其他两个异常类的前面。鉴于超类涵盖了子类表示的异常，因此不可能捕获到后两种异常。

下面是经过修正且可行的版本：

```
try {
    // code that reads a file from disk
} catch (EOFException | FileNotFoundException exc) {
    System.out.println("File error: " + exc.getMessage());
} catch (IOException ioe) {
    System.out.println("IO error: " + ioe.getMessage());
}
```

catch 语句必须与 try 块配套。在 catch 语句中指定的异常必须是相应 try 可能引发的异常（或其超类），否则编译器将显示错误消息。

例如，如果您在根本没有读取文件的程序中捕获异常 FileNotFoundException，该程序将不能通过编译。

7.2.3　finally 子句

假设不管发生什么情况，也无论异常是否被引发，代码中的一些操作都必须执行，例如释放获取的外部资源、关闭打开的文件等。

您在第 18 章使用数据库时，就会遇到这样的例子。在 `finally` 块中，您需要关闭为访问数据库而创建的数据库连接和对象，以释放它们占用的资源（因为不再需要它们）。

虽然可以同时将执行这些操作的代码放在 `catch` 块内和块外，但编程时应尽可能避免将相同的代码放在两个不同的地方。

因此，应将这种代码放在 `try...catch` 块的可选部分 `finally` 中：

```
try {
    readTextFile();
} catch (IOException ioe) {
    // deal with IO errors
} finally {
    closeTextFile();
}
```

本章的第一个项目将演示如何在方法中使用 `finally` 语句。

程序清单 7.1 所示的应用程序 HexReader 用于读取两位的十六进制数序列，并输出相应的十进制数。要读取的十六进制数序列有 3 个。

- 000A110D1D260219。
- 78700F1318141E0C。
- 6A197D45B0FFFFFF。

第 2 章介绍过，十六进制是基数为 16 的计数系统，其中一位数为 0（十进制 0）～F（十进制 15），两位数为 10（十进制 16）～FF（十进制 255）。

请在 NetBeans 中新建一个空 Java 文件，将其命名为 HexReader 并放在 `com.java21days` 包中，再输入程序清单 7.1 所示的源代码。

程序清单 7.1 完整的 HexReader.java 源代码

```
 1: package com.java21days;
 2:
 3: class HexReader {
 4:     String[] input = { "000A110D1D260219 ",
 5:         "78700F1318141E0C ",
 6:         "6A197D45B0FFFFFF " };
 7:
 8:     public static void main(String[] arguments) {
 9:         HexReader hex = new HexReader();
10:         for (int i = 0; i < hex.input.length; i++)
11:             hex.readLine(hex.input[i]);
12:     }
13:
14:     void readLine(String code) {
15:         try {
16:             for (int j = 0; j + 1 < code.length(); j += 2) {
17:                 String sub = code.substring(j, j + 2);
18:                 int num = Integer.parseInt(sub, 16);
19:                 if (num == 255) {
20:                     return;
21:                 }
22:                 System.out.print(num + " ");
23:             }
24:         } finally {
25:             System.out.println("**");
26:         }
27:     }
28: }
```

这个程序的输出结果如图 7.1 所示。

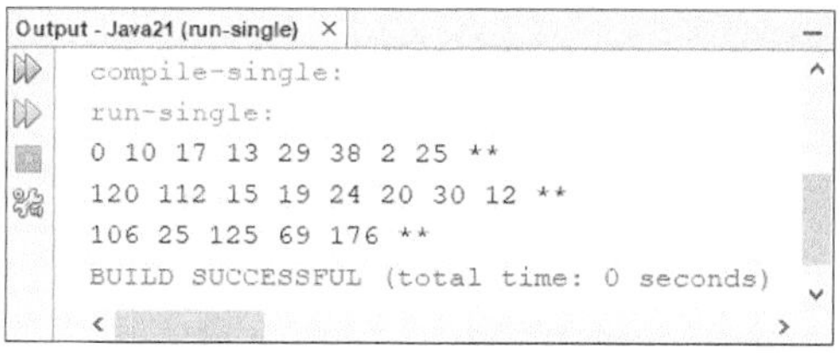

```
Output - Java21 (run-single) ×
  compile-single:
  run-single:
  0 10 17 13 29 38 2 25 **
  120 112 15 19 24 20 30 12 **
  106 25 125 69 176 **
  BUILD SUCCESSFUL (total time: 0 seconds)
```

图 7.1 输出从十六进制数转换得到的十进制数

第 17 行调用字符串的 substring(int, int) 方法来读取 code 中的两个字符，code 是传递给 readLine() 方法的字符串。

注意

> 在 String 类的 substring() 方法中，选择子串的方式不太直观。第一个参数指定了子串第一个字符的索引，第二个参数指定的并不是最后一个字符的索引，而是最后一个字符的索引加 1。对字符串调用 substring(2,5) 时，将返回第 2～4 个索引位置的字符。

两个字符的子串包含一个被存储为 String 的十六进制数。Integer 的类方法 parseInt() 可用于将数字转换为一个整数。如果被转换的是十六进制数，则将第二个参数指定为 16；如果是八进制数，则指定为 8。

在应用程序 HexReader 中，十六进制数 FF 被用来填充序列的末尾，将不输出其对应的十进制值。这是通过使用 try-finally 块（第 15～26 行）来实现的。

到达方法末尾（第 27 行）时，try-finally 块将导致一种不同寻常的情况。您可能认为，这将导致 readLine() 方法立即结束。

但是不管 try 块是如何结束的，finally 块中的语句都将被执行。因此，最后将输出文本 **。

为了确保即便 try 块中的操作因异常而失败，资源也将得以妥善地释放，可在 try 语句中分配资源，并用括号将相应的代码括起来。

下面的代码包含两条语句，它们使用网络套接字（socket，一种连接类型）从一台 Internet 服务器中读取数据：

```java
Socket digit = new Socket(host, 79);
BufferedReader in = new BufferedReader(
    new InputStreamReader(digit.getInputStream()));
```

为确保资源得以妥善地释放，可在 try 语句中分配它们：

```java
try (Socket digit = new Socket(host, 79);
    BufferedReader in = new BufferedReader(
        new InputStreamReader(digit.getInputStream()));
    ) {
    // code goes here
} catch (IOException e) {
    System.out.println("IO Error:" + e.getMessage());
}
```

这样，不管 try 块中的代码如何结束——成功执行还是因为出现了异常，digit 和 in 都将被妥善地处理。

如果您在源代码编辑器中输入的 try 应该确保资源得以妥善地释放，但却没有这样做，NetBeans 将发出警告。您应尽可能接受 NetBeans 提出的建议，因为这可避免一种常见的错误：忘记释放不再需要的资源。

7.3 声明可能引发异常的方法

前面介绍了如何处理可能引发异常的方法（通过保护代码并捕获可能发生的异常），即 Java 编译器将进行检查，确保您对方法的异常进行了处理，但它如何知道需要处理哪些异常呢？

答案是，方法在定义中指出了将可能引发哪些异常。您可以在自己的方法中使用这种机制，以告诉其他用户，您的方法可能发生哪些异常。

要指出方法可能引发的异常，可在方法定义中使用特殊子句 throws。

7.3.1 throws 子句

要指出方法中的某些代码可能引发的异常，只需在方法的右括号后面加上关键字 throws 和将引发的异常的名称，例如：

```
public void getPoint(int x, int y) throws NumberFormatException {
    // body of method
}
```

如果方法可能引发多种异常，可将它们放在一个 throws 子句中，并用逗号分隔：

```
public void storePoint(int x, int y)
    throws NumberFormatException, EOFException {
        // body of method
}
```

与 catch 一样，可以使用超类来指出方法可能引发这种异常的所有子类，例如：

```
public void loadPoint() throws IOException {
    // body of method
}
```

记住，将关键字 throws 加入方法定义中只是意味着：如果发生错误，该方法可能引发异常，而并不是实际会发生这种情况。throws 子句只是在方法定义提供了有关潜在异常的信息，并让 Java 能够确保其他类正确地使用该方法。

方法的整体描述是该方法（或类）的设计者和调用者之间的约定（当然，您可能是设计者，也可能是调用者）。

通常，这种描述指出了方法的参数类型、返回类型及其正常情况下的细节信息。通过使用 throws，可以添加一些信息，指出该方法可能执行的非常规工作。约定中的这部分内容有助于显式地指出应在程序的哪些地方对异常情况进行处理。

7.3.2 应引发哪些异常

决定指出方法可能引发异常后，必须判断它可能引发哪些异常，并实际引发它们或调用一个将引发它们的方法（7.3.3 节将介绍如何引发异常）。

在很多情况下，根据方法执行的操作很容易判断出可能引发哪些异常。也许您要创建并引发自己的异常，在这种情况下，您应知道需要引发哪些异常。

您并不需要列出方法可能引发的所有异常；unchecked 异常是由 JVM 处理的，这些异常很常见，您不必处理它们。

具体地说，在 throws 子句中，无须列出类 Error、RuntimeException（或其子类）的异常。这是因为这些异常可能发生在 Java 程序中的任何地方，而且通常这不是由程序员直接造成的。

例如，内存耗尽时 JVM 将引发 OutOfMemoryError，这种异常可能在任何地方、任何时候发生，引发这种异常的原因也很多。

unchecked 异常是 RuntimeException 和 Error 的子类，它们通常是由 JVM 引发的。您无须声明您的方法可能引发它们，也无须以其他任何方式对其进行处理。

注意　如果愿意，当然可以在 throws 子句中列出这些错误和运行时异常，但调用这些方法的类可以不处理它们，只有非运行时异常才必须处理。

除了 unchecked 异常外的所有其他异常都是 unchecked 异常，您可以在方法的 throws 子句中列出它们。

7.3.3　传递异常

有时候，在方法中对某个异常进行处理是不合理的，由调用该方法的方法进行处理更合适。

例如一个虚构的示例：WebRetriever 类使用 Web 地址加载网页，并将其存储在文件中。正如第 17 章将介绍的，如果不处理 MalformatedURLException（当 Web 地址的格式不正确时将引发的异常），您将无法使用 Web 地址。

为使用 WebRetriever，另一个类需要调用其构造函数，并将 Web 地址作为参数。如果这个类指定的地址格式不正确，将引发 MalformatedURLException 异常。WebRetriever 类没有处理这种异常，其声明如下：

```
public WebRetriever() throws MalformedURLException {
    // body of constructor
}
```

这要求使用 WebRetriever 的类必须处理 MalformatedURLException 异常（或使用 throws 子句将这些工作推给其他类去完成）。

但相比于捕获并忽略异常，将异常传递给调用方法更合适。

除声明引发异常的方法外，还有一种情况的方法定义也可能包含 throws 子句：您想使用一个引发异常的方法，但不想捕获或处理该异常。

可以使用 throws 子句来声明方法，使之也可能引发合适的异常，而不是在方法体中使用 try 和 catch 语句。这样处理异常的工作将由调用方法的方法去完成。这是另一种告诉 Java 编译器您已经对某个异常进行处理的方式。

使用这种技术，可以创建一个无须使用 try-catch 块便能处理 NumberFormatException 的方法：

```
public void readFloat(String input) throws NumberFormatException {
    float in = Float.parseFloat(input);
}
```

将方法做类似上述声明后，便可以在该方法中使用也可能引发这些异常的其他方法，而无须捕获异常。

注意　当然，除了将 throws 子句中列出的异常传递出去外，您还可以在方法体内使用 try 和 catch 来处理异常。您也可以在使用某种方式来处理其他异常的同时重新引发异常，使调用方法的方法必须处理它。7.3.4 节将介绍如何引发异常。

7.3.4　throws 和继承

如果您的方法定义覆盖了超类中包含 throws 子句的方法，则对于覆盖方法如何处理 throws，有一些特殊的规则。新方法的 `throws` 子句列出的异常并不一定非得与被覆盖的方法相同，这不同于方法特征标记的其他部分——必须与被覆盖的方法一致。

相比于只是引发异常，使用新方法对异常进行处理可能更合适，因此新方法可以引发更少的异常，甚至可以不引发任何异常。这意味着下述两个类定义是可行的：

```
public class RadioPlayer {
    public void startPlaying() throws SoundException {
        // body of method
    }
}
public class StereoPlayer extends RadioPlayer {
    public void startPlaying() {
        // body of method
    }
}
```

反过来则不成立：子类方法不能引发其超类方法没有引发的 checked 异常，包括其他类型的异常和更通用的异常。

子类引发的异常必须与超类引发的异常或超类引发的异常子类相同。请看下面的示例：

```
void readFields() throws IOException {
    // body of method
}
```

如果这个方法位于超类中，那么在子类中就不能像下面这样来覆盖它：

```
void readFiles() throws SQLException {
    // body of method
}
```

`SQLException` 不是 `IOException` 的子类，因此这些代码不能通过编译。但这个方法可以引发 `FileNotFoundException`，因为它是 `IOException` 的子类。

7.4　创建并引发自己的异常

每种异常都有两个方面：引发和捕获。被捕获前，异常可能被多次传递给多个方法，但最终它将被捕获并得到处理。

很多异常是由 Java 运行时或 Java 类中的方法引发的。您可以引发 Java 类库定义的标准异常，也可以创建并引发自己的异常。

7.4.1　引发异常

声明方法可能引发异常对于调用它的类和 Java 编译器都很有帮助，Java 编译器将确保所有的异常都被处理，但声明本身并不引发异常，您必须在方法中这样做，即要引发异常，必须创建该异常类的实例，然后使用 `throw` 语句来引发它。

下面的例子使用了假设的 `NotInServiceException` 类，它是 `Exception` 类的子类：

```
NotInServiceException nise = new NotInServiceException();
throw nise;
```

只能引发实现了接口 `Throwable` 的异常。

异常的构造函数可能会接收参数，这取决于您使用的异常类。最常见的参数是字符串，它让您能够更详细地描述问题（这对调试很有帮助）。下面是一个例子：

```
NotInServiceException nise = new
    NotInServiceException("Database Not in Service");
throw nise;
```

异常被引发后，方法将退出，而不执行任何其他代码（除 `finally` 块中的代码外），也不会返回值。如果在调用方法时，没有将该方法调用放在 `try` 块中，并提供相应的 `catch` 块，则程序可能由于引发的异常而退出。

7.4.2　创建自己的异常

创建新的异常非常容易。新异常应继承 Java 类层次结构中的某个异常。所有用户创建的异常都应是 `Exception` 而非 `Error` 层次结构的一部分，后者被保留用于表示涉及 JVM 的错误。找到一个与要创建的异常相近的异常，例如，文件格式不对的异常应是 `IOException` 的子类。如果不能找到与要创建的异常密切相关的异常，可考虑继承 `Exception`，它位于 checked 的异常层次结构的"顶端"（unchecked 异常应继承 `RuntimeException`）。

异常类通常有两个构造函数：第一个不接收参数；第二个接收一个字符串参数。对于后一种构造函数，应在其中调用 `super()`，以确保该字符串被应用到正确的地方。

异常类与其他常规类很像，下面是一个非常简单的示例：

```
public class SunSpotException extends Exception {
    public SunSpotException() {}

    public SunSpotException(String message) {
        super(message);
    }
}
```

7.4.3　结合使用 throws、try 和 throw

假设要结合使用前面介绍的各种方式：您可能想在方法中对异常进行处理，也可能想将异常交给调用方法去处理。仅仅使用 `try` 和 `catch` 无法传递异常，而仅仅使用 `throws` 子句的话，你将没有机会对异常进行处理。

要管理异常并把它传递给调用方法，需要使用 3 种机制：`throws` 子句、`try` 语句和 `throw` 语句（显式地再次引发异常）。

下面的方法采取了这种做法：

```
public void readMessage() throws IOException {
    MessageReader mr = new MessageReader();

    try {
        mr.loadHeader();
    } catch (IOException e) {
        // do something to handle the
        // IO exception and then rethrow
        // the exception ...
        throw e;
    }
}
```

由于异常处理程序可以嵌套，因此上述语句有效。一般应对异常进行处理，但如果觉得某些异常太重要了，则应让调用者中的异常处理程序对其进行处理。

异常将沿方法调用链向上传递（大多数方法不对其进行处理），直至最后 JVM 将对未被捕获的异常进行处理：终止程序并输出一条错误消息。

如果能够捕获异常并妥善地处理它，就直接这样做。

`throw` 用于捕获异常超类的 `catch` 块中时，将引发相应的超类异常。这意味着可能丢失信息，因为实际发生的异常可能是子类，其中包含有关错误的更详细信息。

在下述情况下就会出现这样的情况：在文件阅读器中使用了一条 `try-catch` 语句来捕获 `IOException`；由于阅读到了文件末尾而发生 `EOFException`；该异常被 `catch` 块捕获，因为 `IOException` 是 `EOFException` 的超类。

如果使用了 `throw` 来引发异常，它引发的将是 `IOException`，而不是 `EOFException`。Java 引入了一种技术，让您能够引发更精确的异常：在 `catch` 语句中指定的异常类型前面使用关键字 `final`。对于前面的示例，要引发更精确的异常，可以像下面这样做：

```
try {
    mr.loadHeader();
catch (final IOException e) {
    throw e;
}
```

警告　您必须对 NetBeans 进行设置，使其能够识别 Java 新增的特性；否则，NetBeans 将认为使用这些新特性的代码是错误的。如果您在 NetBeans 中输入上述代码时出现了错误消息，请确保将项目设置成了使用最新的 Java 版本。为此，可选择菜单 File > Project Properties 打开 Project Properties 对话框；在这个对话框中，选择类别 Libraries，并确保在 Java Platform 下拉列表中选择了 JDK 12。

7.5　在什么情况下不使用异常

在几种情况下，不能使用异常。

首先，对于可使用代码轻松避免的情形，不使用异常。例如，虽然您可以依赖 `ArrayIndexOutofBoundsException` 来指出超出了数组范围，但可以很容易地使用数组的变量 `length` 来防止这种情况发生。

通过对象来调用方法时，如果其值为 `null`，将引发 `NullPointerException`。然而，在这种情况下，不应使用 `try-catch` 块，而应对代码进行修改，使其在通过对象调用方法前检查该对象是否为 `null`。

此外，如果用户输入的数据必须是整数，则与引发异常并在其他地方进行处理相比，对其进行检测以确保它是整数将更合适。

异常将占用大量的处理时间。简单的测试比异常处理的速度快得多，可提高程序的效率。仅当您无法控制异常情况时，才应使用异常。

开发人员常常不由自主地使用异常，并在声明所有的方法时都让它引发所有可能引发的异常。

提示　使用异常将导致每个相关的人员都需要做更多的工作。将方法声明为引发少量异常还是大量异常需要折中考虑，方法引发的异常越多，使用起来就越复杂。应只声明那些发生的可能性较大且对类的整体设计而言比较合理的异常。

不建议的异常使用方式

刚开始使用异常时，您可能经常遇到编译器错误，这种错误是使用声明了 throws 语句的方法时引起的。虽然在方法中加入空的 catch 子句或 throws 语句是合法的（并且有理由这样做），但异常不经处理就被丢弃将破坏 Java 编译器进行的检查工作。

指出有关异常方面的编译器错误旨在提醒您对这些问题有所考虑。请花些时间来处理可能影响代码的异常。当您在以后的项目和越来越复杂的程序中复用您的类时，这将带来充分的回报。编写 Java 类库时，就考虑了这方面的问题，这也是它足够健壮，可在 Java 项目中使用的原因之一。

7.6 线程

使用 Java 进行编程时，需要考虑的问题之一是如何使用系统资源。图形、复杂的数学计算和其他密集型任务可能占用大量的处理器时间。

使用图形用户界面（这是一种软件风格，将在本书后面介绍）的程序尤其如此。

如果您编写的图形 Java 程序需要完成某种占用大量计算机处理器时间的任务，将发现该程序用户界面的响应速度非常慢，如出现下拉式列表需要几秒甚至更长时间才显示，单击按钮时很久才会响应等。

为了解决这种问题，可将 Java 程序中占用大量处理器时间的函数分离出来，让它们同程序的其他部分分开运行。这可以通过线程来实现。

线程是程序的一部分，它们在程序的其他代码执行其他工作时独立运行。这也被称为多任务，因为程序同时处理多项任务。

线程适用于完成占用大量处理时间且连续运行的任务。

通过将程序中最艰难的任务放到线程中，可以让程序的其他部分处理其他任务。这也使 JVM 能够更容易地对程序进行处理，因为大部分处理器密集型任务都被隔离了。

7.6.1 编写线程化程序

在 Java 中，线程是用包 java.lang 中的 Thread 类实现的。

最简单的线程用法是，让线程暂停一段时间，并在此期间处于空闲状态。为此，可以调用 Thread 类的 sleep(long)方法，并将要暂停的时间（单位为 ms）作为参数传递给它。

如果被暂停的线程由于某种原因而被中断，该方法将引发 InterruptedException（一种可能的原因是，在该线程休眠时，用户关闭了程序）。

下面的语句让线程暂停 3s：

```
try {
    Thread.sleep(3000);
} catch (InterruptedException ie) {
    // do nothing
}
```

catch 块没有执行任何操作，您使用 sleep()方法时，通常都是这样。

线程的用途之一是，将所有耗时的行为都放到单独的类中。

创建线程的方式有两种：创建一个 Thread 类的子类；在另一个类中实现 Runable 接口。Thread 类和 Runable 接口都位于 java.lang 包中。

由于 Thread 类实现了接口 Runable，因此以这两种方法创建的对象将以相同的方式启动和终止线程。

要实现 Runnable 接口，需要将关键字 implements 加入类声明中，并在后面加上接口的名称，如下例所示：

```
public class StockTicker implements Runnable {
    public void run() {
        // ...
    }
}
```

Runnable 接口只包含了一个方法：run()。

创建线程的第一步是创建一个对 Thread 对象的引用：

```
Thread runner;
```

上述语句创建了一个线程的引用，但还没有将 Thread 对象赋予它。要创建线程，可调用构造函数 Thread(Object)，并将要线程化的对象作为参数传递给它。下面的语句创建了一个线程化的 StockTicker 对象：

```
StockTicker tix = new StockTicker();
Thread tickerThread = new Thread(tix);
```

适合创建线程的两个地方是应用程序的构造函数和组件（如面板）的构造函数。

要启动线程，可调用它的 start() 方法，如下面的语句所示：

```
tickerThread.start();
```

下面的语句可用在线程类中启动线程：

```
Thread runner = null;
if (runner == null) {
    runner = new Thread(this);
    runner.start();
}
```

构造函数 Thread() 中的关键字 this 指的是包含这些语句的对象。将对象赋给变量 runner 之前，它的值为 null，因此 if 语句确保线程不会被多次启动。

要运行线程，可调用其 start() 方法。调用线程的 start() 方法将导致另一个方法——run() 被调用。线程化对象中必须包含 run() 方法。run() 方法是线程类的引擎，它包含处理器密集型行为并调用执行这种行为的方法。

7.6.2 线程化应用程序

下面通过一个示例来更清晰地说明线程化编程。

程序清单 7.2 所示的 PrimeFinder 类用于查找序列中特定的素数，如第 100 个素数、第 1000 个素数或第 30000 个素数。这需要一些时间，尤其当要检查的值超过 100000 时。因此将查找素数的代码放在一个独立的线程中。

请在 NetBeans 中新建一个名为 PrimeFinder 的类，将其放在 com.java21days 包中，再输入程序清单 7.2 所示的源代码。

程序清单 7.2　完整的 PrimeFinder.java 源代码

```
1: package com.java21days;
2:
3: public class PrimeFinder implements Runnable {
```

```
 4:    public long target;
 5:    public long prime;
 6:    public boolean finished = false;
 7:    private Thread runner;
 8:
 9:    PrimeFinder(long inTarget) {
10:        target = inTarget;
11:        if (runner == null) {
12:            runner = new Thread(this);
13:            runner.start();
14:        }
15:    }
16:
17:    public void run() {
18:        long numPrimes = 0;
19:        long candidate = 2;
20:        while (numPrimes < target) {
21:            if (isPrime(candidate)) {
22:                numPrimes++;
23:                prime = candidate;
24:            }
25:            candidate++;
26:        }
27:        finished = true;
28:    }
29:
30:    boolean isPrime(long checkNumber) {
31:        double root = Math.sqrt(checkNumber);
32:        for (int i = 2; i <= root; i++) {
33:            if (checkNumber % i == 0)
34:                return false;
35:        }
36:        return true;
37:    }
38: }
```

输入完毕后保存。这个类没有 main() 方法，因此不能将其作为应用程序运行。稍后将创建一个使用这个类的程序。

PrimeFinder 类实现了 Runnable 接口，因此可将其作为线程运行。

其中有 3 个公有的实例变量。

- target：一个 long 类型的变量，用于指出要查找的是第几个素数。如果要查找第 5000 个素数，则 target 的值为 5000。
- prime：一个 long 类型的变量，用于存储找到的最后一个素数。
- finished：一个布尔类型的变量，指出是否达到目标。

还有一个名为 runner 的私有实例变量，用于存储一个 Thread 对象，PrimeFinder 类将在该线程中运行。线程启动之前，该变量为 null。

第 9～15 行的构造函数 PrimeFinder() 用于设置 target 的值，并启动线程（如果还没有启动的话）。当线程的 start() 方法被调用时，它将调用线程化类的 run() 方法。

run() 方法位于第 17～28 行，线程的大部分工作是在该方法中完成的。这个方法使用了两个新的变量：numPrimes 和 candidate，前者指出已找到多少个素数，后者为可能是素数的数字。candidate 的初始值被设置为第一个素数——2。

第 20～26 行的循环将不断执行，直到找到指定数目的素数。该循环首先调用 isPrime(long) 方法，以检查当前的 candidate 是否为素数，如果是，该方法返回 true，否则返回 false。如果

candidate 是素数,则将 numPrimes 的值加 1,并将该素数赋给实例变量 prime。然后将 candidate 的值加 1,并进入下一次循环。找到要找的素数后,while 循环将结束,而 finished 变量将被设置为 true,这表明 Prime Finder 对象已经找到所需的素数,并结束搜索。

到达第 28 行后,run()方法将结束,线程不再做任何工作。

isPrime()方法位于第 30~37 行,它使用运算符%来判断一个数是否为素数,该运算符返回除法运算的余数。如果一个数能被 2 或更大的数整除(余数为 0),则说明它不是素数。

程序清单 7.3 是一个使用 PrimeFinder 类的应用程序。请在 NetBeans 中新建一个名为 PrimeThreads 的 Java 类,将其放在 com.java21days 包中,再输入程序清单 7.3 所示的源代码。

程序清单 7.3 完整的 PrimeThreads.java 源代码

```
 1: package com.java21days;
 2:
 3: public class PrimeThreads {
 4:     public static void main(String[] arguments) {
 5:         PrimeThreads pt = new PrimeThreads(arguments);
 6:     }
 7:
 8:     public PrimeThreads(String[] arguments) {
 9:         PrimeFinder[] finder = new PrimeFinder[arguments.length];
10:         for (int i = 0; i < arguments.length; i++) {
11:             try {
12:                 long count = Long.parseLong(arguments[i]);
13:                 finder[i] = new PrimeFinder(count);
14:                 System.out.println("Looking for prime " + count);
15:             } catch (NumberFormatException nfe) {
16:                 System.out.println("Error: " + nfe.getMessage());
17:             }
18:         }
19:         boolean complete = false;
20:         while (!complete) {
21:             complete = true;
22:             for (int j = 0; j < finder.length; j++) {
23:                 if (finder[j] == null) continue;
24:                 if (!finder[j].finished) {
25:                     complete = false;
26:                 } else {
27:                     displayResult(finder[j]);
28:                     finder[j] = null;
29:                 }
30:             }
31:             try {
32:                 Thread.sleep(1000);
33:             } catch (InterruptedException ie) {
34:                 // do nothing
35:             }
36:         }
37:     }
38:
39:     private void displayResult(PrimeFinder finder) {
40:         System.out.println("Prime " + finder.target
41:             + " is " + finder.prime);
42:     }
43: }
```

您可通过命令行参数指定要查找第几个素数,为此可选择菜单 Run > Set Project Configuation > Customize;您还可指定查找任何数目的素数。

使用命令行参数 5000 12000 50000 120000 运行该程序时，输出结果可能如图 7.2 所示。由于线程结束的顺序是不确定的，因此输出的素数的排列顺序可能与这里显示的不同。

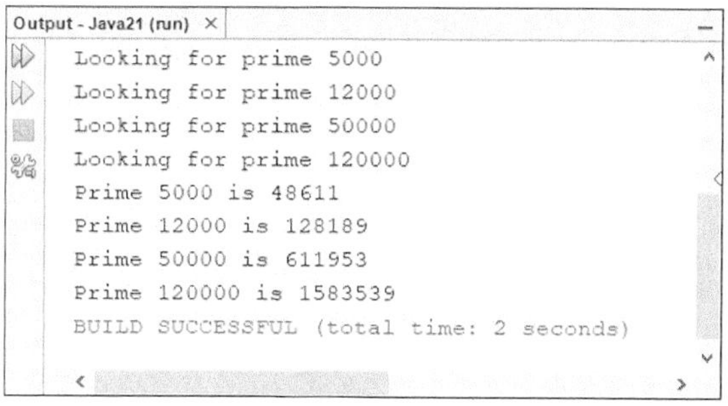

图 7.2 使用线程来查找多个素数

应用程序 PrimeThreads 的第 10~18 行中的 for 循环将为每一个命令行参数创建一个 PrimeFinder 对象。

由于参数是 String 对象，而构造函数 PrimeFinder() 需要一个 long 参数，因此使用类方法 Long.parseLong(String) 来处理这种转换。由于所有的数字分析方法都可能引发 Number Format Exception，因此必须将这种方法调用放在 try-catch 块中，以应对参数不能转换为数字的情况。

PrimeFinder 对象被创建后，它便开始在自己的线程中运行（这是由构造函数 PrimeFinder() 指定的）。

第 20~36 行的 while 循环用于检查所有的 PrimeFinder 线程是否都已结束。这是通过检查实例变量 finished 是否为 true 来实现的。线程结束后，第 27 行调用 displayResult() 方法来输出找到的素数，然后将线程设置为 null，以释放该对象占用的资源（并防止其结果被输出多次）。

第 32 行调用方法 Thread.sleep(1000) 导致 while 循环每结束一次迭代后都暂停 1s。暂停循环可避免因 JVM 不断地执行循环中的语句而陷入停滞。

7.6.3 终止线程

终止线程比启动线程要复杂些。终止线程的最佳方式是，让线程的 run() 方法的循环在某个变量的值发生变化后结束，如下所示：

```
public void run() {
    while (okToRun == true) {
        // ...
    }
}
```

变量 okToRun 可以是线程类的实例变量，如果它变为 false，则 run() 方法中的循环将结束。另一种终止线程的方式是，仅当当前运行的线程有一个指向它的变量时，才执行方法 run() 中的循环。类方法 Thread.currentThread() 返回当前线程（对象在其中运行的线程）的引用。只要 runner 和 currentThread() 指向相同的对象，下面的方法 run() 就将继续循环：

```
public void run() {
    Thread thisThread = Thread.currentThread();
    while (runner == thisThread) {
        // body of loop
```

```
    }
}
```

如果您使用了类似这样的循环，则可以在类的任何地方使用下面的语句来终止线程：

```
runner = null;
```

7.7　总结

使用异常和线程可改善程序的健壮性。

异常让您能够管理程序中潜在的错误。通过使用 `try`、`catch` 和 `finally`，可以保护可能导致异常的代码，并在异常发生时处理异常。

处理异常仅是问题的一方面，另一方面是生成和引发异常。`throws` 子句告诉用户，该方法可能引发异常；它也可用于在方法体的方法调用中将异常传递出去。

您学习了如何创建并引发异常：定义新的异常类并使用 `throw` 引发异常类的实例。

线程让您能够将类中处理器密集型任务与其他任务分开运行，当类需要执行计算密集型任务（如动画、复杂的数学运算或遍历大量数据）时，这很有用。

您还可以使用线程来同时执行多项任务，并从外部启动和终止线程。

线程实现了 `Runnable` 接口，该接口包含一个方法：`run()`。通过调用线程的 `start()` 方法来启动线程时，线程的 `run()` 方法将自动被调用。

7.8　问与答

问：我还是不太确信自己理解了异常、错误和运行时异常之间的区别。有其他的方式来看待它们吗？

答： 错误是由动态链接或 JVM 问题引起的，因而大多数程序员无须关注它们，即使关注也无法处理。

运行时异常是由 Java 代码的正常执行引起的，虽然它们偶尔反映了应显式处理的情况，但通常反映的是代码错误，因而只需输出错误消息来帮助标记该错误。

非运行时异常（如 **IOException**）必须通过经深思熟虑的健壮代码来显式地处理。编写 Java 类库时，只使用了其中的几个，但它们对于确保安全和正确地使用系统至关重要。Java 编译器通过对 `throws` 子句的检测和限制来帮助您正确地处理这些异常。

问：Java 支持使用单元测试来提高程序的可靠性吗？

答： 单元测试是一种通过添加测试确保软件可靠的方法。开源 Java 类库 JUnit 支持单元测试，它是 Java 程序员中最流行的单元测试框架。

使用 JUnit 可编写一组测试来创建您开发的 Java 对象并调用其方法。然后检查这些测试生成的值是否与预期相符。只有通过所有测试，软件才被视为通过了测试。

虽然单元测试不会比您创建的测试好，但修改软件时，现有的测试套件很有帮助。在修改软件后运行测试，可让您更确信软件能够正确运行。

有些 Java 程序员对单元测试的好处深信不疑，在动手编写代码前就编写测试。

7.9　小测验

请回答下述 3 个问题，以复习本章介绍的内容。

7.9.1 问题

1. 可以使用哪个关键字来跳出 try 块，并进入 finally 块？
   A. catch
   B. return
   C. while
2. 在 Java 中创建异常时，必须以哪个类为超类？
   A. Throwable
   B. Error
   C. Exception
3. 如果一个类实现了 Runnable 接口，则这个类必须包含哪些方法？
   A. start()、stop()和 run()
   B. actionPerformed()
   C. run()

7.9.2 答案

1. B。用 return 语句跳出 try 块。
2. C。在程序中需要注意的错误通常属于 Exception 层次结构。
3. C。Runnable 接口只要求实现 run()方法。

7.10 认证练习

下面的问题是 Java 认证考试中可能出现的问题，请回答该问题，不要查看本章的内容，也不要使用 Java 编译器对代码进行测试。

应用程序 AverageValue 从命令行接收 10 个浮点数参数，并输出它们的平均值。

在下面的代码中：

```java
public class AverageValue {
    public static void main(String[] arguments) {
        float[] temps = new float[10];
        float sum = 0;
        int count = 0;
        int i;
        for (i = 0; i < arguments.length & i < 10; i++) {
            try {
                temps[i] = Float.parseFloat(arguments[i]);
                count++;
            } catch (NumberFormatException nfe) {
                System.out.println("Invalid input: " + arguments[i]);
            }
            sum += temps[i];
        }
        System.out.println("Average: " + (sum / i));
    }
}
```

哪条语句有错？

A. for (i = 0; i < arguments.length & i < 10; i++) {

B. `sum += temps[i]`
C. `System.out.println("Average: " + (sum / i))`
D. 没有错误，程序是正确的

7.11　练习

为巩固本章介绍的知识，请尝试完成下面的练习。

1. 修改应用程序 `PrimeFinder` 类，使之在传递给构造函数的参数为负数时，引发一个新的异常 `NegativeNumberException`。
2. 修改应用程序 `PrimeThreads`，使之能够处理新的 `NegativeNumberException` 错误。

第2周

Java 类库

第8章

数据结构

至此，您学习了 Java 语言的核心元素对象、类、继承，以及关键字、语句、表达式和运算符。

现在将重点从您创建的类转到已经为您创建好的类：Java 类库是 Oracle 提供的一组官方包，包含 4400 多个类，您可以在 Java 程序中使用它们。

本章重点介绍用来表示数据的类，包括以下数据结构。

- 位组（bit set）：存储布尔值。
- 链表（array list）：可调整长度的数组。
- 栈（stack）：后进先出（LIFO）型结构。
- 哈希映射（hash map）：使用键存储数据项。

8.1 超越数组

在 Java 类库的 `java.util` 包中有一组数据结构，它们让您能够灵活地组织和操纵数据。深入理解数据结构及何时使用它们将对 Java 编程工作有极大的帮助。

您创建的很多 Java 程序都依赖某种方式来存储和操纵类中的数据。到现在为止，您使用了 3 种数据结构来存储和检索数据：变量、`String` 对象和数组。

这些只是 Java 提供的数据类中的很少一部分。如果不了解编程中可用的各种数据结构，您将在使用其他数据结构效率更高也更容易实现时，却只能使用数组或字符串。

除基本数据类型和字符串外，数组是 Java 支持的最简单的数据结构。数组是一系列的数据元素，它们都属于某种基本数据类型或类。数组被视为单个对象，就像基本数据类型变量一样，但包含多个可被独立存取的元素。需要存储和访问相关信息时，数组很有用。

数组最大的局限在于，不能改变其大小以存储更多或更少的元素。这意味着您不能在已满的数组中添加元素。本章将介绍一种数据结构——链表，它没有这种限制。

注意　　　　| 与 `java.util` 包提供的数据结构不同，数组是 Java 的核心组件，是用 Java 本身实现的。因此，在 Java 中使用数组时，无须使用任何对象来存储其数据。

8.2 Java 数据结构

`java.util` 包提供的数据结构的功能非常强大，具备众多的功能。这些数据结构包括接口 `Iterator` 和 `Map`，以及下述类。

- `BitSet`。
- `ArrayList`。
- `Stack`。

- HashMap。

这些数据结构都提供了一种以定义好的方式存储和检索信息的方式。接口 Iterator 本身并非数据结构，但它定义了一种连续地检索数据结构中元素的方式。例如，Iterator 定义了一个 next() 方法，该方法用于获取包含多个元素的数据结构中的下一个元素。

注意	Iterator 接口是 Enumeration 接口的扩展和改进版本。虽然 Enumeration 仍被支持，但应使用 Iterator，因为其方法名更简单，且支持移除元素。Iterator 还能检测到一种容易出现问题的多线程使用方式：一个线程修改元素时，如果有其他线程在遍历元素，Iterator 将引发 ConcurrentModificationException。

BitSet 类实现了一组位或标记（flag），这些位可被分别设置或清除。当需要跟踪一组布尔值时，BitSet 类很有用。您只需让每一位对应一个值，并根据需要设置或清除。标记（flag）是一个布尔值，表示程序中的一组开/关状态。

ArrayList 类与数组类似，只是它可以根据需要增大（以存储新元素）和缩小。与数组一样，ArrayList 对象的元素也可以通过索引值来访问。ArrayList 的优点是，无须在创建时将它设置为特定的长度，因为必要时它将自动地增大或缩小。

Stack 类实现了一个 LIFO（后进先出的）元素栈。可以将 Stack 看作一个垂直的对象栈，新元素被加入栈顶。从栈中弹出元素时，弹出的是栈顶元素。换句话说，最后加入的元素首先被弹出。被弹出的元素将从栈中移除，这不像数组，数组中的元素总是可用的。

HashMap 类实现了 Dictionary，后者是一个抽象类，它定义了一种用于将键与值关联起来的数据结构。当需要通过键而不是整数索引来访问数据时，这个类很有用。因为 Dictionary 类是抽象的，所以它只提供了键映射数据结构的框架，而没有给出具体的实现。键（key）是一个标识符，用于引用或查找数据结构中的值。

HashMap 提供了键映射数据结构的一种实现，它根据用户定义的键结构来组织数据。例如，在存储在哈希映射中的邮政编码列表中，可以将邮政编码作为键来存储数据。在哈希映射中，键的具体含义取决于哈希映射的用法及其包含的数据。

接下来的几节将更详细地介绍这些数据结构，以说明它们的工作原理。

8.2.1 Iterator

接口 Iterator 提供了一种以定义好的顺序遍历一系列元素（这是很多数据结构都需要完成的任务）的标准方式。虽然不能在数据结构外使用这个接口，但了解 Iterator 接口的工作原理将有助于您理解其他 Java 数据结构。

我们来看看由接口 Iterator 定义的 3 个方法：

```
boolean hasNext();
Object next();
void remove();
```

这些方法都没有任何代码，因为接口不提供实现，只有实现接口的类才提供定义方法的代码。

方法 hasNext()定义了结构是否还包含其他元素，可调用该方法来查看是否可以继续遍历结构。

方法 next()用于获得结构中的下一个元素。如果没有更多的元素，next()将引发 NoSuchElementException。为避免产生这种异常，应结合使用 hasNext()和 next()方法来确保还有元素可检索。

下面的 while 循环使用这两种方法来遍历一个名为 users 的数据结构对象，该对象实现了接口 Iterator：

```
while (users.hasNext()) {
    Object ob = users.next();
    System.out.println(ob);
}
```

上述代码使用 hasNext() 和 next() 方法遍历了 users 对象并输出了每个列表项的内容。

方法 next() 总是返回一个 Object 对象，您可以将其转换为数据结构存储的类对象。下面的例子将其转换为 String 对象：

```
while (users.hasNext()) {
    String ob = (String) users.next();
    System.out.println(ob);
}
```

注意 ╎ 因为 Iterator 是接口，所以不能直接将它用作数据结构，而是可以在实现了接口的数据结构中使用 Iterator 定义的方法。这为很多 Java 标准数据结构提供了一致的接口，使它们学习和使用起来更容易。

8.2.2 位组

需要表示大量的二进制数据（只能为 1 或 0 的位值）时，BitSet 类很有用。这些值也被称为开/关值（1 表示开，0 表示关）或布尔值（1 表示 true，0 表示 false）。

使用 BitSet 类，可以用位来存储布尔值，而无须通过按位运算来提取位值。您只需使用索引来引用每一位。BitSet 类的另一个优点是，它可以自动增大，以表示程序所需的位数。图 8.1 展示了位组数据结构的逻辑组织。

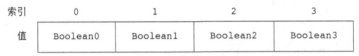

索引	0	1	2	3
值	Boolean0	Boolean1	Boolean2	Boolean3

图 8.1　位组数据结构的逻辑组织

可以使用 BitSet 类来存储可以用布尔值模拟的属性。由于位组中的各个位是通过索引来访问的，因此可以将每个属性名定义为常量索引值，如下面的类所示：

```
class ConnectionAttributes {
    public static final int READABLE = 0;
    public static final int WRITABLE = 1;
    public static final int STREAMABLE = 2;
    public static final int FLEXIBLE = 3;
}
```

在这个类中，属性名对应的值从 0 开始依次递增。您可以使用这些值来获取或设置位组中的位，但首先必须创建一个 BitSet 对象：

```
BitSet connex = new BitSet();
```

该构造函数创建了一个没有指定大小的位组。您还可以创建一个指定大小的位组：

```
BitSet connex = new BitSet(4);
```

这创建了一个包含 4 个布尔位的位组。不管使用哪个构造函数，新位组中的所有位都将被初始化为 false。创建位组后，便可以使用 set(int) 和 clear(int) 方法，以及您定义的索引常量来设置和清除这些位：

```
connex.set(ConnectionAttributes.WRITABLE);
connex.set(ConnectionAttributes.STREAMABLE);
connex.set(ConnectionAttributes.FLEXIBLE);

connex.clear(ConnectionAttributes.WRITABLE);
```

上述代码设置了属性 WRITABLE、STREAMABLE 和 FLEXIBLE，然后清除 WRITABLE 属性。对于每个属性，还使用了类名，这是因为这些常量都是类 ConnectionAttributes 的类变量。

可以使用 get() 方法来获取位组中的各个位：

```
boolean isWriteable = connex.get(ConnectionAttributes.WRITABLE);
```

使用 size() 方法，可以确定位组表示了多少位：

```
int numBits = connex.size();
```

BitSet 类还可以提供用于对位组进行比较和诸如 AND、OR、XOR 等按位运算的方法。这些方法都接收一个 BitSet 对象作为其唯一的参数。

本章的第一个项目 HolidaySked 是一个 Java 类，它使用位组来记录一年中的哪些天是节假日。

由于 HolidaySked 必须能够判断任何一天是否为节假日，因此使用了位组。

在 NetBeans 中，新建一个名为 HolidaySked 的空 Java 文件，将其放在 com.java21days 包中，并输入程序清单 8.1 所示的源代码。

程序清单 8.1 完整的 HolidaySked.java 源代码

```
 1: package com.java21days;
 2:
 3: import java.util.*;
 4:
 5: public class HolidaySked {
 6:     BitSet sked;
 7:
 8:     public HolidaySked() {
 9:         sked = new BitSet(365);
10:         int[] holiday = { 1, 15, 50, 148, 185, 246,
11:             281, 316, 326, 359 };
12:         for (int i = 0; i < holiday.length; i++) {
13:             addHoliday(holiday[i]);
14:         }
15:     }
16:
17:     public void addHoliday(int dayToAdd) {
18:         sked.set(dayToAdd);
19:     }
20:
21:     public boolean isHoliday(int dayToCheck) {
22:         boolean result = sked.get(dayToCheck);
23:         return result;
24:     }
25:
26:     public static void main(String[] arguments) {
27:         HolidaySked cal = new HolidaySked();
28:         if (arguments.length > 0) {
29:             try {
30:                 int whichDay = Integer.parseInt(arguments[0]);
31:                 if (cal.isHoliday(whichDay)) {
32:                     System.out.println("Day number " + whichDay +
33:                         " is a holiday.");
34:                 } else {
35:                     System.out.println("Day number " + whichDay +
```

```
36:                           " is not a holiday.");
37:                   }
38:               } catch (NumberFormatException nfe) {
39:                   System.out.println("Error: " + nfe.getMessage());
40:               }
41:           }
42:       }
43: }
```

该应用程序接收一个命令行参数：一个 1～365 的数字，表示一年中的某一天。表示节假日的数字是在第 10～11 行定义的，它们随年份而异。要设置参数，可选择菜单 Run > Set Project Configuration > Customize。

请使用 15 或 103 等值来测试该应用程序。该应用程序将指出第 15 天是节假日（美国），但第 103 天不是。

使用参数 170 来运行这个应用程序时，输出图 8.2 所示的运行结果。

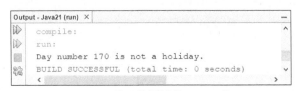

图 8.2　使用数据结构 BitSet 类

HolidaySked 类只包含一个实例变量：sked。这是一个 BitSet，将用于存储一年中每一天对应的值。

HolidaySked 类的构造函数位于第 8～15 行，用于创建位组 sked（包含 365 位），并将所有位都设置为 0。

接下来，创建了一个名为 holiday 的 int 数组。该数组用于存储一年中各个节假日的编号，其中第一个节假日的编号为 1（元旦），最后一个节假日的编号为 359（圣诞节）。

数组 holiday 被用来设置位组 sked 中对应于节假日的位。第 12～14 行的 for 循环用于遍历 holiday 数组，对于其中的每个元素，都调用方法 addHoliday(int)。

方法 addHoliday(int)位于第 17～19 行，其中的参数表示这天是节假日。为了将指定的位设置为 1，调用了位组的 set(int)方法。例如，调用 set(359)将把第 359 位的值设置为 1。

HolidaySked 类还能够判断某天是否为节假日。这是通过第 21～24 行的 isHoliday(int)方法实现的。该方法调用位组的 get(int)方法，如果指定的位的值为 1，则 get()方法返回 true，否则返回 false。

这个类可作为应用程序运行，因为它包含 main()方法（第 26～42 行）。该应用程序接收一个命令行参数：一个 1～365 的数字，表示一年中的某一天。该应用程序根据 Holidaysked 类的一览表指出这一天是否为节假日。

8.2.3　链表

类 ArrayList 是 Java 中一种流行的 Java 数据结构，它实现了可伸缩的对象数组，比数组更灵活、更好用。由于类 ArrayList 负责根据需要改变存储长度，因此它必须根据元素的移除和增加决定伸缩多少。

要创建 ArrayList 对象，可使用不接收任何参数的构造函数：

ArrayList golfer = new ArrayList();

该构造函数创建了一个不含任何元素的默认链表。所有链表刚创建时都为空。判断链表长度的属性之一是其初始容量——为多少个元素分配了内存。

链表的长度（size）指的是它当前存储的元素数。链表的容量（capacity）总是大于或等于其长度。下面的代码演示了如何创建指定容量的链表：

```
ArrayList golfer = new ArrayList(30);
```

上述语句将给该链表分配足够的内存，以支持 30 个元素。达到指定的容量后，链表将自动扩容，增加的长度为初始长度的一半。因此加入第 30 个元素后，golfer 的容量将增加到 45。

给链表分配额外的空间需要时间，还需要消耗内存，因此创建链表时，最好根据预期要使用的元素数指定其容量。

不能像数组那样使用方括号（[]）来访问链表中的元素，而必须使用 ArrayList 类的方法。add(Object)方法用于将元素加入链表中，如下例所示：

```
golfer.add("Park");
golfer.add("Lewis");
golfer.add("Ko");
```

由于 ArrayList 类可用于存储各种类型的对象，因此存在方法 lastElement()以返回一个 Object 对象，您必须将返回值转换为加入链表中的类型。在这里，由于 golfer 存储的是字符串，因此将返回的对象转换成了字符串。

方法 get()让您能够通过索引来检索链表中的元素，如下面的代码所示：

```
String s1 = (String) golfer.get(0);
String s2 = (String) golfer.get(2);
```

由于链表的索引值是从 0 开始的，因此第一个 get()调用返回字符串 Park，而第二个调用返回字符串 Lewis。

正如可以检索特定索引位置的元素一样，也可使用方法 add(int,Object)和 remove(int)分别完成将元素加入指定位置和移除指定位置的元素的操作：

```
golfer.add(1, "Kim");
golfer.add(0, "Thompson");
golfer.remove(3);
```

第一个 add()调用将一个元素加入索引 1 指定的位置，即字符串 Park 和 Lewis 之间。为容纳插入的字符串 Kim，字符串 Lewis 和 Ko 各向后移动一个位置。第二个 add()调用将一个元素插入索引 0 指定的位置，即链表开头。原来的元素都向后移动一个位置，以容纳插入的字符串 Thompson。现在，这个链表的内容如下：

0. "Thompson"
1. "Park"
2. "Kim"
3. "Lewis"
4. "Ko"

调用 remove()移除索引为 3 的元素，即字符串 Lewis。这样，链表包含如下字符串：

0. "Thompson"
1. "Park"
2. "Kim"
3. "Ko"

可以使用 set()方法来修改指定的元素：

```
golfer.set(1, "Pressel");
```

上述代码用于将字符串 **Park** 替换为字符串 **Pressel**，此时链表如下：

0. "Thompson"

1. "Pressel"

2. "Kim"

3. "Ko"

要清除链表的所有内容，可以使用方法 `clear()` 来移除所有的元素：

```
golfer.clear();
```

ArrayList 类还提供了一些不通过索引来处理元素的方法。这些方法在链表中搜索特定的元素，其中第一个是方法 `contains(Object)`，用于检查链表是否包含指定的元素：

```
boolean isThere = golfer.contains("Kerr");
```

另一个搜索方法是 `indexOf(Object)`，用于找出元素的索引：

```
int i = golfer.indexOf("Ko");
```

如果链表包含指定的元素，`indexOf()` 方法将返回该元素的索引，否则返回-1。方法 `remove(Object)` 的工作原理与此类似，它用于移除指定的元素，如下面的语句所示：

```
golfer.remove("Pressel");
```

ArrayList 类提供了几个用于判断和操纵链表长度的方法。
首先，方法 `size()` 用于判断链表包含多少个元素：

```
int size = golfer.size();
```

前面说过，链表有两个与长度相关的属性：长度和容量。长度指的是链表包含多少个元素，而容量是分配用来存储元素的内存量。容量总是大于或等于长度。可以使用方法 `trimToSize()` 来使容量与长度相等：

```
golfer.trimToSize();
```

警告 | Java 类库还包含 Vector 类，这种数据结构的工作原理与链表很相似。如果您在 NetBeans 中使用 Vector，将出现一条警告消息，指出这个类是"已摒弃的集合"，这是因为 ArrayList 优于 Vector。

8.2.4 遍历数据结构

如果要依次处理链表的所有元素，可使用方法 `iterator()`，它返回一个 **Iterator**，其中包含可供您遍历的元素列表：

```
Iterator it = golfer.iterator();
```

正如本章前面指出的，可以使用迭代器来依次遍历元素。在这个例子中，您可以使用接口 **Iterator** 定义的方法来处理列表 **it**。

下面的 **for** 循环使用迭代器及其方法来遍历整个链表：

```
for (Iterator i = golfer.iterator(); i.hasNext(); ) {
    String name = (String) i.next();
    System.out.println(name);
}
```

接下来的项目将演示如何处理链表。程序清单 8.2 所示的 **CodeKeeper** 类存储了一组文本代码，其中一些是由类提供的，其他的是由用户提供的。由于在程序执行前，我们并不知道存储这些代码需要多大空间，因此使用链表而不是数组来存储这些数据。请在 NetBeans 中创建这个类，同时将它放在 `com.java21days` 包中。

程序清单 8.2 完整的 CodeKeeper.java 源代码

```
 1: package com.java21days;
 2:
 3: import java.util.*;
 4:
 5: public class CodeKeeper {
 6:     ArrayList list;
 7:     String[] codes = { "alpha", "lambda", "gamma", "delta", "zeta" };
 8:
 9:     public CodeKeeper(String[] userCodes) {
10:         list = new ArrayList();
11:         // load built-in codes
12:         for (int i = 0; i < codes.length; i++) {
13:             addCode(codes[i]);
14:         }
15:         // load user codes
16:         for (int j = 0; j < userCodes.length; j++) {
17:             addCode(userCodes[j]);
18:         }
19:         // display all codes
20:         for (Iterator ite = list.iterator(); ite.hasNext(); ) {
21:             String output = (String) ite.next();
22:             System.out.println(output);
23:         }
24:     }
25:
26:     private void addCode(String code) {
27:         if (!list.contains(code)) {
28:             list.add(code);
29:         }
30:     }
31:
32:     public static void main(String[] arguments) {
33:         CodeKeeper keeper = new CodeKeeper(arguments);
34:     }
35: }
```

NetBeans 可能发出警告，指出这个类使用了未经检查或不安全的操作。这并没有看起来那么严重：代码将正常运行，也并非不安全的。

这种警告给出强烈的信号：还有更好的方法来使用链表和其他数据结构，本章后面将介绍这种方法。

CodeKeeper 类使用了一个名为 `list` 的 **ArrayList** 实例变量来存储文本代码。

首先，从字符串数组中将 5 个内置的编码读取到链表中（第 12～14 行）。

接下来，加入用户以命令行参数提供的编码（第 16～18 行）。编码是通过调用方法 `addCode()`（第 26～30 行）加入的。仅当新文本编码没有出现在链表中时才会被加入，这种判断是使用链表的 `contains(Object)` 方法做出的。

在 NetBeans 中，要指定命令行参数，可选择菜单 Run > Set Project Configuration > Customize。参数应为用空格分隔的编码列表。

将编码加入链表中后，再输出链表中的内容。使用命令行参数 `gamma`、`beta` 和 `delta` 运行这个应用程序时，输出结果如图 8.3 所示。

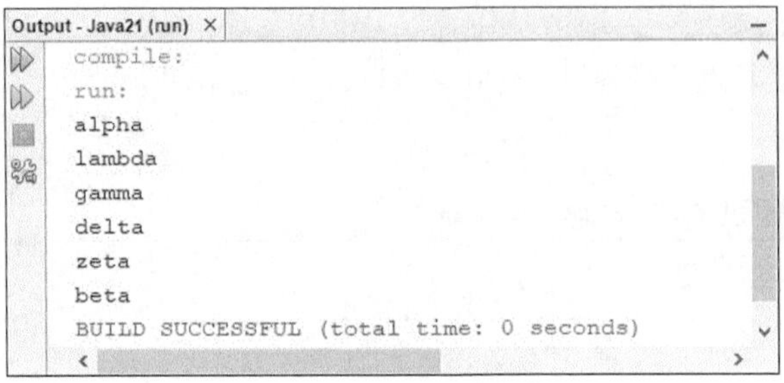

Output - Java21 (run)
compile:
run:
alpha
lambda
gamma
delta
zeta
beta
BUILD SUCCESSFUL (total time: 0 seconds)

图 8.3　操作和显示链表

可使用一种更简单的 `for` 循环来遍历数据结构，这种循环的格式为 `for(variable:structure)`，其中 `structure` 是一个实现了 `Iterator` 接口的数据结构，而 `variable` 声明了一个对象，用于在循环过程中存储结构中的每个元素。

下面的 `for` 循环使用迭代器及其方法遍历链表 `golfer`：

```
for (Object name : golfer) {
    System.out.println(name);
}
```

这种循环可用于任何支持 `Iterator` 接口的数据结构。

8.2.5　栈

数据结构栈用于模拟以特定顺序进行访问的信息。在 Java 中，`Stack` 类被实现成一个 LIFO 栈，这意味着最后加入的项将首先被弹出。图 8.4 说明了栈的逻辑结构。

您可能会问，为什么元素的编号与从堆顶算起的位置不一致？别忘了，元素被加入栈顶，因此位于栈底的 Element0 是第一个被加入的元素。同样地，栈顶的 `Element3` 是最后一个被加入的元素。另外，因为 `Element3` 位于栈顶，所以它将首先弹出。

位置
0
1
2
3
Element3
Element2
Element1
Element0
栈顶
栈底

图 8.4　栈的逻辑结构

类 `Stack` 只定义了一个构造函数，这是一个默认构造函数，用于创建一个空栈。使用这个构造函数来创建栈的方式如下：

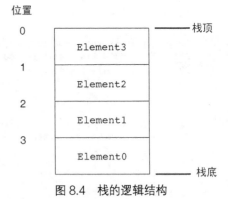

```
Stack s = new Stack();
```

Java 类 `Stack` 包含用于操纵栈的方法。

可使用方法 `push()` 将新元素加入栈，这个方法用于将元素压入栈顶：

```
s.push("One");
s.push("Two");
s.push("Three");
s.push("Four");
```

```
s.push("Five");
s.push("Six");
```

上述代码将 6 个字符串压入了栈，最后一个字符串（"Six"）位于栈顶。

可使用方法 pop() 将元素从栈中弹出，从而将其删除：

```
String s1 = (String) s.pop();
String s2 = (String) s.pop();
```

上述代码将最后两个字符串从栈中弹出，只留下前 4 个字符串。上述代码还导致变量 s1 包含字符串"Six"，变量 s2 包含字符串"Five"。

如果要获得栈顶元素，但并不将其从栈中弹出，可使用方法 peek()：

```
String s3 = (String) s.peek();
```

上述对 peek() 的调用返回字符串"Four"，但该字符串仍留在栈中。可以使用方法 search() 在栈中搜索元素：

```
int i = s.search("Two");
```

如果找到了这个元素，方法 search() 将返回该元素到栈顶的距离，否则返回-1。在上述示例中，字符串"Two"是从栈顶算起的第 3 个元素，因此方法 search() 返回 2。

注意　与涉及索引和列表的 Java 数据结构一样，类 Stack 在报告元素位置时，也以 0 开始。这意味着栈顶元素的位置为 0，第 4 个元素的位置为 3。

类 Stack 定义的最后一个方法是 empty()，用于判断栈是否为空：

```
boolean isEmpty = s.empty();
```

8.2.6　Map

接口 Map 为实现键映射数据结构定义了一个框架，这种结构可用于存储通过键引用的对象。键的作用与数组中的索引相同，它是一个独一无二的值，可用来存取数据结构中指定位置的数据。

您可以使用类 HashMap 或其他实现了接口 Map 的类来实现键映射方法。类 HashMap 将在下一节介绍。

接口 Map 定义了一种根据键来存储和检索信息的方式。这与类 ArrayList 类似，在 ArrayList 中，元素是通过索引（一种特殊的键）来存取的。然而，在接口 Map 中，键可以是任何东西。您可以创建自己的类，并将其作为键来存取和操纵字典中的数据。图 8.5 说明了在字典中，键是如何映射到数据的。

接口 Map 声明了大量用于操纵字典中的数据的方法。实现类必须实现所有的这些方法才能真正有用。方法 put(String,Object) 和 get(String,Object) 分别用于将对象加入字典和获取字典中的对象。

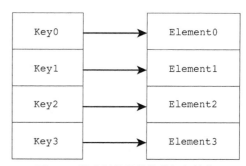

图 8.5　键映射数据结构的组织结构

下面的代码假设 look 是一个实现了 Map 接口的对象，并演示了如何使用方法 put() 来添加元素：

```
Rectangle r1 = new Rectangle(0, 0, 5, 5);
look.put("small", r1);
```

```
Rectangle r2 = new Rectangle(0, 0, 15, 15);
look.put("medium", r2);
Rectangle r3 = new Rectangle(0, 0, 25, 25);
look.put("large", r3);
```

上述代码将 3 个 Rectangle 对象（Rectangle 位于包 java.awt 中）添加到该字典中，并使用字符串作为键。要获取元素，可使用方法 get()，并指定相应的键：

```
Rectangle r = (Rectangle) look.get("medium");
```

还可使用方法 remove()移除指定键对应的元素：

```
look.remove("large");
```

可使用方法 size()来获悉数据结构中包含多少个元素，就像类 ArrayList 一样：

```
int size = look.size();
```

还可使用方法 isEmpty()来检查数据结构是否为空：

```
boolean isEmpty = look.isEmpty();
```

8.2.7   哈希映射

类 HashMap 实现了接口 Map，并提供了键映射数据结构的完整实现。哈希映射让您能够基于某种类型的键来存储数据，并具有由负载系数定义的效率。负载系数是一个 0.0～1.0 的浮点数，它决定了哈希映射如何及何时为更多的元素分配空间。

与链表一样，哈希映射也有容量（分配的内存量）。哈希映射通过将当前长度同容量和负载系数的乘积进行比较来分配内存。如果长度超过了这个乘积，哈希映射将通过重新哈希（rehash）来增加容量。

负载系数越接近于 1.0，内存使用效率越高，但代价是查找元素的时间越长。同样，负载系数越接近于 0.0，查找的效率越高，但浪费的内存越多。决定哈希映射的负载系数时，需要考虑将如何使用哈希映射和优先考虑的是性能还是内存的使用效率。

可以用 3 种方式之一来创建哈希映射。第一个构造函数创建默认的哈希映射，其初始容量为 16，负载系数为 0.75：

```
HashMap hash = new HashMap();
```

第二个构造函数创建具有指定初始容量且负载系数为 0.75 的哈希映射：

```
HashMap hash = new HashMap(20);
```

最后，第三个构造函数创建具有指定初始容量和负载系数的哈希映射：

```
HashMap hash = new HashMap(20, 0.5F);
```

类 HashMap 实现了 Map 接口定义的所有抽象方法。它还实现了其他一些方法，用于实现哈希映射特有的功能，其中之一是 clear()方法，用于删除哈希映射中的所有键和元素：

```
hash.clear();
```

方法 containsValue(Object)用于检查哈希映射是否包含指定的对象：

```
Rectangle box = new Rectangle(0, 0, 5, 5);
boolean isThere = hash.containsValue(box);
```

方法 containsKey(String)用于在哈希映射中查找指定的键:

```
boolean isThere = hash.containsKey("Small");
```

哈希映射的实际用处在于,它能够表示那些根据值进行查找或引用时太耗时的数据。换句话说,处理复杂数据时,使用键比对数据对象本身进行比较来访问这些数据的效率更高,这时哈希映射将很有用。这种键是通过计算得到的,被称为哈希码(hash code),用于唯一标识哈希映射中的每个元素。

在 Java 类库中,大量地使用了这种计算和使用哈希码以存储和引用对象的技术。所有类的超类 Object 定义了一个 hashCode()方法,在大多数标准的 Java 类中覆盖了这个方法。定义了方法 hashCode()的类都能够通过哈希映射进行高效的存储和访问。要被哈希,类还必须实现方法 equals(),该方法定义了一种判断两个对象是否相等的方式。euqals()方法通常对类中定义的所有成员变量进行直接比较。

接下来的项目将使用哈希映射来实现一个购物应用程序。

应用程序 ComicBooks 根据连环画的基价(base value)和新旧程度进行定价。新旧程度被描述为:崭新、九成新、很新、新、一般、很旧。

每种情况对价格的影响如下所述。

- 崭新(mint):价格为基价的 3 倍。
- 九成新(near mint):价格为基价的 2 倍。
- 很新(very fine):价格为基价的 1.5 倍。
- 新(fine):价格为基价。
- 一般(good):价格为基价的 0.5 倍。
- 很旧(poor):价格为基价的 0.25 倍。

为了将诸如 mint 和 very fine 等文本同数字值关联起来,必须将其存储到哈希映射中。哈希映射中的键为有关新旧程度的描述,而值为浮点数,如 3.0、1.5、0.25 等。

请在 NetBeans 中新建一个名为 ComicBooks 的类,将其放在 com.java21days 包中,并输入程序清单 8.3 所示的源代码。

程序清单 8.3　完整的 ComicBooks.java 源代码

```
 1: package com.java21days;
 2:
 3: import java.util.*;
 4:
 5: public class ComicBooks {
 6:
 7:     public ComicBooks() {
 8:     }
 9:
10:     public static void main(String[] arguments) {
11:         // set up hash map
12:         HashMap quality = new HashMap();
13:         float price1 = 3.00F;
14:         quality.put("mint", price1);
15:         float price2 = 2.00F;
16:         quality.put("near mint", price2);
17:         float price3 = 1.50F;
18:         quality.put("very fine", price3);
19:         float price4 = 1.00F;
20:         quality.put("fine", price4);
21:         float price5 = 0.50F;
22:         quality.put("good", price5);
23:         float price6 = 0.25F;
24:         quality.put("poor", price6);
```

```
25:          // set up collection
26:          Comic[] comix = new Comic[3];
27:          comix[0] = new Comic("Amazing Spider-Man", "1A", "very fine",
28:              12_000.00F);
29:          comix[0].setPrice( (Float) quality.get(comix[0].condition) );
30:          comix[1] = new Comic("Incredible Hulk", "181", "near mint",
31:              680.00F);
32:          comix[1].setPrice( (Float) quality.get(comix[1].condition) );
33:          comix[2] = new Comic("Cerebus", "1A", "good", 190.00F);
34:          comix[2].setPrice( (Float) quality.get(comix[2].condition) );
35:          for (int i = 0; i < comix.length; i++) {
36:              System.out.println("Title: " + comix[i].title);
37:              System.out.println("Issue: " + comix[i].issueNumber);
38:              System.out.println("Condition: " + comix[i].condition);
39:              System.out.println("Price: $" + comix[i].price + "\n");
40:          }
41:      }
42: }
43:
44: class Comic {
45:      String title;
46:      String issueNumber;
47:      String condition;
48:      float basePrice;
49:      float price;
50:
51:      Comic(String inTitle, String inIssueNumber, String inCondition,
52:          float inBasePrice) {
53:
54:          title = inTitle;
55:          issueNumber = inIssueNumber;
56:          condition = inCondition;
57:          basePrice = inBasePrice;
58:      }
59:
60:      void setPrice(float factor) {
61:          price = basePrice * factor;
62:      }
63: }
```

运行该应用程序时，输出结果如图 8.6 所示。

该应用程序被实现为两个类：一个名为 ComicBooks 的应用程序类和一个名为 Comic 的助手类。

在该应用程序中，哈希映射是在第 12～24 行创建的。

首先，第 12 行创建了哈希映射。然后，创建了一个名为 price1 的 float 类型的变量，其值为 3.00。将这个值加入哈希映射，并将其与键"mint"关联起来。和其他数据结构一样，哈希映射也只能存储对象——浮点数将通过自动封装自动转换为 Float 对象。

对于其他每种图书（从九成新到很旧），重复执行上述过程。

设置好哈希映射后，创建了一个名为 comix 的 Comic 对象，用于存储要销售的每本连环画。

调用 Comic 的构造函数时，提供了 4 个参数：书名、书号、新旧程度和基价。其中前 3 个参数是字符串，最后一个参数是浮点数。

创建 Comic 对象后，调用其 setPrice(Float)方法来根据图书的新旧程度设置价格，如下例所示（第 29 行）：

```
comix[0].setPrice( (Float) quality.get(comix[0].condition) );
```

图 8.6　在哈希映射中存储连环画的新旧程度和定价因子

然后，调用哈希映射的 get(String) 方法，并将图书的新旧程度（一个用作哈希映射键的字符串）作为参数传递给它。该方法返回一个 Object 对象，它表示与指定的键相关联的值。在第 29 行，由于 comix[0].condition 等于"very fine"，因此 get() 返回一个包含浮点数 3.00F 的 Object 对象。

由于 get() 返回一个 Object 对象，因此必须将其强制转换为 Float 对象。

对于其他两种图书，重复上述过程。

第 35~40 行用于将 comix 数组中存储的关于每本连环画的信息输出。

Comic 类是在第 44~63 行定义的。其中有 5 个实例变量：String 对象 title、issueNumber 和 condition，以及浮点变量 baseprice 和 price。

Comic 类的构造函数方法位于第 51~58 行，它将 4 个实例变量的值设置为传递给它的参数。

第 60~62 行的 setPrice(Float) 方法用于设置连环画的价格。传递给该方法的参数是一个 Float 对象，它被转换为相应的 float 类型的值。通过将该 float 类型的值同基价相乘得到连环画的价格。因此，如果图书的基价为 1000 美元，乘数为 2.0，则其定价为 2000 美元。

哈希映射是一种功能强大的、可操纵大量数据的数据结构。在 Java 类库中，通过对象 Object 广泛地支持了哈希映射，这说明它对于 Java 编程而言至关重要。

8.3　泛型

本章介绍的数据结构无疑是 Java 类库中最基本的实用类。

无论您需要开发的是哪类程序，java.util 包中的哈希映射、链表、栈和其他数据结构都很有用。几乎每个软件程序都需要以某种方式对数据进行处理。

这些数据结构也非常适合用于编写适用于各种对象类的代码。为操纵链表而编写的方法，也可用于对字符串、字符串缓冲区、字符数组和其他表示文本的对象执行相同的功能。会计程序中的方法可以接受表示整数、浮点数和其他数学类的对象，并使用它们来计算结余。

这种灵活性是要付出代价的：如果数据结构能够处理任何类型的对象，则当程序员错误地使用这种数据结构时，Java 编译器将不会提出警告。

例如，应用程序 ComicBook 使用一个名为 quality 的哈希映射将新旧程度描述（如崭新和新）同价格乘数关联起来。下面是针对九成新的语句：

```
quality.put("near mint", 1.50F);
```

根据设计，哈希映射 **quality** 应该只能以 **Float** 对象的方式存储浮点数。然而，不管在这个类中将什么样的值加入哈希映射，这个类都将通过编译。程序员可能无意间将字符串加入哈希映射，如下面的语句所示：

```
quality.put("near mint", "1.50");
```

这个类仍将通过编译，但在运行阶段执行到下述语句时，将发生 **ClassCastException** 错误，进而停止运行：

```
comix[1].setPrice( (Float) quality.get(comix[1].condition) );
```

发生这种错误的原因在于，上述语句试图将哈希映射中的字符串"**1.50**"转换为 **Float** 对象。

鉴于显而易见的原因，对程序员而言，运行时错误要比编译错误棘手得多。编译错误让程序无法继续运行，必须修改错误后才能继续运行；而运行时错误可能进入代码而不报错，如果程序员对此一无所知，那么将给软件的用户带来麻烦。

可使用 Java 语言支持的泛型来指定数据结构期望的类。期望的类信息被加入将结构赋给变量或使用构造函数来创建结构的语句中。将期望的类用字符<和>括起来，并将其放在数据结构名的后面，如下面的语句所示：

```
ArrayList<Integer> zipCodes = new ArrayList<>();
```

上述语句创建一个用于存储 **Integer** 对象的 **ArrayList**。遇到第二个<和>字符时，编译器通过推断来确定正确的类。类名后面的<>有时被称为菱形运算符。下面再来看一个示例：

```
HashMap<String, Float> quality = new HashMap<>();
```

见到菱形运算符后，编译器通过推断来确实正确的类，以确保语句是有意义的。

前面声明链表时指定了类 **Integer**，因此下面的语句将导致编译错误，而 NetBeans 将在源代码编辑器中指出这种错误：

```
zipCodes.add("90210");
zipCodes.add("02134");
zipCodes.add("20500");
```

编译器知道，不能将 **String** 对象加入这个链表中。将元素加入这个链表中的正确方式是使用 **int** 类型的值：

```
zipCodes.add(90210);
zipCodes.add(02134);
zipCodes.add(20500);
```

这些整数将通过自动封装转换为 **Integer** 对象。

对于支持多种类的数据结构（如哈希映射），可将这些类的名称用<和>括起来，并用逗号分隔。

为了让应用程序 ComicBooks 利用泛型，可将程序清单 8.3 的第 10 行改成下面这样：

```
HashMap<String, Float> quality = new HashMap<>();
```

上述语句用于创建一个分别用 **String** 对象和 **Float** 对象作为键和值的哈希映射。这样，便不能将字符串作为值加入哈希映射中。编译错误将指出这种问题。

另外，泛型还使检索数据结构中的对象更简单，因为不需要将它们强制转换为所需的类。例如，哈希映射 **quality** 不再需要使用下面这样的语句将对象强制转换为 **Float** 对象：

```
comix[1].setPrice(quality.get(comix[1].condition));
```

从风格的角度看，在变量声明和构造函数方法中加上泛型好像限制了自由。但习惯使用泛型、自动封装、拆封和新的 for 循环后，将发现数据结构使用起来更容易了，且不容易出错。

程序清单 8.4 所示的 CodeKeeper2 类是 CodeKeeper 的修订版，使用了泛型、类型推断，以及用于遍历链表等数据结构的 for 循环。

程序清单 8.4　完整的 CodeKeeper2 源代码

```
 1: package com.java21days;
 2:
 3: import java.util.*;
 4:
 5: public class CodeKeeper2 {
 6:     ArrayList<String> list;
 7:     String[] codes = { "alpha", "lambda", "gamma", "delta", "zeta" };
 8:
 9:     public CodeKeeper2(String[] userCodes) {
10:         list = new ArrayList<>();
11:         // load built-in codes
12:         for (int i = 0; i < codes.length; i++) {
13:             addCode(codes[i]);
14:         }
15:         // load user codes
16:         for (int j = 0; j < userCodes.length; j++) {
17:             addCode(userCodes[j]);
18:         }
19:         // display all codes
20:         for (String code : list) {
21:             System.out.println(code);
22:         }
23:     }
24:
25:     private void addCode(String code) {
26:         if (!list.contains(code)) {
27:             list.add(code);
28:         }
29:     }
30:
31:     public static void main(String[] arguments) {
32:         CodeKeeper2 keeper = new CodeKeeper2(arguments);
33:     }
34: }
```

不同的地方包括第 6 行、第 10 行，以及第 20~21 行：第 6 行使用泛型将链表声明为用于存储字符串，第 10 行使用类型推断来确定合适的泛型声明；而第 20~21 行使用更简单的 for 循环来输出所有编码。

8.4　枚举

在 Java 中，常量的一种常见用途是给一系列整数指定有意义的标签，前面使用位组时您这样做过：

```
class ConnectionAttributes {
    public static final int READABLE = 0;
    public static final int WRITABLE = 1;
    public static final int STREAMABLE = 2;
    public static final int FLEXIBLE = 3;
}
```

这些常量很有用——让包含它们的语句提供了额外的信息。请比较下面两条等效的语句：

```
setConnectionType(1);
setConnectionType(ConnectionAttributes.WRITABLE);
```

对查看代码的程序员来说，第二条语句要容易理解得多。

Java 提供了被称为枚举的数据类型，可用于实现上述目标，且优于在类中使用常量。为了定义枚举，可使用关键字 enum 而不是 class，并将值用逗号分隔。

下面是一个名为 Compass 的简单枚举，它包含指南针的 8 个方向：

```
public enum Compass {
    NORTH,
    EAST,
    SOUTH,
    WEST,
    NORTHEAST,
    SOUTHEAST,
    SOUTHWEST,
    NORTHWEST
}
```

这些值都是 static 和 final 的，就像常量一样。与类常量一样，它们可出现在语句、方法调用和其他代码中。下面是一个使用这个枚举的应用程序：

```
public class DirectionSetter {
    Compass current;
    public void setDirection(Compass dir) {
        current = dir;
    }

    public static void main(String[] arguments) {
        DirectionSetter app = new DirectionSetter();
        app.setDirection(Compass.WEST);
        System.out.println(app.current);
    }
}
```

这个应用程序将示例变量 current 设置为枚举 Compass 中的值 WEST，再输出这个变量的值，输出结果为文本 WEST。

相比于使用类常量，使用枚举的优点是，如果您使用了非法值，编译器将能够发现这种错误。调用方法 setDirection(Compass) 时，只能向它传递枚举 Compass 包含的值。

相反，对于接收 ConnectionAttributes 参数的方法，调用时可传入任何整数值。

枚举还有其他优点，它就像类一样，可以包含其自己的方法和变量。

每当需要一组固定的常量时，都可在枚举中定义它们。

8.5 总结

本章介绍了多种可用于 Java 程序中的数据结构。

- **位组**：一组开/关（布尔）值。
- **链表**：可动态地调整长度，并根据需要进行伸缩的数组。
- **栈**：一种后进先出的数据结构。
- **哈希映射**：使用独一无二的键存储和检索的对象。

这些数据结构位于 java.util 包中，该包中包含一组对处理数据、日期、字符串和其他信息很有帮助的类。新增的泛型和用于遍历的 for 循环改善了这些类的功能。

本章还简要地介绍了枚举，这是一种表示一系列相关常量的数据类型。

了解在 Java 中可使用何种方式组织数据对软件开发的方方面面都有帮助。无论您学习这种语言的目的是编写 servlet、桌面应用程序、移动应用还是其他东西，都需要使用各种方式来表示数据。

8.6　问与答

问：本章的 `HolidaySked` 项目也可以使用布尔数组来实现。这两种方式孰优孰劣呢？
答： 这取决于具体情况。使用数据结构时，您将发现，实现同一种目标的方式有很多。如果关心程序的大小，则位组优于布尔数组，因为前者占用的内存更少；如果关心的是程序的速度，则诸如布尔型等基本数据类型数组更佳，因为数组的速度要快些。就 `HolidaySked` 类而言，由于它很小，这种差别几乎可忽略不计，但当您开发健壮的真实世界的应用程序时，这种决策可能带来完全不同的结果。

问：Java 编译器对没有使用泛型的数据结构发出的警告是不祥的预兆。对于使用未经检查或不安全操作的类，发布它们绝非好主意。坚持使用旧代码或在数据结构中使用泛型是否还有其他原因？
答： 编译器有关安全性的新警告有些言过其实。多年来，Java 程序员一直在其类中使用链表、哈希映射和其他数据结构来创建能够可靠和安全运行的软件。不使用泛型意味着需要做更多的工作来确保程序不会因为错误的类被加入数据结构中而出现运行时错误。

更准确的说法是，使用泛型使数据结构更安全，而不能说以前的 Java 版本不安全。

我个人的经验是，编写新代码或重新组织和修改旧代码时使用泛型；对于能正确运行的旧代码，则不去修改它。

8.7　小测验

请回答下述问题，以复习本章介绍的内容。

8.7.1　问题

1. 下述哪种数据可被存储在哈希映射中？
   A. `String`
   B. `int`
   C. `String` 和 `int` 都可以
2. 创建一个链表，并在其中加入 3 个字符串（`"Tinker"`、`"Evers"`和`"Chance"`）后，调用方法 `removeElement("Evers")`。请问下述哪个 `ArrayList` 的方法调用将返回字符串`"Chance"`？
   A. `get(1)`
   B. `get(2)`
   C. `get("Chance")`
3. 下面哪个类实现了 `Map` 接口？
   A. `Stack`
   B. `HashMap`
   C. `Bitset`

8.7.2　答案

1. C。在以前的 Java 版本中，要将诸如 `int` 等基本数据类型存储到哈希映射中，必须使用对象（例如，对于整型，使用 `Integer` 对象）来表示它们的值。但现在情况并非如此：基本数据类型将通过自动封装功能自动转换为相应的对象类。

2. A。添加或移除元素后，链表中每个元素的索引值都将发生变化。删除"Evers"后，"Chance"将成为该链表的第二个元素，因此要获取它，应调用 get(1)。

3. B。HashMap 类实现了 Map 接口，与之类似的 Hashtable 类亦如此。

8.8　认证练习

下面的问题是 Java 认证考试中可能出现的问题，请回答该问题，不要查看本章的内容，也不要使用 Java 编译器对代码进行测试。

对于下述代码：

```
public class Recursion {
    public int dex = -1;

    public Recursion() {
        dex = getValue(17);
    }

    public int getValue(int dexValue) {
        if (dexValue > 100) {
            return dexValue;
        } else {
            return getValue(dexValue * 2);
        }
    }

    public static void main(String[] arguments) {
        Recursion r = new Recursion();
        System.out.println(r.dex);
    }
}
```

其输出结果为：

A. -1

B. 17

C. 34

D. 136

8.9　练习

为巩固本章介绍的知识，请尝试完成下面的练习。

1. 在 ComicBooks 应用程序中新增两种新旧程度：pristine mint（这种书的价格应为基价的 5 倍）和 coverless（这种书的价格应为基价的 1/10）。

2. 修改应用程序 ComicBooks，在其中使用枚举来表示连环画的新旧程度。

第 9 章
创建图形用户界面

　　图形用户界面（GUI）由文本框、滑块和滚动条等小部件组成，当今的计算机用户都希望软件有这样的界面。Java 类库包含 Swing，这是一系列的包，让 Java 程序能够提供 GUI 并接收来自键盘、鼠标和其他输入设备的用户输入。

　　在本章中，您将使用 Swing 来创建包含以下 GUI 组件的应用程序。

- **框架**：包含标题栏、菜单栏，以及最大化、最小化和关闭按钮的窗口。
- **容器**：可包含其他组件的界面元素。
- **按钮**：可单击的矩形区域，包含指出其用途的文本或图形。
- **标签**：提供信息的文本或图形。
- **文本框和文本区域**：接收单行或多行键盘输入的窗口。
- **下拉式列表**：可从下拉式菜单或滚动窗口中选择的一组相关项。
- **复选框和单选按钮**：小框或圆圈，可被选中或取消选中。
- **图标**：加入按钮、标签和其他组件中的图形。
- **可滚动的窗格**：用于放置用户界面容纳不下的组件，包含可用于查看全部组件的滚动条。

　　Swing 包含大量相关的类，开发项目时经常会用到 Java 类库，而使用这些包来创建应用程序图形用户界面是不错的做法。

9.1　创建应用程序

　　Swing 让您能够使用操作系统（如 Windows、Linux）风格或 Java 特有风格来创建 Java 程序的界面。这些风格被称为外观，因为它们描述了界面的外观及其组件的功能。

　　Java 提供了独特的外观 Nimbus，这是 Java 特有的。

　　Swing 组件位于 `javax.swing` 包中，这个包是 Java 类库中的标准组成部分。要通过 Swing 类的名称（无须指定包名）引用它们，必须用 `import` 语句导入该类或采用下面的方式导入整个包：

```
import javax.swing.*;
```

　　支持 GUI 编程的另外两个包是 `java.awt`（Abstract Windowing Toolkit，AWT）和 `java.awt.event`（处理用户输入的事件处理类）。

　　使用 Swing 组件时，实际操纵的是该组件类的对象。您可以通过调用构造函数来创建组件，然后调用相应的方法来正确地设置组件。

　　所有 Swing 组件都是抽象类 **JComponent** 的子类，后者包含用于设置组件大小、修改背景颜色、定义文本字体以及设置工具提示（用户将鼠标指针指向组件时显示的说明性文字）的方法。

Swing 类与 AWT 的很多超类相同，因此可以在同一个界面中同时使用 Swing 和 AWT 组件。然而，在有些情况下，这两种组件不能在容器中同时正确显示，因此最好只使用 Swing 组件——每个 AWT 组件都有相应的 Swing 版本。

组件必须被添加到容器（container）后，才能显示在用户界面上。容器是可以放置其他组件的组件。Swing 容器是 java.awt.Container 的子类，包含用于在容器中添加或删除组件、使用布局管理器来排列组件，以及设置容器边框的方法。通常可将容器放到其他容器中。

9.1.1 创建图形用户界面

要创建 Swing 应用程序，首先要创建一个表示主 GUI 的类。这个类的对象将用作容器，用于放置要显示的其他所有组件。

在很多项目中，主界面对象都是框架（javax.swing 包中的 JFrame 类）。框架是用户在计算机上启动应用程序时显示的窗口（无论该程序是使用哪种语言编写的）。框架包含如下元素：标题栏；最小化、最大化和关闭按钮；其他元素。

在诸如 Windows 或 macOS 等图形环境中，用户希望能够对程序窗口进行移动、改变大小、关闭等。创建图形 Java 应用程序的方式之一是，将界面声明为 JFrame 的子类，如下面的类声明所示：

```
public class FeedReader extends JFrame {
    // body of class
}
```

这个类的构造函数需完成下列几项工作。

- 使用 super()调用超类的构造函数，给框架指定标题并完成其他设置。
- 设置框架的大小，指定其宽度和高度（单位为像素）或通过 Swing 选择尺寸。
- 决定用户关闭窗口时怎么做。
- 显示框架。

JFrame 类包含简单的构造函数 JFrame()和 JFrame(String)，前者将框架的标题栏设置为空，后者将其设置为指定文本。也可以通过调用框架的 setTitle(String)方法来设置标题。

框架的大小可以通过调用 setSize(int, int)方法，并将宽度和高度作为参数来设置。框架大小的单位为像素，例如，调用 setSize(650, 550)将创建一个宽 650 像素、高 550 像素的框架。

也可以调用方法 setSize(Dimension)来设置框架的大小。Dimension 是 java.awt 包中的一个类，表示用户界面组件的宽度和高度。调用构造函数 Dimension(int, int)来创建一个 Dimension 对象，它表示参数指定的宽度和高度。

另一种设置框架大小的方式是，将框架要包含的组件加入其中，再调用框架的 pack()方法。这将根据框架包含的组件大小相应地调整框架的大小。如果框架过大，pack()就将其缩小到刚好能够显示其中的组件；如果框架过小（或没有设置大小），pack()就将其扩大到刚好能显示其中的组件。

框架刚创建时是不可见的，可以调用方法 show()就（不提供任何参数）或方法 setVisible(boolean)（将字面量 true 作为参数）来使之可见。

如果要在创建时显示框架，可在构造函数中调用上述两个方法之一。当然也可以让框架不可见，由使用该框架的类通过调用 setVisible(true)来显示它。您可能猜到了，要隐藏框架，可调用 setVisible(false)。

默认情况下，框架显示后将位于计算机桌面的左上角。可以通过调用方法 setBounds(int, int, int, int)来指定其他位置，该方法的前两个参数是框架左上角的(x, y)坐标，后两个参数是框架的宽度和高度。

另一种设置框架位置和大小的方式是，使用 `java.awt` 包中的 `Rectangle` 对象。为此，可首先使用构造函数 `Rectangle(int, int, int, int)`，其中前两个参数是左上角的(x, y)坐标，后两个参数是宽度和高度；然后调用 `setBounds(Rectangle)` 在指定位置绘制框架。

下面的类表示一个 300 × 100 的框架，其标题为"Edit Payroll:"

```
public class Payroll extends JFrame {
    public Payroll() {
        super("Edit Payroll");
        setSize(300, 100);
        setVisible(true);
    }
}
```

每个框架的标题栏上都有最大化、最小化和关闭按钮，您的系统中运行的其他软件界面上也有这样的控件。

使用框架时，需要注意一个可能出乎您意料的情况：框架关闭时，正常行为是让应用程序继续执行；如果框架是应用程序的主 GUI，这将导致用户无法终止程序。

要修改这种行为，必须调用框架的方法 `setDefaultCloseOperation(int)`，并将 `JFrame` 类的下述 4 个静态变量之一作为参数。

- `EXIT_ON_CLOSE`：框架关闭时退出程序。
- `DISPOSE_ON_CLOSE`：框架关闭时释放 Java 虚拟机内存中的框架对象，并继续运行应用程序。
- `DO_NOTHING_ON_CLOSE`：让框架打开并继续运行程序。
- `HIDE_ON_CLOSE`：关闭框架并继续运行程序。

`JFrame` 类实现了接口 WindowConstants，因此包含这些变量。要禁止用户关闭框架，可在其构造函数中添加如下语句：

```
setDefaultCloseOperation(JFrame.DO_NOTHING_ON_CLOSE);
```

如果创建的框架将用作应用程序的主用户界面，则其行为可能是 `EXIT_ON_CLOSE`：关闭框架，然后结束应用程序。

前面说过，使用 Java 编程时可定制用户界面的整体外观。Swing 的这方面由 `javax.swing` 包中的 `UIManager` 类管理。要设置外观，可调用类方法 `setLookAndFeel(String)`，并将外观类的名称作为参数。下面的代码演示了如何将外观指定为 Nimbus:

```
UIManager.setLookAndFeel(
    "javax.swing.plaf.nimbus.NimbusLookAndFeel"
    );
```

应将上述方法调用放在 `try-catch` 块内，因为它可能引发 5 种不同的异常。在不支持 Nimbus 的环境中，可捕获 `Exception` 异常并忽略它，这样将使用默认外观。

警告　　　`EXIT_ON_CLOSE` 关闭整个 JVM，因此只应在用作应用程序主窗口的框架中使用它。如果需要在关闭框架后执行其他操作，应使用 `DISPOSE_ON_CLOSE` 或 `HIDE_ON_CLOSE`。

9.1.2 开发框架

本章的第一个项目是一个这样的应用程序：显示一个不包含任何界面组件的框架。在 NetBeans 中，新建一个空 Java 文件，将其命名为 SimpleFrame 并放在 `com.java21days` 中，再输入程序清单 9.1

所示的源代码。这个简单的应用程序用于显示一个 300 像素 × 100 像素的框架。这个类可用作任何 GUI 应用程序的框架（framework）。

程序清单 9.1　完整的 SimpleFrame.java 源代码

```
 1: package com.java21days;
 2:
 3: import javax.swing.*;
 4:
 5: public class SimpleFrame extends JFrame {
 6:     public SimpleFrame() {
 7:         super("Frame Title");
 8:         setSize(300, 100);
 9:         setDefaultCloseOperation(JFrame.EXIT_ON_CLOSE);
10:         setVisible(true);
11:     }
12:
13:     private static void setLookAndFeel() {
14:         try {
15:             UIManager.setLookAndFeel(
16:                 "javax.swing.plaf.nimbus.NimbusLookAndFeel"
17:             );
18:         } catch (Exception exc) {
19:             // ignore error
20:         }
21:     }
22:
23:     public static void main(String[] arguments) {
24:         setLookAndFeel();
25:         SimpleFrame sf = new SimpleFrame();
26:     }
27: }
```

编译并运行该应用程序时，将看到图 9.1 所示的框架。

应用程序 SimpleFrame 没有太多需要说明的地方：除标题栏上的最大化、最小化和关闭按钮（见图 9.1）外，这个 GUI 没有包含其他组件。本章后面将加入其他组件。

图 9.1　显示框架

在第 23～26 行方法 main() 中创建了一个 SimpleFrame 对象。如果没有在构造函数中将框架显示出来，可以在方法 main() 中调用 sf.setVisible(true) 来显示。

第 15～17 行将框架的外观设置为 Nimbus。

创建框架的用户界面所涉及的工作是在构造函数 SimpleFrame()（第 6～11 行）中完成的。可在这个构造函数中创建组件，并将它们加入框架中。

9.1.3　创建组件

创建 GUI 是一种非常不错的获得 Java 对象使用经验的途径，因为每个界面组件都有对应的类。要使用界面组件，可以创建该组件类的一个对象，您已经使用过容器类 JFrame。

最容易使用的组件之一是 JButton，它表示可单击的按钮。

在所有程序中，按钮都将触发某种操作：单击"安装"按钮将开始安装软件；单击"运行"按钮将开始运行应用程序；单击最小化按钮可最小化应用程序界面等。

Swing 按钮可以有文本标签、图形图标或兼而有之。

您可使用以下按钮类的构造函数。

- JButton(String)：创建一个带指定的文本的按钮。
- JButton(Icon)：创建一个包含指定图标的按钮。
- JButton(String,Icon)：创建一个包含指定文本和图标的按钮。

下面的语句用于创建 3 个包含文本标签的按钮：

```
JButton play = new JButton("Play");
JButton stop = new JButton("Stop");
JButton rewind = new JButton("Rewind");
```

带图标的图形按钮将在本章后面介绍。

9.1.4 将组件加入容器

显示用户界面组件（如 Java 程序中的按钮）之前，必须将它加入容器，然后显示容器。

要将组件加入简单容器，可以调用容器的 add(Component) 方法，并将该组件作为参数（Swing 中的所有用户界面组件都是从 java.awt.Component 继承而来的）。

最简单的 Swing 容器是面板（JPanel 类）。下面的代码创建了一个按钮并将它加入面板：

```
JButton quit = new JButton("Quit");
JPanel panel = new JPanel();
panel.add(quit);
```

将组件加入框架和窗口的方法与此相同。

程序清单 9.2 所示的 ButtonFrame 类扩展了本章前面创建的应用程序框架，它创建了一个面板，将 3 个按钮加入面板，再将面板加入框架。请在 NetBeans 中新建一个空 Java 文件，将其命名为 ButtonFrame 并放在 com.java21days 包中，再输入程序清单 9.2 所示的源代码。

程序清单 9.2　完整的 ButtonFrame.java 源代码

```
 1: package com.java21days;
 2:
 3: import javax.swing.*;
 4:
 5: public class ButtonFrame extends JFrame {
 6:     JButton load = new JButton("Load");
 7:     JButton save = new JButton("Save");
 8:     JButton unsubscribe = new JButton("Unsubscribe");
 9:
10:     public ButtonFrame() {
11:         super("Button Frame");
12:         setSize(340, 170);
13:         setDefaultCloseOperation(JFrame.EXIT_ON_CLOSE);
14:         JPanel pane = new JPanel();
15:         pane.add(load);
16:         pane.add(save);
17:         pane.add(unsubscribe);
18:         add(pane);
19:         setVisible(true);
20:     }
21:
22:     private static void setLookAndFeel() {
23:         try {
24:             UIManager.setLookAndFeel(
25:                 "javax.swing.plaf.nimbus.NimbusLookAndFeel"
26:             );
27:         } catch (Exception exc) {
28:             System.out.println(exc.getMessage());
```

```
29:        }
30:    }
31:
32:    public static void main(String[] arguments) {
33:        setLookAndFeel();
34:        ButtonFrame bf = new ButtonFrame();
35:    }
36: }
```

运行该应用程序时,将显示一个包含 3 个按钮的框架,如图 9.2 所示。

ButtonFrame 类有 3 个实例变量:JButton 对象 load、save 和 unsubscribe。

第 14~17 行创建了一个新的 JPanel 对象,并调用其方法 add(Component)将 3 个按钮加入其中。将按钮加入面板后,第 18 行调用框架的方法 add(Component)并将面板作为参数,从而将面板加入框架。

图 9.2 应用程序 ButtonFrame

> **注意** 如果您此时单击这些按钮,不会有任何事情发生。第 12 章将介绍如何对用户单击按钮做出响应。

9.2 使用组件

除了按钮和前面介绍的容器外,Swing 还提供了 20 多个不同的用户界面组件。在本章余下的内容和第 10 章中,将介绍这些组件中的主要组件。

所有 Swing 组件都是从超类 javax.swing.JComponent 继承而来的,并从中继承了一些方法。

方法 setEnable(boolean)在参数为 true 时启用组件(使其能够接收用户输入),在参数为 false 时禁用组件(不能接收输入)。默认情况下,组件是被启用的。很多组件通过改变外观来指出它们当前是否可用。例如,JButton 被禁用时,其边框呈淡灰色文本呈灰色。要检查组件是否被启用,可调用方法 isEnabled(),该方法返回一个布尔值。

方法 setVisible(boolean)处理所有组件的方式与处理容器相同,即使用 true 来显示组件,使用 false 来隐藏它。另外,也可以使用布尔型方法 isVisible()来判断组件是否显示。

方法 setSize(int, int)将组件的宽度和高度设置为参数指定的值,setSize(Dimension)使用一个 Dimension 对象来完成同样的工作。对大多数组件而言,不必设置其大小——默认的设置通常是可行的。要获悉组件的大小,可调用方法 getSize(),它返回一个 Dimension 对象,该对象的实例变量 height 和 width 指出了组件的高度和宽度。

正如您将看到的,相似的 Swing 组件还有其他一些从超类那里继承的相同方法,如用于文本组件的 setText()和 getText()、用于存储数据的组件的 setValue()和 getValue()。

> **警告** 使用 Swing 组件时,一种常见的错误是将组件加入容器后再去设置其属性。将组件加入面板和其他容器之前,务必设置好组件的所有必要属性。

9.2.1 图标

Swing 支持在按钮和其他提供标签的组件上使用对象 ImageIcon。图标是一个小图片,可被放置在按钮、标签或其他用户界面元素上，以说明其用途。例如，垃圾桶和回收站图标用于删除文件，文件夹图标用于打开和存储文件等。

要创建 ImageIcon 对象，可调用其构造函数，并将图形文件名作为参数传递给它。下面的例子加载文件 subscribe.gif 中的图标，并创建了一个以该图标为标签的 JButton：

```
ImageIcon subscribe = new ImageIcon("subscribe.gif");
JButton button = new JButton(subscribe);
JPanel pane = new JPanel();
pane.add(button);
add(pane);
setVisible(true);
```

程序清单 9.3 所示的 Java 应用程序创建了 4 个带图标和文本标签的按钮，将这些按钮加入一个面板中，再将面板加入一个框架中。请在 NetBeans 中新建一个空 Java 文件，将其命名为 IconFrame 并放在 com.java21days 包中，再在源代码编辑器中输入程序清单 9.3 所示的源代码。

程序清单 9.3　完整的 IconFrame.java 源代码

```
 1: package com.java21days;
 2:
 3: import javax.swing.*;
 4:
 5: public class IconFrame extends JFrame {
 6:     JButton load, save, subscribe, unsubscribe;
 7:
 8:     public IconFrame() {
 9:         super("Icon Frame");
10:         setDefaultCloseOperation(JFrame.EXIT_ON_CLOSE);
11:         JPanel panel = new JPanel();
12:         // create icons
13:         ImageIcon loadIcon = new ImageIcon("load.gif");
14:         ImageIcon saveIcon = new ImageIcon("save.gif");
15:         ImageIcon subscribeIcon = new ImageIcon("subscribe.gif");
16:         ImageIcon unsubscribeIcon = new ImageIcon("unsubscribe.gif");
17:         // create buttons
18:         load = new JButton("Load", loadIcon);
19:         save = new JButton("Save", saveIcon);
20:         subscribe = new JButton("Subscribe", subscribeIcon);
21:         unsubscribe = new JButton("Unsubscribe", unsubscribeIcon);
22:         // add buttons to panel
23:         panel.add(load);
24:         panel.add(save);
25:         panel.add(subscribe);
26:         panel.add(unsubscribe);
27:         // add the panel to a frame
28:         add(panel);
29:         pack();
30:         setVisible(true);
31:     }
32:
33:     public static void main(String[] arguments) {
34:         IconFrame ike = new IconFrame();
35:     }
36: }
```

该程序的运行情况如图 9.3 所示。

图9.3 包含带图标的按钮的界面

在 NetBeans 中,必须将使用的图形加入项目中,这样应用程序才能正确运行。需要将图形存储到项目 Java21 的主文件夹中,本书一直使用该项目来存储创建的类。为此,可采取以下步骤。

(1)将图形下载到计算机的一个临时文件夹。

(2)单击标签 Files,这将显示 Files 选项卡,其中列出了项目中的文件,如图 9.4 所示。

(3)将下载的 4 个图形拖动到 Files 选项卡中的文件夹 Java21 中。

应用程序 IconFrame 没有设置框架的大小,而是在第 29 行调用方法 pack() 来扩展框架,使之刚好能够容纳 4 个按钮。

如果框架被设置为高度大于宽度,例如,在构造函数中调用 setSize(100, 400),按钮将垂直排列。

图9.4 将图形文件拖动到 NetBeans 的 Files 选项卡中

注意 该项目的有些图标来自 Oracle 的 Java Look and Feel 图形库——一个适合在您自己的程序中使用的图标集(如果您要找一些图标在 Swing 应用程序中试验)。

9.2.2 标签

标签是一种包含说明性文本、图标或两者都有的组件。可以使用类 JLabel 来创建标签,它通常用来说明界面上其他组件的用途,用户不能直接编辑。

要创建标签,可使用下述简单的构造函数。

- JLabel(String):带指定文本的标签。
- JLabel(String, int):带指定文本和对齐方式的标签。
- JLabel(String, Icon, int):带指定的文本、图标和对齐方式的标签。

标签的对齐方式决定了其文本和图标同窗口占据区域的对齐关系。SwingConstants 接口的 3 个静态类变量用于指定对齐方式:LEFT、CENTER 和 RIGHT。

标签的内容可以使用方法 setText(String)或 setIcon(Icon)来设置,还可以使用方法 getText()和 getIcon()来获取这些内容。

下面的语句创建了 3 个标签,它们的对齐方式分别是左对齐、居中和右对齐:

```java
JLabel feedsLabel = new JLabel("Feeds: ", SwingConstants.LEFT);
JLabel urlLabel = new JLabel("URL: ", SwingConstants.CENTER);
JLabel dateLabel = new JLabel("Date: ", SwingConstants.RIGHT);
```

9.2.3 文本框

文本框是界面上的一片区域,用户可以通过键盘输入、修改其中的内容。文本框是用类 JTextField 来表示的,能够处理一行输入。9.2.4 节将介绍文本区域,它能够处理多行输入。

文本框的构造函数包括以下 3 项。

- JTextField()：空文本框。
- JTextField(int)：指定宽度的文本框。
- JTextField(String,int)：指定宽度且包含指定字符串的文本框。

仅当组织界面时不修改组件的大小，文本框的宽度属性才适用。第 11 章介绍布局管理器时，您将对此有更深入的了解。

下面的语句创建两个能够容纳大约 60 个字符的文本框，但前一个文本框为空，而后一个的内容为"Enter feed URL here"：

```
JTextField rssUrl = new JTextField(60);
JTextField rssUrl2 = new JTextField("Enter feed URL here", 60);
```

文本框和文本区域都是从超类 JTextComponent 继承而来的，因此它们有很多相同的方法。

方法 setEditable(boolean)指定文本组件可编辑（参数为 true 时）还是不可编辑（参数为 false 时），而方法 isEditable()返回相应的布尔值。

方法 setText(string)将文本修改为指定的字符串；方法 getText()将当前的文本作为字符串返回；方法 getSelectedText()返回被选中的文本。

密码框（password field）也是一个文本框，用于将用户输入的字符隐藏起来。密码框通常由类 JPasswordField 表示，这是 JTextField 的一个子类。JPasswordField 类的构造函数接收的参数与其父类的构造函数相同。

创建了密码框后，可调用方法 setEchoChar(char)来使用指定的字符隐藏输入。

下面的语句创建了一个密码框，并将其回显字符设置为#：

```
JPasswordField codePhrase = new JPasswordField(20);
codePhrase.setEchoChar('#');
```

9.2.4 文本区域

文本区域（text area）是能够处理多行输入的可编辑文本框，由类 JTextArea 实现。这个类包含如下构造函数。

- JTextArea (int, int)：行数和列数为指定值的文本区域。
- JTextArea (String, int, int)：行数和列数为指定值，且包含指定文本的文本区域。

与文本框一样，也可以调用方法 getText()、getSelectedText()和 setText(String)。另外，方法 append(String)将指定的文本添加到当前文本的末尾，方法 insert(String, int)将指定的文本插入指定的位置。

方法 setLineWrap(boolean)指定文本在达到组件边界时是否自动换行，如果参数为 true，将自动换行。

方法 setWrapStyleWord(boolean)指定如何换行：是将当前单词（参数为 true 时）还是当前字符（参数为 false 时）换到下一行。

程序清单 9.4 所示的应用程序 Authenticator 使用了几个 Swing 组件来收集用户输入：一个文本框、一个密码框和一个文本区域，并使用标签来指明每个组件的用途。请在 NetBeans 中新建一个空 Java 文件，将其命名为 Authenticator 并放在 com.java21days 包中，再输入程序清单 9.4 所示的源代码。

程序清单 9.4 完整的 Authenticator.java 源代码

```
1: package com.java21days;
2:
3: import javax.swing.*;
```

```
 4:
 5: public class Authenticator extends javax.swing.JFrame {
 6:     JTextField username = new JTextField(15);
 7:     JPasswordField password = new JPasswordField(15);
 8:     JTextArea comments = new JTextArea(4, 15);
 9:     JButton ok = new JButton("OK");
10:     JButton cancel = new JButton("Cancel");
11:
12:     public Authenticator() {
13:         super("Account Information");
14:         setSize(300, 220);
15:         setDefaultCloseOperation(JFrame.EXIT_ON_CLOSE);
16:
17:         JPanel pane = new JPanel();
18:         JLabel usernameLabel = new JLabel("Username: ");
19:         JLabel passwordLabel = new JLabel("Password: ");
20:         JLabel commentsLabel = new JLabel("Comments: ");
21:         comments.setLineWrap(true);
22:         comments.setWrapStyleWord(true);
23:         pane.add(usernameLabel);
24:         pane.add(username);
25:         pane.add(passwordLabel);
26:         pane.add(password);
27:         pane.add(commentsLabel);
28:         pane.add(comments);
29:         pane.add(ok);
30:         pane.add(cancel);
31:         add(pane);
32:         setVisible(true);
33:     }
34:
35:     private static void setLookAndFeel() {
36:         try {
37:             UIManager.setLookAndFeel(
38:                 "javax.swing.plaf.nimbus.NimbusLookAndFeel"
39:             );
40:         } catch (Exception exc) {
41:             System.out.println(exc.getMessage());
42:         }
43:     }
44:
45:     public static void main(String[] arguments) {
46:         Authenticator.setLookAndFeel();
47:         Authenticator auth = new Authenticator();
48:     }
49: }
```

在这个应用程序中，第 17～20 行设置组件并将其加入面板中。图 9.5 显示了该程序的运行情况，使用星号屏蔽了密码。如果调用文本框的 `setEchoChar(char)` 方法时没有指定回显字符，将默认使用星号。

这个应用程序中的文本区域的行为可能与您预期的不同。到达区域底部后，如果用户继续输入文本，文本区域将增大以提供更大的输入空间（甚至能越过框架的下边缘）。下一节将介绍如何添加滚动条，以防止文本区域改变大小。

图 9.5　应用程序 Authenticator

9.2.5　可滚动窗格

Swing 中的文本区域不包含水平滚动条或垂直滚动条，单独使用这种组件时，无法加入水平滚动条和垂直滚动条。

Swing 通过一种容器——JScrollPane——来支持滚动条，它可用来放置任何可滚动的组件。

在可滚动窗格的构造函数中，可以将其与组件关联起来。可以使用下述构造函数。

- JScrollPane(Component)：包含指定组件的可滚动窗格。
- JScrollPane(Component,int,int)：包含指定组件，并带垂直滚动条和水平滚动条的可滚动窗格。

要配置滚动条，可使用接口 ScrollPaneConstants 的 6 个静态类变量之一。对于垂直滚动条，可以使用下述 3 个变量之一。

- VERTICAL_SCROLLBAR_ALWAYS。
- VERTICAL_SCROLLBAR_AS_NEEDED。
- VERTICAL_SCROLLBAR_NEVER。

对于水平滚动条，也有 3 个类似的变量，它们的名称与您预期的相同。

创建包含组件的可滚动窗格后，就可将该窗格（而不是其中的组件）加入容器了。

下面的例子创建了一个文本区域（它带垂直滚动条，但没有水平滚动条），再将它加入一个窗格中：

```
JPanel pane = new JPanel();
JTextArea comments = new JTextArea(4, 15);
JScrollPane scroll = new JScrollPane(comments,
    ScrollPaneConstants.VERTICAL_SCROLLBAR_ALWAYS,
    ScrollPaneConstants.HORIZONTAL_SCROLLBAR_NEVER);
pane.add(scroll);
add(pane);
```

注意	本书的配套网站提供了一个使用上述代码的完整应用程序：Authenticator2。要找到它，请访问本书的配套网站，再依次单击链接 09 和 Authenticator2.java。

9.2.6　复选框和单选按钮

复选框和单选按钮都只有两个可能的取值：选中或没有选中。

复选框通常用于进行简单的是/否或开/关选择。单选按钮被组合在一起，这样每次只能选择其中的一个。

复选框（JCheckBox 类）是带标签或不带标签的框，选中时框中有一个复选标记，否则为空。单选按钮（JRadioButton 类）是一个圆圈，选中时有一个圆点，否则为空。

JCheckBox 和 JRadioButton 类从其超类 JToggleButton 那里继承了一些很有用的方法。

- setSelected(boolean)：如果参数为 true，则选中组件，否则不选中。
- isSelected()：返回一个布尔值，指出组件当前是否被选中。

类 JCheckBox 包含下述构造函数。

- JCheckBox(String)：带指定文本标签的复选框。
- JCheckBox(String, boolean)：带指定文本标签的复选框，如果第二个参数为 true，则被选中。
- JCheckBox(Icon)：带指定图标标签的复选框。
- JCheckBox(Icon, boolean)：带指定图标标签的复选框，如果第二个参数为 true，则被选中。
- JCheckBox(String, Icon)：带指定文本标签和图标标签的复选框。
- JCheckBox(String, Icon, boolean)：带指定文本标签和图标标签的复选框，如果第三个参数为 true，则被选中。

类 **JRadioButton** 也包含接收同样参数并具备相同功能的构造函数。

复选框通常是非互斥的,即如果一个容器中有 5 个复选框,5 个都可以同时被选中或不被选中。而单选按钮通常是互斥的,为此,必须将相关的组件分组。

要将多个单选按钮组织成一组,只允许每次选中其中一个,可以创建一个 **ButtonGroup** 对象,如下面的语句所示:

```
ButtonGroup choice = new ButtonGroup();
```

对象 **ButtonGroup** 跟踪组中所有单选按钮,可以调用方法 **add(Component)** 将指定的组件加入组中。

下面的例子创建了一个组,其中包含两个单选按钮:

```
ButtonGroup saveFormat = new ButtonGroup();
JRadioButton s1 = new JRadioButton("JSON", false);
saveFormat.add(s1);
JRadioButton s2 = new JRadioButton("XML", true);
saveFormat.add(s2);
```

上述语句中的对象 **saveFormat** 用于将单选按钮 **s1** 和 **s2** 组织在一起,带标签"XML"的对象 **s2** 被选中。一次只能有一个成员被选中,即如果一个组件被选中,对象 **ButtonGroup** 将确保组内的其他组件不被选中。

下面创建一个应用程序,它将 4 个单选按钮组织成一组。为此,在 NetBeans 中新建一个空 Java 文件,将其命名为 FormatFrame 并放在 com.java21days 包中,再输入程序清单 9.5 所示的源代码。

程序清单 9.5　完整的 FormatFrame.java 源代码

```
 1: package com.java21days;
 2:
 3: import javax.swing.*;
 4:
 5: public class FormatFrame extends JFrame {
 6:     JRadioButton[] teams = new JRadioButton[4];
 7:
 8:     public FormatFrame() {
 9:         super("Choose an Output Format");
10:         setSize(320, 120);
11:         setDefaultCloseOperation(JFrame.EXIT_ON_CLOSE);
12:         teams[0] = new JRadioButton("Atom");
13:         teams[1] = new JRadioButton("RSS 0.92");
14:         teams[2] = new JRadioButton("RSS 1.0");
15:         teams[3] = new JRadioButton("RSS 2.0", true);
16:         JPanel panel = new JPanel();
17:         JLabel chooseLabel = new JLabel(
18:             "Choose an output format for syndicated news items.");
19:         panel.add(chooseLabel);
20:         ButtonGroup group = new ButtonGroup();
21:         for (JRadioButton team : teams) {
22:             group.add(team);
23:             panel.add(team);
24:         }
25:         add(panel);
26:         setVisible(true);
27:     }
28:
29:     private static void setLookAndFeel() {
30:         try {
31:             UIManager.setLookAndFeel(
32:                 "com.sun.java.swing.plaf.nimbus.NimbusLookAndFeel"
```

```
33:                );
34:         } catch (Exception exc) {
35:             System.out.println(exc.getMessage());
36:         }
37:     }
38:
39:     public static void main(String[] arguments) {
40:         FormatFrame.setLookAndFeel();
41:         FormatFrame ff = new FormatFrame();
42:     }
43: }
```

图 9.6 显示了该应用程序运行的情况。第 12~15 行将 4 个 JRadioButton 对象存储在一个数组中，第 21~24 行的 **for** 循环首先将每个元素加入按钮组中，再将按钮组加入面板中。循环结束后，将面板加入了框架中。

选中其他单选按钮后，原来被选中的单选按钮将不再被选中。

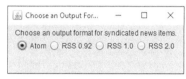

图 9.6 应用程序 FormatFrame

9.2.7 组合框

Swing 类 JcomboBox 可用于创建组合框：提供一个下拉式菜单，用户可以从中选择一项。当这种组合框未被使用时，菜单被隐藏，这样它在 GUI 中占用的空间更小。

要创建组合框，可调用构造函数 **JComboBox()** 且不提供任何参数，再调用组合框的方法 **addItem(Object)** 在列表中添加选项。

另一种创建组合框的方式是，调用构造函数 **JComboBox(Object[])**，并提供一个包含列表项的数组作为参数。如果列表项为文本，则提供的参数将是一个 **String** 数组。

在组合框中，用户只能选择下拉式菜单中的一项。调用方法 **setEditable()**，并提供参数 **true**，可使组合框支持输入文本。组合框因这种特性而得名——提供了下拉菜单和文本框。

类 JComboBox 有几个可用于控制下拉列表或组合框的方法。

- **getItemAt(int)**：返回位于整数参数指定的索引位置的选项文本。与数组一样，选择列表第一项的索引为 0，第二项为 1，以此类推。
- **getItemCount()**：返回列表中的选项数目。
- **getSelectedIndex()**：返回当前选项的索引。
- **getSelectedItem()**：返回当前选项的文本。
- **setSelectedIndex(int)**：选中索引指定的选项。
- **setSelectedIndex(Object)**：选中指定的对象。

程序清单 9.6 所示的应用程序 FormatFrame2 修改了前一个示例程序，它使用不可编辑的组合框，让用户能够选择 4 个选项之一。

程序清单 9.6　完整的 FormatFrame2.java 源代码

```
1: package com.java21days;
2:
3: import javax.swing.*;
4:
5: public class FormatFrame2 extends JFrame {
6:     String[] formats = { "Atom", "RSS 0.92", "RSS 1.0", "RSS 2.0" };
7:     JComboBox<String> formatBox = new JComboBox<>(formats);
8:
9:     public FormatFrame2() {
10:         super("Choose a Format");
```

```
11:        setSize(220, 150);
12:        setDefaultCloseOperation(JFrame.EXIT_ON_CLOSE);
13:        JPanel pane = new JPanel();
14:        JLabel formatLabel = new JLabel("Output formats:");
15:        pane.add(formatLabel);
16:        pane.add(formatBox);
17:        add(pane);
18:        setVisible(true);
19:    }
20:
21:    private static void setLookAndFeel() {
22:        try {
23:            UIManager.setLookAndFeel(
24:                "com.sun.java.swing.plaf.nimbus.NimbusLookAndFeel"
25:            );
26:        } catch (Exception exc) {
27:            System.out.println(exc.getMessage());
28:        }
29:    }
30:
31:    public static void main(String[] arguments) {
32:        FormatFrame2.setLookAndFeel();
33:        FormatFrame2 ff = new FormatFrame2();
34:    }
35: }
```

第 6 行定义了一个字符串数组，第 7 行调用组合框构造函数时，使用了这些字符串来指定可供用户选择的值。构造函数 **JComboBox** 使用泛型指出可供用户选择的值为字符串。图 9.7 显示了该应用程序运行时，组合框被打开，以便用户能够选择其中的一个值。

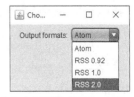

图 9.7　应用程序 FormatFrame2

9.2.8　列表

本章介绍的最后一个 **String** 组件与组合框类似。列表是用类 **JList** 表示的，它让用户能够选择一个或多个值。

创建列表时，可以使用数组或向量（一种类似于链表的数据结构）的内容来填充。可用的构造函数如下所述。

- **JList()**：创建一个空列表。
- **JList(Object[])**：创建一个列表，其内容为指定类（如 **String**）的数组。
- **JList(Vector)**：创建一个列表，其内容为指定类的 **java.util.Vector** 对象。

对于空列表，可以调用其 **setListData()** 方法来填充，该方法接收一个参数——数组或向量。

不同于组合框，列表出现在用户界面中时，将显示其内容中的多项，默认显示 8 项。要修改这种设置，可调用方法 **setVisibleRowCount(int)**，并将要显示的项数作为参数。

方法 **getSelectedValuesList()** 返回一个对象列表，其中包含列表中所有被选中的项。可将该对象列表转换为 **ArrayList**。

调用 **JList** 时，还可使用泛型来指出列表包含的数组中的对象所属的类。

程序清单 9.7 所示的应用程序 Subscriptions（它包含在 **com.java21days** 包中）用于显示一个字符串数组中的元素。

程序清单 9.7   完整的 Subscriptions.java 源代码

```
 1: package com.java21days;
 2:
 3: import javax.swing.*;
 4:
 5: public class Subscriptions extends JFrame {
 6:     String[] subs = { "Burningbird", "Freeform Goodness", "Inessential",
 7:         "Manton.org", "Micro Thoughts", "Rasterweb", "Self Made Minds",
 8:         "Whole Lotta Nothing", "Workbench" };
 9:     JList<String> subList = new JList<>(subs);
10:
11:     public Subscriptions() {
12:         super("Subscriptions");
13:         setSize(150, 335);
14:         setDefaultCloseOperation(JFrame.EXIT_ON_CLOSE);
15:         JPanel panel = new JPanel();
16:         JLabel subLabel = new JLabel("RSS Subscriptions:");
17:         panel.add(subLabel);
18:         subList.setVisibleRowCount(8);
19:         JScrollPane scroller = new JScrollPane(subList);
20:         panel.add(scroller);
21:         add(panel);
22:         setVisible(true);
23:     }
24:
25:     private static void setLookAndFeel() {
26:         try {
27:             UIManager.setLookAndFeel(
28:                 "javax.swing.plaf.nimbus.NimbusLookAndFeel"
29:             );
30:         } catch (Exception exc) {
31:             System.out.println(exc.getMessage());
32:         }
33:     }
34:
35:     public static void main(String[] arguments) {
36:         Subscriptions.setLookAndFeel();
37:         Subscriptions app = new Subscriptions();
38:     }
39: }
```

图 9.8 所示为该程序的运行情况。在该应用程序的界面中，有一个包含 9 个列表项的列表，列表的上面是一个标签。第 **19~20** 行使用了一个 **JScrollPane**，让用户能够滚动列表，以便看到最后一个列表项（如果不这样做，用户将看不到这个列表项）。**JScrollPane** 是一种容器，包含滚动条，从而避免其内容在用户界面中占据太多的空间。

图 9.8 应用程序 Subscriptions

9.3 Java 类库

本书的第一部分致力于介绍 Java 语言的基本组成部分，包括语句、表达式和运算符，还介绍了面向对象编程组件，如方法、构造函数、类和接口。

第二部分介绍如何使用 Java 类库来创建应用程序。作为程序员，只要您善于查找，就会发现有人替您做了很多工作。

Java 类库包含 4400 多个类，其中很多类都对您编写程序大有帮助。

注意	还有第三方开发的 Java 类库。Apache 有 10 多个 Java 开源项目，其中的 HttpComponents 包含一系列用于创建 Web 服务器、客户端和爬虫程序的类。要查找有用的 Java 类库，可前往 Maven Central Repository。

Oracle 在网上提供了详尽的 Java 类库文档，如图 9.9 所示。

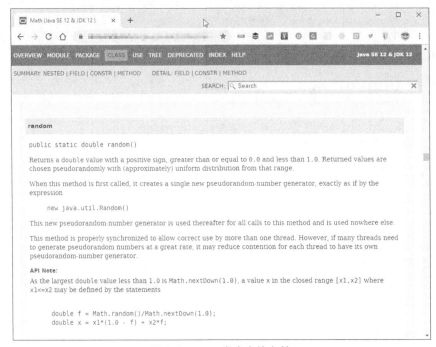

图 9.9   Java 类库在线文档

这个主页分为多个部分，其中最大的部分列出了 Java 类库中所有的包，并对每个包都进行了描述。包名指出了其用途，例如，java.io 包含用于通过文件、Internet 服务器和其他数据源进行输入输出的类；而 java.time 包含用于操作时间和日期的类。单击包名将显示这个包中所有的类。

Java 类库中的每个类都有独立的文档页面。要了解如何使用这些参考资料，请执行以下步骤。

1. 在浏览器中，打开 Oracle Help Center 页面，在其中输入 java.base 进行搜索。
2. 单击链接 java.base。
3. 单击链接 java.lang，打开这个包的文档页面。
4. 向下滚动以找到 Math 类，并单击相应的链接，打开这个类的文档页面。
5. 找到方法 random() 并单击相应的链接，跳转到文档页面的相应部分。

Math 类的文档页面描述了这个类的用途及其所属的包。通过阅读类的文档页面，可知道如何创建其对象，并知道这个类包含哪些变量和方法。

Math 类包含一些在 Java 应用程序中常用的方法，它们扩展了 Java 的数学计算功能。其中一个是 random() 方法，用于生成一个 0.0～1.0 的随机 double 类型的值。下面的语句使用了这个方法：

```
double d100 = Math.random() * 100;
```

方法 random() 生成一个 0.0～1.0（不包含 1.0）的随机值。这是一个浮点数，因此需要将其存储在 float 或 double 变量中。

将这个随机值乘以 100 后，结果为 0～100（不包含 100）。

下面的语句将一个数字向下取整为最相近的整数，再加 1：

```
d100 = Math.floor(roll) + 1;
```

这条语句使用了 Math 类的另一个方法——floor()，它将浮点数向下取整为最相近的整数。因此，如果 roll 的值为 47.52，取整的结果将为 47，再加上 1，则 d100 的值为 48。

如果没有 Math 类，您就得自己创建生成随机数的类，这是一项极其复杂的任务。

通过浏览 Java 类库文档，可找到合适的类，从而为您节省大量的时间。

鉴于您是 Java 新手，很可能发现有些文档难以理解，因为它是为经验丰富的程序员编写的。然而，在阅读本书的过程中，您可能会遇到一些感兴趣的 Java 类，此时可通过阅读 Java 类库文档更深入地了解它们。一种不错的做法是，先研究类的方法（它们各司其职），了解它们都接收什么样的参数和返回什么样的值。

在接下来的 5 章中，学习 Swing 用户界面组件和类时，请务必查看其官方文档页面。这些组件和类还有很多本书未介绍的方法。

9.4 总结

本章首先介绍了 Swing 包，其中的类让您能够在 Java 程序中设计 GUI。

您使用了十几个类，创建了诸如按钮、标签和文本框等界面组件。您将这些组件都加入了容器（包括面板、框架、窗口）。

GUI 编程工作可能很复杂，Swing 是最大的包，新的 Java 程序员必须使用其中的类。然而，通过使用诸如文本区域和文本框等组件，您知道 Swing 组件有很多共同的超类，这使您能够将所学的知识用于其他新的组件、容器，以及接下来的几章将介绍的其他 Swing 编程领域。

9.5 问与答

问：可以修改按钮或其他组件上的文本的字体吗？

答：类 JComponent 包含一个 setFont(Font) 方法，可用于设置组件显示的文本的字体。第 13 章将介绍 Font 对象、颜色和图形。

9.6 小测验

请回答下述 3 个问题，以复习本章介绍的内容。

9.6.1 问题

1. 下面哪个用户界面组件不是容器？
   A. JScrollPane
   B. JTextArea
   C. JPanel
2. 下面哪种组件可加入滚动窗格中？
   A. JTextArea
   B. JTextField
   C. 任何组件都可以
3. 如果对应用程序的主框架使用 setSize() 方法，它将出现在桌面的什么地方？

   A. 桌面中央

   B. 上个应用程序出现的地方

   C. 桌面的左上角

9.6.2 答案

1. B。为支持滚动，JTextArea 需要一个容器，但它本身并非容器。

2. C。任何组件都可加入滚动窗格中，但大多数组件不需要滚动。

3. C。调用 setSize() 方法不会影响框架在桌面上的位置，要设置框架的位置，必须调用 setBounds() 方法，而不是 setSize()。

9.7 认证练习

下面的问题是 Java 认证考试中可能出现的问题，请回答该问题，不要查看本章的内容或使用 Java 编译器对代码进行测试。

对于下面的代码：

```java
import javax.swing.*;

public class Display extends JFrame {
    public Display() {
        super("Display");
        // answer goes here
        JLabel hello = new JLabel("Hello");
        JPanel pane = new JPanel();
        add(hello);
        pack();
        setVisible(true);
    }
    public static void main(String[] arguments) {
        Display ds = new Display();
    }
}
```

要使应用程序正常运行，应将 //answer goes here 替换为下面的哪条语句？

A. setSize(300, 200);

B. setDefaultCloseOperation(JFrame.EXIT_ON_CLOSE);

C. Display ds = new Display();

D. 不需要替换任何语句

9.8 练习

为巩固本章介绍的知识，请尝试完成下面的练习。

1. 创建一个带框架的应用程序，其中包含几个 DVR 控件：播放、停止/弹出、倒带、快进和暂停。设置窗口的大小，使所有组件都显示在同一行中。

2. 创建一个框架，其中包含让用户输入用户名和密码的文本框。

第10章
创建界面

虽然可在命令行（如 Linux Shell 或 Windows 命令提示符）下操作计算机，但大多数计算机用户希望软件有图形用户界面（GUI），以方便通过鼠标和键盘进行输入。

对初级开发人员来说，编写 GUI 软件是一项具有挑战性的任务，但正如前一章所介绍的，Java 使用 Swing 简化了这项工作。

Swing 提供了以下特性。

- 常见的用户界面组件：按钮、文本框、文本区域、标签、复选框、单选按钮、滚动条、列表、菜单项和滑块。
- 容器：用于放置其他组件（包括其他容器）的界面组件，包括框架、面板、窗口、菜单、菜单栏和选项卡式窗格（tabbed pane）。

10.1 Swing 的特性

本书前面介绍的大多数组件和容器是部分 AWT 类的 Swing 版本，AWT 是最初的 Java GUI 编程包。Swing 提供了很多全新的特性，包括快捷键、工具提示和标准对话框。

10.1.1 标准对话框

JOptionPane 类提供了几个可用于创建标准对话框的方法。标准对话框是一个小窗口，用于询问问题、向用户发出警告或提供重要的消息，如图 10.1 所示。

您肯定见到过这样的对话框。当系统崩溃时，将出现一个对话框，并发布相关消息；当您删除文件时，将出现一个对话框，确认您是否真的要这样做。

对话框提供了与用户交流的有效途径，您无须创建新

图 10.1 标准对话框

的类来表示这些窗口，不用添加组件，也不用编写事件处理方法来接收输入。所有这些任务都可使用 JOptionPane 类提供的标准对话框来完成。

4 个标准对话框类如下所述。

- 确认对话框：询问问题，包含用于进行 Yes、No 和 Cancel 等响应的按钮。
- 输入对话框：提示用户输入文本。
- 消息对话框：显示消息。
- 选项对话框：包含上面 3 种对话框。

在 JOptionPane 类中，有创建每种对话框的方法。

1. 确认对话框

要创建确认对话框，最简单的方式是调用 showConfirmDialog(Component, Object)方法。第一个参数 Component 指出了包含对话框的容器，确定对话框窗口应显示在屏幕的什么位置。如果为 null 或指定的容器不是 JFrame 对象，对话框将显示在屏幕中央。

第二个参数 Object 可以是字符串、组件或 Icon 对象。如果是一个字符串，其中的文本将被显示在对话框中；如果是一个组件或 Icon，则将显示该对象（而不是文本消息）。

方法 showConfirmDialog()返回下列 5 个可能的整数值之一（它们都是 JOptionPane 中的类常量）：YES_OPTION、NO_OPTION、CANCEL_OPTION、OK_OPTION 和 CLOSED_OPTION。

下面的例子使用了一个包含一条文本消息的确认对话框（参见图 10.1），并将响应存储在变量 response 中：

```
int response = JOptionPane.showConfirmDialog(null,
    "Should I delete all of your irreplaceable personal files?");
```

方法 showConfirmDialog(Component, Object, String, int, int)提供了更多的确认对话框选项。前两个参数与 showConfirmDialog(Component, Object)方法的参数相同，后 3 个参数如下所述。

- String：将显示在对话框标题栏中的字符串。
- int：一个整数，指出将显示哪些选项按钮，应为类常量 YES_NO_CANCEL_OPTION 或 YES_NO_OPTION。
- int：一个描述对话框类型的整数，值为类变量 ERROR_MESSAGE、INFORMATION_MESSAGE、PLAIN_MESSAGE、QUESTION_MESSAGE 或 WARNING_MESSAGE。该参数决定了除消息外，对话框中还应有哪种图标。

例如：

```
int response = JOptionPane.showConfirmDialog(null,
    "Error reading file. Want to try again?",
    "File Input Error",
    JOptionPane.YES_NO_OPTION,
    JOptionPane.ERROR_MESSAGE);
```

图 10.2 显示了上述代码生成的对话框。

2. 输入对话框

输入对话框用于提示用户输入文本，并使用文本框来存储用户的响应，如图 10.3 所示。

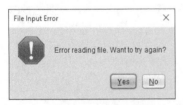

图 10.2　包含按钮 Yes 和 No 的确认对话框

图 10.3　输入对话框

要创建输入对话框，最简单的方式是调用方法 showInputDialog(Component, Object)。其中的参数分别是父组件和要在对话框中显示的字符串、组件或图标。

该方法返回一个表示用户响应的字符串。下面的语句用于创建图 10.3 所示的输入对话框：

```
String response = JOptionPane.showInputDialog(null,
    "Enter your name:");
```

也可以使用方法 showInputDialog(Component, Object, String, int)来创建输入对话框。其中前两个参数与 showInputDialog(Component, Object)方法的参数相同，后两个参数的含义如下所述。

- String：对话框标题栏上的标题。
- int：描述对话框类型的 5 个类常量之一：ERROR_MESSAGE、INFORMATION_MESSAGE、PLAIN_MESSAGE、QUESTION_MESSAGE 或 WARNING_MESSAGE。

下面的语句使用该方法创建了一个输入对话框：

```
String response = JOptionPane.showInputDialog(null,
    "What is your ZIP code?",
    "Enter ZIP Code",
    JOptionPane.QUESTION_MESSAGE);
```

3. 消息对话框

消息对话框是一个用于显示信息的简单窗口，如图 10.4 所示。

消息对话框可使用方法 showMessageDialog(Component, Object)来创建。与其他对话框一样，这些参数分别是父组件和要显示的字符串、组件或图标。

图 10.4　消息对话框

与其他对话框不同，消息对话框并不返回任何响应值。下面的语句创建了一个如图 10.4 所示的消息对话框：

```
JOptionPane.showMessageDialog(null,
    "The program has been uninstalled.");
```

也可以使用方法 showMessageDialog(Component, Object, String, int)来创建消息对话框，其用法与方法 showInputDialog(Component, Object, String, in)完全相同，参数也一样，只是 showMessageDialog(Component, Object, String, in)不返回任何值。

下面的语句使用该方法创建了一个消息对话框：

```
JOptionPane.showMessageDialog(null,
    "An asteroid has destroyed the Earth.",
    "Asteroid Destruction Alert",
    JOptionPane.WARNING_MESSAGE);
```

4. 选项对话框

最复杂的对话框是选项对话框，它融其他所有对话框的特性于一体。选项对话框可使用方法 showOptionDialog(Component, Object, String, int, int, Icon, Object[], Object)来创建。

其中各个参数的含义如下。

- Component：对话框的父组件。
- Object：要显示的文本、图标或组件。
- String：要在标题栏中显示的字符串。
- int：选项对话框类型，值为类常量 YES_NO_OPTION 或 YES_NO_CANCEL_OPTION，如果要使用其他按钮，则为字面量 0。
- int：要显示的图标，值为类常量 ERROR_MESSAGE、INFORMATION_MESSAGE、PLAIN_MESSAGE、QUESTION_MESSAGE 或 WARNING_MESSAGE，如果要使用其他按钮，则为字面量 0。
- Icon：要显示的 Icon 对象，它将替换前一个参数指定的图标。

- Object[]: 一个对象数组，存储了表示对话框中选项的组件和其他对象，该参数出现在第 4 个参数的值不为 YES_NO_OPTION 或 YES_NO_CANCEL_OPTION 时。
- Object: 没有使用 YES_NO_OPTION 或 YES_NO_CANCEL_OPTION 时，表示默认选项的对象。

最后两个参数让您能够定制对话框。您可以创建一个字符串数组，用于存储每个按钮上的文本。下面的例子创建了一个选项对话框，它使用一个 String 对象数组作为对话框中的选项，并将元素 osPreference[2]用作默认项：

```
String[] osPreference = {
    "Windows",
    "Mac OS",
    "Linux"
};
int response = JOptionPane.showOptionDialog(null,
    "What is your favorite OS?",
    "Operating System",
    0,
    JOptionPane.INFORMATION_MESSAGE,
    null,
    osPreference,
    osPreference[2]);
System.out.println("You chose " + osPreference[response]);
```

图 10.5 显示了上述代码生成的对话框。

图 10.5 选项对话框

10.1.2 使用对话框

下面的应用程序用于显示一系列的对话框。com.java21days 包中的应用程序 FeedInfo 使用对话框从用户那里获取信息，然后将这些信息放在应用程序主窗口的文本框中。

请输入程序清单 10.1 所示的源代码并保存。

程序清单 10.1 完整的 FeedInfo.java 源代码

```
 1: package com.java21days;
 2:
 3: import java.awt.GridLayout;
 4: import java.awt.event.*;
 5: import javax.swing.*;
 6:
 7: public class FeedInfo extends JFrame {
 8:     private final JLabel nameLabel = new JLabel("Name: ",
 9:         SwingConstants.RIGHT);
10:     private final JTextField name;
11:     private final JLabel urlLabel = new JLabel("URL: ",
12:         SwingConstants.RIGHT);
13:     private final JTextField url;
14:     private final JLabel typeLabel = new JLabel("Type: ",
15:         SwingConstants.RIGHT);
16:     private final JTextField type;
17:
18:     public FeedInfo() {
19:         super("Feed Information");
20:         setSize(400, 145);
21:         setDefaultCloseOperation(JFrame.EXIT_ON_CLOSE);
22:         setLookAndFeel();
23:         // Site name
24:         String response1 = JOptionPane.showInputDialog(null,
25:             "Enter the site name:");
```

```
26:            name = new JTextField(response1, 20);
27:
28:            // Site address
29:            String response2 = JOptionPane.showInputDialog(null,
30:                "Enter the site address:");
31:            url = new JTextField(response2, 20);
32:
33:            // Site type
34:            String[] choices = { "Personal", "Commercial", "Unknown" };
35:            int response3 = JOptionPane.showOptionDialog(null,
36:                "What type of site is it?",
37:                "Site Type",
38:                0,
39:                JOptionPane.QUESTION_MESSAGE,
40:                null,
41:                choices,
42:                choices[0]);
43:            type = new JTextField(choices[response3], 20);
44:
45:            setLayout(new GridLayout(3, 2));
46:            add(nameLabel);
47:            add(name);
48:            add(urlLabel);
49:            add(url);
50:            add(typeLabel);
51:            add(type);
52:            setLookAndFeel();
53:            setVisible(true);
54:        }
55:
56:        private void setLookAndFeel() {
57:            try {
58:                UIManager.setLookAndFeel(
59:                    "javax.swing.plaf.nimbus.NimbusLookAndFeel"
60:                );
61:                SwingUtilities.updateComponentTreeUI(this);
62:            } catch (Exception e) {
63:                System.err.println("Couldn't use the system "
64:                    + "look and feel: " + e);
65:            }
66:        }
67:
68:        public static void main(String[] arguments) {
69:            FeedInfo frame = new FeedInfo();
70:        }
71: }
```

　　当您填写好对话框中的文本框后，将看到该应用程序的主窗口，如图 10.6 所示，它具有 Windows 外观。其中 3 个文本框的值分别是由 3 个对话框提供的。

　　该应用程序中的很多代码都是样板代码，可用于任何 Swing 程序。下面的这些代码行与对话框有关。

图 10.6　应用程序 FeedInfo 的主窗口

- 第 24~26 行：一个要求用户输入网站名称的输入对话框。该名称被构造函数用来创建一个 JTextField 对象，它将该名称放入文本框中。
- 第 29~31 行：一个询问网站地址的输入对话框，它被构造函数用来创建另一个 JTextField 对象。

- 第 34 行：创建一个名为 choices 的 String 对象，并给 3 个元素赋值。
- 第 35~42 行：创建一个询问网站类型的选项对话框。数组 choices 被用作第 7 个参数，它用数组中的字符串在对话框上设置了 3 个按钮（Personal、Commercial 和 Unknown）。最后一个参数 choices[0]，指定了对话框的默认选项是第一个按钮。
- 第 43 行：将选项对话框的响应（一个指出所选数组元素的整数值）存储在名为 type 的 JTextField 组件中。

在框架的构造函数的开头和末尾，调用了第 56~66 行的 setLookAndFeel() 方法来设置外观。由于在构造函数中将打开多个对话框，因此必须在打开这些对话框前设置外观。

这个类指定外观的方式与本章前面以及第 9 章的示例都不同。在构造函数中，第 22 行调用了方法 setLookAndFeel()。为了确保用户界面中的所有组件都采用指定的外观，调用了 SwingUtilities 的类方法 SwingUtilities.updateComponentTreeUI(Component)，并将 this 作为参数，该参数指的是当前创建的 FeedInfo 对象。

10.1.3 滑块

在 Swing 中，滑块是使用类 JSlider 来实现的，它让用户能够通过滑动控制来设置一个位于最大值和最小值之间的值。在很多情况下，都可以使用滑块（而不是文本框）来获取数字输入，其优点是能够限制可输入的范围。

图 10.7 显示了一个 JSlider 组件。

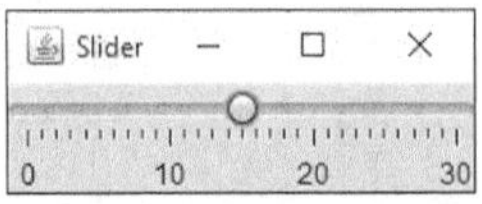

默认情况下，滑块是水平方向的，但可使用接口 SwingConstants 的两个类常量（HORIZONTAL 和 VERTICAL）来显式地设置其方向。

可以使用下面的构造函数。

图 10.7 JSlider 组件

- JSlider(int)：一个指定方向的滑块，最小值、最大值和初始值分别为 0、100 和 50。
- JSlider(int, int)：一个具有指定的最小值和最大值的滑块。
- JSlider(int, int, int)：一个具有指定的最小值和最大值以及初始值的滑块。
- JSlider(int, int, int, int)：一个具有指定的方向、最小值、最大值和初始值的滑块。

滑块有一个可选的标签，可用于指出最小值、最大值，以及显示两组不同的刻度线。默认情况下，最小值为 0，最大值为 100，初始值为 50，方向为水平。

标签的各元素是通过调用以下几个 JSlider 方法创建的。

- setMajorTickSpacing(int)：按指定的间隔放置主刻度线。间隔不是以像素为单位的，而是用滑块表示的最大值和最小值之间的值来设定的。
- setMinorTickSpacing(int)：按指定的间隔放置次刻度线，次刻度线高度只有主刻度线的一半。
- setPaintTicks(boolean)：决定是否显示刻度线。参数为 true 时显示；参数为 false 时不显示。
- setPaintLabels(boolean)：决定是否显示数字标签。参数为 true 时显示；参数为 false 时不显示。

应在将滑块加入容器之前调用这些方法。

程序清单 10.2 是 Slider.java 的源代码，该应用程序的界面如图 10.7 所示。

程序清单 10.2 完整的 Slider.java 源代码

```
1: package com.java21days;
2:
3: import javax.swing.*;
```

```
 4:
 5: public class Slider extends JFrame {
 6:
 7:     public Slider() {
 8:         super("Slider");
 9:         setDefaultCloseOperation(JFrame.EXIT_ON_CLOSE);
10:         setLookAndFeel();
11:         JSlider pick = new JSlider(JSlider.HORIZONTAL, 0, 30, 5);
12:         pick.setMajorTickSpacing(10);
13:         pick.setMinorTickSpacing(1);
14:         pick.setPaintTicks(true);
15:         pick.setPaintLabels(true);
16:         add(pick);
17:         pack();
18:         setVisible(true);
19:     }
20:
21:     private void setLookAndFeel() {
22:         try {
23:             UIManager.setLookAndFeel(
24:                 "com.sun.java.swing.plaf.nimbus.NimbusLookAndFeel"
25:             );
26:             SwingUtilities.updateComponentTreeUI(this);
27:         } catch (Exception e) {
28:             System.err.println("Couldn't use the system "
29:                 + "look and feel: " + e);
30:         }
31:     }
32:
33:     public static void main(String[] arguments) {
34:         Slider frame = new Slider();
35:     }
36: }
```

第 12~17 行包含用于创建 **JSlider** 组件、设置要显示其刻度线，并将它加入容器的代码。程序的余下部分是基本的应用程序框架，它由一个不带菜单的主 **JFrame** 容器构成。

10.1.4 滚动窗格

在较早的 Java 版本中，文本区域及其他一些组件内置了滚动条。当组件无法将其中的文本一次性全部显示出来时，可以使用滚动条。滚动条可以是垂直或水平的。

最为常见的滚动示例是，在 Web 浏览器中，可以在任何大于浏览器显示区域的页面中使用滚动条。Swing 将滚动条规则修改如下。

- 要让组件能够滚动，必须将它加入 **JScrollPane** 容器。
- 该 **JScrollPane** 容器（而不是可滚动的组件）将被加入其他容器。

可使用构造函数 **ScrollPane(Object)** 来创建滚动窗格，其中 **Object** 表示能被滚动的组件。

下面的例子在滚动窗格 **scroller** 中创建了一个文本区域，再将该滚动窗格加入名为 **mainPane** 的容器：

```
JTextArea textBox = new JTextArea(7, 30);
JScrollPane scroller = new JScrollPane(textBox);
mainPane.add(scroller);
```

使用滚动窗格时，指定它在界面中的大小很有用。为此，可以在将它加入容器之前，调用其方法 **setPreferredSize(Dimension)**。对象 **Dimension** 表示了滚动窗格的宽度和高度（单位为像素）。

下面的代码在前一个例子的基础上，设置了对象 **scroller** 的大小：

```
Dimension pref = new Dimension(350, 100);
scroller.setPreferredSize(pref);
```

应在将对象 **scroller** 加入容器前设置其大小。

注意 　　　　 要使 Swing 正确运行，在很多情况下，必须按正确的顺序完成某些工作，前面介绍的就是这样一种情况。对于大多数组件而言，顺序如下：创建组件、设置组件，然后将组件加入容器。

默认情况下，滚动窗格仅在需要时才会显示滚动条。如果窗格中的组件比窗格本身小，滚动条将不会出现。对于诸如文本区域等组件，组件的大小可能随着程序的运行而增大，在需要时，滚动条将自动出现，而不需要时，滚动条将自动消失。

要覆盖这种行为，可在创建组件时，使用接口 ScrollPaneConstants 中的下述常量之一设置其策略（policy）。

- HORIZONTAL_SCROLLBAR_ALWAYS。
- HORIZONTAL_SCROLLBAR_AS_NEEDED。
- HORIZONTAL_SCROLLBAR_NEVER。
- VERTICAL_SCROLLBAR_ALWAYS。
- VERTICAL_SCROLLBAR_AS_NEEDED。
- VERTICAL_SCROLLBAR_NEVER。

这些类常量用于构造函数 ScrollPane(Object, int, int) 中，该构造函数用于指定窗格中的组件、垂直滚动条的策略和水平滚动条的策略，如下例所示：

```
JScrollPane scroller = new JScrollPane(textBox,
    VERTICAL_SCROLLBAR_ALWAYS,
    HORIZONTAL_SCROLLBAR_NEVER);
```

10.1.5 工具栏

在 Swing 中，使用 **JToolBar** 类来创建工具栏。工具栏是一个容器，它将多个组件组织为一行或一列。被组织的组件通常是按钮。

工具栏用于将最常用的程序选项组织在一起。工具栏通常包含按钮和列表，可用于替代下拉菜单和快捷键。

默认情况下，工具栏是水平的，但可使用接口 SwingConstants 的类常量 HORIZONTAL 或 VERTICAL 来显式地设置其方向。

构造函数包括以下两种。

- JToolBar()：新建一个工具栏。
- JToolBar(int)：新建一个工具栏，并指定其方向。

创建工具栏后，可以使用其方法 add(Object) 加入其他组件，其中 Object 是要加入工具栏中的组件。

很多使用了工具栏的程序都允许用户移动工具栏。这样的工具栏被称为可停放工具栏（dockable toolbar），因为可以将它们停放在屏幕边缘。Swing 的工具栏也可停放到新窗口内，从而与原来的窗口分离。

为获得最佳结果，应使用布局管理器类 **BorderLayout** 将可停放的 **JToolBar** 组件放置到容器中。边界布局将容器分为 5 个区域——北、南、东、西、中，其中每个有方向的组件都占据了它所需的空间，剩下的组件则分配给中央区域。

工具栏应该被放置到边界布局的方向区域中。布局中唯一能被填充的是中央区域（有关诸如边界布局等布局管理器的更详细信息，将在第 11 章介绍）。

图 10.8 是一个可停放的工具栏，它占据了边界布局的南方区域，而中央是一个文本区域。

程序清单 10.3 是该应用程序的源代码。

图 10.8　可停放的工具栏和文本区域

程序清单 10.3　完整的 FeedBar.java 源代码

```
 1: package com.java21days;
 2:
 3: import java.awt.*;
 4: import javax.swing.*;
 5:
 6: public class FeedBar extends JFrame {
 7:
 8:     public FeedBar() {
 9:         super("FeedBar");
10:         setDefaultCloseOperation(JFrame.EXIT_ON_CLOSE);
11:         setLookAndFeel();
12:         // create icons
13:         ImageIcon loadIcon = new ImageIcon("load.gif");
14:         ImageIcon saveIcon = new ImageIcon("save.gif");
15:         ImageIcon subIcon = new ImageIcon("subscribe.gif");
16:         ImageIcon unsubIcon = new ImageIcon("unsubscribe.gif");
17:         // create buttons
18:         JButton load = new JButton("Load", loadIcon);
19:         JButton save = new JButton("Save", saveIcon);
20:         JButton sub = new JButton("Subscribe", subIcon);
21:         JButton unsub = new JButton("Unsubscribe", unsubIcon);
22:         // add buttons to toolbar
23:         JToolBar bar = new JToolBar();
24:         bar.add(load);
25:         bar.add(save);
26:         bar.add(sub);
27:         bar.add(unsub);
28:         // prepare user interface
29:         JTextArea edit = new JTextArea(8, 40);
30:         JScrollPane scroll = new JScrollPane(edit);
31:         BorderLayout bord = new BorderLayout();
32:         setLayout(bord);
33:         add("North", bar);
34:         add("Center", scroll);
35:         pack();
36:         setVisible(true);
37:     }
38:
39:     private void setLookAndFeel() {
40:         try {
41:             UIManager.setLookAndFeel(
42:                 "javax.swing.plaf.nimbus.NimbusLookAndFeel"
43:             );
44:             SwingUtilities.updateComponentTreeUI(this);
45:         } catch (Exception e) {
46:             System.err.println("Couldn't use the system "
47:                 + "look and feel: " + e);
```

```
48:         }
49:     }
50:
51:     public static void main(String[] arguments) {
52:         FeedBar frame = new FeedBar();
53:     }
54: }
```

该应用程序使用 4 个图像来表示按钮上的图形。这些图形与前一章的 IconFrame 项目使用的图形相同，如果您还没有下载它们，可从本书的配套网站（与第 10 章相关的网页）下载。您也可以自定义图形。

第 13～16 行使用 4 个图形创建了 4 个 ImageIcon 对象，接下来的第 18～21 行使用这些对象来创建按钮。第 23 行创建了一个 JToolbar，第 24～27 行将按钮加入其中。

该应用程序中的工具栏最初位于框架的上边缘处，但用户可通过手柄（图 10.8 中 Load 按钮左边的区域）来移动它。如果在窗口内拖动它，可将它停放在应用程序窗口的边界上。用户放开该工具栏时，应用程序将使用边界布局管理器重新排列其中的组件。此外还可将工具栏完全拖出应用程序窗口。

如果工具栏被拖动到其他框架中，则该框架关闭时，工具栏也将关闭。

虽然在通常情况下，工具栏包含的是图形按钮，但也可以包含文本按钮、组合框以及其他组件。

10.1.6　进度条

进度条（progress bar）用于显示用户在任务完成前还需要等待多长时间。

在 Swing 中，进度条是使用类 JProgressBar 实现的。图 10.9 显示了一个使用这种组件的 Java 程序的界面。

图 10.9　框架中的进度条

进度条用于跟踪可用数字表示的任务进度，它是通过指定最小值和最大值来创建的，最小值和最大值分别表示任务的起点和终点。

一个可用数字表示任务进度的例子是，安装一个由 335 个不同文件组成的软件。可使用传输的文件数来监视任务的进度，其中最小值为 0，最大值为 335。

用于创建进度条的构造函数包括以下 3 种。

- JProgressBar()：创建一个新的进度条。
- JProgressBar(int, int)：创建一个有指定的最小值和最大值的进度条。
- JProgressBar(int, int, int)：创建一个有指定的方向、最小值和最大值的进度条。

可以使用类常量 SwingConstants.VERTICAL 和 SwingConstants.HORIZONTAL 来设置进度条的方向。默认情况下，进度条的方向是水平的。

还可调用方法 setMinimum(int) 和 setMaximum(int) 来设置进度条的最小值和最大值。

要更新进度条，可调用它的 setValue(int) 方法，并将指定一个当前进度的值传递给它，这个值应该位于进度条的最小值和最大值之间。下面的例子用于告诉进度条 install，前面的软件安装示例已上传了多少个文件：

```
int filesDone = getNumberOfFiles();
install.setValue(filesDone);
```

其中，方法 getNumberOfFiles() 返回已复制的文件个数。当这个值由方法 setValue() 传递给进度条时，进度条将被立即更新，以指出已完成的比例。

除待填充的空框外，进度条还可包括一个文本标签。该标签显示已完成的任务比例，可通过调用方法 setStringPainted(boolean) 并将 ture 作为参数来显示它，如果使用参数 false，将不显示该标签。

程序清单 10.4 是应用程序 ProgressMonitor，其运行情况如图 10.9 所示。

程序清单 10.4 完整的 ProgressMonitor.java 源代码

```
 1: package com.java21days;
 2:
 3: import java.awt.*;
 4: import javax.swing.*;
 5:
 6: public class ProgressMonitor extends JFrame {
 7:     JProgressBar current;
 8:     JTextArea out;
 9:     JButton find;
10:     int num = 0;
11:
12:     public ProgressMonitor() {
13:         super("Progress Monitor");
14:         setDefaultCloseOperation(JFrame.EXIT_ON_CLOSE);
15:         setSize(500, 125);
16:         setLayout(new FlowLayout());
17:         current = new JProgressBar(0, 2000);
18:         current.setValue(0);
19:         current.setStringPainted(true);
20:         add(current);
21:     }
22:
23:     public void iterate() {
24:         while (num < 2000) {
25:             current.setValue(num);
26:             try {
27:                 Thread.sleep(1000);
28:             } catch (InterruptedException e) { }
29:             num += 95;
30:         }
31:     }
32:
33:     private static void setLookAndFeel() {
34:         try {
35:             UIManager.setLookAndFeel(
36:                 "javax.swing.plaf.nimbus.NimbusLookAndFeel"
37:             );
38:         } catch (Exception e) {
39:             System.err.println(e);
40:         }
41:     }
42:
43:     public static void main(String[] arguments) {
44:         ProgressMonitor.setLookAndFeel() ;
45:         ProgressMonitor frame = new ProgressMonitor();
46:         frame.setVisible(true);
47:         frame.iterate();
48:     }
49: }
```

应用程序 ProgressMonitor 使用进度条来跟踪变量 num 的值，该进度条是在第 17 行创建的，其最小值为 0，最大值为 2000。

始于第 23 行的 `iterate()` 方法在 num 小于 2000 时进行循环，每次将 num 加 95。第 25 行调用进度条的 `setValue()` 方法，并将 num 作为参数传递给它，使进度条使用 num 的值来显示进度。

当程序将执行一段时间时，使用进度条可让程序对用户更友好。软件用户喜欢进度条，因为它指出了完成某项工作大概还需多长时间。

进度条还提供了另一种重要的信息：表明程序还在运行，而没有崩溃。

10.1.7　菜单

提高框架可用性的方法之一是添加菜单栏———一系列用于执行任务的下拉菜单。菜单的功能通常也可用按钮和其他用户界面组件来完成，这样用户可以通过两种不同的方式来完成工作。

在 Java 中，3 种组件协同工作以支持菜单。

- JMenuItem：菜单中的一个菜单项。
- JMenu：一个下拉菜单，包含一个或多个 JMenuItem 组件、其他界面组件和分隔条（位于菜单项之间的线段）。
- JMenuBar：包含一个或多个 JMenu 组件并显示其名称的容器。

JMenuItem 类似于按钮，其构造函数与 JButton 组件类似。要创建文本菜单项，可调用 JMenuItem(String)；要创建显示图形文件的菜单项，可调用 JMenuItem(Icon)；要创建包含文本和图标的菜单项，可调用 JMenuItem(String, Icon)。

下面的语句创建了 7 个菜单项：

```
JMenuItem j1 = new JMenuItem("Open");
JMenuItem j2 = new JMenuItem("Save");
JMenuItem j3 = new JMenuItem("Save as Template");
JMenuItem j4 = new JMenuItem("Page Setup");
JMenuItem j5 = new JMenuItem("Print");
JMenuItem j6 = new JMenuItem("Use as Default Message Style");
JMenuItem j7 = new JMenuItem("Close");
```

JMenu 容器存放了一个下拉菜单中的所有菜单项。要创建这种容器，可调用构造函数 JMenu (String)，并将菜单名作为参数传递给它，该名称将被显示在菜单栏中。

创建 JMenu 容器后，调用其 add(JMenuItem) 方法将菜单项加入。新加入的菜单项将被放置在菜单的最后。

也可以将其他组件加入菜单，方法是调用 add(Component) 方法，并将要加入的用户界面组件作为参数传递给它。常出现在菜单中的组件之一是复选框（JCheckBox 类）。

要将分隔条加入菜单末尾，可调用 addSeparator() 方法。分隔条通常用于将菜单中多个相关的菜单项分成一组。

也可以将文本加入菜单，以用作标签。为此，可以调用 add(String) 方法，并将要加入的文本作为参数传递给它。

下面的语句创建了一个菜单，并将前面创建的 7 个菜单项和 3 个分隔条加入其中：

```
JMenu m1 = new JMenu("File");
m1.add(j1);
m1.add(j2);
m1.add(j3);
m1.addSeparator();
m1.add(j4);
```

```
m1.add(j5);
m1.addSeparator();
m1.add(j6);
m1.addSeparator();
m1.add(j7);
```

JMenuBar 容器包含一个或多个 JMenu 容器并显示它们的名称。菜单栏通常位于应用程序标题栏的下面。

要创建菜单栏，可调用构造函数 JMenuBar()，且不提供任何参数。然后，可以调用其 add(JMenu)方法，将菜单加入菜单栏的最后面。

创建所有的菜单项，将其加入菜单中，并将菜单加入菜单栏中，然后便可以将菜单栏加入框架中。为此，可以调用框架的 setJMenuBar(JMenuBar)方法。

下面的语句用于创建一个菜单栏，并在其中添加菜单，再将菜单栏加入名为 gui 的框架中：

```
JMenuBar bar = new JMenuBar();
bar.add(m1);
gui.setJMenuBar(bar);
```

虽然您可以打开或关闭该菜单并选择其中的菜单项，但您这样做时，系统并不会做出任何响应。第 12 章将介绍如何让组件接收用户输入。

下面的代码用于在框架中添加一个菜单栏，该菜单栏包含 1 个菜单，而这个菜单包含 4 个菜单项：

```
JMenuItem j1 = new JMenuItem("Load");
JMenuItem j2 = new JMenuItem("Save");
JMenuItem j3 = new JMenuItem("Subscribe");
JMenuItem j4 = new JMenuItem("Unsubscribe");
JMenuBar menubar = new JMenuBar();
JMenu menu = new JMenu("Feeds");
menu.add(j1);
menu.add(j2);
menu.addSeparator();
menu.add(j3);
menu.add(j4);
menubar.add(menu);
setJMenuBar(menubar);
```

10.1.8　选项卡式窗格

选项卡式窗格（tabbed pane）是一组堆叠在一起的面板，用户每次只能查看其中的一个，在 Swing 中，这是由 JTabbedPane 类实现的。

要查看其中的面板，用户必须单击包含其名称的标签（tab）。标签可跨越组件顶部或底部水平排列，也可沿组件左侧或右侧垂直排列。

用于创建选项卡式窗格的构造函数如下。

- JTabbedPane()：创建一个选项卡式窗格，但不能滚动。
- JTabbedPane(int)：创建一个不能滚动的选项卡式窗格，且有指定的布局（placement）。
- JTabbedPane(int, int)：创建一个有指定布局（第一个参数）和滚动策略（第二个参数）的选项卡式窗格。

选项卡式窗格的布局指的是其标签相对于面板的位置。可使用 4 个类变量之一作为构造函数的参数：JTabbedPane.TOP、JTabbedPane.BOTTOM、JTabbedPane.LEFT 或 JTabbedPane.RIGHT。

滚动策略用于确定当界面无法容纳全部的标签时，将如何显示标签。不滚动的选项卡式窗格将显示多余的标签，这可以使用类变量 **JTabbedPane.WRAP_TAB_LAYOUT** 来设置；滚动的选项卡式窗格将在标签旁边显示滚动箭头，这可以使用类变量 **JTabbedPane.SCROLL_TAB_LAYOUT** 来设置。

创建选项卡式窗格后，可以调用其 **addTab(String, Component)** 方法来加入组件。其中，**String** 参数是标签显示的文本；**Component** 参数是一个组件，它是窗格中的选项卡之一，通常这是一个 **JPanel** 对象，但并非必须如此。

程序清单 10.5 所示的应用程序 **TabPanels** 创建了一个包含 5 个选项卡的窗格，其中每个选项卡都包含独立的面板。

程序清单 10.5　完整的 TabPanels.java 源代码

```
 1: package com.java21days;
 2:
 3: import java.awt.*;
 4: import javax.swing.*;
 5:
 6: public class TabPanels extends JFrame {
 7:
 8:     public TabPanels() {
 9:         super("Tabbed Panes");
10:         setDefaultCloseOperation(JFrame.EXIT_ON_CLOSE);
11:         setLookAndFeel();
12:         setSize(480, 218);
13:         JPanel mainSettings = new JPanel();
14:         JPanel advancedSettings = new JPanel();
15:         JPanel privacySettings = new JPanel();
16:         JPanel emailSettings = new JPanel();
17:         JPanel securitySettings = new JPanel();
18:         JTabbedPane tabs = new JTabbedPane();
19:         tabs.addTab("Main", mainSettings);
20:         tabs.addTab("Advanced", advancedSettings);
21:         tabs.addTab("Privacy", privacySettings);
22:         tabs.addTab("E-mail", emailSettings);
23:         tabs.addTab("Security", securitySettings);
24:         add(tabs);
25:         setVisible(true);
26:     }
27:
28:     private void setLookAndFeel() {
29:         try {
30:             UIManager.setLookAndFeel(
31:                 "com.sun.java.swing.plaf.nimbus.NimbusLookAndFeel"
32:             );
33:             SwingUtilities.updateComponentTreeUI(this);
34:         } catch (Exception e) {
35:             System.err.println("Couldn't use the system "
36:                 + "look and feel: " + e);
37:         }
38:     }
39:
40:     public static void main(String[] arguments) {
41:         TabPanels frame = new TabPanels();
42:     }
43: }
```

第 13～17 行创建了 5 个面板。在第 19～23 行，首先创建了一个选项卡式窗格，然后将每个面板都加入对应的选项卡中。每个面板都可以包含独立的用户界面组件。

图 10.10 显示了该应用程序运行时的界面。

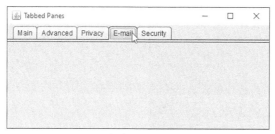

图 10.10 包含 5 个选项卡的窗格

注意

> 在 JTabbedPane 的构造函数中，使用的常量 TOP、BOTTOM、LEFT 和 RIGHT 来自 javax.swing 包中的接口 SwingConstants。该接口定义了一系列整型常量，可用于指定组件的位置和对齐方式。

10.2 总结

至此，您知道了如何使用 Swing 包中的组件在 Java 应用程序窗口上绘制用户图形界面。

Swing 包含可用于实现按钮、工具栏、列表、文本框及高级组件（如滑块、对话框和进度条等）的类。界面组件是通过创建其所属类的实例，并使用容器的 **add()** 方法或其他类似方法（如选项卡式窗格的 **addTab()** 方法）将其加入诸如框架等容器中来实现的。

在本章中，您开发了一些组件并将它们加入界面中。接下来的两章将介绍让图形界面更有用的知识：如何排列组件，使之形成一个完整的界面；如何通过组件接收来自用户的输入。

除前面介绍的用户界面组件外，Swing 还提供了大量其他的组件；要进一步探索这些类，请参阅 Oracle 的 Java 文档网站。

10.3 问与答

问：不使用 Swing，也能创建应用程序？

答： 当然。Swing 只是对 AWT 的扩展，如果使用较旧版本的 Java 开发小程序，将只能使用 AWT 类来设计界面和接收用户输入。Swing 的功能与 AWT 提供的功能没有什么可比性。使用 Swing，可以使用更多的组件，并通过更加复杂的方法来控制它们，以提高性能和可靠性。

Java 包含 Swing 的替代品 JavaFX；最初设计 JavaFX 旨在在后续版本中用它取代 Swing。

其他用户界面库扩展了 Swing 或与之竞争。其中最流行的一个是 SWT，它是 Eclipse 项目中的一个开源 GUI 库。SWT 提供的组件的外观和行为与操作系统提供的类似。

另一个有趣的 Swing 的竞争对手是 GWT，这是 Google 开发的一个开源工具包，用于创建图形 Web 应用程序。Google 将其用于 AdWords、Inbox 和 Wallet。

问：在应用程序 Slider 中，pack() 方法有何用途？

答： 每个界面组件都有最佳的大小，虽然用于在容器中排列组件的布局管理器对这一点没有需求。调用框架或窗口的 **pack()** 方法将调整其大小，使之刚好能容纳其包含的组件。由于应用程序 Slider 没有设置框架的大小，因此在显示该框架之前应调用 **pack()** 方法，将其设置为适当的大小。

问：我创建选项卡式窗格时，显示的只有选项卡，而面板本身不可见。该如何解决这种问题？

答： 只有设置好窗格的内容后，选项卡式窗格才能正常运行。如果选项卡的窗格为空，则选项卡下面或旁边将不会有任何东西。应确保加入选项卡中的面板显示了其所有组件。

10.4 小测验

请回答下述 3 个问题，以复习本章介绍的内容。

10.4.1 问题

1. 在软件安装程序中，通常包含哪种用户界面组件？
   A. 滑块
   B. 进度条
   C. 对话框
2. 哪个 Java 包包含用于创建可单击按钮的类？
   A. java.awt（AWT）
   B. javax.swing（Swing）
   C. 两者都有
3. 用户可移动下面哪种用户界面组件？
   A. JSlider
   B. JToolBar
   C. 两者都可移动

10.4.2 答案

1. B。需要显示文件复制或解压缩进度时，进度条很有用。
2. C。Swing 包含 AWT 中的所有简单用户界面组件。
3. B。可将工具栏拖曳到界面的顶部、底部、左侧或右侧，还可将它拖曳到界面外面。

10.5 认证练习

下面的问题是 Java 认证考试中可能出现的问题，请回答该问题，不要查看本章的内容，也不要使用 Java 编译器对代码进行测试。

对于下述代码：

```
import java.awt.*;
import javax.swing.*;

public class AskFrame extends JFrame {
    public AskFrame() {
        setDefaultCloseOperation(JFrame.EXIT_ON_CLOSE);
        JSlider value = new JSlider(0, 255, 100);
        add(value);
        setSize(450, 150);
        setVisible(true);
        super();
    }

    public static void main(String[] arguments) {
        AskFrame af = new AskFrame();
```

```
        }
}
```

如果编译并运行它，将出现什么情况？

A. 能够通过编译并正确运行

B. 能够通过编译，但不会在框架中显示任何东西

C. 因 super() 语句而无法通过编译

D. 因 add() 语句而无法通过编译

10.6 练习

为巩固本章介绍的知识，请尝试完成下面的练习。

1. 创建一个输入对话框，用于设置加载该对话框的框架的标题。

2. 对应用程序 ProgressMonitor 进行修改，使之同时在一个文本框中显示变量 num 的值。

第 11 章

在用户界面上排列组件

如果将设计图形用户界面（GUI）比作绘画艺术，您现在只完成了这门艺术的一步：抽象表现主义。您可以将组件放到界面上，但不能控制它们的位置。

在 Java 中，要排列用户界面组件，必须使用一组被称为布局管理器（layout manager）的类。本章将介绍如何使用布局管理器来排列界面上的组件，还将介绍如何利用 Java 用户界面功能的灵活性，这些功能可用于很多支持 Java 的平台。

此外，还会介绍当一种布局无法满足需要时，如何将多个布局管理器用于同一个界面。

11.1 基本的界面布局

使用 Swing 设计的 GUI 是易变的。调整窗口的大小将破坏界面，因为组件可能在容器中移动，从而偏离您的期望。

为了支持多种平台，这种易变性是必不可少的，因为每个平台显示诸如按钮、滚动条等用户界面元素的方式存在细微的差别。

在有些编程语言中，组件在窗口上的位置由其(x,y)坐标精确地定义。有些 Java 开发工具允许通过使用其窗口类，以类似的方式对界面进行控制（在 Java 中，也可这样做）。

使用 Swing 时，程序员可更好地控制界面布局，这都是由布局管理器所决定的。

Swing 独立于平台，这提供了灵活性，但付出的代价是性能更低一些，且用户界面的外观与操作系统的原有外观不完全一致。

11.1.1 布置界面

布局管理器决定了组件被加入容器时将如何被排列。

面板的默认布局管理器是 FlowLayout 类。这个类按组件加入容器的顺序从左向右依次排列。第一行排满后，则从第二行开始，继续按从左到右的顺序排列。

Java 提供了一系列通用的布局管理器：FlowLayout、GridLayout、BorderLayout 和 CardLayout。要创建布局管理器，首先需要调用布局管理器的构造函数，如下例所示：

```
FlowLayout flo = new FlowLayout();
```

创建布局管理器后，要将其用作容器的布局管理器，可调用容器的方法 setLayout()。将组件加入容器前，必须设置容器的布局管理器。如果没有指定布局管理器，将使用容器的默认布局管理器：对于面板，为 FlowLayout；对于框架，为 BorderLayout。

下面的语句位于框架的开头，它使用一个布局管理器来控制加入框架的组件的排列方式：

```
import java.awt.*;
```

```
import javax.swing.*;

public class Starter extends JFrame {

    public Starter() {
        super("Example Frame");
        FlowLayout manager = new FlowLayout();
        setLayout(manager);
        // add components here
    }
}
```

设置布局管理器后，便可以向它管理的容器中加入组件。对诸如 **FlowLayout** 等布局管理器而言，组件的加入顺序非常重要。后面讨论各种布局管理器时，您将知道哪些布局管理器是这样的，哪些不是这样的。

11.1.2 顺序布局

类 **FlowLayout** 是最简单的布局管理器，位于 `java.awt` 包中。它排列组件的方式为：从左到右排列，到达行尾后，进入下一行开头。

默认情况下，如果调用构造函数 **FlowLayout()** 时没有提供任何参数，每行的组件将居中排列。要让组件左对齐或右对齐，可将类变量 **FlowLayout.LEFT** 或 **FlowLayout.RIGHT** 作为唯一的参数传递给构造函数，如下面的语句所示：

```
FlowLayout righty = new FlowLayout(FlowLayout.RIGHT);
```

类变量 **FlowLayout.CENTER** 用于将组件居中。

注意　　　针对从左到右排列组件不合适的情况，可使用变量 **FlowLayout.LEADING** 和 **FlowLayout.TRAILING**，它们设置组件分别与第一个和最后一个组件对齐。

程序清单 11.1 所示的应用程序 Alphabet 使用顺序布局管理器排列了 6 个按钮。由于调用构造函数 **FlowLayout()** 时将类变量 **FlowLayout.LEFT** 作为参数，因此从应用程序窗口的左边界开始排列这些组件。请在 NetBeans 中创建这个应用程序，并将其放在 `com.java21days` 包中。

程序清单 11.1　完整的 Alphabet.java 源代码

```
 1: package com.java21days;
 2:
 3: import java.awt.*;
 4: import javax.swing.*;
 5:
 6: public class Alphabet extends JFrame {
 7:
 8:     public Alphabet() {
 9:         super("Alphabet");
10:         setDefaultCloseOperation(JFrame.EXIT_ON_CLOSE);
11:         setLookAndFeel();
12:         setSize(360, 120);
13:         FlowLayout lm = new FlowLayout(FlowLayout.LEFT);
14:         setLayout(lm);
15:         JButton a = new JButton("Alibi");
16:         JButton b = new JButton("Burglar");
17:         JButton c = new JButton("Corpse");
18:         JButton d = new JButton("Deadbeat");
19:         JButton e = new JButton("Evidence");
```

```
20:            JButton f = new JButton("Fugitive");
21:            add(a);
22:            add(b);
23:            add(c);
24:            add(d);
25:            add(e);
26:            add(f);
27:            setVisible(true);
28:        }
29:
30:        private static void setLookAndFeel() {
31:            try {
32:                UIManager.setLookAndFeel(
33:                    "javax.swing.plaf.nimbus.NimbusLookAndFeel"
34:                );
35:            } catch (Exception exc) {
36:                System.err.println(exc);
37:            }
38:        }
39:
40:        public static void main(String[] arguments) {
41:            Alphabet.setLookAndFeel();
42:            Alphabet frame = new Alphabet();
43:        }
44: }
```

图 11.1 显示了该应用程序运行的情况。

在该应用程序中，第 13 行创建了一个顺序布局管理器，而第 14 行指定使用它来管理框架。这个管理器将负责对第 21～26 行加入框架中的按钮进行排列。

这个管理器使用默认的水平间距（5 像素）和垂直间距（5 像素）。您可以在调用构造函数 FlowLayout()时，提供

图 11.1　以顺序布局的方式排列 6 个按钮

其他的参数来修改水平间距和垂直间距；也可以调用顺序布局管理器的方法 setVgap(int) 和 setHgap(int)，并指定所需的水平间距和垂直间距。

构造函数 FlowLayout(int, int, int)接收的 3 个参数依次描述如下。

- 对齐方式：必须是 FlowLayout 的 5 个类变量之一——CENTER、LEFT、RIGHT、LEADING 或 TRAILING。
- 组件间的水平间距，单位为像素。
- 组件间的垂直间距，单位为像素。

下面的构造函数创建了一个顺序布局管理器，它将组件居中，组件间的水平间距为 30 像素，垂直间距为 10 像素。

```
FlowLayout flo = new FlowLayout(FlowLayout.CENTER, 30, 10);
```

11.1.3　方框布局

方框布局（box layout）管理器将组件从左到右或从上到下排列，它是由 javax.swing 包中的 BoxLayout 类管理的，该类对顺序布局做了改进——不管容器的大小如何变化，组件总是排列成一行或一列。

使用构造函数创建方框布局管理器时，必须提供两个参数：它将要管理的容器和用于指定水平还是垂直排列的类变量。

排列方式是使用 BoxLayout 的类变量指定的：X_AXIS 表示按从左到右的顺序水平排列；Y_AXIS 表示按从上到下的顺序垂直排列。

下面的代码指定面板采用垂直方框布局：

```
JPanel optionPane = new JPanel();
BoxLayout box = new BoxLayout(optionPane, BoxLayout.Y_AXIS);
optionPane.setLayout(box);
```

加入容器的组件将按指定方式排列，并以最合适的大小显示。水平排列时，方框布局管理器试图让每个组件的高度相同；垂直排列时，则试图让每个组件的宽度相同。

程序清单 11.2 所示的应用程序 Stacker 包含一个面板，面板中的按钮以方框布局的方式排列。请在 NetBeans 中创建这个应用程序，并将其放在 com.java21days 包中。

程序清单 11.2　完整的 Stacker.java 源代码

```
 1: package com.java21days;
 2:
 3: import java.awt.*;
 4: import javax.swing.*;
 5:
 6: public class Stacker extends JFrame {
 7:     public Stacker() {
 8:         super("Stacker");
 9:         setSize(430, 150);
10:         setDefaultCloseOperation(JFrame.EXIT_ON_CLOSE);
11:         setLookAndFeel();
12:         // create top panel
13:         JPanel commandPane = new JPanel();
14:         BoxLayout horizontal = new BoxLayout(commandPane,
15:         BoxLayout.X_AXIS);
16:         commandPane.setLayout(horizontal);
17:         JButton subscribe = new JButton("Subscribe");
18:         JButton unsubscribe = new JButton("Unsubscribe");
19:         JButton refresh = new JButton("Refresh");
20:         JButton save = new JButton("Save");
21:         commandPane.add(subscribe);
22:         commandPane.add(unsubscribe);
23:         commandPane.add(refresh);
24:         commandPane.add(save);
25:         // create bottom panel
26:         JPanel textPane = new JPanel();
27:         JTextArea text = new JTextArea(4, 70);
28:         JScrollPane scrollPane = new JScrollPane(text);
29:         // put them together
30:         FlowLayout flow = new FlowLayout();
31:         setLayout(flow);
32:         add(commandPane);
33:         add(scrollPane);
34:         setVisible(true);
35:     }
36:
37:     private static void setLookAndFeel() {
38:         try {
39:             UIManager.setLookAndFeel(
40:                 "javax.swing.plaf.nimbus.NimbusLookAndFeel"
41:             );
42:         } catch (Exception exc) {
43:             System.err.println(exc);
44:         }
45:     }
```

```
46:
47:    public static void main(String[] arguments) {
48:        Stacker.setLookAndFeel();
49:        Stacker st = new Stacker();
50:    }
51: }
```

编译并运行该程序时，结果如图 11.2 所示。

在这个应用程序中，第 13 行创建了一个名为
commandPane 的 JPanel 容器，第 13~14 行创建了
一个方框布局管理器，而第 16 行设置了面板的布局管
理器。

按钮位于界面顶端，呈水平排列。如果方框布局
管理器的构造函数的第二个参数为 BoxLayout.Y_
AXIS，按钮将垂直排列。

图 11.2　按钮由方框布局管理器管理的用户界面

11.1.4　网格布局

网格布局管理器将组件放置到由行和列组成的网格中，就像在日历中放置日期。首先，组件被加
入网格的第一行，并从最左边的单元格开始，依次向右排列。第一行的单元格排满后，接下来的组件
将加入第二行最左边的单元格中（如果有第二行的话），并以此类推。

网格布局是使用类 GridLayout 创建的，这个类位于 java.awt 包中。调用构造函数
GridLayout(int,int) 时，提供两个参数：网格的行数和列数。下面的语句用于创建一个 10 行 3 列
的网格布局管理器：

```
GridLayout gr = new GridLayout(10, 3);
```

与顺序布局一样，可提供另外两个参数以指定组件间的垂直间距和水平间距，还可调用方法
setHgap() 和 setVgap() 来设置这些间距。下面的语句用于创建一个 10 行 3 列的网格布局管理器，
并将水平间距与垂直间距分别设置为 5 像素和 8 像素：

```
GridLayout gr2 = new GridLayout(10, 3, 5, 8);
```

默认情况下，网格布局组件间的垂直间距和水平间距都为 0。

程序清单 11.3 所示的应用程序 Bunch 创建一个 3 行 3 列的网格布局管理器，并将组件间的水平间
距和垂直间距都设置为 10 像素。请在 NetBeans 中创建这个应用程序，并将其放在 com.java21days
包中。

程序清单 11.3　完整的 Bunch.java 源代码

```
1: package com.java21days;
2:
3: import java.awt.*;
4: import javax.swing.*;
5:
6: public class Bunch extends JFrame {
7:
8:    public Bunch() {
9:        super("Bunch");
10:       setSize(260, 260);
11:       setDefaultCloseOperation(JFrame.EXIT_ON_CLOSE);
12:       setLookAndFeel();
13:       JPanel pane = new JPanel();
```

```
14:         GridLayout family = new GridLayout(3, 3, 10, 10);
15:         pane.setLayout(family);
16:         JButton marcia = new JButton("Marcia");
17:         JButton carol = new JButton("Carol");
18:         JButton greg = new JButton("Greg");
19:         JButton jan = new JButton("Jan");
20:         JButton alice = new JButton("Alice");
21:         JButton peter = new JButton("Peter");
22:         JButton cindy = new JButton("Cindy");
23:         JButton mike = new JButton("Mike");
24:         JButton bobby = new JButton("Bobby");
25:         pane.add(marcia);
26:         pane.add(carol);
27:         pane.add(greg);
28:         pane.add(jan);
29:         pane.add(alice);
30:         pane.add(peter);
31:         pane.add(cindy);
32:         pane.add(mike);
33:         pane.add(bobby);
34:         add(pane);
35:         setVisible(true);
36:     }
37:
38:     private static void setLookAndFeel() {
39:         try {
40:             UIManager.setLookAndFeel(
41:                 "javax.swing.plaf.nimbus.NimbusLookAndFeel"
42:             );
43:         } catch (Exception exc) {
44:             System.err.println(exc);
45:         }
46:     }
47:
48:     public static void main(String[] arguments) {
49:         Bunch.setLookAndFeel();
50:         Bunch frame = new Bunch();
51:     }
52: }
```

图 11.3 显示了该应用程序的运行情况。

应用程序 Bunch 以网格方式显示 9 个按钮。第 25～33 行将按钮加入面板中，而第 34 行将面板加入框架中。

对于图 11.3 所示的按钮，需要指出的一点是，它们将扩展自身以填满相应的单元格。这是网格布局管理器与其他布局管理器之间的一个重要差别（根据最佳大小设置组件的尺寸，因此显示的组件小得多）。

图 11.3 以 3×3 的网格布局
方式排列 9 个按钮

11.1.5 边框布局

前面介绍的布局管理器都相当简单，接下来介绍边框布局（border layout），它使用的布局更复杂。

这种布局是使用 java.awt 包中的 BorderLayout 类创建的，它将容器分成 5 个部分：北、南、东、西和中央。图 11.4 说明了这 5 个部分是如何排列的。

在边框布局中，位于 4 个罗盘方位（北、南、东、西）的组件将根据需要占据相应的空间，余下的空间属于中央区域。通常，这样的结果是，中央是一个大组件，四周是 4 个小组件。这种布局管理器不会根据最佳大小设置组件的尺寸。

要创建边框布局，可使用构造函数 `BorderLayout()` 或 `BorderLayout(int, int)`。在第一个构造函数创建的边框布局中，组件间的间距为零，而第二个构造函数使用参数指定了水平间距和垂直间距。另外，还可使用方法 `setVgap()` 和 `setHgap()` 来设置这些间距。

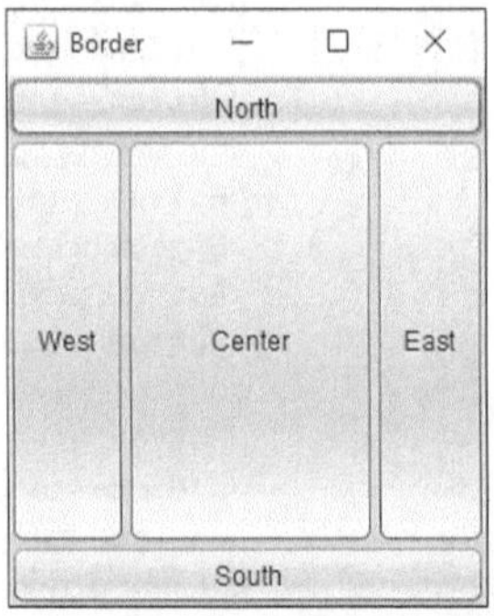

创建边框布局并将其指定为容器的布局管理器后，便可以调用方法 `add()` 将组件添加到容器中，但该方法的调用方式与前面介绍的有所不同：

```
add(Component, String)
```

图 11.4　以边框布局方式排列的组件

其中，第一个参数是要加入容器的组件。第二个参数是 `BorderLayout` 的一个类变量，指定将组件加入边框布局的哪个区域。可用来指定该参数的类变量包括 NORTH、SOUTH、EAST、WEST 和 CENTER。

下面的语句将一个名为 `quitButton` 的按钮加入边框布局的 NORTH 区域：

```
JButton quitButton = new JButton("quit");
add(quitButton, BorderLayout.NORTH);
```

图 11.4 所示的 GUI 是由程序清单 11.4 所示的应用程序 Border 生成的。请创建这个 `Border` 类，并将其放在 `com.java21days` 包中。

程序清单 11.4　完整的 Border.java 源代码

```
1: package com.java21days;
2:
3: import java.awt.*;
4: import javax.swing.*;
5:
6: public class Border extends JFrame {
7:
8:     public Border() {
9:         super("Border");
10:         setSize(240, 280);
11:         setDefaultCloseOperation(JFrame.EXIT_ON_CLOSE);
12:         setLookAndFeel();
13:         setLayout(new BorderLayout());
14:         JButton nButton = new JButton("North");
15:         JButton sButton = new JButton("South");
16:         JButton eButton = new JButton("East");
17:         JButton wButton = new JButton("West");
18:         JButton cButton = new JButton("Center");
19:         add(nButton, BorderLayout.NORTH);
20:         add(sButton, BorderLayout.SOUTH);
21:         add(eButton, BorderLayout.EAST);
22:         add(wButton, BorderLayout.WEST);
23:         add(cButton, BorderLayout.CENTER);
24:         setVisible(true);
25:     }
26:
27:     private static void setLookAndFeel() {
28:         try {
29:             UIManager.setLookAndFeel(
30:                 "javax.swing.plaf.nimbus.NimbusLookAndFeel"
31:             );
32:         } catch (Exception exc) {
```

```
33:            System.err.println(exc);
34:        }
35:    }
36:
37:    public static void main(String[] arguments) {
38:        Border.setLookAndFeel();
39:        Border frame = new Border();
40:    }
41: }
```

应用程序 Border 是一个框架，它在第 13 行以一种新方式指定布局管理器：通过调用构造函数 new BorderLayout() 返回一个 BorderLayout 对象，并将该对象作为方法 setLayout() 的参数。

第 13 行的代码与下面两条语句等价：

```
BorderLayout bl = new BorderLayout();
setLayout(bl);
```

第 13 行采用的技巧的优点在于，不需要创建一个变量并将 BorderLayout 对象赋给它。指定框架的布局管理器后，就不需要该对象了。

该应用程序的第 14~18 行创建了 5 个按钮，而第 19~23 行指定了它们在边框布局中的位置。

> **提示**
>
> 运行该应用程序时，请将窗口增大，看看组件将如何调整。请增大到不同的程度，看看界面有何变化。窗口变大时，中央的组件将相应地增大，而其他组件的大小保持不变。这是网格布局管理器和边框布局管理器的优点之一。

11.2 使用多个布局管理器

现在，您可能会问，Java 布局管理器对设计 GUI 有何帮助呢？选择布局管理器是个不断尝试的过程。

为找到合适的布局，常常需要在同一个界面中使用多个布局管理器。

为此，可将多个容器加入一个更大的容器（如框架），并给每个小容器指定布局管理器。

小容器为面板，它是使用 java.swing 包中的 JPanel 类创建的。面板是用于将组件组合在一起的容器。使用面板时需要注意两点。

- 将面板加入更大的容器之前，必须将相应的组件加入面板中。
- 面板有它自己的布局管理器。

要创建面板，可以调用 JPanel 类的构造函数，如下例所示：

```
JPanel pane = new JPanel();
```

要设置面板的布局，可调用其 setLayout() 方法。

下面的语句用于创建一个布局管理器，并将其用于名为 pane 的 JPanel 对象：

```
FlowLayout flo = new FlowLayout();
pane.setLayout(flo);
```

要将组件加入面板中，可调用面板的 add() 方法，这与其他容器相同。

下面的语句用于创建一个文本框，并将其加入名为 pane 的 Panel 对象中：

```
JTextField nameField = new JTextField(80);
pane.add(nameField);
```

本章后面有多个使用面板的示例。

随着使用布局管理器的经验日趋丰富，您将知道在特定情形下应使用哪种布局管理器。例如，边框布局适合将状态栏和工具栏分别放在底部和顶部，而网格布局适合将大小相同的文本框和标签分多行和多列排列。

11.3 卡片布局

卡片布局管理器不同于其他布局管理器，因为它可以隐藏一些组件。卡片布局是一组容器或组件，每次只显示其中的一个。其中的容器被称为卡片。

如果您使用过安装程序中的向导，就见过卡片布局。安装过程的每个步骤都有自己的卡片，其中的"下一步"按钮可以切换到下一张卡片，而"上一步"按钮可以切换到前一张卡片。

使用卡片布局时，最常见的方式是使用面板作为卡片。首先将组件加入面板中，然后将面板加入使用卡片布局的容器。

要创建卡片布局，可使用 `java.awt` 包中的 `CardLayout` 类，它有一个简单的构造函数：

```
CardLayout cc = new CardLayout();
```

要将这种布局管理器用于容器，可调用容器的 `setLayout()` 方法，如下面的语句所示：

```
setLayout(cc);
```

将容器设置为使用卡片布局管理器后，必须使用 `add(Component, String)` 方法添加组件。

其中第一个参数指定将用作卡片的容器或组件。如果是容器，则将其作为卡片加入之前，它必须包含所需的组件。

第二个参数是一个字符串，表示卡片的名称。这可以是任何您想为卡片选取的名称，如"Card 1"、"Card 2"、"Card 3"等。

下面的语句将一个名为 `options` 的面板加入容器，并将该卡片命名为`"Option Card"`：

```
add(options, "Options Card");
```

使用卡片布局的容器首次显示时，显示的是已加入容器的第一张卡片。

要显示其他卡片，可调用卡片布局管理器的 `show()` 方法，该方法接收两个参数。

- 用于放置所有卡片的容器。
- 卡片的名称。

下面的语句调用名为 `cc` 的卡片布局管理器的 `show()` 方法：

```
cc.show(this, "Fact Card");
```

关键字 `this` 指的是包含该语句的对象，`"Fact Card"`是要显示的卡片的名称。

显示卡片后，将自动隐藏以前显示的卡片。在卡片布局中，每次只能显示一张卡片。

在使用卡片布局管理器的程序中，卡片之间的切换通常由用户操作触发。例如，在安装程序的过程中，用户选择程序安装位置并单击"下一步"按钮后，将显示下一张卡片。

11.3.1 在应用程序中使用卡片布局

接下来的项目演示了卡片布局的用法和如何在同一个 GUI 中使用不同的布局管理器。

`SurveyWizard` 类是一个面板，实现了向导界面：提出一系列简单问题，并通过按钮 Next 进入下一个问题。进入最后一个问题后，按钮为 Finish，如图 11.5 所示。

实现基于卡片的布局时，最简单的方法是使用面板。这个项目使用了多个面板。

- SurveyWizard 类是一个用于存储所有卡片的面板。
- 助手类 SurveyPanel 是一个存储一个卡片的面板。
- 每个 SurveyPanel 对象都包含 3 个面板，这些面板被堆叠起来。

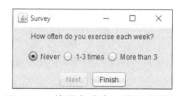

SurveyWizard 和 SurveyPanel 类都是面板，因此采用卡片布局时，最简单的方法是使用面板。每个卡片都是一个面板，它们被加入容器面板中，该容器面板用于依次显示这些卡片。

图 11.5 使用卡片布局实现类似于向导的界面

上述工作是在构造函数 SurveyWizard() 中完成的，它使用两个实例变量：一个是卡片布局管理器；另一个是一个包含 3 个 SurveyPanel 对象的数组：

```
SurveyPanel[] ask = new SurveyPanel[3];
CardLayout cards = new CardLayout();
```

构造函数设置类要使用的布局管理器，创建每个 SurveyPanel 对象，然后将它们加入类中：

```
setLayout(cards);
String question1 = "How would you characterize your diet?";
String[] resp1 = { "healthy", "unhealthy", "not telling" };
ask[0] = new SurveyPanel(question1, resp1, 2);
add(ask[0], "Card 0");
```

创建每个 SurveyPanel 对象时，都给构造函数提供了 3 个参数：问题的内容、可能答案的数组和默认答案的元素编号。

在上述代码中，问题为 "How would you characterize your diet?"，可能的答案为 "healthy" "unhealthy" 和 "not telling"。默认答案为第 3 个数组元素——"not telling"。

构造函数 SurveyPanel() 使用一个标签组件和一组单选按钮来分别存储问题和可能的答案：

```
SurveyPanel(String ques, String[] resp, int def) {
    question = new JLabel(ques);
    response = new JRadioButton[resp.length];
    // more to come
}
```

这个类使用网格布局来将组件排列为一行三列。加入每个网格中的组件都是面板。

首先，创建一个用于放置问题标签的面板：

```
JPanel sub1 = new JPanel();
JLabel quesLabel = new JLabel(ques);
sub1.add(quesLabel);
```

标签在面板中的位置是由面板的默认布局（顺序布局并居中）决定的。

接下来创建一个用于容纳可能答案的面板。使用一个 for 循环来遍历存储了可能答案的字符串数组。这些数组元素被用于创建单选按钮。构造函数 JRadioButton() 的第二个参数指定单选按钮是否被选中。完成这些工作的代码如下：

```
JPanel sub2 = new JPanel();
for (int i = 0; i < resp.length; i++) {
    if (def == i) {
        response[i] = new JRadioButton(resp[i], true);
    } else {
        response[i] = new JRadioButton(resp[i], false);
    }
    group.add(response[i]);
```

```
        sub2.add(response[i]);
    }
```
最后一个面板用于存放按钮 Next 和 Finish：

```
JPanel sub3 = new JPanel();
nextButton.setEnabled(true);
sub3.add(nextButton);
finalButton.setEnabled(false);
sub3.add(finalButton);
```

设置好所需的 3 个面板后，需要将它们加入 SurveyPanel 类中，这是构造函数需要完成的最后一项工作：

```
GridLayout grid = new GridLayout(3, 1);
setLayout(grid);
add(sub1);
add(sub2);
add(sub3);
```

SurveyPanel 类中还有一项内容：一个这样的方法，即在到达最后一个问题时启用 Finish 按钮并禁用 Next 按钮：

```
void setFinalQuestion(boolean finalQuestion) {
    if (finalQuestion) {
        nextButton.setEnabled(false);
        finalButton.setEnabled(true);
    }
}
```

在使用卡片布局的用户界面中，每个卡片的显示都是用户执行操作的结果。这些操作被称为事件，这将在第 12 章介绍。

这里简要地介绍一下 SurveyPanel 类如何对用户单击按钮做出响应。这个类实现了 Action-Listener——java.awt.event 包中的一个接口：

```
public class SurveyWizard extends JPanel implements ActionListener {
    // more to come
}
```

这个接口让这个类能够对事件（单击按钮、选择菜单和类似的用户输入）做出响应。

接下来调用每个按钮的 addActionListener(Object)方法：

```
ask[0].nextButton.addActionListener(this);
ask[0].finalButton.addActionListener(this);
```

监听器（Listener）是监听特定用户输入的类。传递给 addActionListener(Object)方法的参数是关注事件的类，将参数设置为 this 表明这种工作将由 SurveyPanel 处理。

接口 ActionListener 只有一个方法：

```
public void actionPerformed(Action evt) {
    // more to come
}
```

被监听的组件发生事件后，这个方法将被调用。在 SurveyPanel 中，每当按钮被单击时都将调用这个方法。

在 SurveyPanel 中，这个方法使用一个实例变量来指出应显示哪张卡片：

```
int currentCard = 0;
```

每当按钮被单击，导致 actionPerformed()方法被调用时，这个变量的值都加 1。然后，调用卡片布局管理器的 show(Container, String)方法来显示新的卡片。显示最后一张卡片后，Next 按钮将被禁用。

程序清单 11.5 是 SurveyWizard 类，其中包含方法 actionPerformed()的完整源代码。在这个方法的前面，使用了 @Override 来告诉 Java 编译器，接下来要覆盖超类或接口的一个方法。请在 NetBeans 中新建一个空 Java 文件，将其命名为 SurveyWizard 并放在 com.java21days 包中，再输入程序清单 11.5 所示的源代码。

程序清单 11.5　完整的 SurveyWizard.java 源代码

```
 1: package com.java21days;
 2:
 3: import java.awt.*;
 4: import java.awt.event.*;
 5: import javax.swing.*;
 6:
 7: public class SurveyWizard extends JPanel implements ActionListener {
 8:     int currentCard = 0;
 9:     CardLayout cards = new CardLayout();
10:     SurveyPanel[] ask = new SurveyPanel[3];
11:
12:     public SurveyWizard() {
13:         super();
14:         setSize(240, 140);
15:         setLayout(cards);
16:         // set up survey
17:         String question1 = "What is your gender?";
18:         String[] resp1 = { "female", "male", "not telling" };
19:         ask[0] = new SurveyPanel(question1, resp1, 2);
20:         String question2 = "What is your age?";
21:         String[] resp2 = { "Under 25", "25-34", "35-54",
22:             "Over 54" };
23:         ask[1] = new SurveyPanel(question2, resp2, 1);
24:         String question3 = "How often do you exercise each week?";
25:         String[] resp3 = { "Never", "1-3 times", "More than 3" };
26:         ask[2] = new SurveyPanel(question3, resp3, 1);
27:         ask[2].setFinalQuestion(true);
28:         addListeners();
29:     }
30:
31:     private void addListeners() {
32:         for (int i = 0; i < ask.length; i++) {
33:             ask[i].nextButton.addActionListener(this);
34:             ask[i].finalButton.addActionListener(this);
35:             add(ask[i], "Card " + i);
36:         }
37:     }
38:
39:     @Override
40:     public void actionPerformed(ActionEvent evt) {
41:         currentCard++;
42:         if (currentCard >= ask.length) {
43:             System.exit(0);
44:         }
45:         cards.show(this, "Card " + currentCard);
46:     }
47: }
48:
49: class SurveyPanel extends JPanel {
```

```
50:     JLabel question;
51:     JRadioButton[] response;
52:     JButton nextButton = new JButton("Next");
53:     JButton finalButton = new JButton("Finish");
54:
55:     SurveyPanel(String ques, String[] resp, int def) {
56:         super();
57:         setSize(160, 110);
58:         question = new JLabel(ques);
59:         response = new JRadioButton[resp.length];
60:         JPanel sub1 = new JPanel();
61:         ButtonGroup group = new ButtonGroup();
62:         JLabel quesLabel = new JLabel(ques);
63:         sub1.add(quesLabel);
64:         JPanel sub2 = new JPanel();
65:         for (int i = 0; i < resp.length; i++) {
66:             if (def == i) {
67:                 response[i] = new JRadioButton(resp[i], true);
68:             } else {
69:                 response[i] = new JRadioButton(resp[i], false);
70:             }
71:             group.add(response[i]);
72:             sub2.add(response[i]);
73:         }
74:         JPanel sub3 = new JPanel();
75:         nextButton.setEnabled(true);
76:         sub3.add(nextButton);
77:         finalButton.setEnabled(false);
78:         sub3.add(finalButton);
79:         GridLayout grid = new GridLayout(3, 1);
80:         setLayout(grid);
81:         add(sub1);
82:         add(sub2);
83:         add(sub3);
84:     }
85:
86:     void setFinalQuestion(boolean finalQuestion) {
87:         if (finalQuestion) {
88:             nextButton.setEnabled(false);
89:             finalButton.setEnabled(true);
90:         }
91:     }
92: }
```

  SurveyWizard 类是一个 JPanel 组件,第 9 行创建卡片布局管理器并将其赋给一个实例变量,而第 15 行将创建的布局管理器加入面板。这个类没有 main() 方法,要测试它,必须将它加入另一个程序的用户界面中。

  程序清单 11.6 所示的应用程序 SurveyFrame 包含一个显示调查(survey)面板的框架。请在 NetBeans 中创建这个应用程序,并将其放在 com.java21days 包中。

程序清单 11.6　完整的 SurveyFrame.java 源代码

```
1: package com.java21days;
2:
3: import javax.swing.*;
4:
5: public class SurveyFrame extends JFrame {
6:     public SurveyFrame() {
7:         super("Survey");
8:         setSize(290, 140);
```

```
 9:        setDefaultCloseOperation(JFrame.EXIT_ON_CLOSE);
10:        setLookAndFeel();
11:        SurveyWizard wiz = new SurveyWizard();
12:        add(wiz);
13:        setVisible(true);
14:    }
15:
16:    private static void setLookAndFeel() {
17:        try {
18:            UIManager.setLookAndFeel(
19:                "javax.swing.plaf.nimbus.NimbusLookAndFeel"
20:            );
21:        } catch (Exception exc) {
22:            System.err.println(exc);
23:        }
24:    }
25:
26:    public static void main(String[] arguments) {
27:        SurveyFrame.setLookAndFeel();
28:        SurveyFrame surv = new SurveyFrame();
29:    }
30: }
```

第 11 行创建一个 SurveyWizard 对象，而第 12 行将这个对象加入框架中。这个应用程序的运行情况如图 11.5 所示。

11.3.2 单元格内边距和面板内边距

默认情况下，组件的周围都没有空白（通过填满单元格的组件最容易了解这一点）。

创建新的布局管理器时，组件的水平和垂直间距决定了面板内组件间的间隔大小，面板内边距（Inset）决定了面板周围的空白大小。类 Insets 包含上、下、左、右内边距值，绘制面板本身时，将使用这些值。

面板内边距决定了面板边界与面板内组件之间的间隔。

下面的语句用于创建一个 Insets 对象，并指定上、下内边距为 20 像素，左、右内边距为 13 像素。

```
ets whitespace = new Insets(20, 13, 20, 13);
```

在容器中，可以通过重写 getInsets() 方法，并返回一个 Insets 对象来指定内边距，如下例所示：

```
public Insets getInsets() {
    return new Insets(10, 30, 10, 30);
}
```

11.4 总结

正如您所看到的，使用 Java 设计用户界面时，抽象表现主义的作用有限。要给 Swing 应用程序设计所需的用户界面，必须使用布局管理器。

对于习惯于更精确地控制组件在界面中位置的人而言，要使用布局管理器，必须调整其观念。

您现在已经学习了如何使用 5 种不同的 Swing 布局管理器和面板。当您使用 Swing 时将发现，通过使用嵌套容器和不同的布局管理器，几乎可以实现任何类型的界面。

掌握如何使用 Java 来开发用户界面后，您的程序便可以提供大多数其他可视化编程语言不能提供的东西：无须修改就能够运行在多个平台上的界面。

11.5　问与答

问：我不喜欢使用布局管理器，它们要么太简单，要么太复杂。即使经过大量的调整，用户界面也达不到我的要求。我想要做的是，定义组件大小并将它们放到屏幕的 (x, y) 位置上。我能做到这一点吗？

答：这是可能的，但会有很多问题。Java 被设计成使程序的 GUI 能够在不同系统上运行，这些系统的平台、分辨率、字体、屏幕尺寸等可以不同。依赖于像素坐标可能导致这样的问题，即在某个平台上的效果可能很好，但不能用于其他平台，在这些平台上，组件可能彼此重叠、被容器边缘截掉一部分等。布局管理器动态地在屏幕上放置组件，从而避免了这些问题。虽然在不同的平台上最终的结果可能会有所不同，但这种不同不会是灾难性的。

如果上述问题还不足以说服您，来看一个对上述建议置若罔闻的后果：用 `null` 作为参数来设置内容窗格的布局管理器，以 x、y 坐标，以及宽度和高度作为参数创建一个 Rectangle（位于 `java.awt` 包中）对象，然后以该 Rectangle 作为参数调用组件的 `setBounds(Rectangle)` 方法。

下面的应用程序显示一个 300 像素 × 300 像素的框架，其中有一个 Click Me 按钮，位置为 (10, 10)，宽度和高度分别为 120 像素和 30 像素：

```
import java.awt.*;
import javax.swing.*;

public class Absolute extends JFrame {
    public Absolute() {
        super("Example");
        setSize(300, 300);
        setLayout(null);
        JButton myButton = new JButton("Click Me");
        myButton.setBounds(new Rectangle(10, 10, 120, 30));
        add(myButton);
        setVisible(true);
    }

    public static void main(String[] arguments) {
        Absolute ex = new Absolute();
    }
}
```

11.6　小测验

请回答下述问题，以复习本章介绍的内容。

11.6.1　问题

1. 在 Java 中，面板的默认布局管理器是什么？
   A. 没有
   B. `BorderLayout`
   C. `FlowLayout`

2. 在将组件加入容器时，哪个布局管理器包含罗盘方向和中央位置？
   A. BorderLayout
   B. MapLayout
   C. FlowLayout
3. 创建包含多个步骤的安装向导时，应使用哪种布局？
   A. GridLayout
   B. CardLayout
   C. BorderLayout

11.6.2　答案

1. C。要禁止面板使用顺序布局，可将其布局管理器设置为 null。
2. A。BorderLayout 包含类变量 NORTH、SOUTH、EAST、WEST 和 CENTER。
3. B。卡片布局让您能够将组件像卡片一样堆叠，并以每次一个的方式显示它们，因此非常适合用于实现向导。

11.7　认证练习

下面的问题是 Java 认证考试中可能出现的问题，请回答该问题，不要查看本章的内容，也不要使用 Java 编译器对代码进行测试。
对于下述代码：

```java
import java.awt.*;
import javax.swing.*;

public class ThreeButtons extends JFrame {
public ThreeButtons() {
    super("Program");
    setSize(350, 225);
    setDefaultCloseOperation(JFrame.EXIT_ON_CLOSE);
    JButton alpha = new JButton("Alpha");
    JButton beta = new JButton("Beta");
    JButton gamma = new JButton("Gamma");
    // answer goes here
    add(alpha);
    add(beta);
    add(gamma);
    pack();
    setVisible(true);
    }

    public static void main(String[] arguments) {
        ThreeButtons b3 = new ThreeButtons();
    }
}
```

为使框架并排地显示所有的 3 个按钮，应将 // answer goes here 替换为下述哪条语句？
A. content.setLayout(null);
B. content.setLayout(new FlowLayout());
C. content.setLayout(new GridLayout(3,1));
D. content.setLayout(new BorderLayout());

11.8 练习

为巩固本章介绍的知识，请尝试完成下面的练习。

1. 创建一个用户界面，用于显示日历中的某一个月，最上面是表示星期和月份的标题。
2. 创建一个使用了多种布局管理器的界面。

第 12 章

响应用户输入

如果用户在 Java 程序的图形用户界面（GUI）上什么都不能做，那么这样的界面将用处不大。要让程序充分发挥其作用，必须让界面能够接收用户事件。

Swing 用一组被称为事件监听器（event listener）的接口来处理事件。您可以创建监听器对象，并将其与要监听的用户界面组件关联起来。

本章将介绍如何将各种监听器加入 Swing 程序中，以处理行为事件（action event）、鼠标事件和其他交互。

然后，使用一系列 Swing 类创建一个完整的 Java 程序。

12.1　事件监听器

要对用户事件做出响应，类必须实现处理事件的接口。接口是抽象类型，定义了类必须实现的方法。

处理用户事件的接口被称为事件监听器。每个事件监听器都要处理特定的事件。

`java.awt.event` 包提供了所有基本的事件监听器和表示特定事件的对象。下述监听器接口最常用。

- `ActionListener`：行为事件，由用户对组件执行某种操作（如单击按钮）激发。
- `AdjustmentListener`：调整事件，组件被调整（如移动滚动条上的滑块）时激发。
- `FocusListener`：键盘焦点事件，诸如文本框等组件获得或失去焦点时激发。
- `ItemListener`：选项事件，诸如复选框等选项被修改时激发。
- `KeyListener`：键盘事件，用户通过键盘输入文本时激发。
- `MouseListener`：鼠标事件，鼠标单击、鼠标指针移入或离开组件时激发。
- `MouseMotionListener`：鼠标移动事件，跟踪鼠标指针在组件上的运动。
- `WindowListener`：窗口事件，窗口被最大化、最小化、移动或关闭时激发。

就像 Java 类可实现多个接口一样，接收用户输入的类可根据需要实现任意数目的监听器。要实现接口，可在类声明中使用关键字 `implements`，并在它后面指定接口的名称。如果要实现多个接口，可使用逗号分隔接口名。

下面的类被声明为能够处理行为事件和文本事件：

```
public class Suspense extends JFrame implements ActionListener,
    TextListener {
    // body of class
}
```

要在程序中使用这些事件监听器接口，可以分别导入它们或在 `import` 语句中使用通配符来导入整个包：

```
import java.awt.event.*;
```

12.1.1 设置组件

将类用作事件监听器时，必须首先设置它要监听的事件类型。然而，如果没有将匹配的监听器加入 GUI 组件中，就监听不到这些事件。组件被使用时，该监听器将激发相应的事件。

创建组件后，可以调用组件的下述方法之一将监听器与组件关联起来。

- addActionListener()：JButton、Jcheck、JcomboBox、JTextField 和 JRadioButton 组件。
- addFocusListener()：所有 Swing 组件。
- addItemListener()：JButton、JCheckBox、JComboBox 和 JRadioButton 组件。
- addKeyListener()：所有 Swing 组件。
- addMouseListener()：所有 Swing 组件。
- addMouseMotionListener()：所有 Swing 组件。
- addTextListener()：JTextField 和 JTextArea 组件。
- addWindowListener()：所有 JWindow 和 JFrame 组件。

> **警告**　在 Java 程序中，人们常犯的一个错误是，将组件加入容器之后对组件进行修改。将组件加入容器之前，必须将监听器与组件关联起来，并完成其他配置工作；否则，当程序运行时，这些设置将被忽略。

下面的例子创建一个 JButton 对象，并将一个行为事件监听器与之关联起来：

```
JButton zap = new JButton("Zap");
zap.addActionListener(this);
```

所有这些 add 方法都接收一个参数：对事件进行监听的对象。this 表示当前类就是事件监听器。您可以指定其他对象，只要它的类实现了相应的监听器接口。

12.1.2 事件处理方法

将接口与类关联起来时，这个类必须处理接口包含的所有方法。

就事件监听器而言，每个方法都由窗口系统自动调用，这是在对应的用户事件发生时进行的。

接口 ActionListener 只有一个方法：actionPerformed()。所有实现了 ActionListener 接口的类都必须有一个结构与下面的语句类似的方法：

```
public void actionPerformed(ActionEvent event) {
    // handle event here
}
```

如果程序的 GUI 只有一个组件有行为事件监听器，则 actionPerformed()方法可用于响应由该组件激发的事件。这使方法 actionPerformed()编写起来更简单，其所有代码都响应该组件的用户事件。

如果有多个组件有行为事件监听器，则必须根据方法 actionPerformed()的参数 ActionEvent 来判断哪个组件被使用，进而采取相应的措施。ActionEvent 对象可用于获悉激发事件的组件的细节。ActionEvent 和其他所有的事件对象都位于 java.awt.event 包中。

每种事件处理方法都接收某种事件对象作为参数。这种事件对象的方法 getSource() 可用来判断激发事件的组件，如下例所示：

```
public void actionPerformed(ActionEvent event) {
    Object source = event.getSource();
}
```

可以使用运算符(==)将方法 getSource() 返回的对象与组件进行比较。下面的语句扩展了前一个示例，以处理用户对按钮 quitButton 和 sortRecords 的单击：

```
if (source == quitButton) {
    quit();
}
if (source == sortRecords) {
    sort();
}
```

如果事件是由对象 quitButton 激发的，则调用方法 quit()；如果是由对象 sortRecords 激发的，则调用方法 sort()。

很多事件处理方法都针对每种事件或组件调用不同的方法，这使事件处理方法更容易阅读。此外，如果类包含多个事件处理方法，则每个都可调用相同的方法来完成工作。

在事件处理方法中，可使用 Java 运算符 instanceof 来检查激发事件的组件所属的类。下面的代码可用于包含一个按钮和一个文本框的程序中，这两种组件都激发行为事件：

```
void actionPerformed(ActionEvent event) {
    Object source = event.getSource();
    if (source instanceof JTextField) {
        calculateScore();
    } else if (source instanceof JButton) {
        quit();
    }
}
```

如果激发事件的组件属于 JTextField 类，则调用方法 calculateScore()；如果属于 JButton 类，则调用方法 quit()。

程序清单 12.1 所示的应用程序 TitleBar 显示一个框架，该框架包含两个 JButton 组件，而这些按钮用于修改框架标题栏的文本。请新建一个空 Java 文件，将其命名为 TitleBar 并放在 com.java21days 包中，再输入程序清单 12.1 所示的源代码。

程序清单 12.1　完整的 TitleBar.java 源代码

```
1: package com.java21days;
2:
3: import java.awt.event.*;
4: import javax.swing.*;
5: import java.awt.*;
6:
7: public class TitleBar extends JFrame implements ActionListener {
8:     JButton b1;
9:     JButton b2;
10:
11:     public TitleBar() {
12:         super("Title Bar");
13:         setSize(330, 80);
```

```
14:            setDefaultCloseOperation(JFrame.EXIT_ON_CLOSE);
15:            b1 = new JButton("Rosencrantz");
16:            b2 = new JButton("Guildenstern");
17:            b1.addActionListener(this);
18:            b2.addActionListener(this);
19:            FlowLayout flow = new FlowLayout();
20:            setLayout(flow);
21:            add(b1);
22:            add(b2);
23:            setVisible(true);
24:        }
25:
26:        @Override
27:        public void actionPerformed(ActionEvent event) {
28:            Object source = event.getSource();
29:            if (source == b1) {
30:                setTitle("Rosencrantz");
31:            } else if (source == b2) {
32:                setTitle("Guildenstern");
33:            }
34:            repaint();
35:        }
36:
37:        private static void setLookAndFeel() {
38:            try {
39:                UIManager.setLookAndFeel(
40:                    "javax.swing.plaf.nimbus.NimbusLookAndFeel"
41:                );
42:            } catch (Exception exc) {
43:                System.err.println(exc);
44:            }
45:        }
46:
47:        public static void main(String[] arguments) {
48:            TitleBar.setLookAndFeel();
49:            TitleBar frame = new TitleBar();
50:        }
51: }
```

使用 Java 虚拟机运行该应用程序时，其界面如图 12.1 所示。
请单击其中的按钮，看看会发生什么情况。

为在该应用程序中响应行为事件，只需 13 行代码。

图 12.1　应用程序 TitleBar

- 第 3 行导入 java.awt.event 包。
- 第 7 行指出这个类将实现接口 ActionListener。
- 第 17~18 行将行为监听器加入两个按钮中。
- 第 27~35 行响应两个 JButton 对象上发生的行为事件。event 对象的 getSource()方法
  用于确定事件的来源，如果来源是按钮 b1，则将框架的标题设置为 Rosencrantz；如果是
  b2，则设置为 Guildenstern。repaint()方法的调用是必不可少的，这样在方法中修改标
  题后，将重绘框架。

12.2　使用方法

接下来的几节将详细介绍每个事件处理方法的结构和可以在其中使用的方法。

除前面介绍的方法外，还可以调用任何事件对象的 getSource()方法来判断事件是由哪个对象
激发的。

12.2.1 行为事件

行为事件在用户使用以下组件之一完成某种操作时发生：按钮、复选框、菜单项、文本框和单选按钮。

要处理这些事件，类必须实现接口 `ActionListener`。此外，还必须对于每个要激发行为事件的组件调用方法 `addActionListener()`，除非要忽略该组件的行为事件。

方法 `actionPerformed(ActionEvent)` 是接口 `ActionListener` 中唯一的方法，其格式如下：

```
public void actionPerformed(ActionEvent event) {
    // ...
}
```

除方法 `getSource()` 外，还可以调用 `ActionEvent` 对象的方法 `getActionCommand()` 来获取有关事件来源的更详细的信息。

默认情况下，动作命令（action command）是与组件相关联的文本，如按钮上的标签。您还可以调用组件的 `setActionCommand(String)` 方法来设置不同的动作命令，其中 `String` 参数是希望的动作命令文本。

例如，下面的语句用于创建一个按钮和一个菜单项，并将它们的动作命令都指定为 `"Sort Files"`：

```
JButton sort = new JButton("Sort");
JMenuItem menuSort = new JMenuItem("Sort");
sort.setActionCommand("Sort Files");
menuSort.setActionCommand("Sort Files");
```

提示　当程序中的多个组件可能激发相同的事件时，动作命令将很有用。例如，程序中有一个 Quit 按钮，同时其下拉菜单中有一个 Quit 选项。将相同的动作命令指定给这两个组件，可以在事件处理方法中使用相同的代码来处理它们。

12.2.2 焦点事件

焦点事件在 GUI 中的组件获得或失去输入焦点时发生。获得焦点表明组件可以接收键盘输入。当文本框获得焦点（在包含多个可编辑的文本框的用户界面中）时，其中将有一个闪烁的光标，此时文本将被输入该组件中。

焦点适用于任何可接受输入的组件。要让组件获得焦点，可调用其 `requestFocus()` 方法，且不提供任何参数，如下例所示：

```
JButton ok = new JButton("OK");
ok.requestFocus();
```

要处理焦点事件，类必须实现接口 `FocusListener`。这个接口包含两个方法：`focusGained(FocusEvent)` 和 `focusLost(FocusEvent)`。它们的格式如下：

```
public void focusGained(FocusEvent event) {
    // ...
}
public void focusLost(FocusEvent event) {
    // ...
}
```

要判断哪个对象获得或失去了焦点，可调用 FocusEvent 对象的 getSource()方法，
FocusEvent 对象是传递给方法 focusGained()和 focusLost()的参数。

程序清单 12.2 所示的 Java 应用程序 Calculator 显示两个数的和。这里使用了焦点事件来判断是否
需要重新计算两个数的和。请在 NetBeans 中新建一个空 Java 文件，将其命名为 Calculator 并放在
com.java21days 包中，再输入该程序清单所示的源代码。

程序清单 12.2 完整的 Calculator.java 源代码

```
 1: package com.java21days;
 2:
 3: import java.awt.event.*;
 4: import javax.swing.*;
 5: import java.awt.*;
 6:
 7: public class Calculator extends JFrame implements FocusListener {
 8:     JTextField value1, value2, sum;
 9:     JLabel plus, equals;
10:
11:     public Calculator() {
12:         super("Add Two Numbers");
13:         setSize(350, 90);
14:         setDefaultCloseOperation(JFrame.EXIT_ON_CLOSE);
15:         FlowLayout flow = new FlowLayout(FlowLayout.CENTER);
16:         setLayout(flow);
17:         // create components
18:         value1 = new JTextField("0", 5);
19:         plus = new JLabel("+");
20:         value2 = new JTextField("0", 5);
21:         equals = new JLabel("=");
22:         sum = new JTextField("0", 5);
23:         // add listeners
24:         value1.addFocusListener(this);
25:         value2.addFocusListener(this);
26:         // set up sum field
27:         sum.setEditable(false);
28:         // add components
29:         add(value1);
30:         add(plus);
31:         add(value2);
32:         add(equals);
33:         add(sum);
34:         setVisible(true);
35:     }
36:
37:     @Override
38:     public void focusGained(FocusEvent event) {
39:         try {
40:             float total = Float.parseFloat(value1.getText()) +
41:                 Float.parseFloat(value2.getText());
42:             sum.setText("" + total);
43:         } catch (NumberFormatException nfe) {
44:             value1.setText("0");
45:             value2.setText("0");
46:             sum.setText("0");
47:         }
48:     }
49:
50:     @Override
51:     public void focusLost(FocusEvent event) {
52:         focusGained(event);
```

```
53:     }
54:
55:     private static void setLookAndFeel() {
56:         try {
57:             UIManager.setLookAndFeel(
58:                 "javax.swing.plaf.nimbus.NimbusLookAndFeel"
59:             );
60:         } catch (Exception exc) {
61:             System.err.println(exc);
62:         }
63:     }
64:
65:     public static void main(String[] arguments) {
66:         Calculator.setLookAndFeel();
67:         Calculator frame = new Calculator();
68:     }
69: }
```

这个应用程序的运行情况如图 12.2 所示。

在这个应用程序中，类实现了接口 **FocusListener**，因此能够将焦点监听器加入前两个文本框（**value1** 和 **value2**）中。

每当这两个文本框中的任何一个获得输入焦点时，都将调用 **focusGained()** 方法（第 38～48 行）。在这个方法中，将

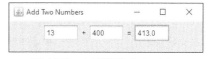

图 12.2　应用程序 Calculator

两个文本框中的值相加以计算它们的和。如果其中任何一个文本框包含的值无效（如字符串），将引发 **NumberFormatException** 异常，并将 3 个文本框的值都重置为 0。

方法 **focusLost()** 调用方法 **focusGained()**，并将焦点事件作为参数，从而完成相同的工作。

有关这个应用程序，需要指出的一点是，要收集文本框中的数字输入，并不需要事件处理行为，所有接受文本输入的组件都将自动收集输入的值。

12.2.3　选项事件

选项事件在下述组件中的选项被选中或取消选中时发生：按钮、复选框和单选按钮。要处理这些事件，类必须实现接口 **ItemListener**。

itemStateChanged(ItemEvent) 是接口 **ItemEvent** 中唯一的方法，其格式如下：

```
void itemStateChanged(ItemEvent event) {
    // ...
}
```

要确定事件发生在哪个选项上，可以调用 **ItemEvent** 对象的 **getItem()** 方法。

还可使用方法 **getStateChange()** 来判断选项是被选中还是被取消选中，该方法返回一个整数值，它等于类变量 **ItemEvent.DESELECTED** 或 **ItemEvent.SELECTED**。

程序清单 12.3 所示的应用程序 FormatChooser 演示了如何使用选项事件，它将组合框中被选中的选项显示在一个标签中。请在 NetBeans 中新建一个空 Java 文件，将其命名为 **FormatChooser** 并放在 **com.java21days** 包中，再输入该程序清单所示的源代码。

程序清单 12.3　完整的 FormatChooser.java 源代码

```
1: package com.java21days;
2:
3: import java.awt.*;
4: import java.awt.event.*;
```

```
 5: import javax.swing.*;
 6:
 7: public class FormatChooser extends JFrame implements ItemListener {
 8:     String[] formats = { "(choose format)", "Atom", "RSS 0.92",
 9:         "RSS 1.0", "RSS 2.0" };
10:     String[] descriptions = {
11:         "Atom weblog and syndication format",
12:         "RSS syndication format 0.92 (Netscape)",
13:         "RSS/RDF syndication format 1.0 (RSS/RDF)",
14:         "RSS syndication format 2.0 (UserLand)"
15:     };
16:     JComboBox formatBox = new JComboBox();
17:     JLabel descriptionLabel = new JLabel("");
18:
19:     public FormatChooser() {
20:         super("Syndication Format");
21:         setSize(420, 150);
22:         setDefaultCloseOperation(JFrame.EXIT_ON_CLOSE);
23:         setLayout(new BorderLayout());
24:         for (String format : formats) {
25:             formatBox.addItem(format);
26:         }
27:         formatBox.addItemListener(this);
28:         add(BorderLayout.NORTH, formatBox);
29:         add(BorderLayout.CENTER, descriptionLabel);
30:         setVisible(true);
31:     }
32:
33:     @Override
34:     public void itemStateChanged(ItemEvent event) {
35:         int choice = formatBox.getSelectedIndex();
36:         if (choice > 0) {
37:             descriptionLabel.setText(descriptions[choice-1]);
38:         }
39:     }
40:
41:     @Override
42:     public Insets getInsets() {
43:         return new Insets(50, 10, 10, 10);
44:     }
45:
46:     private static void setLookAndFeel() {
47:         try {
48:             UIManager.setLookAndFeel(
49:                 "javax.swing.plaf.nimbus.NimbusLookAndFeel"
50:             );
51:         } catch (Exception exc) {
52:             System.err.println(exc);
53:         }
54:     }
55:
56:     public static void main(String[] arguments) {
57:         FormatChooser.setLookAndFeel();
58:         FormatChooser frame = new FormatChooser();
59:     }
60: }
```

这个应用程序扩展了第 9 章的组合框示例。图 12.3 显示了用户做出选择后的情况。

该应用程序使用一个字符串数组创建了一个组合框,并将一个选项监听器加入这个组件中(第 24~27 行)。方法 itemStateChanged(ItemEvent)(第 34~39 行)用于接收选项事件,它根据选定选项的索引值相应地修改标签的文本。索引值 1 对应于 Atom,2 对应于 RSS 0.92,3 对应于 RSS 1.0,而 4 对应于 RSS 2.0。

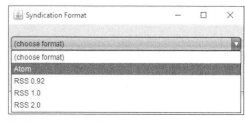

图 12.3　应用程序 FormatChooser 的运行效果

12.2.4　键盘事件

键盘事件在键盘上的键被按下时发生。任何组件都可以激发键盘事件,要支持键盘事件,类必须实现接口 KeyListener。

接口 KeyListener 有 3 个方法:keyPressed(KeyEvent)、KeyReleased(KeyEvent)和 KeyTyped(KeyEvent)。它们的格式如下:

```
public void keyPressed(KeyEvent event) {
    // ...
}
public void keyReleased(KeyEvent event) {
    // ...
}
public void keyTyped(KeyEvent event) {
    // ...
}
```

KeyEvent 的方法 getKeyChar()返回与事件相关联的键盘字符。如果没有与按下的键对应的 Unicode 字符,getKeyChar()将返回一个等于类变量 KeyEvent.CHAR_UNDEFINED 的字符值。

组件必须能够接受输入焦点才能引发键盘事件。文本框、文本区域和其他能够接受键盘输入的组件自动支持键盘事件。对于其他组件,如标签和面板,应使用参数 true 调用方法 setFocusable(boolean),如下面的代码所示:

```
JPanel pane = new JPanel();
pane.setFocusable(true);
```

12.2.5　鼠标事件

鼠标事件是由鼠标单击、鼠标指针进入组件区域或鼠标指针离开组件区域激发的。任何组件都可以激发鼠标事件,类通过接口 MouseListener 来实现这些事件,这个接口有 5 个方法。

- mouseClicked(MouseEvent)。
- mouseEntered(MouseEvent)。
- mouseExited(MouseEvent)。
- mousePressed(MouseEvent)。
- mouseReleased(MouseEvent)。

其中每种方法的基本格式都与 mouseReleased(MouseEvent)方法相同:

```
public void mouseReleased(MouseEvent event) {
    // ...
}
```

可对 **MouseEvent** 对象调用下述方法。

- **getClickCount()**：返回一个整数，指出鼠标被单击的次数。
- **getPoint()**：返回一个 **Point** 对象，指出单击位置在组件中的(*x*, *y*)坐标。
- **getX()**：返回单击位置的 *x* 坐标。
- **getY()**：返回单击位置的 *y* 坐标。

12.2.6　鼠标移动事件

鼠标移动事件在鼠标指针经过组件时发生。与其他鼠标事件一样，任何组件都可以激发鼠标移动事件。要支持这种事件，类必须实现接口 **MouseMotionListener**。

MouseMotionListener 接口有两个方法：**mouseDragged(MouseEvent)**和 **mouseMoved(MouseEvent)**，它们的格式如下：

```
public void mouseDragged(MouseEvent event) {
    // ...
}
public void mouseMoved(MouseEvent event) {
    // ...
}
```

与前面介绍的其他事件监听器接口不同，**MouseMotionListener** 接口并没有自己的事件类型，它使用的是 **MouseEvent** 对象。因此，您可以调用与鼠标事件相同的方法：**getClickCount()**、**getPoint()**、**getX()**和**getY()**。

下一个项目演示了如何检测和响应鼠标事件。程序清单 12.4 所示的应用程序 MousePrank 包含两个类——**MousePrank** 和 **PrankPanel**，这两个类用于实现一个用户单击不到的按钮。

在 NetBeans 中新建一个空 Java 文件，将其命名为 **MousePrank** 并放在 **com.java21days** 包中，再输入程序清单 12.4 所示的源代码。

程序清单 12.4　完整的 MousePrank.java 源代码

```
 1: package com.java21days;
 2:
 3: import java.awt.*;
 4: import java.awt.event.*;
 5: import javax.swing.*;
 6:
 7: public class MousePrank extends JFrame implements ActionListener {
 8:     public MousePrank() {
 9:         super("Message");
10:         setDefaultCloseOperation(JFrame.EXIT_ON_CLOSE);
11:         setSize(420, 220);
12:         BorderLayout border = new BorderLayout();
13:         setLayout(border);
14:         JLabel msg = new JLabel("Click OK to close program.");
15:         add(BorderLayout.NORTH, msg);
16:         PrankPanel prank = new PrankPanel();
17:         prank.ok.addActionListener(this);
18:         add(BorderLayout.CENTER, prank);
19:         setVisible(true);
20:     }
21:
22:     @Override
23:     public void actionPerformed(ActionEvent event) {
24:         System.exit(0);
25:     }
```

```
26:
27:     @Override
28:     public Insets getInsets() {
29:         return new Insets(40, 10, 10, 10);
30:     }
31:
32:     private static void setLookAndFeel() {
33:         try {
34:             UIManager.setLookAndFeel(
35:                 "javax.swing.plaf.nimbus.NimbusLookAndFeel"
36:             );
37:         } catch (Exception exc) {
38:             System.err.println(exc);
39:         }
40:     }
41:     }
42:
43:     public static void main(String[] arguments) {
44:         MousePrank.setLookAndFeel();
45:         new MousePrank();
46:     }
47: }
48:
49: class PrankPanel extends JPanel implements MouseMotionListener {
50:     JButton ok = new JButton("OK");
51:     int buttonX, buttonY, mouseX, mouseY;
52:     int width, height;
53:
54:     PrankPanel() {
55:         super();
56:         setLayout(null);
57:         addMouseMotionListener(this);
58:         buttonX = 110;
59:         buttonY = 110;
60:         ok.setBounds(new Rectangle(buttonX, buttonY,
61:             70, 20));
62:         add(ok);
63:     }
64:
65:     public void mouseMoved(MouseEvent event) {
66:         mouseX = event.getX();
67:         mouseY = event.getY();
68:         width = (int) getSize().getWidth();
69:         height = (int) getSize().getHeight();
70:         if (Math.abs((mouseX + 35) - buttonX) < 50) {
71:             buttonX = moveButton(mouseX, buttonX, width);
72:             repaint();
73:         }
74:         if (Math.abs((mouseY + 10) - buttonY) < 50) {
75:             buttonY = moveButton(mouseY, buttonY, height);
76:             repaint();
77:         }
78:     }
79:
80:     @Override
81:     public void mouseDragged(MouseEvent event) {
82:         // ignore this event
83:     }
84:
85:     private int moveButton(int mouseAt, int buttonAt, int bord) {
86:         if (buttonAt < mouseAt) {
87:             buttonAt--;
88:         } else {
```

```
89:            buttonAt++;
90:        }
91:        if (buttonAt > (bord - 20)) {
92:            buttonAt = 10;
93:        }
94:        if (buttonAt < 0) {
95:            buttonAt = bord - 80;
96:        }
97:        return buttonAt;
98:    }
99:
100:    @Override
101:    public void paintComponent(Graphics comp) {
102:        super.paintComponent(comp);
103:        ok.setBounds(buttonX, buttonY, 70, 20);
104:    }
105: }
```

MousePrank 类是一个框架，用于容纳两个以边框
布局方式排列的组件：标签 "Click OK to close program."
和一个包含 OK 按钮的面板。图 12.4 显示了这个应用程
序的用户界面。

由于这个按钮的行为不正常，因此是使用 JPanel
类的子类 PrankPanel 实现的。这个面板包含一个按
钮，按钮被绘制在面板的特定位置，而不是使用布局管
理器放置的。这种技术在第 11 章末尾介绍过。

图 12.4   应用程序 MousePrank

面板的布局管理器被设置为 null，以免它使用默
认的顺序布局：

```
setLayout(null);
```

接下来使用 setBounds(Rectangle) 方法将按钮放置在面板上，这个方法也用于指定框架或窗
口将出现在桌面的什么位置。

Rectangle 对象是使用 4 个参数创建的：x 位置、y 位置、宽度和高度。下面的代码演示了
PrankPanel 类是如何绘制按钮的：

```
JButton ok = new JButton("OK");
int buttonX = 110;
int buttonY = 110;
ok.setBounds(new Rectangle(buttonX, buttonY, 70, 20));
```

上述代码在调用方法时创建一个 Rectangle 对象并将其作为参数，相比于创建这种对象并将其
赋给一个变量、再将该变量用作参数，这样做的效率更高。因为不需要在 PrankPanel 类的其他地方
使用 Rectangle 对象，因此无须将它赋给变量。下面的代码分两步完成了和上述代码最后一行同样
的任务：

```
Rectangle box = new Rectangle(buttonX, buttonY, 70, 20);
ok.setBounds(box);
```

这个类有两个用于存储按钮的 x 和 y 坐标的实例变量：buttonX 和 buttonY。它们的初始值都
是 110，但当鼠标指针离按钮中心的距离不超过 50 像素时，它们的值将被修改。

为跟踪鼠标移动，实现了接口 MouseListener 及其两个方法：mouseMoved(MouseEvent)
和 mouseDragged(MouseEvent)。

面板使用了 mouseMoved() 方法，但忽略了 mouseDragged() 方法。

鼠标指针移动时，鼠标事件对象的 getX() 和 getY() 方法将返回鼠标指针当前位置的 x 和 y 坐标，这些坐标存储在实例变量 mouseX 和 mouseY 中。

方法 moveButton(int, int, int) 接收 3 个参数。

- 按钮的 x 或 y 坐标。
- 鼠标指针位置的 x 或 y 坐标。
- 面板的宽度或高度。

这个方法沿水平或垂直方向移动按钮，使之远离鼠标指针；具体沿哪个方向移动取决于调用它时指定的参数是 x 坐标和面板高度还是 y 坐标和面板宽度。

移动按钮的位置后，调用方法 repaint()，这将使面板的 paintComponent(Graphics) 方法（第 101~104 行）被调用。

每个组件都有 paintComponent() 方法，可对其进行覆盖以绘制组件。按钮的 setBounds() 方法在当前的 (x, y) 处显示按钮（第 103 行）。

12.2.7　窗口事件

窗口事件在用户打开或关闭诸如 JFrame 或 JWindow 等窗口对象时发生。任何组件都可以激发窗口事件，要支持这种事件，类必须实现接口 WindowListener。

接口 WindowListener 有 7 个方法。

- windowActivated(WindowEvent)。
- windowClosed(WindowEvent)。
- windowClosing(WindowEvent)。
- windowDeactivated(WindowEvent)。
- windowDeiconified(WindowEvent)。
- windowIconified(WindowEvent)。
- windowOpened(WindowEvent)。

它们的格式相同，下面是 windowOpened() 的格式：

```
public void windowOpened(WindowEvent event) {
    // body of method
}
```

方法 windowClosing() 和 windowClosed() 相似，但前者在窗口正关闭时调用，后者在窗口关闭后调用。实际上，可以在方法 windowClosing() 中采取某种措施来阻止窗口被关闭。

12.2.8　使用适配器类

Java 类实现接口时，必须包括该接口的所有方法（即使不打算使用这些方法）。

这种要求使在实现事件处理接口（如 WindowListener，它有 7 个方法）时，必须添加大量的空方法。

出于方便的考虑，Java 提供了适配器（adapter）——包含特定接口的空实现的 Java 类，通过继承适配器类，可以只实现需要的事件处理方法——覆盖这些方法，其他的方法将继承超类的空方法。

java.awt.event 包提供了 FocusAdapter、KeyAdapter、MouseAdapter、MouseMotion Adapter 和 WindowAdapter 等适配器类，它们分别对应于用于焦点、键盘、鼠标移动和窗口等事件的监听器。

程序清单 12.5 所示的应用程序通过一个 KeyAdapter 的子类来监控键盘事件，进而显示用户最后一次按下的键。请在 NetBeans 中新建一个空 Java 文件,将其命名为 **KeyChecker** 并放在 `com.java21days` 包中,再输入程序清单 12.5 所示的源代码。

程序清单 12.5 完整的 KeyChecker.java 源代码

```
1: package com.java21days;
2:
3: import java.awt.*;
4: import java.awt.event.*;
5: import javax.swing.*;
6:
7: public class KeyChecker extends JFrame {
8:     JLabel keyLabel = new JLabel("Hit any key");
9:
10:     public KeyChecker() {
11:         super("Hit a Key");
12:         setSize(300, 200);
13:         setDefaultCloseOperation(JFrame.EXIT_ON_CLOSE);
14:         setLayout(new FlowLayout(FlowLayout.CENTER));
15:         KeyMonitor monitor = new KeyMonitor(this);
16:         setFocusable(true);
17:         addKeyListener(monitor);
18:         add(keyLabel);
19:         setVisible(true);
20:     }
21:
22:     private static void setLookAndFeel() {
23:         try {
24:             UIManager.setLookAndFeel(
25:                 "javax.swing.plaf.nimbus.NimbusLookAndFeel"
26:             );
27:         } catch (Exception exc) {
28:             System.err.println(exc);
30:         }
31:     }
32:
33:     public static void main(String[] arguments) {
34:         KeyChecker.setLookAndFeel();
35:         new KeyChecker();
36:     }
37: }
38:
39: class KeyMonitor extends KeyAdapter {
40:     KeyChecker display;
41:
42:     KeyMonitor(KeyChecker display) {
43:         this.display = display;
44:     }
45:
46:     @Override
47:     public void keyTyped(KeyEvent event) {
48:         display.keyLabel.setText("" + event.getKeyChar());
49:         display.repaint();
50:     }
51: }
```

应用程序 KeyChecker 包含主类 **KeyChecker** 和助手类 **KeyMonitor**。

KeyMonitor 类继承了 **KeyAdatper** 类,而 **KeyAdatper** 类是一个键盘事件适配器类,实现了接口 **KeyListener**。在第 47~50 行,覆盖了 **KeyAdatper** 类的方法 **keyTyped()**。

用户按键时,通过调用用户事件对象的方法 **getKeyChar()** 来获悉按下的是哪个键,并将

KeyChecker 类中的标签 keyLabel 的文本设置为这个键的名称。
图 12.5 显示了该应用程序运行时的情况。

图 12.5 应用程序 KeyChecker 运行时的情况

12.2.9 使用内部类

在 Java 中获取用户输入时，面临的挑战之一是让代码尽可能简洁。由于需要实现事件监听器及其所有方法，还需考虑输入无效的情况，因此需要编写大量的代码。

在应用程序 KeyChecker（参见程序清单 12.5）中，为了减少处理键盘事件而需编写的代码量，使用了一个适配器类。要进一步减少代码，可使用内部类。下面的语句定义了一个内部适配器类：

```
KeyAdapter monitor = new KeyAdapter() {
    public void keyTyped(KeyEvent event) {
        keyLabel.setText("" + event.getKeyChar());
        repaint();
    }
};
```

KeyAdapter 对象覆盖了一个方法——keyTyped(KeyEvent)，以便接受键盘输入。相比于程序清单 12.5 所示的 KeyChecker 类，程序清单 12.6 所示的 KeyChecker2 类有两个优点。请在 NetBeans 中创建它，看看您能否明白是哪两个优点。

程序清单 12.6 完整的 KeyChecker2.java 源代码

```
 1: package com.java21days;
 2:
 3: import java.awt.*;
 4: import java.awt.event.*;
 5: import javax.swing.*;
 6:
 7: public class KeyChecker2 extends JFrame {
 8:     JLabel keyLabel = new JLabel("Hit any key");
 9:
10:     public KeyChecker2() {
11:         super("Hit a Key");
12:         setSize(300, 200);
13:         setDefaultCloseOperation(JFrame.EXIT_ON_CLOSE);
14:         setLayout(new FlowLayout(FlowLayout.CENTER));
15:         KeyAdapter monitor = new KeyAdapter() {
16:             public void keyTyped(KeyEvent event) {
17:                 keyLabel.setText("" + event.getKeyChar());
18:                 repaint();
19:             }
20:         };
21:         setFocusable(true);
22:         addKeyListener(monitor);
23:         add(keyLabel);
24:         setVisible(true);
25:     }
26:
27:     private static void setLookAndFeel() {
28:         try {
29:             UIManager.setLookAndFeel(
30:                 "javax.swing.plaf.nimbus.NimbusLookAndFeel"
31:             );
32:         } catch (Exception exc) {
33:             System.err.println(exc);
```

```
34:        }
35:      }
36:
37:      public static void main(String[] arguments) {
38:          KeyChecker2.setLookAndFeel();
39:          new KeyChecker2();
40:      }
41: }
```

该应用程序与 KeyChecker 完全等效。

这个版本的优点如下：由于不需要创建一个独立的类，因此代码更短；在内部类中，无须使用 this 就可修改标签的文本，如第 17 行所示。内部类可访问其所属类的变量和方法。

内部类还可以是匿名的，即未赋给变量的类对象。

本章前面的应用程序 TitleBar（参见程序清单 12.1）使用了行为事件，以便在用户单击按钮时修改框架的标题。可使用匿名内部类来简化这个应用程序。为此，可将一个匿名内部类用作按钮的方法 addActionListener() 的参数，如下所示：

```
JButton b1;
b1.addActionListener(new ActionListener() {
    public void actionPerformed(ActionEvent evt) {
        setTitle("Rosencrantz");
    }
});
JButton b2;
b2.addActionListener(new ActionListener() {
    public void actionPerformed(ActionEvent evt) {
        setTitle("Guildenstern");
    }
});
```

这个匿名内部类实现了接口 ActionListener，并通过实现该接口的方法 actionPerformed()，在相应按钮被单击时修改框架的标题。由于每个按钮都有自己的监听器，因此比将一个监听器用于多个界面组件更简单。

内部类看起来比独立类复杂，但可以简化并缩短 Java 代码。

12.3 总结

给 GUI 添加 Swing 事件处理功能的基本步骤如下。
- 在将包含事件处理方法的类中实现监听器接口。
- 将监听器加入每个将激发要处理事件的组件中。
- 加入方法，其中每个方法以 EventObject 对象作为其唯一的参数。
- 使用 EventObject 类的方法（如 getSource()）来获悉事件的类型和激发该事件的组件。

知道这些步骤后，就可以使用任何监听器接口和事件类。当使用新的组件将新监听器添加到 Swing 中时，您将进一步熟悉这些新监听器。

12.4 问与答

问：可以将程序的事件处理行为放在独立的类中，而不放在创建界面的代码中吗？

答：可以，很多程序员都认为这是一种设计程序的好办法。将界面设计与事件处理代码分开以达到分别开发它们的目的。这使项目更容易维护，相关的行为被组织在一起，并与无关的行为分开。

问：在 mouseClicked()事件中，有办法判断出单击的是哪个鼠标按钮吗？

答： 可以。本章没有介绍这种特性，这是因为右按钮和中按钮特性是平台特定的，有些系统没有。

所有鼠标事件都将一个 MouseEvent 对象传递给它的事件处理方法，调用该对象的 getModifiers()方法可获得一个整数值，该整数值指出了事件是由哪个鼠标按钮激发的。您可将这个值同 3 个类变量进行比较，如果等于 MouseEvent.BUTTON1_MASK，则说明单击的是左按钮；如果等于 MouseEvent.BUTTON2_MASK，则单击的是中按钮；如果等于 MouseEvent.BUTTON3_MASK，则单击的是右按钮。

更详细的信息请参阅 MouseEvent 类的 Java 类库文档。为此，可访问 Oracle Help Center 页面并找到 java.desktop，然后单击模块链接 java.desktop，再单击包链接 java.awt.event，以显示这个包中的类。

12.5 小测验

请回答下述 3 个问题，以复习本章介绍的内容。

12.5.1 问题

1. 如果您编写了方法 addActionListener(this)，哪个对象将被注册为监听器？
   A. 适配器（adapter）类
   B. 当前类
   C. 没有
2. 继承诸如 WindowAdapter（它实现了 WindowListener 接口）等适配器类有何好处？
   A. 将继承这个类的所有行为
   B. 子类将自动成为监听器
   C. 不必实现任何不需要的 WindowListener 方法
3. 当您按下 Tab 键以离开文本框时，将激发什么事件？
   A. FocusEvent
   B. WindowEvent
   C. ActionEvent

12.5.2 答案

1. B。当前类必须实现正确的监听器接口和所需的方法。
2. C。大多数监听器接口包含您不需要的方法，使用适配器类作为超类，可避免为实现接口而必须实现一些空方法的麻烦。
3. A。当用户停止编辑组件，并移到界面的其他组件时，该组件将失去焦点。

12.6 认证练习

下面的问题是 Java 认证考试中可能出现的问题，请回答该问题，不要查看本章的内容，也不要使用 Java 编译器对代码进行测试。

对于下述代码：

```
import java.awt.event.*;
import javax.swing.*;
import java.awt.*;

public class Expunger extends JFrame implements ActionListener {
    public boolean deleteFile;

    public Expunger() {
        super("Expunger");
        JLabel commandLabel = new JLabel("Do you want to delete the file?");
        JButton yes = new JButton("Yes");
        JButton no = new JButton("No");
        yes.addActionListener(this);
        no.addActionListener(this);
        setLayout( new BorderLayout() );
        JPanel bottom = new JPanel();
        bottom.add(yes);
        bottom.add(no);
        add("North", commandLabel);
        add("South", bottom);
        pack();
        setVisible(true);
    }

    public void actionPerformed(ActionEvent evt) {
        JButton source = (JButton) evt.getSource();
        // answer goes here
            deleteFile = true;
        else
            deleteFile = false;
    }

    public static void main(String[] arguments) {
        new Expunger();
    }
}
```

要使其正确运行, 应将 `// answer goes here` 替换为下述哪条语句?

A. `if (source instanceof JButton);`

B. `if (source.getActionCommand().equals("yes"));`

C. `if (source.getActionCommand().equals("Yes"));`

D. `if source.getActionCommand() == "Yes";`

12.7 练习

为巩固本章介绍的知识, 请尝试完成下面的练习。

1. 创建一个应用程序, 使用 **FocusListener** 来确保当用户将文本框的值改为负数时, 将该值乘以-1, 并将结果重新显示到文本框中。

2. 创建简单的计算器, 当用户单击其中的按钮时, 将两个文本框的内容相加或相减, 并将结果显示在标签中。

第 13 章
创建 Java2D 图形

本章将介绍用于将图形加入图形用户界面中的 Java 类。

Java2D 是一组类，支持可缩放的高品质二维图像以及颜色和文本。

Java2D 包括 java.awt 和 javax.swing 包中的类，可用于执行下述提高视觉吸引力的任务。

- 绘制文本。
- 绘制圆形、多边形等形状。
- 使用各种字体、颜色和线宽。
- 用颜色和图案填充形状。

13.1　Graphics2D 类

Java2D 的一切都基于 java.awt 包中的 Graphics2D 类，该类表示一种可在其中绘制图形的环境。Graphics2D 对象可以表示图形用户界面、打印机或其他显示设备上的一个组件。Graphics2D 是 Graphics 的子类，扩展并改善了 Graphics 的可视化功能。

要使用 Graphics2D 类，需要可用于绘画的画布。有多种用户界面组件可用作图形操作的画布，包括面板和窗口。有了用作画布的组件后，便可以在其上绘制文本、直线、椭圆形、圆形、圆弧，以及矩形和其他多边形。有这种用途的组件之一是 javax.swing 包中的 JPanel 类。这个类表示图形用户界面中的面板，它可以为空，也可以包含其他组件。

下面的代码用于创建一个框架和一个面板，再将面板加入框架中：

```
JFrame main = new JFrame("Welcome Screen");
JPanel pane = new JPanel();
main.add(pane);
```

与众多其他的 Java 用户界面组件一样，面板也有一个 paintComponent(Graphics)方法，每当组件需要重新显示时，都将自动调用该方法。

导致 paintComponent()方法被调用的原因很多，包括以下几种。

- 包含组件的图形用户界面首次被显示。
- 位于组件上面的窗口被关闭。
- 包含组件的图形用户界面的大小被调整。

通过创建 JPanel 的子类，可以覆盖面板的 paintComponent()方法，并将所有图形操作代码都放在这个方法中。

您可能注意到了，界面组件的 paintComponent()方法接收一个 Graphics 对象（而不是所需的 Graphics2D 对象）作为参数。要创建表示组件绘画画布的 Graphics2D 对象，必须进行强制类型转换，如下所示：

```
public void paintComponent(Graphics comp) {
    Graphics2D comp2D = (Graphics2D) comp;
    // body of method
}
```

这里将作为参数传递给方法的 `Graphics` 对象，转换为 `Graphics2D` 对象，接下来的所有绘画方法都使用这个新对象，而不再使用原来的 `Graphics` 对象。

图形坐标系

Java2D 类使用的坐标系与您在 Swing 应用程序中设置框架和其他组件的大小时使用的坐标系相同。

Java 坐标系以像素为度量单位。坐标原点(0,0)位于组件的左上角。

从原点沿水平方向向右移动时，x 坐标值将增大；沿垂直方向向下移动时，y 坐标值将增大。

当您调用方法 `setSize(int, int)` 设置框架的大小时，框架左上角的坐标为(0,0)，右下角的坐标为传递给 `setSize()` 的两个参数值。

下面的语句创建了一个宽和高分别为 425 像素和 130 像素的框架，其右下角的坐标为(425, 130)。

```
setSize(425, 130);
```

警告 Java2D 不同于其他绘图系统，在这些系统中，原点位于左下角，y 坐标沿垂直方向向上增加。

所有的像素值都是整数，不能使用小数来指定显示位置。

图 13.1 所示为 Java 的图形坐标系，其中显示了原点(0,0)和矩形的两个顶点（坐标分别为(20, 20)和(60, 60)）。

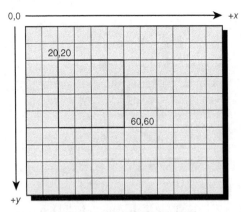

图 13.1　Java 的图形坐标系

13.2　绘制文本

使用Java2D绘画时，最容易绘制的是文本。要绘制文本，可调用 `Graphics2D` 对象的 `drawString(String, int, int)` 方法，并提供下述 3 个参数。

- 要显示的字符串。
- 显示位置的 x 坐标。
- 显示位置的 y 坐标。

`drawString()`方法中使用的 x 坐标和 y 坐标指的是字符串左下角的位置，单位为像素。

下面的 `paintComponent()` 方法在坐标 (22, 100) 处绘制字符串 "Free the bound periodicals"：

```
public void paintComponent(Graphics comp) {
    Graphics2D comp2D = (Graphics2D) comp;
    comp2D.drawString("Free the bound periodicals", 22, 100);
}
```

这个示例使用的是默认字体。要使用其他字体，必须创建一个 Font 对象。Font 类位于 java.awt 包中。Font 对象表示字体的名称、字形和字号。

创建 Font 对象时，需要将 3 个参数传递给构造函数。

- 字体名称。
- 字形。
- 字号。

字体名称可以是字体的具体名称，如 Arial、Courier New、Garamond 或 Turman Grotesk。如果运行应用程序的系统安装了指定的字体，将使用指定的字体；如果没有，则使用默认字体。

字体名称也可以是 5 种逻辑字体之一：Dialog、DialogInput、Monospaced、SanSerif 和 Serif。这些字体可用来指定要使用的字体类型，而不要求使用特定字体。这通常是一种更好的选择，因为有些字体并非在所有 Java 实现中都有。

可选择的字形有 3 种，它们分别是类常量 `Font.PLAIN`、`Font.BOLD` 和 `Font.ITALIC`。这些常量都是整数，您可以将它们相加来实现多种字形。

下面的语句用于创建一个 24 点的 Dialog 字体，其字形为粗体和斜体：

```
Font f = new Font("Dialog", Font.BOLD + Font.ITALIC, 24);
```

创建字体后，便可使用它：调用 `Graphics2D` 的 `setFont(Font)`方法，并将创建的字体作为参数。

`setFont()`方法用于设置当前字体，后面对同一个 `Graphics2D` 对象调用 `drawString()`方法时，都将使用该字体，直到再次改变字体。

下面的 `paintComponent()`方法新建一个 Font 对象并设置其字体，再使用这种字体在坐标 (10, 100) 处绘制字符串 "I'm deeply font of you"：

```
public void paintComponent(Graphics comp) {
    Graphics2D comp2D = (Graphics2D) comp;
    Font f = new Font("Arial Narrow", Font.PLAIN, 72);
    comp2D.setFont(f);
    comp2D.drawString("I'm deeply font of you", 13, 100);
}
```

可在 Java 程序中包含并加载文件中的字体，以确保该字体可用。为此，需要使用 Font 类的 `Create(int, InputStream)`方法，它返回一个表示字体的 Font 对象。

输入流将在第 16 章介绍，它们是能够从诸如磁盘文件或 Web 地址等信息源加载数据的对象。下面的语句用于加载文件 Verdana.ttf 中的一种字体，该文件与这些语句所属的类文件位于同一个文件夹中：

```
try {
    File ttf = new File("Verdana.ttf");
    FileInputStream fis = new FileInputStream(ttf);
    Font font = Font.createFont(Font.TRUETYPE_FONT, fis);
```

```
    } catch (IOException|FontFormatException exc) {
        System.out.println("Error: " + exc.getMessage());
    }
```

　　try-catch 块用于处理输入/输出错误，从文件中加载数据时必须这样做。类 **File**、**FileInput Stream** 和 **IOException** 位于 **java.io** 包中，将在第 16 章介绍。

　　使用 **createFont()** 方法加载字体时，字体的大小为 1 点，字形为"常规"。要修改字体的大小和字形，可调用字体对象的 **deriveFont(int, int)** 方法，并使用所需的字形和大小作为参数。

13.2.1　使用防锯齿改善字体和图形的质量

　　使用前面介绍的技巧来显示文本时，字体的外观与其他软件显示的字体相比，显得极其粗糙。显示的字符边缘呈锯齿状，曲线和斜线尤其明显。

　　Java2D 能够绘制出质量更高的字体和图形，这要归功于它支持防锯齿。防锯齿是一种通过修改像素周围的颜色，使粗糙的边缘变得平滑的技术。默认情况下，防锯齿功能被关闭。要启用它，可使用下述两个参数调用 Graphics2D 对象的 **setRenderingHint()** 方法。

- 指定要设置的渲染参数（rendering hint）的 **RenderingHint.Key** 对象。
- 设置该参数值的 **RenderingHint.Key** 对象。

下面的代码在一个名为 **comp2D** 的 **Graphics2D** 对象中启用防锯齿功能：

```
comp2D.setRenderingHint(RenderingHints.KEY_ANTIALIASING,
    RenderingHints.VALUE_ANTIALIAS_ON);
```

　　通过在组件的 **paintComponent()** 方法中调用上述方法，可使接下来的所有绘图操作都使用防锯齿功能。

13.2.2　获取字体的信息

　　为了使图形用户界面中的文本美观大方，常常需要确定文本在界面组件上占用多大空间。

　　java.awt 包中的 **FontMetrics** 类提供了这样的方法，即可以确定以指定的字体显示时字符占用多大空间。这些方法可用于实现格式化或文本居中等。

　　FontMetrics 类可用于获取有关当前字体的详细信息，如字符的宽度和高度。要使用 **FontMetrics** 类的方法，必须调用 **getFontMetrics()** 方法来创建一个 **FontMetrics** 对象。**getFontMetrics()** 方法接收一个参数：**Font** 对象。

　　表 13.1 列出了使用 **FontMetrics** 类的方法可获取的一些信息。所有这些方法都必须由 **FontMetrics** 对象进行调用。

表 13.1　　　　　　　　　　　　　　　　　FontMetrics 类的方法

方法名	操作
stringWidth(String)	对于给定的字符串，返回其宽度（单位为像素）
charWidth(char)	对于给定的字符，返回其宽度
getHeight()	返回字体的高度

　　程序清单 13.1 演示了如何使用 Font 和 **FontMetrics** 类。应用程序 TextFrame 在框架的中央显示一个字符串，并使用 **FontMetrics** 类来确定使用当前字体时该字符串的宽度。请在 NetBeans 中创建这个应用程序，并将其放在 **com.java21days** 包中。

程序清单 13.1　完整的 TextFrame.java 源代码

```
 1: package com.java21days;
 2:
 3: import java.awt.*;
 4: import javax.swing.*;
 5:
 6: public class TextFrame extends JFrame {
 7:     public TextFrame(String text, String fontName) {
 8:         super("Show Font");
 9:         setSize(425, 150);
10:         setDefaultCloseOperation(JFrame.EXIT_ON_CLOSE);
11:         TextFramePanel sf = new TextFramePanel(text, fontName);
12:         add(sf);
13:         setVisible(true);
14:     }
15:
16:     public static void main(String[] arguments) {
17:         if (arguments.length < 2) {
18:             System.out.println("Usage: java TextFrame msg font");
19:             System.exit(-1);
20:         }
21:         TextFrame frame = new TextFrame(arguments[0], arguments[1]);
22:     }
23:
24: }
25:
26: class TextFramePanel extends JPanel {
27:     String text;
28:     String fontName;
29:
30:     public TextFramePanel(String text, String fontName) {
31:         super();
32:         this.text = text;
33:         this.fontName = fontName;
34:     }
35:
36:     @Override
37:     public void paintComponent(Graphics comp) {
38:         super.paintComponent(comp);
39:         Graphics2D comp2D = (Graphics2D) comp;
40:         comp2D.setRenderingHint(RenderingHints.KEY_ANTIALIASING,
41:         RenderingHints.VALUE_ANTIALIAS_ON);
42:         Font font = new Font(fontName, Font.BOLD, 18);
43:         FontMetrics metrics = getFontMetrics(font);
44:         comp2D.setFont(font);
45:         int x = (getSize().width - metrics.stringWidth(text)) / 2;
46:         int y = getSize().height / 2;
47:         comp2D.drawString(text, x, y);
48:     }
49: }
```

应用程序 TextFrame 接收两个命令行参数。要在 NetBeans 中设置这些参数，可选择菜单 Run > Set Project Configuration > Customize，例如，将参数文本框设置为 `com.java21days.TextFrame Howdy "Courier New"`。要使用指定的配置运行应用程序，可选择菜单 Run > Run Project。

图 13.2 显示了该应用程序的运行情况：使用字体 Arial Black 显示一条文本消息。运行该应用程序时调整界面的大小，您将看到文本自动移动，以停留在中央。

应用程序 TextFrame 由两个类组成：一个框架和一个名为
TextFramePanel 的面板子类。通过重写 paintComponent
(Graphics)方法，并在其中调用 Graphics2D 类的绘图方
法，在面板上绘制文本。

第 45 行和第 46 行的 getSize()方法根据面板的宽度和
高度来确定文本的显示位置。当界面的大小被调整时，面板的
大小也将调整，从而使 paintComponent()方法被自动调用。

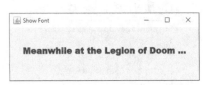

图 13.2　在图形用户界面中央显示文本

13.3　颜色

java.awt 包的 Color 和 ColorSpace 类可用于使图形用户界面更生动。有了这些类，就可以
设置绘图操作使用的颜色以及界面组件和其他窗口的背景色，还可将颜色从一种颜色系统转换为另一
种颜色系统。

默认情况下，Java 使用颜色系统 sRGB 来表示颜色。在这种系统中，颜色用其包含的红色、绿色
和蓝色成分描述——这正是 R、G 和 B 的意思。这 3 种成分都用 0~255 的整数表示。黑色为(0、0、0)，
即没有红色、绿色和蓝色；白色为(255、255、255)，即 3 种成分的值都最大。也可以用 3 个 0~1.0 的浮
点数来表示 sRGB 值。使用 sRGB，Java 可以表示数百万种颜色。

颜色系统也叫颜色空间（color space），sRGB 只是其中的一种。还有一种名为 XYZ 的系统，这就是
CIE1931 标准色度系统。Java 支持使用任何颜色空间，只要使用一个定义该颜色系统的 ColorSpace
对象即可。此外，还可以在任何颜色空间和 sRGB 之间进行转换。

在 Java 内部，sRGB 只是程序使用的颜色空间之一。诸如显示器或打印机等输出设备都有自己的
颜色空间。

当您需要显示或打印特定颜色的内容时，输出设备可能不支持这种颜色。在这种情况下，将使用
其他颜色来代替，或者使用抖动（dithering）图案来近似表示不可用的颜色。在万维网上，这种现象经
常发生：当某种颜色没有时，使用与之相近的两种或多种颜色抖动图案来代替。

颜色管理的现实意义在于，您指定的 sRGB 颜色并不是在所有的输出设备上都可用。如果需要更
精确地控制颜色，可以使用 java.awt.color 包中的 ColorSpace 类或其他类。

对大多数程序而言，使用内置的 sRGB 来定义颜色就足够了。

13.3.1　使用 Color 对象

颜色是用 Color 对象表示的。要创建这种对象，可使用构造函数，也可使用 Color 类中为数不
多的标准命名颜色。

为了创建颜色，可通过两种不同的方式调用构造函数 Color()，并提供 3 个表示所需颜色 sRGB
值的整数或浮点数参数：

```
Color c1 = new Color(0.807F, 1F, 0F);
Color c2 = new Color(255, 204, 102);
```

对象 c1 是霓虹绿，而 c2 是奶油色。

注意　诸如 0F 和 1F 等浮点字面量很容易与十六进制数混淆，这些内容在第 2 章讨论过了。颜
色通常表示为十六进制数，例如，使用级联样式表设置网页的背景色时，背景色用十六
进制数表示。您使用的 Java 类和方法不接收十六进制参数，因此当您看到诸如 1F 或 0F
等字面量时，处理的是浮点数。

13.3.2　检测和设置当前颜色

当前的绘图颜色可使用类 `Graphics` 的 `setColor()` 方法来指定。必须对表示绘制区域的 `Graphics` 或 `Graphics2D` 对象调用该方法。

类 `Color` 中包含一些表示最常用颜色的类变量。表示颜色的 `Color` 类变量如下（括号中是颜色的 sRGB 值）：

```
black (0, 0, 0)              magenta (255, 0, 255)
blue (0, 0, 255)            orange (255, 200, 0)
cyan (0, 255, 255)          pink (255, 175, 175)
darkGray (64, 64, 64)       red (255, 0, 0)
gray (128, 128, 128)        white (255, 255, 255)
green (0, 255, 0)           yellow (255, 255, 0)
lightGray (192, 192, 192)
```

下面的语句使用一个标准类变量来设置一个名为 `comp2D` 的 `Graphics2D` 对象的颜色：

```
comp2D.setColor(Color.pink);
```

如果创建了 `Color` 对象，可以使用它以同样的方式来设置颜色：

```
Color brush = new Color(255, 204, 102);
comp2D.setColor(brush);
```

设置当前颜色后，接下来的所有绘图操作都将使用这种颜色。

可设置诸如面板和框架等组件的背景色，方法是调用其 `setBackground()` 方法。

方法 `setBackground()` 用于设置组件的背景色，如下例所示：

```
setBackground(Color.white);
```

要知道当前的颜色，对于 `Graphics2D` 对象，可调用 `getColor()` 方法；对于组件，可调用 `getBackground()` 方法。

下面的语句将名为 `comp2D` 的 `Graphics2D` 对象的当前颜色设置为一个组件的背景色：

```
comp2D.setColor(getBackground());
```

13.4　绘制直线和多边形

本章介绍的所有基本绘图命令都是 `Graphics2D` 方法，这些方法将在组件的 `paintComponent()` 方法中调用。所有的绘图操作都适合在 `paintComponent()` 方法中完成，因为每当组件需要重新显示时，`paintComponent()` 方法都将自动被调用。

如果组件被另一个程序的窗口覆盖而需要重新绘制，则将绘图操作放在 `paintComponent()` 方法中可确保绘制时不会遗漏任何一部分。

Java2D 特性包括以下几种。

- 绘制空的多边形或用纯色填充的多边形。
- 使用特殊的填充图案，如渐变和图案。
- 定义了画笔的宽度和样式。
- 通过防锯齿来使对象的边缘平滑化。

13.4.1 用户坐标空间和设备坐标空间

Java2D 引入的概念之一是，输出设备坐标空间与您在绘制对象时参考的坐标空间不同。坐标空间（coordinate space）是可以用(x,y)坐标描述的二维区域。

在 Java2D 之前，所有的绘图操作使用的都是设备坐标空间。您可以指定输出表面（如面板）的(x, y)坐标，该坐标将用于绘制文本和其他元素。

创建对象并实际绘制它时，Java2D 要求参考另一种坐标空间，这被称为用户坐标空间。

在程序中进行二维绘制操作之前，设备空间和用户空间的原点是重叠的，都位于绘图区域的左上角。

执行二维绘图操作后，用户空间的原点可能发生移动，甚至 x 轴和 y 轴也可能因为二维旋转而偏移。使用 Java2D 时，您将更详细地了解这两种坐标系。

13.4.2 指定渲染属性

在二维绘图的下一步是指定绘制的对象将如何被渲染。绘制非二维对象时，只能选择一个属性：颜色。Java2D 提供了大量的属性，用于指定颜色、线宽、填充图案、透明度和其他特性。

1. 填充图案

填充图案用于控制对象将如何被填充。在 Java2D 中，您可以使用纯色、渐变填充、纹理或自定义的图案。

使用 Graphics2D 的 setPaint() 方法可以定义填充图案，该方法接收一个 Paint 对象作为其唯一的参数。可用作填充图案的类（包括 GradientPaint、TexturePaint 和 Color）都可以实现接口 Paint。对于 Color 类，将 Color 对象用作 setPaint() 的参数与将纯色作为填充图案等效。

渐变填充（gradient fill）指的是从一个坐标点上的某种颜色逐渐变化到另一个坐标点上的另一种颜色。这种变化可在两个点间发生一次或多次，发生一次称为非周期性渐变（acyclic gradient），发生多次称为周期性渐变（cyclic gradient）。

图 13.3 显示了黑白之间的非周期性渐变和周期性渐变。箭头指明了发生色移（color shift）的点。

渐变中的坐标点并非直接指向在其上绘制的 Graphics2D 对象上的点，它们而是指向用户空间，因此可以位于用渐变填充的对象之外。图 13.4 说明了这一点。其中的两个矩形都用相同的 GradientPaint 对象进行填充。可以把渐变图案看作一块在平坦表面上展开的布，用渐变填充的图形则是从布上剪下的图案，且可从同一块布上剪切下多个图案。

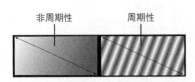

图 13.3 非周期性渐变和周期性渐变

图 13.4 两个使用相同 GradientPaint 对象的矩形

调用 GradientPaint 类的构造函数的格式如下：

```
GradientPaint gp = new GradientPaint(
    x1, y1, color1, x2, y2, color2);
```

点(x1, y1)是渐变的起点，其颜色为 color1；点(x2, y2)是渐变的终点，其颜色为 color2。要使用周期性渐变，可以加上另一个参数：

```
GradientPaint gp = new GradientPaint(
    x1, y1, color1, x2, y2, color2, true);
```

最后的参数是一个布尔值，为 true 时，表示周期性渐变，为 false 时，表示非周期性渐变。省略该参数时，表示非周期性渐变——这是默认行为。

创建 GradientPaint 对象后，可以使用方法 setPaint() 来将其设置为当前的绘图属性。下面的语句创建并选择了一种渐变：

```
GradientPaint pat = new GradientPaint(0F, 0F, Color.white,
    100F, 45F, Color.blue);
comp2D.setPaint(pat);
```

接下来在 comp2D 对象上执行的所有绘图操作都将使用这种填充图案，直到选择另一种填充图案为止。

2. 设置画笔

在 Java2D 中，可以通过调用 setStroke() 方法并将 BasicStroke 作为参数传递给它，来改变绘制的直线宽度。

BasicStroke 类的构造函数接收 3 个参数。

- 一个 float 值：表示线宽，通常为 1.0。
- 一个 int 值：决定线段两端的修饰样式。
- 一个 int 值：决定线段间的连接样式。

端点样式（endcap-style）和连接样式（juncture-style）参数用 BasicStroke 的类变量指定。端点样式用于不与其他线段相连的线段的两端；连接样式用于与其他线段相连的线段的两端。

端点样式有 CAP_BUTT（没有端点）、CAP_ROUND（圆形端点）和 CAP_SQUARE（方形端点）。图 13.5 显示了每种端点样式。正如您看到的，CAP_BUTT 和 CAP_SQUARE 之间的唯一差别是，CAP_SQUARE 更长一些，因为它加入了方形端点。

连接样式有 JOIN_MITER（通过扩展两条线段的外边界来将它们连接起来）、JOIN_ROUND（将两条线段圆滑地连接起来）和 JOIN_BEVEL（用一条直线将两条线段连接起来）。图 13.6 显示了每种连接样式。

CAP_BUTT CAP_ROUND CAP_SQUARE   JOIN_MITER   JOIN_ROUND   JOIN_BEVEL

图 13.5 端点样式    图 13.6 端点连接样式

下面的语句用于创建一个 BasicStroke 对象，并将其用作当前画笔：

```
BasicStroke pen = new BasicStroke(2.0F,
    BasicStroke.CAP_BUTT,
    BasicStroke.JOIN_ROUND);
comp2D.setStroke(pen);
```

该画笔的宽度为 2 像素，没有端点样式，连接样式为圆角。

13.4.3 创建要绘制的对象

创建 Graphics2D 对象并指定其渲染属性后，最后两步是创建要绘制的对象并绘制它。

在 Java2D 中，要绘制的对象是通过使用 java.awt.geom 包中的类，并将其定义为几何图形来创建的。您可以绘制线段、矩形、椭圆形、弧和多边形。

绘制各种图形时，不是调用 Graphics2D 类的不同方法，而是定义要绘制的图形，并将其用作方法 draw() 或 fill() 的参数。

1. 线段

线段是使用类 Line2D.Float 创建的。这个类接收 4 个参数：两个端点的 x 坐标和 y 坐标。下面是一个例子：

```
Line2D.Float ln = new Line2D.Float(60F, 5F, 13F, 28F);
```

该语句创建了一条端点分别为(60, 5)和(13, 28)的线段。注意，这里使用 F 将字面量参数指定为 float 类型，否则，Java 编译器将认为它们是整数。

2. 矩形

矩形是使用类 Rectangle2D.Float 或 Rectangle2D.Double 来创建的。这两个类之间的区别在于：一个接收 float 参数，另一个接收 double 参数。

Rectangle2D.Float 接收 4 个参数：x 坐标、y 坐标、宽度和高度。下面是一个例子：

```
Rectangle2D.Float rc = new Rectangle2D.Float(10F, 13F, 40F, 20F);
```

上述语句创建了一个矩形，其左上角的坐标为(10, 13)，宽度和高度分别为 40 像素和 20 像素。

3. 椭圆形

椭圆形是使用类 Ellipse2D.Float 来创建的。它接收 4 个参数：x 坐标、y 坐标、宽度和高度。

下面的语句创建了一个椭圆形，其外切矩形的左上角坐标为(113, 25)，宽度和高度分别为 22 像素和 40 像素：

```
Ellipse2D.Float ee = new Ellipse2D.Float(113, 25, 22, 40);
```

4. 弧

所有在 Java2D 中可以绘制的几何形状中，弧是最复杂的。

弧是使用 Arc2D.Float 类来创建的，它接收 7 个参数。

- 弧所属椭圆形的外切矩形的左上角的 x 坐标和 y 坐标（前两个参数）。
- 椭圆形的宽度和高度（第三、四个参数）。
- 弧的起始角度。
- 弧环绕的角度。
- 指定弧如何闭合的整数。

弧逆时针环绕时，用负数指定其环绕角度。

图 13.7 说明了弧起始角度的值是如何表示的。起始角度的取值范围为 0°～359°，0°表示 3 点钟

的位置，90°表示 12 点钟的位置，180°表示 9 点钟的位置，而 270°表示 6 点钟的位置。

最后的参数使用下列 3 个类变量之一：Arc2D.OPEN（不闭合）、Arc2D.CHORD（使用线段连接弧的两个端点）和 Arc2D.PIE（将弧与椭圆形的中心连接起来，就像扇形）。图 13.8 显示了这些闭合样式。

> **注意**
>
> 闭合样式 Arc2D.OPEN 不适用于填充弧。对于填充弧，闭合样式 Arc2D.OPEN 与 Arc2D.CHORD 等效。

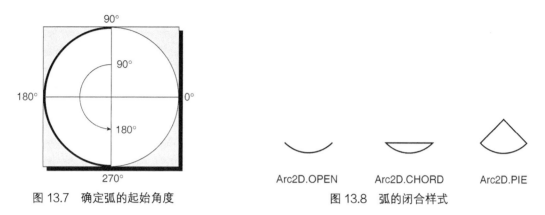

图 13.7　确定弧的起始角度　　　　　　图 13.8　弧的闭合样式

下面的语句创建了一个 Arc2D.Float 对象：

```
Arc2D.Float arc = new Arc2D.Float(
    27F, 22F, 42F, 30F, 33F, 90F, Arc2D.PIE);
```

该弧所属椭圆形的外切矩形的左上角坐标为(27, 22)，宽度和高度分别为 42 像素和 30 像素。弧的起始角度为 33°，并顺时针环绕 90°，闭合方式为扇形。

5. 多边形

在 Java2D 中，多边形是通过定义从一个顶点移到另一个顶点的方式来创建的。多边形可以由直线、二次曲线和贝塞尔曲线构成。

创建多边形的行为被定义成 GeneralPath 对象，它也位于 java.awt.geom 包中。创建 GeneralPath 对象时可以不提供任何参数，如下所示：

```
GeneralPath polly = new GeneralPath();
```

GeneralPath 的 moveTo()方法用于创建多边形的第一个顶点。如果名为 polly 的多边形的第一个顶点坐标为(5, 0)，则可以使用下面的语句：

```
polly.moveTo(5F, 0F);
```

创建第一个顶点后，可以使用 lineTo()方法来创建多边形的边。这个方法接收两个参数：新顶点的 *x* 和 *y* 坐标。

下面的语句将 3 条边加入 polly 对象中：

```
polly.lineTo(205F, 0F);
polly.lineTo(205F, 90F);
polly.lineTo(5F, 90F);
```

方法 lineTo()和 moveTo()使用 float 参数来指定坐标点。

要闭合多边形，可以调用方法 closePath()，且不提供任何参数，如下所示：

```
polly.closePath();
```

该方法将当前点与最近的 moveTo() 方法指定的点连接起来，从而将多边形闭合。您也可以不使用这个方法，而使用 lineTo() 方法连接到初始点来闭合多边形。

创建闭合或不闭合的多边形后，可以使用方法 draw() 和 fill() 来绘制它，就像绘制其他图形一样。对象 polly 是一个矩形，它的顶点坐标分别是(5, 0)、(205, 0)、(205, 90)和(5, 90)。

13.4.4 绘制对象

定义好渲染属性（如颜色和线宽）并创建要绘制的对象后，便可以绘制二维图形。

无论绘制什么对象，都使用相同的 Graphics2D 方法：draw() 方法用于画边框，fill() 方法用来填充对象。这两个方法都只接收一个参数：要绘制的对象。

绘制地图

接下来创建一个应用程序，它使用二维绘图技术绘制一幅简单的地图。请在 NetBeans 中创建程序清单 13.2 所示的 Map 类，并将其放在 com.java21days 包中。

程序清单 13.2　完整的 Map.java 源代码

```
 1: package com.java21days;
 2:
 3: import java.awt.*;
 4: import java.awt.geom.*;
 5: import javax.swing.*;
 6:
 7: public class Map extends JFrame {
 8:     public Map() {
 9:         super("Map");
10:         setSize(360, 350);
11:         setDefaultCloseOperation(JFrame.EXIT_ON_CLOSE);
12:         MapPane map = new MapPane();
13:         add(map);
14:         setVisible(true);
15:     }
16:
17:     public static void main(String[] arguments) {
18:         Map frame = new Map();
19:     }
20:
21: }
22:
23: class MapPane extends JPanel {
24:     @Override
25:     public void paintComponent(Graphics comp) {
26:         Graphics2D comp2D = (Graphics2D) comp;
27:         comp2D.setColor(Color.blue);
28:         comp2D.setRenderingHint(RenderingHints.KEY_ANTIALIASING,
29:             RenderingHints.VALUE_ANTIALIAS_ON);
30:         Rectangle2D.Float background = new Rectangle2D.Float(
31:             OF, OF, getSize().width, getSize().height);
32:         comp2D.fill(background);
33:         // draw waves
34:         comp2D.setColor(Color.white);
35:         BasicStroke pen = new BasicStroke(2F,
```

```
36:            BasicStroke.CAP_BUTT, BasicStroke.JOIN_ROUND);
37:        comp2D.setStroke(pen);
38:        for (int ax = 0; ax < 340; ax += 10) {
39:            for (int ay = 0; ay < 340 ; ay += 10) {
40:                Arc2D.Float wave = new Arc2D.Float(ax, ay,
41:                    10, 10, 0, -180, Arc2D.OPEN);
42:                comp2D.draw(wave);
43:            }
44:        }
45:        // draw Florida
46:        GradientPaint gp = new GradientPaint(OF, OF, Color.green,
47:            350F,350F, Color.orange, true);
48:        comp2D.setPaint(gp);
49:        GeneralPath fl = new GeneralPath();
50:        fl.moveTo(10F, 12F);
51:        fl.lineTo(234F, 15F);
52:        fl.lineTo(253F, 25F);
53:        fl.lineTo(261F, 71F);
54:        fl.lineTo(344F, 209F);
55:        fl.lineTo(336F, 278F);
56:        fl.lineTo(295F, 310F);
57:        fl.lineTo(259F, 274F);
58:        fl.lineTo(205F, 188F);
59:        fl.lineTo(211F, 171F);
60:        fl.lineTo(195F, 174F);
61:        fl.lineTo(191F, 118F);
62:        fl.lineTo(120F, 56F);
63:        fl.lineTo(94F, 68F);
64:        fl.lineTo(81F, 49F);
65:        fl.lineTo(12F, 37F);
66:        fl.closePath();
67:        comp2D.fill(fl);
68:        // draw ovals
69:        comp2D.setColor(Color.black);
70:        BasicStroke pen2 = new BasicStroke();
71:        comp2D.setStroke(pen2);
72:        Ellipse2D.Float e1 = new Ellipse2D.Float(235, 140, 15, 15);
73:        Ellipse2D.Float e2 = new Ellipse2D.Float(225, 130, 15, 15);
74:        Ellipse2D.Float e3 = new Ellipse2D.Float(245, 130, 15, 15);
75:        comp2D.fill(e1);
76:        comp2D.fill(e2);
77:        comp2D.fill(e3);
78:    }
79: }
```

在应用程序 Map 中，第 4 行导入 java.awt.geom 包中的类。因为第 3 行中的 import java.awt.* 只导入了 java.awt 中的类，而没有导入其中的包，所以第 4 行的导入语句是必不可少的。

第 26 行创建了 comp2D 对象，用于执行所有的二维绘图操作。这是通过对一个 Graphics 对象进行强制类型转换得到的，该 Graphics 对象表示面板的可视化表面。

第 35～37 行创建了一个 BasicStroke 对象，其线宽为 2 像素。然后使用 Graphics2D 的 setStroke() 方法将其设置为当前画笔。

第 38～44 行使用两个嵌套的 for 循环来绘制弧，以形成波浪。

第 46～47 行创建了一种渐变填充图案，其起点和终点坐标分别为(0, 0)和(350,350)，其中起点和终点的颜色分别为绿色和橙色。传递给构造函数的最后一个参数为 true，因此填充模式将重复所需的次数，以填满整个对象。

第 48 行使用 setPaint() 方法和刚创建的 gp 对象来设置当前的渐变填充图案。

第 49～67 行创建了一个多边形并绘制它。该多边形将以绿色到橙色的渐变图案填充。

第 69 行将当前颜色设置为黑色。这样，接下来的绘制操作中，将使用黑色（而不是渐变图案）进行填充，因为颜色也是填充图案。

第 70 行创建了一个新的 BasicStroke 对象，且不提供任何参数，这样线宽将为默认值——1 像素。

第 71 行将当前线宽设置为新创建的 BasicStroke 对象 pen2。

第 72~74 行创建了 3 个椭圆形，它们的外切矩形的左上角坐标分别为(235, 140)、(225, 130)和(245, 130)，高度和宽度都为 15 像素，因此这 3 个椭圆形实际上为圆形。

图 13.9 显示了该应用程序的运行情况。

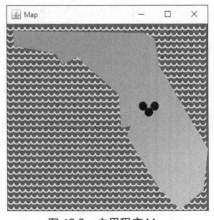

图 13.9　应用程序 Map

13.5　总结

现在，您可以使用一些工具来改进 Java 程序的外观。您可以使用 Java2D 在框架、面板和其他用户界面组件上绘制直线、矩形、椭圆形、多边形、字体、颜色和图案。

在 Java2D 中，每种绘图操作使用的方法都相同：draw() 和 fill()。不同的对象是使用 java.awt.geom 包中的类来创建的，这些对象被用作 Graphics2D 绘图方法的参数。

13.6　问与答

问：在本章的源代码中，大写字母 F 指的是什么。它被加到坐标后面，如 polly.moveTo(5F, 0F)。为什么在这些坐标中使用的是 F 而不是其他字母？为什么其他地方使用小写字母 f？

答：F 和 f 表明一个字面量是浮点数而不是整数，f 和 F 可以互换。如果没有 F 或 f，Java 编译器将认为字面整数是 int 类型的值。在 Java 中，很多方法和构造函数接收浮点参数，但也能处理整数，因为整数可被转换为浮点数，而不会改变它的值。因此，诸如 Arc2D.Float() 等构造函数可以将 10 和 180 等整数（而不是 10F 和 180F）作为参数。

问：在有关防锯齿的一节中，提到了名为 RenderingHint.Key 的类。为何这个类的名称由两部分组成？它们之间的句点意味着什么？

答：使用两部分来标识类表明这是一个内部类。第一部分是包含内部类的类的名称，第二部分是内部类的名称。这个例子表明，内部类 Key 位于 RenderingHint 类中。

13.7　小测验

请回答下述 3 个问题，以复习本章介绍的内容。

13.7.1　问题

1. 在 Java 中绘制对象之前，需要有什么对象？
   A. Graphics2D
   B. WindowListener
   C. JFrame

2. 下列哪条 Java 语句可用来创建 Color 对象？
    A. Color c1 = new Color(OF, OF, OF);
    B. Color c2 = new Color(0, 0, 0);
    C. 上述两条语句都可以
3. getSize().width 指的是什么？
    A. 界面组件的窗口宽度
    B. 框架的窗口宽度
    C. 任何 Java 图形用户界面组件的宽度

13.7.2　答案

1. A。Graphics2D 对象是从 Graphics 对象转换而来的，表示图形用户界面组件的图形环境。
2. C。这两条语句都可用来创建 Color 对象。还可使用十六进制值来创建 Color 对象，如下例所示：

```
Color c3 = new Color(0xFF, 0xCC, 0x66);
```

3. C。可对任何用户界面组件调用 getSize().width 和 getSize().height。

13.8　认证练习

下面的问题是 Java 认证考试中可能出现的问题，请回答该问题，不要查看本章的内容，也不要使用 Java 编译器对代码进行测试。
对于下述代码：

```java
import java.awt.*;
import javax.swing.*;
public class Result extends JFrame {

    public Result() {
        super("Result");
        JLabel width = new JLabel("This frame is " +
            getSize().width + " pixels wide.");
        add("North", width);
        setSize(220, 120);
    }

    public static void main(String[] arguments) {
        Result r = new Result();
        r.setVisible(true);
    }
}
```

当程序运行时，报告的框架宽度为多少像素？
A. 0 像素
B. 120 像素
C. 220 像素
D. 用户显示器的宽度

13.9 练习

为巩固本章介绍的知识，请尝试完成下面的练习。

1. 创建一个应用程序，用于绘制一个圆形，该圆形的半径、x 和 y 坐标，以及颜色都通过命令行参数获得。
2. 创建一个绘制饼图（pie graph）的应用程序。

第 14 章

开发 Swing 应用程序

使用 Swing 设计图形用户界面与创建网页有很多相同之处，界面中的组件将根据分配给它们的空间大小调整位置。要在前文创建的 Swing 界面中看到这种情况，只需在程序运行时调整框架的尺寸即可。

对网页来说，这种灵活性是必不可少的，因为它们可能出现在很多设备上，这些设备的屏幕宽度和分辨率可能各不相同。

在 Java 中，确保用户界面在任何安装了 Java 虚拟机的平台上都能正确地显示和发挥作用大有裨益。

这是探讨 Swing 的最后一章，将介绍一些其他的 Swing 特性，让您能够像在画布上绘画一样设计 GUI。

本章将介绍以下内容，让您对 Swing 有更深入的了解。

- Swing 应用程序处理耗时的任务时性能为何会降低？
- 如何使用 **SwingWorker** 解决上述问题？（**SwingWorker** 是一个在独立线程中执行 Swing 工作的类。）
- 如何创建由大小不同的单元格组成的图形用户界面？
- 如何让布局中的单元格延伸到其他单元格中？
- 如何让单元格的高度和宽度各不相同？

14.1 使用 SwingWorker 改善性能

Swing 应用程序的响应速度在很大程度上取决于它在处理耗时任务时如何响应用户输入。

应用程序通常在单个线程中执行任务，因此如果某项任务（如加载大型文件或分析 XML 文档的数据）需要很长时间才能完成，用户可能会在此期间感觉到性能降低。

Swing 程序还要求所有用户界面组件都在同一个线程中运行。

为满足这种需求，同时提高性能，最佳的方式是使用 **SwingWorker**，这是 **javax.swing** 包中的一个类，用于在独立的工作线程中运行耗时的任务并报告结果。

SwingWorker 是一个抽象类，需要工作线程的应用程序必须继承它，如下所示：

```
public class DiceWorker extends SwingWorker {
    // body of class
}
```

在新类中，应通过覆盖方法 **doInBackground()** 来执行任务。

接下来的项目是一个 Swing 应用程序，它按用户指定的次数掷 3 个 6 面骰子，并以表格方式显示结果。用 16 个文本框表示可能的值：3～18。

这个应用程序包含两个类，即框架 DiceRoller 类和继承了 **SwingWorker** 类的 DiceWorker

类，前者用于放置图形用户界面，后者用于处理掷骰子的工作。

该应用程序允许用户掷骰子数千甚至数百万次，因此将这项任务放在一个工作线程中，以确保 Swing 界面能够快速响应用户输入。

程序清单 14.1 是 DiceWorker 类的代码。请在 NetBeans 中新建一个空 Java 文件，将其命名为 DiceWorker 并放在 com.java21days 包中。在 New File 对话框中，确保选择的项目是 Java21，而不是 PageData。

程序清单 14.1　完整的 DiceWorker.java 源代码

```
 1: package com.java21days;
 2:
 3: import javax.swing.*;
 4:
 5: public class DiceWorker extends SwingWorker {
 6:     int timesToRoll;
 7:
 8:     // set up the Swing worker
 9:     public DiceWorker(int timesToRoll) {
10:         super();
11:         this.timesToRoll = timesToRoll;
12:     }
13:
14:     // define the task the worker performs
15:     @Override
16:     protected int[] doInBackground() {
17:         int[] result = new int[16];
18:         for (int i = 0; i < this.timesToRoll; i++) {
19:             int sum = 0;
20:             for (int j = 0; j < 3; j++) {
21:                 sum += Math.floor(Math.random() * 6);
22:             }
23:             result[sum] = result[sum] + 1;
24:         }
25:         // transmit the result
26:         return result;
27:     }
28: }
```

要使用这个类，还需创建下一个类：DiceRoller。

SwingWorker 的子类只需要一个方法——在后台执行任务的 doInBackground() 方法。该方法用于返回结果，其访问控制级别必须为 protected。DiceWorker 类创建了一个包含 16 个元素的数组，用于存储掷骰子的结果。

其他类使用该 SwingWorker 子类时需要按 3 步进行。

（1）调用其构造函数 DiceWorker(int)，并将参数设置为掷骰子的次数。

（2）调用其 addPropertyChangeListener(Object) 方法添加一个监听器，当任务结束时将通知该监听器。

（3）调用其 execute() 方法开始执行任务。

execute() 方法导致 SwingWorker 子类的 doInBackground() 方法被调用。

属性更改监听器是一个来自 java.beans 的事件监听器。java.beans 是 JavaBeans 包，指定了用户界面中的组件如何交互。

在这个例子中，一个 swing worker 需要宣告其工作已完成，这可能是该 worker 开始工作后很久的事情。监听器是处理这种通知的最佳方式，因为它们让图形用户界面无须处理其他工作。

propertyChange 接口有一个方法：

```
public void propertyChange(PropertyChangeEvent event) {
    // ...
}
```

程序清单 14.2 所示的 DiceRoller 类（它位于 com.java21days 包中）提供了用户界面，可显示掷骰子的结果并可以让用户重新开始。

程序清单 14.2 完整的 DiceRoller.java 源代码

```
 1: package com.java21days;
 2:
 3: import java.awt.*;
 4: import java.awt.event.*;
 5: import java.beans.*;
 6: import javax.swing.*;
 7:
 8: public class DiceRoller extends JFrame implements ActionListener,
 9:     PropertyChangeListener {
10:
11:     // the table for dice-roll results
12:     JTextField[] total = new JTextField[16];
13:     // the "Roll" button
14:     JButton roll;
15:     // the number of times to roll
16:     JTextField quantity;
17:     // the Swing worker
18:     DiceWorker worker;
19:
20:     public DiceRoller() {
21:         super("Dice Roller");
22:         setDefaultCloseOperation(JFrame.EXIT_ON_CLOSE);
23:         setSize(850, 145);
24:
25:         // set up top row
26:         JPanel topPane = new JPanel();
27:         GridLayout paneGrid = new GridLayout(1, 16);
28:         topPane.setLayout(paneGrid);
29:         for (int i = 0; i < 16; i++) {
30:             // create a textfield and label
31:             total[i] = new JTextField("0", 4);
32:             JLabel label = new JLabel((i + 3) + ": ");
33:             // create this cell in the grid
34:             JPanel cell = new JPanel();
35:             cell.add(label);
36:             cell.add(total[i]);
37:             // add the cell to the top row
38:             topPane.add(cell);
39:         }
40:
41:         // set up bottom row
42:         JPanel bottomPane = new JPanel();
43:         JLabel quantityLabel = new JLabel("Times to Roll: ");
44:         quantity = new JTextField("0", 5);
45:         roll = new JButton("Roll");
46:         roll.addActionListener(this);
47:         bottomPane.add(quantityLabel);
48:         bottomPane.add(quantity);
49:         bottomPane.add(roll);
50:
51:         // set up frame
52:         GridLayout frameGrid = new GridLayout(2, 1);
```

```
53:        setLayout(frameGrid);
54:        add(topPane);
55:        add(bottomPane);
56:
57:        setVisible(true);
58:    }
59:
60:    // respond when the "Roll" button is clicked
61:    @Override
62:    public void actionPerformed(ActionEvent event) {
63:        int timesToRoll;
64:        try {
65:            // turn off the button
66:            timesToRoll = Integer.parseInt(quantity.getText());
67:            roll.setEnabled(false);
68:            // set up the worker that will roll the dice
69:            worker = new DiceWorker(timesToRoll);
70:            // add a listener that monitors the worker
71:            worker.addPropertyChangeListener(this);
72:            // start the worker
73:            worker.execute();
74:        } catch (NumberFormatException exc) {
75:            System.out.println(exc.getMessage());
76:        }
77:    }
78:
79:    // respond when the worker's task is complete
80:    @Override
81:    public void propertyChange(PropertyChangeEvent event) {
82:        try {
83:            // get the worker's dice-roll results
84:            int[] result = (int[]) worker.get();
85:            // store the results in text fields
86:            for (int i = 0; i < result.length; i++) {
87:                total[i].setText("" + result[i]);
88:            }
89:        } catch (Exception exc) {
90:            System.out.println(exc.getMessage());
91:        }
92:    }
93:
94:    private static void setLookAndFeel() {
95:        try {
96:            UIManager.setLookAndFeel(
97:                "com.sun.java.swing.plaf.nimbus.NimbusLookAndFeel"
98:            );
99:        } catch (Exception exc) {
100:            // ignore error
101:        }
102:    }
103:
104:    public static void main(String[] arguments) {
105:        DiceRoller.setLookAndFeel();
106:        DiceRoller app = new DiceRoller();
107:    }
108: }
```

可将这个类作为应用程序运行。为此，可选择菜单 Run > Run File。

DiceRoller 类的大部分代码都用于创建并排列用户界面组件：16 个文本框、一个名为 Times to Roll 的文本框和一个 Roll 按钮。

方法 actionPerformed() 用于响应用户单击 Roll 按钮，它创建负责掷骰子的 Swing Worker、添加一个属性变更监听器，以及开始工作。

第 73 行调用了 `worker.execute()` 方法，这导致 worker 的 `doInBackground()` 方法被调用。

当 worker 完成掷骰子的工作后，`DiceRoller` 类的 `propertyChange()` 方法将接收到一个属性变更事件。

该方法通过调用 worker 的 `get()` 方法来获取 `doInBackground()` 方法的结果（第 84 行），而该结果必须被强制转换为整型数组：

```
int[] result = (int[] worker.get();
```

图 14.1 说明了该应用程序的运行情况。

图 14.1 以表格方式显示 DiceRoller 应用程序生成的掷骰子结果

14.2 网格袋布局

第 11 章介绍了布局管理器类 `FlowLayout`、`BoxLayout`、`GridLayout`、`BorderLayout` 和 `CardLayout`。

在 Java 中，还有一种布局管理器，这就是网格袋布局（grid bag layout），它虽然不那么常用，但在有些情况下可提供极大的方便。网格袋布局管理器扩展了网格布局管理器，但与网格布局一样，也将组件分行和列排列。网格袋布局与网格布局之间的区别在于以下几点。

- 网格袋布局组件可占据网格中的多个单元格。
- 网格袋布局不同行和列的比例不必相等。
- 网格袋布局组件不必填满单元格。
- 网格袋布局组件可与单元格的任何边缘对齐。

要采用网格袋布局，需要使用 `GridBagLayout` 和 `GridBagConstraints` 类，它们都位于 `java.awt` 包中。`GridBagLayout` 是布局管理器，而 `GridBagConstraints` 定义组件在网格中的位置。

网格袋布局管理器的构造函数不接收任何参数，和其他管理器一样，该构造函数也可用于容器。在框架的构造函数中，可使用下面的语句来指定使用网格袋布局：

```
GridBagLayout bag = new GridBagLayout();
setLayout(bag);
```

在网格袋布局中，每个组件都使用一个 `GridBagConstraints` 对象来指定组件将占用网格的哪些单元格、组件的大小以及组件的其他显示属性。

`GridBagConstraints` 对象有 11 个实例变量，它们决定了放置组件的方式。

- `gridx`：容纳组件的单元格的 x 位置，如果组件跨越了多个单元格，则为组件左上角所处的单元格的 x 位置。
- `gridy`：单元格或左上角单元格的 y 位置。
- `gridwidth`：组件沿水平方向跨越了多少个单元格。
- `gridheight`：组件沿垂直方向跨越了多少个单元格。
- `weightx`：组件相对于同一行中其他组件的大小。

- **weighty**：组件相对于同一列中其他组件的大小。
- **anchor**：指定组件显示在单元格内的什么位置（如果组件没有填满整个单元格）。
- **fill**：指定沿水平还是垂直方向扩大组件，使之填满单元格。
- **insets**：一个 Insets 对象，设置组件和单元格边界之间的空白。
- **ipadx**：组件宽度的扩大量。
- **ipady**：组件高度的扩大量。

除 insets 外，其他实例变量都是整数值。

要使用这种布局管理器，最简单的方法是不使用任何参数创建一个约束条件对象，再分别设置其每个变量的值。未进行显式设置时，变量将使用默认值。

下面的代码创建了一个网格袋布局对象和一个用于在网格中放置组件的约束条件对象：

```
GridBagLayout gridbag = new GridBagLayout();
GridBagConstraints constraint = new GridBagConstraints();
setLayout(gridbag);
```

可以使用一组赋值语句来设置约束条件对象：

```
constraint.gridx = 0;
constraint.gridy = 0;
constraint.gridwidth = 2;
constraint.gridheight = 1;
constraint.weightx = 100;
constraint.weighty = 100;
constraint.fill = GridBagConstraints.NONE;
constraint.anchor = GridBagConstraints.CENTER;
```

上述代码设置了这样的约束条件：将组件放在网格位置(0,0)处，其宽为两个单元格，高为一个单元格。

使用 **GridBagConstraints** 的类变量设置了组件的大小和位置，组件将居中（**anchor** 的值为 CENTER），且不会扩大以填满单元格（**fill** 的值为 NONE）。

weightx 和 **weighty** 只有同其他组件的相应值进行比较时才有意义，本节后面将详细介绍它们。

将组件加入网格袋布局分两步。

（1）调用布局管理器的 setConstraints(Component, GridBagConstraints)方法，并将组件和约束条件对象作为参数。

（2）将组件加入使用该管理器的容器。

下面的语句继续前面的例子，将一个按钮加入面板中：

```
JButton okButton = new JButton("OK");
gridbag.setConstraints(okButton, constraint);
pane.add(okButton);
```

在网格中放置每个组件之前，必须设置约束条件对象。

14.2.1　设计网格

由于网格袋布局管理器比其他布局管理器复杂，因此使用它之前做些准备工作会有所帮助。为此，可以在纸上画出草图或者以其他方式进行说明。

图 14.2 是一个 E-mail 程序用户界面中的面板草图。

图 14.2 所示的面板包含一组标签和文本框，发送邮件时用户需要填写这些文本框。

这种界面适合使用网格袋布局，因为其中的组件的宽度各不相同。所有标签的宽度都相同，但文本框 "To" 和 "Subj" 比 "CC" 和 "BCC" 宽。在网格袋布局中，每个组件单独占用不同的单元格，不能与其他组件共用单元格。一个组件可能占用多个单元格。

图 14.2 所示的草图没有指出单元格，但使用 0～100 的值指出了组件的宽度。这些值是相对值，而不是组件的绝对大小，它们可用于计算 weightx 和 weighty 的值。

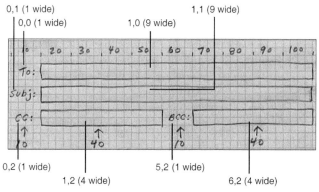

图 14.2　在网格上设计用户界面

注意　此时您可能会问，草图中为何没有在垂直方向上提供 0～100 的比值。E-mail 程序界面不需要这样的值，因为所有组件的高度都相同（weighty 也相同）。

绘制出用户界面的草图，指出组件的相对大小后，便可以确定每个组件的单元格位置和大小。

在这个 E-mail 程序界面中，每个组件的宽度都被设置为 10 的倍数，因此可以使用一个包括 10 列的网格。

与网格布局一样，左上角的单元格为(0,0)。x 坐标表示列，而 y 坐标表示行。向右下移动时，它们的值将增加。

图 14.3 指出了每个组件的(x, y)位置和宽度，宽度的单位为单元格。

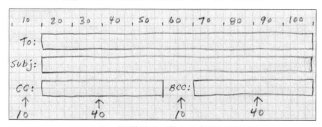

图 14.3　组件在网格中占据的单元格

14.2.2　创建网格

在图纸上绘制好草图后，便可以编写必要的代码，将草图实现为 Java 图形用户界面。

下述位于 E-mail 面板的构造函数中的语句将面板设置为使用网格袋布局，并将标签 "To" 和对应的文本框加入面板中：

```
// add the label
JLabel toLabel = new JLabel("To: ");
GridBagConstraints constraint = new GridBagConstraints();
constraint.gridx = 0;
constraint.gridy = 0;
constraint.gridwidth = 1;
constraint.gridheight = 1;
constraint.weightx = 10;
constraint.weighty = 100;
constraint.fill = GridBagConstraints.NONE;
```

```
constraint.anchor = GridBagConstraints.EAST;
gridbag.setConstraints(toLabel, constraint);
add(toLabel);
// add the text field
JTextField to = new JTextField();
constraint = new GridBagConstraints();
constraint.gridx = 1;
constraint.gridy = 0;
constraint.gridwidth = 9;
constraint.gridheight = 1;
constraint.weightx = 90;
constraint.weighty = 100;
constraint.fill = GridBagConstraints.HORIZONTAL;
constraint.anchor = GridBagConstraints.WEST;
gridbag.setConstraints(to, constraint);
add(to);
```

标签和文本框使用各自的约束条件对象（复用变量 constraint）。gridx 和 gridy 的值使标签和文本框分别放置在(0, 0)和(1, 0)处。gridwidth 的值使标签和文本框的宽度分别为 1 和 9 个单元格。

标签和文本框使用的 fill 值不同。标签使用的是 NONE，因此它不会扩大；而文本框使用的是 HORIZONTAL，因此它只会沿水平方向扩大（另外两个可用的值是 VERTICAL 和 BOTH）。

标签和文本框使用的 anchor 值也不同。标签使用的是类变量 EAST，因此与单元格的右边界对齐；而文本框使用的是 WEST，因此与单元格的左边界对齐。

可以使用所有的罗盘方向和 CENTER，包括 NORTH、NORTHEAST、EAST、SOUTHEAST、SOUTH、SOUTHWEST、WEST 和 NORTHWEST。

在网格袋约束条件中，最复杂的是 weightx 和 weighty。这些变量可以是任意整数或 double 类型的值，它们指出了组件之间的相对大小。

标签 "To" 的 weightx 值为 10，而与之相邻的文本框的 weightx 值为 90，比例与图 14.2 所示的草图相同。这些值使文本框的宽度为标签的 9 倍。这些值是任意的，如果标签的 weightx 为 3，而文本框为 27，则文本框的宽度仍为标签的 9 倍。

如果不需要给组件提供不同的权重，应对同一行（列）中的组件使用相同的值。例如，同一列中的标签和文本框的 weighty 都为 100，因此它们的高度相同。

设置网格袋约束条件需要使用大量重复的代码。为减少输入量，在 E-mail 面板类中提供了一个方法，用于设置组件的约束条件，并将组件加入面板中：

```
private void addComponent(Component component, int gridx, int gridy,
    int gridwidth, int gridheight, int weightx, int weighty, int fill,
    int anchor) {

    GridBagConstraints constraint = new GridBagConstraints();
    constraint.gridx = gridx;
    constraint.gridy = gridy;
    constraint.gridwidth = gridwidth;
    constraint.gridheight = gridheight;
    constraint.weightx = weightx;
    constraint.weighty = weighty;
    constraint.fill = fill;
    constraint.anchor = anchor;
    gridbag.setConstraints(component, constraint);
    add(component);
}
```

这个方法没有使用 GridBagConstraints 类的变量 insets、ipadx 和 ipady，因此这些变量将保留默认值。

下面的语句调用这个方法将标签 "Subject" 及其对应的文本框加入面板中：

```
JLabel subjectLabel = new JLabel("Subject: ");
addComponent(subjectLabel, 0, 1, 1, 1, 10, 100, GridBagConstraints.NONE,
    GridBagConstraints.EAST);
JTextField subject = new JTextField();
addComponent(subject, 1, 1, 9, 1, 90, 100, GridBagConstraints.HORIZONTAL,
    GridBagConstraints.WEST);
```

最后，下面的语句将标签 "CC" 和 "BCC" 及其对应的文本框加入面板中：

```
// add a CC label at (0,2) 1 cell wide
JLabel ccLabel = new JLabel("CC: ");
addComponent(ccLabel, 0, 2, 1, 1, 10, 100, GridBagConstraints.NONE,
    GridBagConstraints.EAST);
// add a CC text field at (1,2) 4 cells wide
JTextField cc = new JTextField();
addComponent(cc, 1, 2, 4, 1, 40, 100, GridBagConstraints.HORIZONTAL,
    GridBagConstraints.WEST);
// add a BCC label at (5,2) 4 cells wide
JLabel bccLabel = new JLabel("BCC: ");
addComponent(bccLabel, 5, 2, 1, 1, 10, 100, GridBagConstraints.NONE,
    GridBagConstraints.EAST);
// add a BCC text field at (6,2) 4 cells wide
JTextField bcc = new JTextField();
addComponent(bcc, 6, 2, 4, 1, 40, 100, GridBagConstraints.HORIZONTAL,
    GridBagConstraints.WEST);
```

这 4 个组件位于同一行中，这使它们的 weightx 值至关重要。标签的 weightx 值被设置为 10，而文本框的 weightx 值被设置为 40，这与草图一致。

程序清单 14.3 所示的 MessagePanel 类包含该 E-mail 面板的源代码。请在 NetBeans 中创建这个类，并将其放在 com.java21days 包中。

程序清单 14.3 完整的 MessagePanel.java 源代码

```
 1: package com.java21days;
 2:
 3: import java.awt.*;
 4: import javax.swing.*;
 5:
 6: public class MessagePanel extends JPanel {
 7:     GridBagLayout gridbag = new GridBagLayout();
 8:
 9:     public MessagePanel() {
10:         super();
11:         GridBagConstraints constraints;
12:         setLayout(gridbag);
13:
14:         JLabel toLabel = new JLabel("To: ");
15:         JTextField to = new JTextField();
16:         JLabel subjectLabel = new JLabel("Subject: ");
17:         JTextField subject = new JTextField();
18:         JLabel ccLabel = new JLabel("CC: ");
19:         JTextField cc = new JTextField();
20:         JLabel bccLabel = new JLabel("BCC: ");
21:         JTextField bcc = new JTextField();
22:
23:         addComponent(toLabel, 0, 0, 1, 1, 10, 100,
24:             GridBagConstraints.NONE, GridBagConstraints.EAST);
25:         addComponent(to, 1, 0, 9, 1, 90, 100,
26:             GridBagConstraints.HORIZONTAL, GridBagConstraints.WEST);
27:         addComponent(subjectLabel, 0, 1, 1, 1, 10, 100,
28:             GridBagConstraints.NONE, GridBagConstraints.EAST);
29:         addComponent(subject, 1, 1, 9, 1, 90, 100,
```

```
30:             GridBagConstraints.HORIZONTAL, GridBagConstraints.WEST);
31:         addComponent(ccLabel, 0, 2, 1, 1, 10, 100,
32:             GridBagConstraints.NONE, GridBagConstraints.EAST);
33:         addComponent(cc, 1, 2, 4, 1, 40, 100,
34:             GridBagConstraints.HORIZONTAL, GridBagConstraints.WEST);
35:         addComponent(bccLabel, 5, 2, 1, 1, 10, 100,
36:             GridBagConstraints.NONE, GridBagConstraints.EAST);
37:         addComponent(bcc, 6, 2, 4, 1, 40, 100,
38:             GridBagConstraints.HORIZONTAL, GridBagConstraints.WEST);
39:     }
40:
41:     private void addComponent(Component component, int gridx, int gridy,
42:         int gridwidth, int gridheight, int weightx, int weighty, int fill,
43:         int anchor) {
44:
45:         GridBagConstraints constraints = new GridBagConstraints();
46:         constraints.gridx = gridx;
47:         constraints.gridy = gridy;
48:         constraints.gridwidth = gridwidth;
49:         constraints.gridheight = gridheight;
50:         constraints.weightx = weightx;
51:         constraints.weighty = weighty;
52:         constraints.fill = fill;
53:         constraints.anchor = anchor;
54:         gridbag.setConstraints(component, constraints);
55:         add(component);
56:     }
57: }
```

这个类不是应用程序，不能独立地运行。编译这个类后，便可将其用于任何 GUI 中。

程序清单 14.4 所示的 MessageFrame 是一个简单的应用程序，用于显示一个包含 MessagePanel 的框架。这个类也放在 com.java21days 包中。

程序清单 14.4　完整的 MessageFrame.java 源代码

```
 1: package com.java21days;
 2:
 3: import javax.swing.*;
 4:
 5: public class MessageFrame extends JFrame {
 6:     public MessageFrame() {
 7:         super("Message");
 8:         setSize(380, 120);
 9:         setDefaultCloseOperation(JFrame.EXIT_ON_CLOSE);
10:         MessagePanel mPanel = new MessagePanel();
11:         add(mPanel);
12:         setVisible(true);
13:     }
14:
15:     private static void setLookAndFeel() {
16:         try {
17:             UIManager.setLookAndFeel(
18:                 "javax.swing.plaf.nimbus.NimbusLookAndFeel"
19:             );
20:         } catch (Exception exc) {
21:             System.out.println("Look and feel error: " + exc.getMessage());
22:         }
23:     }
24:
25:     public static void main(String[] arguments) {
26:         MessageFrame.setLookAndFeel();
27:         MessageFrame frame = new MessageFrame();
28:     }
29: }
```

面板是在第 10 行创建的，第 11 行将其加入框架中。这个应用程序的运行情况如图 14.4 所示。

由于面板不能指定自己的大小，因此其大小取决于框架的大小。这展示了 Swing 网格布局和网格袋布局给组件提供的灵活性：让组件能够适应界面中可用的空间。

图 14.4 应用程序用户界面中的面板

如果您不希望面板与其容器一样大，可将其布局管理器设置为 null：

```
setLayout(null);
```

正如这个项目表明的，相比于其他 Java 布局管理器，网格袋布局要复杂得多。如果能够混合使用其他管理器设计出同样的界面，那么将更容易维护，在代码由多名程序员合作编写时尤其如此。

14.3 总结

本章介绍了让 Java 适用于开发应用程序的功能，包括通过使用线程改善 Swing 程序的性能等内容。SwingWorker 类将耗时任务放在独立的线程中运行，从而改善了 Swing 应用程序的性能。为启动和终止线程所需做的所有工作，都由这个类在幕后处理。

创建 SwingWorker 的子类时，可将重点放在必须执行的任务上。

有了 GridBagLayout 后，您便拥有了一整套布局管理器，可使用 Swing 为 Java 程序设计复杂的用户界面。

14.4 问与答

问：如何确定 SwingWorker 对象是否完成了工作？

答：调用其 isDone() 方法。如果任务已执行完毕，该方法将返回 true。需要注意的是，无论任务是如何完成的，该方法都将返回 true，即使任务取消、中断或失败，它也将返回 true。

方法 isCancelled() 可用于检查任务是否被取消。

问：我使用 GridBagLayout 设计应用程序时，所有组件都在其占据的用户界面部分居中，为什么会这样呢？

答：在网格袋布局中，组件的默认行为是在其单元格内居中。您必须使用 GridBagConstraints 对象来设置新的约束条件，具体地说是设置变量 anchor 和 fill。

14.5 小测验

请回答下述 3 个问题，以复习本章介绍的内容。

14.5.1 问题

1. 必须实现哪个接口，以便 SwingWorker 执行完任务时得到通知？
   A. ActionListener
   B. PropertyChangeListener
   C. SwingListener
2. 如果希望网格布局中的组件可以占据多个单元格，应使用哪种布局？
   A. GridLayout
   B. GridBagLayout

C. 两者都不是，这种目标无法实现

3. 要设置组件的宽度（单位为单元格），可使用 GridBagConstraints 的哪个变量？

A. ipadx

B. weightx

C. gridwidth

14.5.2 答案

1. B。任务完成后，java.beans 包中的 PropertyChangeListener 将接收到 propertyChange() 事件。

2. B。GridBagLayout 让组件能够占据多个单元格。

3. C。gridwidth 用于指定组件的宽度。

14.6 认证练习

下面的问题是 Java 认证考试中可能出现的问题，请回答该问题，不要查看本章的内容，也不要使用 Java 编译器对代码进行测试。

给定如下代码：

```java
import java.awt.*;
import javax.swing.*;

public class SliderFrame extends JFrame {
    public SliderFrame() {
        super();
        setDefaultCloseOperation(JFrame.EXIT_ON_CLOSE);
        JSlider value = new JSlider(0, 255, 100);
        setSize(325, 150);
        setVisible(true);
    }

    public static void main(String[] arguments) {
        new SliderFrame();
    }
}
```

编译并运行上述源代码时，将发生什么事情？

A. 能通过编译并正确运行

B. 能通过编译，但不在窗口中显示任何内容

C. 不能正常编译，因为内容面板为空

D. 由于 new SliderFrame() 语句的存在，该程序将不能通过编译

14.7 练习

为巩固本章介绍的知识，请尝试完成下面的练习。

1. 在 MessagePanel 类中添加一个文本区域，用标签"Message"标识它，并让它支持滚动。

2. 创建一个简单的图形用户界面，该界面使用 SwingWorker 在一个文本区域中显示前 10000 个素数。

第 3 周

Java 编程

第 15 章
使用内部类和 Lambda 表达式

Java 诞生于 1995 年，且每个新版本的推出都使其地位得以进一步提高。Java 刚面世时，Java 类库只有 250 个类，主要用于编写通过网页运行的交互式程序。这给 Web 带来了新的能量，让数以千计的程序员趋之若鹜，决心学习这门新语言。

Java 设计良好，提供的一些功能使其能够与 C++ 和其他软件开发语言比肩，因此很快从主要提供网页交互性成长为通用的编程语言。当前，它已成为全球使用最广泛、最受欢迎的语言之一。

如今，使用 Java 的程序员数以百万计，他们使用这门语言开发的软件运行在数十亿台设备上。每个新的 Java 版本都提供了一些新功能，引入了程序员梦寐以求的新方法论。

Java 提供了程序员最迫切希望它提供的功能——Lambda 表达式。Lambda 表达式也被称为闭包，其让 Java 程序员能够使用被称为函数式编程的范式。

本章将介绍 Lambda 表达式，但在此之前，先介绍对实现 Lambda 表达式来说必不可少的两项功能：内部类和匿名内部类。

15.1 内部类

使用 Java 创建类时，必须定义其属性和行为，其中属性是存储数据的类变量和实例变量，而行为是使用这些数据来执行任务的方法。

类还可包含融属性和行为于一体的第三种元素，即内部类。

内部类像助手类，但它是在它辅助的类中定义的。鉴于在 Java 程序中可根据需要使用任意数量的类，您可能质疑内部类存在的意义。负责宾馆工作调度的 `Scheduler` 类可能有助手类 `Employee` 和 `Day`，其中 `Employee` 用于表示员工，而 `Day` 用于表示一周内宾馆营业的各天。

虽然使用助手类可实现内部类的某些功能，但等您对内部类有更深入的认识后，您将发现在有些情况下，使用内部类比使用助手类更合适。Java 支持内部类的原因有多个。

如果一个类只被另一个类使用，则将其定义为内部类。这样，相关的代码将位于同一个地方，类之间的关系也更清晰。

就像方法可以访问其所属类的私有变量一样，内部类也可访问其所属类的私有方法和私有变量，而辅助类没有这样的权限。

> **注意**　内部类的作用域规则与变量作用域规则很像。内部类在其作用域外是不可见的，要引用它们，必须使用完全限定名（外部类的名称、句点和内部类的名称）。这有助于使用包来组织类。在内部类中，可直接引用外部类的元素，包括外部类的类变量和实例变量，以及块中的局部变量。

要创建内部类，可像创建其他类一样使用关键字 `class` 和类声明，但要将其放在另一个类中。通常，在定义类变量和实例变量的地方定义内部类。

下面的代码在 Hello 类中定义了内部类 InnerHello:

```
public class Hello {

    class InnerHello {
        InnerHello() {
            System.out.println(
                "The method call is coming from inside the class!"
            );
        }
    }
    public Hello() {
        // empty constructor
    }
    public static void main(String[] arguments) {
        Hello program = new Hello();
        Hello.InnerHello inner = program.new InnerHello();
    }
}
```

内部类的定义方式与其他类相同,只是定义位置不同:位于另一个类的花括号({和})内。

要创建内部类的对象,先得创建一个外部类的对象,再对这个对象调用运算符 new,如前述示例中的如下语句所示:

```
Hello.InnerHello inner = program.new InnerHello();
```

请仔细研究这条赋值语句中等号的两边,以了解内部类的对象是如何创建的。

在等号左边,为了引用内部类,使用了外部类名称、句点和内部类名称,即 Hello.InnerHello。

在等号右边,program 指的是之前创建的 Hello 对象。program 后面是句点、运算符 new 和内部类构造函数 InnerHello()。

在本章的第一个项目中,将修改第 8 章的应用程序 ComicBook,在其中使用内部类。第 8 章的应用程序 ComicBook 用于管理一系列连环画,这是使用主类 ComicBooks 和表示连环画的辅助类 Comic 实现的。这两个类是在同一个源代码文件中定义的,但它们属于不同的类,编译器将它们分别转换为字节码文件 ComicBooks.class 和 Comic.class。

在这里,我们将定义表示一系列连环画的 ComicBox 类,并在其中定义内部类 InnerComic。

应用程序 ComicBox 的代码如程序清单 15.1 所示。请创建一个空 Java 文件,将其命名为 ComicBox.java 并放在 com.java21days 包中,再输入程序清单 15.1 所示的源代码。

程序清单 15.1 完整的 ComicBox.java 源代码

```
 1: package com.java21days;
 2:
 3: import java.util.*;
 4:
 5: public class ComicBox {
 6:     class InnerComic {
 7:         String title;
 8:         String issueNumber;
 9:         String condition;
10:         float basePrice;
11:         float price;
12:
13:         InnerComic(String inTitle, String inIssueNumber,
14:             String inCondition, float inBasePrice) {
15:
16:             title = inTitle;
```

```
17:            issueNumber = inIssueNumber;
18:            condition = inCondition;
19:            basePrice = inBasePrice;
20:        }
21:
22:        void setPrice(float factor) {
23:            price = basePrice * factor;
24:        }
25:    }
26:
27:    public ComicBox() {
28:        HashMap<String, Float> quality = new HashMap<>();
29:        float price1 = 3.00F;
30:        quality.put("mint", price1);
31:        float price2 = 2.00F;
32:        quality.put("near mint", price2);
33:        float price3 = 1.50F;
34:        quality.put("very fine", price3);
35:        float price4 = 1.00F;
36:        quality.put("fine", price4);
37:        float price5 = 0.50F;
38:        quality.put("good", price5);
39:        float price6 = 0.25F;
40:        quality.put("poor", price6);
41:        InnerComic[] comix = new InnerComic[3];
42:        comix[0] = new InnerComic("Amazing Spider-Man", "1A",
43:            "very fine", 12_000.00F);
44:        comix[0].setPrice(quality.get(comix[0].condition));
45:        comix[1] = new InnerComic("Incredible Hulk", "181",
46:            "near mint", 680.00F);
47:        comix[1].setPrice(quality.get(comix[1].condition));
48:        comix[2] = new InnerComic("Cerebus", "1A", "good", 190.00F);
49:        comix[2].setPrice(quality.get(comix[2].condition));
50:        for (InnerComic comix1 : comix) {
51:            System.out.println("Title: " + comix1.title);
52:            System.out.println("Issue: " + comix1.issueNumber);
53:            System.out.println("Condition: " + comix1.condition);
54:            System.out.println("Price: $" + comix1.price + "\n");
55:        }
56:    }
57:
58:    public static void main(String[] arguments) {
59:        new ComicBox();
60:    }
61: }
```

第 6~25 行定义的内部类有一个构造函数，这个构造函数使用书名、期数、新旧程度和基价创建连环画。这个类还有一个 setPrice() 方法，这是在第 22~24 行定义的。

在第 41 行，ComicBox 类使用这个内部类创建了一个数组，这个数组包含 3 个 InnerComic 对象。引用这个内部类时，使用的是 InnerComic，就像它是辅助类时一样。

引用内部类时，也可使用包括外部类名称的完整名称：

```
ComicBox.InnerComic[] comix = new ComicBox.InnerComic[3];
```

这个应用程序的输出结果如图 15.1 所示。

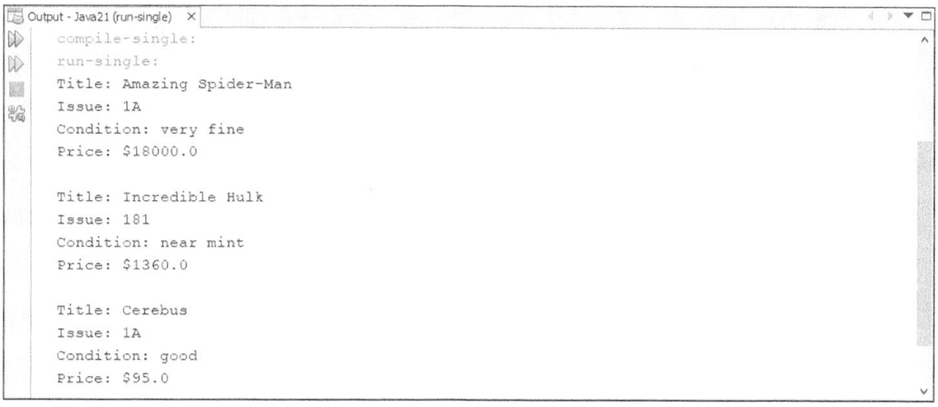

图 15.1 使用内部类来表示连环画

匿名内部类

使用 Java 编程时，常常需要创建不会被再次使用的对象。在这种情况下，非常适合使用一种特殊的内部类：匿名内部类。这种类没有名称，是在同一条语句中声明和创建的。

要使用匿名内部类，可将引用对象的代码替换为关键字 new、对构造函数的调用以及用花括号（{和}）括起来的类定义。

下面是在没有使用匿名内部类的情况下创建并启动线程的代码：

```
ThreadClass task = new ThreadClass();
Thread runner = new Thread(task);
runner.start();
```

这里假设 ThreadClass 类实现了接口 Runnable，因此 task 对象可作为线程运行。

如果 ThreadClass 类的代码很简单，且只会被使用一次，那么在这种情况下，一种更高效的做法是，将 ThreadClass 类删除，并将其代码放在一个匿名内部类中，如下所示：

```
Thread runner = new Thread(new Runnable() {
    public void run() {
        // thread does its work here
    }
});
runner.start();
```

这将对 task 的引用替换成了下述定义匿名类并创建其对象的代码：

```
new Runnable() {
    public void run() {
        // thread does its work here
    }
)
```

在 Java 中，运算符 new 是一个表达式，它返回一个对象。因此，在对构造函数 Thread() 的调用中，上述代码返回一个未命名的对象，这个对象实现了接口 Runnable 并覆盖了方法 run()。方法 run() 中的语句所做的工作将在独立的线程中完成。

为了更深入地阐述这个概念，接下来的项目将全面演示如何创建匿名内部类以说明匿名内部类如此有用的原因。

在第 12 章中，您学习了如何在 Swing 应用程序中使用被称为事件监听器的接口来监听用户输入。

当需要监听特定输入，如用户单击按钮、移动鼠标或按键时，应用程序就必须使用实现了相应监听器接口的类。这些接口包含在 `java.awt.event` 包中。例如，`KeyListener` 监听用户单击。

第 12 章没有介绍的一个事件监听器是 `WindowListener`，它用于跟踪用户与窗口交互的各种方式。在接口 `WindowListener` 中，定义了在窗口打开和关闭，以及获得焦点和失去焦点时将被调用的方法。

实现这个接口的类必须实现接口中的方法：`windowActivated()`、`windowClosed()`、`windowClosing()`、`windowDeactivated()`、`windowDeiconified()`、`windowIconified()`、和 `windowOpened()`。需要实现的方法很多，在您的类只关心用户与窗口交互的一两种方式时显得尤其如此。即便您只想监听窗口打开事件，也需要编写类似于下面的代码：

```
public void windowOpened(WindowEvent event) {
    Window pane = event.getWindow();
    pane.setBackground(Color.CYAN);
}
public void windowClosed(WindowEvent event) {
    // do nothing
}
public void windowActivated(WindowEvent event) {
    // do nothing
}
public void windowDeactivated(WindowEvent event) {
    // do nothing
}
```

这里只列出了您必须编写的部分代码；在实现接口 `WindowListener` 的类中，还必须包含其他几个方法，而这些方法可能什么都不做。

实现全部方法后，便可添加窗口事件监听器了：

```
addWindowListener(this);
```

一种更佳的方法是，通过从 `WindowAdapter` 类继承的一个子类来创建监听器。

`WindowAdapter` 类实现了接口 `WindowListener`，但将前述很多方法都实现为什么都不做。`java.awt.event` 包含多个适配器类，可用于简化监听特定事件的工作：您可从这些适配器类继承一个子类，并根据需要覆盖这些方法中的一个或多个。

下面是一个窗口监听器的代码，这个窗口监听器继承了 `WindowAdatper` 类，但只监听 `window-Closing()` 事件：

```
public class WindowCloseListener extends WindowAdapter {
    JFrame frame;
    boolean done;

    public WindowCloseListener(JFrame inFrame) {
        this.frame = inFrame;
    }

    public void windowClosing(WindowEvent event) {
        // user has tried to close window
        if (done) {
            // allow it
            frame.dispose();
            System.exit(0);
        }
    }
}
```

调用 `dispose()` 方法将关闭相应的窗口。上述代码在用户试图关闭框架时执行：如果布尔变量 done 为 true，就将框架关闭。这个布尔变量是框架的一个实例变量，而框架位于另一个类（创建该监听器的类）中。

必须设置这个框架，使其在用户试图关闭窗口时默认什么都不做：

```
setDefaultCloseOperation(JFrame.DO_NOTHING_ON_CLOSE);
```

另外，为这个框架创建并添加监听器对象：

```
WindowCloseListener closer = new WindowCloseListener();
addWindowListener(closer);
```

这些代码使用辅助类 WindowCloseListener 创建一个对象，并将该对象赋给一个变量，再让这个变量监听窗口事件。

采用上述方法来监听前述窗口事件时，需要执行 4 个步骤。

（1）创建一个 WindowAdapter 的子类。

（2）在这个子类中，实现方法 windowClosing()。

（3）在这个子类中，创建一个将框架作为参数的构造函数。

（4）将传入的框架存储在一个实例变量中。

上述构造函数和实例变量用于将 WindowAdapter 类及其子类关联起来，因为适配器需要访问框架的 done 变量。

一种更简单的方法是，在定义框架的类中使用一个匿名内部类：

```
setDefaultCloseOperation(WindowConstants.DO_NOTHING_ON_CLOSE);
addWindowListener(new WindowAdapter() {
    // user has tried to close window
    if (done) {
        // allow it
        frame.dispose();
        System.exit(0);
    }
});
```

在这里，使用一个类定义来调用 new WindowAdapter() 创建了一个匿名监听器。在这个类定义中，覆盖了方法 windowClosing()，这样将在用户试图关闭窗口时采取相应的措施。

这个匿名内部类可完成一件独立辅助类无法做到的事情——访问实例变量 frame。与实例变量和方法一样，内部类也可访问其所属类的方法和变量。

注意　　java.awt.event 包中还有其他适配器类，为您实现其他监听器提供了便利。KeyAdapter 类将响应键盘事件的方法都实现为空；MouseAdapter 类将响应鼠标事件的方法都实现为空；而 FocusAdapter 类将响应焦点事件的方法都实现为空。

在第 10 章，您创建了一个将滑块用作进度条的应用程序——ProgressMonitor。在接下来的项目中，您将改进这个应用程序，以实现禁止用户在进度未达到 100% 时关闭主窗口。

为此，在 NetBeans 中新建一个空 Java 文件，将其命名为 ProgressMonitor2 并放在 com.java21days 包中，再在这个文件中输入程序清单 15.2 所示的源代码。完成后将文件保存。

程序清单 15.2　完整的 ProgressMonitor2.java 源代码

```
1: package com.java21days;
2:
3: import java.awt.*;
```

```
 4: import java.awt.event.*;
 5: import javax.swing.*;
 6:
 7: public class ProgressMonitor2 extends JFrame {
 8:     JProgressBar current;
 9:     int num = 0;
10:     boolean done = false;
11:
12:     public ProgressMonitor2() {
13:         super("Progress Monitor 2");
14:         setDefaultCloseOperation(JFrame.DO_NOTHING_ON_CLOSE);
15:         addWindowListener(new WindowAdapter() {
16:             @Override
17:             public void windowClosing(WindowEvent event) {
18:                 // user has tried to close window
19:                 if (done) {
20:                     // allow it
21:                     dispose();
22:                     System.exit(0);
23:                 }
24:             }
25:         });
26:         setSize(400, 100);
27:         setLayout(new FlowLayout());
28:         current = new JProgressBar(0, 2000);
29:         current.setValue(0);
30:         current.setStringPainted(true);
31:         current.setPreferredSize(new Dimension(360, 48));
32:         add(current);
33:         setVisible(true);
34:         iterate();
35:     }
36:
37:     public final void iterate() {
38:         while (num < 2000) {
39:             current.setValue(num);
40:             try {
41:                 Thread.sleep(1000);
42:             } catch (InterruptedException e) { }
43:             num += 95;
44:         }
45:         done = true;
46:     }
47:
48:     private static void setLookAndFeel() {
49:         try {
50:             UIManager.setLookAndFeel(
51:                 "javax.swing.plaf.nimbus.NimbusLookAndFeel"
52:             );
53:         } catch (Exception exc) {
54:             System.err.println(exc);
55:         }
56:     }
57:
58:     public static void main(String[] arguments) {
59:         ProgressMonitor2.setLookAndFeel();
60:         new ProgressMonitor2();
61:     }
62: }
```

在第 15～25 行，创建并使用了一个匿名内部类。该匿名内部类使用 windowClosing() 方法监听窗口输入（就这个应用程序而言，只需实现接口 WindowListener 定义的这个方法），确保仅在实例变量 done 为 true 时才关闭窗口。

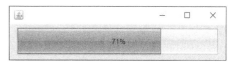

图 15.2　禁止用户在任务完成前关闭程序

这个程序的输出结果如图 15.2 所示。

匿名内部类不能包含构造函数，这意味着匿名内部类受到的限制比其他内部类和辅助类大。

相比于 Java 的其他功能，匿名内部类要复杂些。在程序的源代码中，匿名内部类看起来较特别，刚开始使用时，正确地定义它们是个难点，但熟悉使用后，您将发现它们既简洁又功能强大，且灵活。

15.2　Lambda 表达式

Lambda 表达式也被称为闭包，它让您能够使用运算符 -> 来创建只有一个方法的类的对象，前提要满足其他条件。

下面是一个实例：

```
Runnable runner = () -> { System.out.println("Eureka!"); };
```

上述代码创建了一个实现了接口 Runnable 的对象，其中的 run() 方法包含如下代码：

```
public void run() {
    System.out.println("Eureka!");
}
```

在 Lambda 表达式中，箭头运算符 -> 右边的语句定义了接口的方法。仅当接口只有一个要实现的方法（如 Runnable，它只有方法 run()）时，才能这样做。在 Java 中，只有一个方法的接口被称为函数式接口（functional interface）。

您可能注意到了，在 Lambda 表达式中，箭头运算符左边的内容也不同寻常。在前面的 Runnable 示例中，这是一对空的括号。表达式的这部分用于定义要发送给函数式接口的方法的参数。接口 Runnable 的方法 run() 不接收任何参数，因此在前面的表达式中，不需要在括号内指定参数。

再来看一个示例，其中表达式左边的括号中包含一些内容：

```
ActionListener listen = (ActionEvent act) -> {
    System.out.println(act.getSource());
};
```

这个 Lambda 表达式提供了接口 ActionListener 中唯一的方法 actionPerformed() 的实现。这个方法接收一个参数——一个 ActionEvent 对象。接口 ActionListener 位于 java.awt.event 包中。下面是实现这个方法的非 Lambda 表达式方式：

```
public void actionPerformed(ActionEvent act) {
    System.out.println(act.getSource());
}
```

接口 ActionListener 用于处理用户单击按钮或选择菜单项等操作事件。这个函数式接口只包含一个方法——actionPerformed(ActionEvent)，其中的参数包含触发事件的用户操作。

上述 Lambda 表达式的右半部分定义了方法 actionPerformed()，使其包含一条这样的语句，即显示有关触发事件的界面组件的信息。左半部分将这个方法的参数指定为一个 ActionEvent 对象。在 actionPerformed() 的方法体内，使用了 ActionEvent 对象——act。在这个 Lambda 表达式中，左半部分引用的 act 不在右半部分的方法实现的作用域内。Lambda 表达式让您能够在作用域外引用方法的变量。

与匿名内部类一样,使用 Lambda 表达式也可简化代码:在单个表达式中创建对象并实现接口。通过使用 Java 支持的目标类型推断(target typing),Lambda 表达式还可进一步简化代码。

在 Lambda 表达式中,可推断发送给方法的参数的类。在前面的 `ActionListener` 示例中,这个函数式接口只有一个方法,而这个方法只将一个 `ActionEvent` 对象作为参数。因此,指定参数时,可省略类名。

下面是利用这一点对前述 Lambda 表达式进一步简化的结果:

```
ActionListener listen = (act) -> {
    System.out.println(act.getSource());
}
```

本章的最后两个程序将演示 Lambda 表达式给 Java 带来的变化。

程序清单 15.3 所示的应用程序 CursorMayhem 是一个 Swing 程序,用于在一个面板中显示 3 个修改鼠标指针形状的按钮。

鼠标指针在本书前面没有介绍过,但使用起来很简单。鼠标指针是由 `java.awt` 包中的 `Cursor` 类表示的,可通过调用容器的 `setCursor(Cursor)` 来修改其形状。

鼠标指针类型是使用 `Cursor` 类的类方法来指定的。下面的语句用于创建一个面板,并将鼠标指针设置为文本框中显示的那样:

```
JPanel panel = new JPanel();
panel.setCursor(new Cursor(Cursor.TEXT_CURSOR));
```

下面的语句将鼠标指针恢复为默认形状:

```
panel.setCursor(new Cursor(Cursor.DEFAULT_CURSOR));
```

接下来将以两种不同的方式实现这个应用程序。第一种方式是使用匿名内部类(而不是 Lambda 表达式)来监听用户单击这 3 个按钮的操作。请在 NetBeans 中新建一个程序,将其命名为 Cursor Mayhem 并放在 `com.java21days` 包中,再输入程序清单 15.3 所示的源代码。

程序清单 15.3 完整的 CursorMayhem.java 源代码

```
 1: package com.java21days;
 2:
 3: import java.awt.*;
 4: import java.awt.event.*;
 5: import javax.swing.*;
 6:
 7: public class CursorMayhem extends JFrame {
 8:     JButton harry, wade, hansel;
 9:
10:     public CursorMayhem() {
11:         super("Choose a Cursor");
12:         setSize(400, 80);
13:         setDefaultCloseOperation(JFrame.EXIT_ON_CLOSE);
14:         setLayout(new FlowLayout());
15:         harry = new JButton("Crosshair");
16:         add(harry);
17:         wade = new JButton("Wait");
18:         add(wade);
19:         hansel = new JButton("Hand");
20:         add(hansel);
21:         // begin anonymous inner class
22:         ActionListener act = new ActionListener() {
23:             public void actionPerformed(ActionEvent event) {
```

```
24:                  if (event.getSource() == harry) {
25:                      setCursor(new Cursor(Cursor.CROSSHAIR_CURSOR));
26:                  }
27:                  if (event.getSource() == wade) {
28:                      setCursor(new Cursor(Cursor.WAIT_CURSOR));
29:                  }
30:                  if (event.getSource() == hansel) {
31:                      setCursor(new Cursor(Cursor.HAND_CURSOR));
32:                  }
33:              }
34:          };
35:          // end anonymous inner class
36:          harry.addActionListener(act);
37:          wade.addActionListener(act);
38:          hansel.addActionListener(act);
39:          setVisible(true);
40:      }
41:
42:      private static void setLookAndFeel() {
43:          try {
44:              UIManager.setLookAndFeel(
45:                  "javax.swing.plaf.nimbus.NimbusLookAndFeel"
46:              );
47:          } catch (Exception exc) {
48:              System.err.println("Look and feel error: " + exc);
49:          }
50:      }
51:
52:      public static void main(String[] arguments) {
53:          CursorMayhem.setLookAndFeel();
54:          CursorMayhem app = new CursorMayhem();
55:      }
56: }
```

这个程序的运行情况如图 15.3 所示。

第 22~34 行使用匿名内部类为 CursorMayhem 类定义了
一个事件监听器，这个无名对象包含接口 ActionListener
的唯一方法 actionPerformed (ActionEvent)的实现。

图 15.3　使用匿名内部类
监听用户的操作

在这个方法实现中，调用了框架的方法 setCursor()来
修改鼠标指针的形状。匿名内部类可以访问其所属类的方法和实例变量，但独立的辅助类没有这样的
权限。

运行这个应用程序时，如果将鼠标指针指向标题栏 "Choose a Cursor"，指针将变成默认形状；将
鼠标指针移回到窗格中时，指针将变为当前选择的形状。

现在来看看程序清单 15.4 所示的应用程序 ClosureMayhem。

程序清单 15.4　完整的 ClosureMayhem.java 源代码

```
 1: package com.java21days;
 2:
 3: import java.awt.*;
 4: import java.awt.event.*;
 5: import javax.swing.*;
 6:
 7: public class ClosureMayhem extends JFrame {
 8:     JButton harry, wade, hansel;
 9:
10:     public ClosureMayhem() {
11:         super("Choose a Cursor");
```

```
12:        setSize(400, 80);
13:        setDefaultCloseOperation(JFrame.EXIT_ON_CLOSE);
14:        setLayout(new FlowLayout());
15:        harry = new JButton("Crosshair");
16:        add(harry);
17:        wade = new JButton("Wait");
18:        add(wade);
19:        hansel = new JButton("Hand");
20:        add(hansel);
21:        // begin closure
22:        ActionListener act = (event) -> {
23:            if (event.getSource() == harry) {
24:                setCursor(new Cursor(Cursor.CROSSHAIR_CURSOR));
25:            }
26:            if (event.getSource() == wade) {
27:                setCursor(new Cursor(Cursor.WAIT_CURSOR));
28:            }
29:            if (event.getSource() == hansel) {
30:                setCursor(new Cursor(Cursor.HAND_CURSOR));
31:            }
32:        };
33:        // end closure
34:        harry.addActionListener(act);
35:        wade.addActionListener(act);
36:        hansel.addActionListener(act);
37:        setVisible(true);
38:    }
39:
40:    private static void setLookAndFeel() {
41:        try {
42:            UIManager.setLookAndFeel(
43:                "javax.swing.plaf.nimbus.NimbusLookAndFeel"
44:            );
45:        } catch (Exception exc) {
46:            System.err.println("Look and feel error: " + exc);
47:        }
48:    }
49:
50:    public static void main(String[] arguments) {
51:        ClosureMayhem.setLookAndFeel();
52:        ClosureMayhem app = new ClosureMayhem();
53:    }
54: }
```

在应用程序 ClosureMayhem 中，操作监听器是在第 22～32 行实现的；其他代码与应用程序 CursorMayhem 完全相同（引用类名的代码行除外）。

在这个应用程序中，您无须知道接口 ActionListener 唯一的方法的名称就可使用它。另外，您也无须将这个方法唯一的参数的类型指定为 ActionEvent 对象。

Lambda 表达式支持函数式编程，而在以前的 Java 中，您不能使用这种程序设计方法。

知道 Lambda 表达式的基本语法和两种在程序中使用它们的常见方式后，您就可以开始探索函数式编程了。现在，您应该能够识别 Lambda 表达式、编写包含箭头运算符 -> 的表达式，以及使用 Lambda 表达式来创建实现单方法接口的对象。这些只包含一个方法的接口也被称为函数式接口。

15.3 变量类型推断

喜欢其他编程语言的程序员常常因 Java 过于烦琐而批评它：无论是编写语句和表达式、声明变量、调用方法还是引用对象，都必须输入大量代码。

Java 引入了一项新特性——局部变量类型推断，这极大地简化了这门语言。在 Java 中，现在可将基本数据类型名替换为关键字 var 了，在有些情况下，还可将类名替换为关键字 var。下面是一个示例：

```
var marco = "Polo";
```

这条语句创建了一个名为 marco 的 String 变量，并将其值设置为"Polo"。var 让 Java 编译器根据存储在变量中的信息推断变量的数据类型。由于"Polo"是一个字符串字面量，因此变量 marco 的数据类型必然是字符串。上述的 var 语句与下面这条明确指定了类的语句等效：

```
String marco = "Polo";
```

在多种情况下，都可使用 var 关键字来让 Java 编译器推断变量的类型。

（1）定义局部变量时。

（2）在 for 循环中定义变量时。

（3）指定方法的返回值时。

在上述所有情况下，都必须给变量指定初始值，否则 Java 编译器将无法推断出变量的基本数据类型或类，因为它不知道变量中存储的是什么。

在有些情况下，不能使用 var。

（1）指定方法的参数时。

（2）在方法声明中指定返回值类型时。

（3）定义类变量或实例变量时。

声明类变量或实例变量时，即便给它指定了初始值，也不能使用 var。在这些情况下，必须指定变量基本数据类型或类。

15.4　总结

与泛型一样，内部类、匿名内部类和 Lambda 表达式也是 Java 中较复杂的内容。要得心应手地使用 Lambda 表达式，您必须熟练地使用内部类和匿名内部类。

非匿名内部类类似于辅助类，但不是独立的类，其位于另一个类中。内部类可以包含实例变量、类变量、实例方法和类方法，这些属性和方法是外部类行为和属性的有机组成部分。由于非匿名内部类是在另一个类中定义的，因此能够访问后者的私有变量和方法。

创建匿名内部类的对象时无须使用变量来存储它，因此非常适合用于创建只在程序中使用一次的对象。在 Swing 用户界面组件需要使用事件监听器来监听用户输入时，经常使用匿名内部类。

Lambda 表达式看似简单，使用箭头运算符 -> 就能创建，但它极大地考验了 Java 程序员的编程能力。

15.5　问与答

问：有必要使用匿名内部类吗？

答：对于 Java 提供的某项功能，如果在不使用它的情况下也能够完成，就并非一定要使用它。对于同一个任务，程序员通常能够使用很多不同的方式来完成。虽然复杂的新技术可减少需要编写的代码量或提供其他优点，但使用更多的 Java 语句来完成任务并不存在错误。

一般而言，重要的是程序管用，而不是包含多少行代码。话虽如此，但您无论如何都应该熟悉匿名内部类等功能，因为您肯定会在 Java 代码中遇到它们。经验丰富的程序员经常会使用内部类、匿名内部类和 Lambda 表达式，知道它们是什么可帮助您读懂别人编写的代码。

问：术语 Lambda 来自什么地方？

答：术语 Lambda 来自数理逻辑中使用希腊字母 λ 表示匿名函数的 Lambda 演算。选择使用这个字母来表示匿名函数并没有什么根据。

实践表明，Lambda 演算在数学、计算理论和计算机编程中很有用。当前，除 Java 外，很多其他的编程语言也都支持 Lambda 表达式，包括 JavaScript、Python、C#、Scala、Smalltalk、Kotlin、Groovy 和 Haskell。

15.6 小测验

请回答下述 3 个问题，以复习本章介绍的内容。

15.6.1 问题

1. 下面哪项是内部类能够访问但独立的辅助类不能访问的？
   A. 匿名内部类
   B. 另一个类的 `private final` 变量
   C. 线程
2. 哪个因素决定了 Java 接口是否属于函数式接口？
   A. 接口包含的方法数
   B. 箭头运算符
   C. 任何接口都是函数式接口
3. 适配器类让下面哪项工作变得更容易？
   A. 使用 Lambda 表达式
   B. 排列 Swing 用户界面组件
   C. 实现事件监听器

15.6.2 答案

1. B。内部类可访问其所属类的私有变量和私有方法。
2. A。只定义了一个方法的接口为函数式接口。
3. C。适配器类实现了事件监听器接口的所有方法，因此从适配器类继承子类时，可只在子类中实现所需的方法。

15.7 认证练习

下面的问题是 Java 认证考试中可能出现的问题，请回答该问题，不要查看本章的内容，也不要使用 Java 编译器对代码进行测试。

给定下面的代码：

```
public class ClassType {
    public static void main(String[] arguments) {
        Class c = String.class;
        try {
```

```
            Object o = c.newInstance();
            if (o instanceof String) {
                System.out.println("True");
            } else {
                System.out.println("False");
            }
        } catch (Exception e) {
            System.out.println("Error");
        }
    }
}
```

这个应用程序的输出结果是什么？

A. True

B. False

C. 出错

D. 该程序将无法通过编译

15.8 练习

为巩固本章介绍的知识，请尝试完成下面的练习。

1. 修改第 14 章的应用程序 DiceRoller，将其中的 **DiceWorker** 定义为内部类。

2. 对您刚修改的程序 DiceRoller 进行扩展，在其中使用 Lambda 表达式来监听操作事件。

第 16 章
输入和输出

您使用 Java 创建的很多程序都需要同某种数据源进行交互。将信息存储在计算机中的方式很多，包括硬盘中的文件、网站的网页和计算机内存。

您可能以为，对于每一种不同的存储设备，处理的方式也不同。幸运的是，情况并非如此。

在 Java 中，可以使用被称作"流"的通信系统来存储和检索信息。流是在 **java.io** 包中实现的，并由 **java.nio.file** 包做了改进。

本章将介绍如何创建输入流和输出流以读取和存储信息。

- 字节流：用于处理字节、整数和其他简单数据类型。
- 字符流：用于处理文本文件和其他文本源。

知道如何处理输入流后，便可以以同样的方式处理所有的数据，不管数据来自磁盘、Internet，还是另一个程序。使用输出流来传输数据时，情况也是如此。

16.1 流简介

在 Java 中，所有数据都可使用流来读写。流就像水流一样，将数据从一个地方带到另一个地方。

流是程序中的数据所经过的路径。输入流将数据从数据源传递到程序中，而输出流将数据从程序发送到某个目的地。

本章介绍两种流：字节流和字符流。字节流传送 0～255 的整数。很多类型的数据都可以表示为字节格式，包括数字数据、可执行程序、Internet 通信和字节码——Java 虚拟机运行的类文件。

实际上，每种数据都可以表示为单字节或一系列字节。

字符流是一种特殊的字节流，只能处理文本数据。它不同于字节流，因为 Java 字符集支持 Unicode——该标准包含很多无法使用字节来表示的字符。

对于任何涉及文本的数据，都应使用字符流，这包括文本文件、网页，以及其他常见的文本类型。

16.1.1 使用流

在 Java 中，使用字节流和字符流的步骤基本相同。使用特定的 **java.io** 和 **java.nio.file** 类之前，有必要介绍一下创建和使用流的步骤。

对于输入流，第一步是创建一个与数据源相关联的对象。例如，如果数据源是硬盘上的文件，可以将一个 **FileInputStream** 对象与之关联起来。

有了流对象后，可以使用该对象的方法来从流中读取信息。**FileInputStream** 有一个 **read( )** 方法，用于从文件中读取字节。

从流中读取完信息后，调用方法 **close()** 来表示已完成对流的使用。

对于输出流，首先要创建一个与数据目的地相关联的对象。这样的对象是从类 **BufferedWriter**

创建而来的，这是一种创建文本文件的有效方式。

要将信息发送到输出流的目的地，最简单的方式是使用方法 `write()`。例如，`BufferedWriter` 类的 `write()` 方法将单个字符发送给输出流。

和输入流一样，没有其他信息需要发送时，应调用输出流的 `close()` 方法。

16.1.2 过滤流

要使用流，最简单的方式是创建它，然后调用其方法来发送或接收数据——这取决于它是输出流还是输入流。

对于本章将介绍的很多类，如果在读写数据之前将过滤器与流关联起来，都将获得更精良的结果。

过滤器是一种流，它修改了现有流的处理方式。例如拦河水坝，它控制从上游到下游的水流量。水坝就是一种过滤器，如果没有它，将无法控制流量。

对流使用过滤器的步骤如下所述。

（1）创建一个与数据源或数据目的地相关联的流。

（2）将一个过滤器与流关联起来。

（3）通过过滤器（而不是流）来读写数据。

对于过滤器，可调用的方法与流可调用的方法相同，即有 `read()` 和 `write()` 方法，就像没有被过滤的流一样。

甚至可以将一个过滤器与另一个过滤器关联起来，从而实现这样的信息路径：与文本文件关联的输入流被一个西班牙语到英语的翻译过滤器过滤，而该过滤器又被一个脏字过滤器过滤，输入流最后被发送到目的地——要阅读它的人。

这可能过于抽象而难以理解，接下来的几节将详细介绍。

16.1.3 处理异常

`java.io` 包中有一些异常，这些异常在您使用文件和流时可能发生，其中两个最常见的异常是 `FileNotFoundException` 和 `EOFException`。

- `FileNotFoundException`：试图使用不存在的文件来创建流或文件对象时发生。
- `EOFException`：通过输入流来读取文件时，意外地到达了文件末尾。

这些异常都是 `IOException` 的子类。要处理这些异常，可将所有输入和输出流放在捕获 `IOException` 异常的 `try-catch` 块中或使用多个 `catch` 语句，并在 `catch` 块中调用异常的 `toString()` 或 `getMessage()` 方法，以了解有关异常的更详细的信息。

16.2 字节流

字节流要么是 `InputStream` 的子类，要么是 `OutputStream` 的子类。这些类都是抽象类，因此不能通过直接创建这些类的对象来创建字节流，而必须通过它们的子类来创建流，如下所示。

- `FileInputStream` 和 `FileOutputStream`：用于磁盘、光盘或其他存储设备中文件的字节流。
- `DataInputStream` 和 `DataOutputStream`：被过滤的字节流，从中可读取诸如整数和浮点数等类型的数据。

`InputStream` 是所有输入流的超类。

文件流

您使用的字节流通常是文件流，用于同磁盘、DVD 或其他存储设备中的文件交换数据，这些文件可以使用文件夹路径和文件名来引用。

您可以将字节发送给文件输出流，也可以从文件输入流中读取字节。

1. 文件输入流

文件输入流可使用构造函数 `FileInputStream(String)` 来创建，其中的 **String** 参数是文件名。您可以在文件名中指定路径，这样文件可以不位于加载它的类所在的文件夹中。下面的语句使用文件 **scores.dat** 创建了一个文件输入流：

```
FileInputStream fis = new FileInputStream("scores.dat");
```

指出路径的方式随平台而异，下面是一个在 Windows 系统上读取文件的例子：

```
FileInputStream f1 = new FileInputStream("C:\\data\\calendar.txt");
```

> **注意** 由于 Java 在转义码中使用反斜杠字符，因此在 Windows 和 macOS 上指定路径时，必须使用\\替代\。

下面是一个在 Linux 系统上读取文件的例子：

```
FileInputStream f2 = new FileInputStream("/data/calendar.txt");
```

一种更好的指定路径的方式是，使用 **File** 类中的类变量 **separator**，这种方法适用于任何操作系统：

```
char sep = File.separator;
FileInputStream f2 = new FileInputStream(sep + "data"
    + sep + "calendar.txt");
```

创建文件输入流后，可以调用 `read()` 方法来读取流中的字节。该方法返回一个整数，它是流中的下一字节。如果返回-1（这不是字节值），则表明已到达文件流的末尾。

要从流中读取多字节，可调用其 `read(byte[], int, int)` 方法。该方法的参数依次描述如下。

- 一个用于存储数据的字节数组。
- 数组的第一个元素，应存储数据的第一字节。
- 要读取的字节数。

与其他 `read()` 方法不同，该方法并不返回流中的数据，而是返回一个整数，表示读取的字节数。如果没有读取任何字节就到达了流的末尾，则返回-1。

下面的代码使用 **while** 循环来读取 **FileInputStream** 对象 **diskfile** 中的数据：

```
int newByte = 0;
while (newByte != -1) {
    newByte = diskfile.read();
    System.out.print(newByte + " ");
}
```

该循环每次从 **diskfile** 指向的文件中读取一字节，将其输出并在后面加一个空格，直到到达文件末尾。到达文件末尾时，将输出-1——可以使用 **if** 语句来判断是否到达文件末尾。

程序清单 16.1 所示的应用程序 ByteReader 使用了类似的技术来读取文件输入流。读取文件的最后一字节后，调用 `close()` 方法来关闭这个流。不再需要流时务必关闭它，以释放系统资源。请在 NetBeans 中新建一个空 Java 文件，将其命名为 `ByteReader` 并放在 `com.java21days` 包中，再输入程序清单 16.1 所示的源代码。

程序清单 16.1　完整的 ByteReader.java 源代码

```
 1: package com.java21days;
 2:
 3: import java.io.*;
 4:
 5: public class ByteReader {
 6:     public static void main(String[] arguments) {
 7:         try (
 8:             FileInputStream file = new
 9:                 FileInputStream("save.gif")
10:             ) {
11:
12:             boolean eof = false;
13:             int count = 0;
14:             while (!eof) {
15:                 int input = file.read();
16:                 System.out.print(input + " ");
17:                 if (input == -1)
18:                     eof = true;
19:                 else
20:                     count++;
21:             }
22:             System.out.println("\nBytes read: " + count);
23:         } catch (IOException e) {
24:             System.out.println("Error -- " + e.toString());
25:         }
26:     }
27: }
```

这个应用程序从第 9 章使用的文件 `save.gif` 中读取字节数据，该文件存储在项目 Java21 的主文件夹中。

运行该程序时，它将输出文件 `save.gif` 的所有字节和字节总数，如图 16.1 所示。

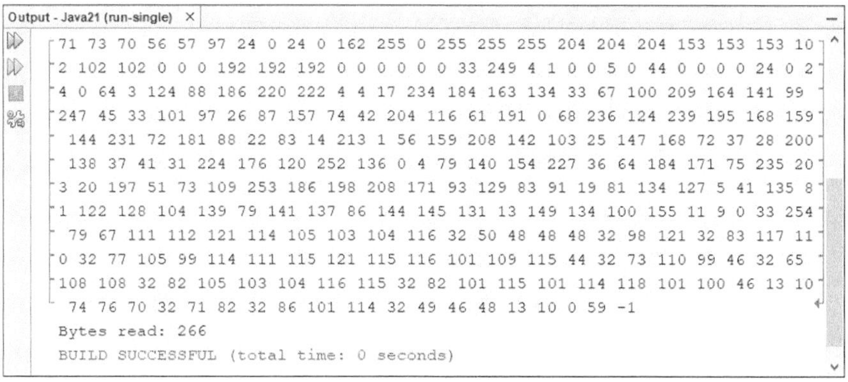

图 16.1　从文件中读取字节数据

在图 16.1 所示的输出中，到达窗格右端后自动换行了。在 NetBeans 中运行这个应用程序时，如果输出没有自动换行，请在 Output 窗格中单击鼠标右键，并在弹出的菜单中选择 Wrap Text。

您可能心存疑惑：在这个程序中，为何没有使用 `file.close()` 来关闭文件输入流呢？这通常是一种很好的做法，但由于第 7～10 行使用了确保资源得以妥善释放的 `try` 块，因此没有必要调用

close()来关闭文件输入流。

2. 文件输出流

文件输出流可使用构造函数 FileOutputStream(String)来创建，其用法与构造函数 File-InputStream(String)相同，因此您可以在文件名中指定路径。

指定与输出流相关联的文件时，必须非常小心。如果它与现有的某个文件同名，则当您将数据写入流中时，原来的数据将被覆盖。

可以使用构造函数 FileOutputStream(String, boolean)来创建这样的文件输出流，即将数据追加到文件末尾。其中的 String 指定了文件，为了追加数据而不是覆盖已有的数据，必须将 boolean 参数设置为 true。

文件输出流的 write(int)方法用于将字节写入流中。将最后一字节写入文件中后，应调用流的 close()方法来关闭它。

要写入多字节，可使用方法 write(byte[],int,int)，其工作原理与前面介绍的 read(byte[], int, int)方法类似，其中各个参数分别是包含要输出字节的字节数组、该数组的起点，以及要写入的字节数。

程序清单 16.2 所示的应用程序 ByteWriter 将一个整数数组写入一个文件输出流。请在 NetBeans 中创建它，并将其放在 com.java21days 包中。

程序清单 16.2 完整的 ByteWriter.java 源代码

```
 1: package com.java21days;
 2:
 3: import java.io.*;
 4:
 5: public class ByteWriter {
 6:     public static void main(String[] arguments) {
 7:         int[] data = { 71, 73, 70, 56, 57, 97, 13, 0, 12, 0, 145,
 8:             0, 0, 255, 255, 255, 255, 255, 0, 0, 0, 0, 0, 0, 44,
 9:             0, 0, 0, 0, 13, 0, 12, 0, 0, 2, 38, 132, 45, 121, 11,
10:             25, 175, 150, 120, 20, 162, 132, 51, 110, 106, 239, 22,
11:             8, 160, 56, 137, 96, 72, 77, 33, 130, 86, 37, 219, 182,
12:             230, 137, 89, 82, 181, 50, 220, 103, 20, 0, 59 };
13:         try (FileOutputStream file = new
14:             FileOutputStream("pic.gif")) {
15:
16:             for (int i = 0; i < data.length; i++) {
17:                 file.write(data[i]);
18:             }
19:         } catch (IOException e) {
20:             System.out.println("Error -- " + e.toString());
21:         }
22:     }
23: }
```

该程序执行的操作如下。

- 第7~12 行：创建并填充一个名为 data 的整数数组。
- 第13 行和第14 行：使用一个名为 pic.gif 的文件创建一个输出流，该文件位于项目的主文件夹中。
- 第16~18 行：使用一个 for 循环遍历 data 数组，将每个元素都写入文件流。
- 第19 行：关闭文件输出流，因此 try 块结束了。

FileOutputStream 对象是在 try 语句中创建的，这样即便执行 try 块中的语句时出现错误，该对象占用的资源也将被释放。

运行该程序后，可使用任何 Web 浏览器或图形编辑工具打开文件 `pic.gif`；也可在 NetBeans 中切换到 Files 窗格，并通过双击这个文件来查看。该文件是一个小型的 GIF 图像文件，如图 16.2 所示。

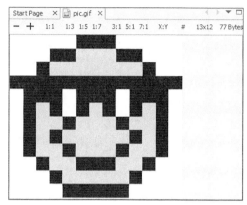

图 16.2　文件 pic.gif（放大后）

16.3　过滤流

过滤流对通过现有流传递的信息进行修改，它是使用 `FilterInputStream` 或 `FilterOutputStream` 的子类来创建的。

这些类本身并不处理任何过滤操作，它们有诸如 `BufferInputStream` 和 `DataOutputStream` 等子类，能够处理特定的过滤类型。

字节过滤器

如果以大块的方式传递信息，速度将更快，即使接收这些块的速度高于处理它们的速度。

例如，请思考下述哪种读书方式的速度更快。

- 朋友将整本书借给您阅读。
- 朋友每次借给您一页，读完后再借给您另一页。

显然，第一种方式的速度更快，效率也更高。在 Java 中，缓冲流也有这样的优点。

缓冲区是一片存储空间，在程序需要读写数据之前，数据被存储在这里。使用缓冲区，无须每次都到数据源那里去获取数据。

读取超大型文件时，必须使用缓冲区。否则，来自文件的数据可能占据 Java 虚拟机的所有内存。

1. 缓冲流

缓冲输入流使用未被处理的数据来填充缓冲区，程序需要数据时，将首先在缓冲区中查找，如果没有找到，再到流源中查找。

缓冲字节流是使用 `BufferedInputStream` 和 `BufferedOutputStream` 类表示的。

要创建缓冲输入流，可使用下述两个构造函数之一。

- `BufferedInputStream(InputStream)`：为指定的 `InputStream` 对象创建一个缓冲输入流。
- `BufferedInputStream(InputStream, int)`：为指定的 `InputStream` 创建一个缓冲区大小为 `int` 的缓冲输入流。

要从缓冲输入流中读取数据，最简单的方式是调用其 `read()` 方法，且不提供任何参数。该方法通常返回一个 0～255 的整数，它表示流中的下一字节，如果到达了流的末尾，则返回-1。

像其他输入流一样，您也可以调用 read(byte[], int, int)方法，它将流数据存储到一个字节数组中。

要创建缓冲输出流，可使用下述两个构造函数之一。

- BufferedOutputStream(OutputStream)：为指定的 OutputStream 对象创建一个缓冲输出流。
- BufferedOutputStream(OutputStream, int)：为指定的 OutputStream 对象创建一个缓冲区大小为 int 的缓冲输出流。

可使用输出流的 write(int)方法将单字节发送到流中。方法 write(byte[], int, int) 将指定的字节数组中的多字节写入输出流中，其中的参数分别是字节数组、数组的起点和要写入的字节数。

注意

> 方法 write()接收一个整数作为参数，参数值必须在 0～255 之间。如果指定的参数值大于 255，则实际存储的值将是指定的值除以 256 后的余数。运行本节后面的程序时，您可以测试这一点。

数据被传递到缓冲流中后，在缓冲流已满或缓冲流的 flush()方法被调用之前，数据将不会被输出到目的地。

下面的项目（应用程序 BufferDemo）将一系列的字节写入一个与文本文件相关联的缓冲输出流中。其中的第一个和最后一个整数是通过命令行参数指定的。

将数据写入文本文件后，BufferDemo 使用该文件创建了一个缓冲输入流，并读取其中的字节。该程序的源代码如程序清单 16.3 所示。请在 NetBeans 中创建这个类，并将其放在 com.java21days 包中。

程序清单 16.3　完整的 BufferDemo.java 源代码

```
 1: package com.java21days;
 2:
 3: import java.io.*;
 4:
 5: public class BufferDemo {
 6:     public static void main(String[] arguments) {
 7:         int start = 0;
 8:         int finish = 255;
 9:         if (arguments.length > 1) {
10:             start = Integer.parseInt(arguments[0]);
11:             finish = Integer.parseInt(arguments[1]);
12:         } else if (arguments.length > 0) {
13:             start = Integer.parseInt(arguments[0]);
14:         }
15:         ArgStream as = new ArgStream(start, finish);
16:         System.out.println("\nWriting: ");
17:         boolean success = as.writeStream();
18:         System.out.println("\nReading: ");
19:         boolean readSuccess = as.readStream();
20:     }
21: }
22:
23: class ArgStream {
24:     int start = 0;
25:     int finish = 255;
26:
27:     ArgStream(int st, int fin) {
28:         start = st;
```

```
29:            finish = fin;
30:        }
31:
32:    boolean writeStream() {
33:        try (FileOutputStream file = new
34:                FileOutputStream("numbers.dat");
35:            BufferedOutputStream buff = new
36:                BufferedOutputStream(file)) {
37:
38:            for (int out = start; out <= finish; out++) {
39:                buff.write(out);
40:                System.out.print(" " + out);
41:            }
42:            return true;
43:        } catch (IOException e) {
44:            System.out.println("Exception: " + e.getMessage());
45:            return false;
46:        }
47:    }
48:
49:    boolean readStream() {
50:        try (FileInputStream file = new
51:                FileInputStream("numbers.dat");
52:            BufferedInputStream buff = new
53:                BufferedInputStream(file)) {
54:
55:            int in;
56:            do {
57:                in = buff.read();
58:                if (in != -1) {
59:                    System.out.print(" " + in);
60:                }
61:            } while (in != -1);
62:            System.out.println();
63:            return true;
64:        } catch (IOException e) {
65:            System.out.println("Exception: " + e.getMessage());
66:            return false;
67:        }
68:    }
69: }
```

该程序的输出取决于运行它时指定的两个参数，例如，如果参数为 3 和 19，输出结果将如图 16.3 所示。

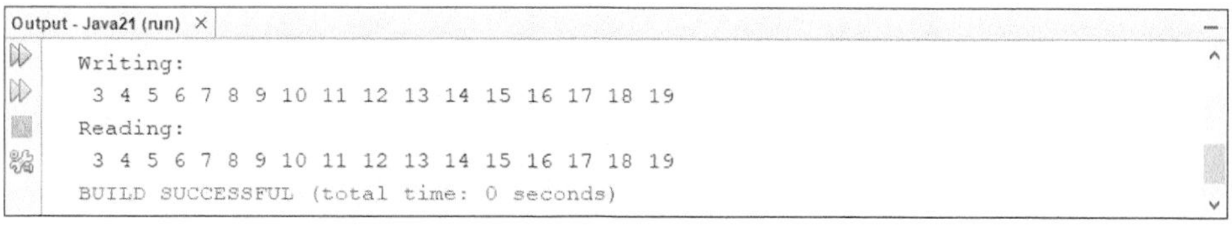

图 16.3 读写缓冲流

运行它时也可不指定任何参数，在这种情况下，将使用默认参数 1 和 255。

该应用程序由两个类构成：BufferDemo 类和助手类 ArgStream。BufferDemo 类用于读取两个参数的值（如果用户提供了），并在构造函数 ArgStream() 中使用它们。

第 17 行调用 ArgStream 的 writeStream() 方法，将一系列的字节写入一个缓冲输出流中；然后第 19 行调用方法 readStream()，以读取这些字节。

虽然 writeStream() 和 readStream() 方法沿两个不同的方向移动数据，但它们几乎是相同的。它们的格式如下。

- 使用文件名 **numbers.dat** 来创建一个输入或输出流。
- 使用文件流来创建一个缓冲输入或输出流。
- 使用缓冲流的 **write()** 方法来发送数据或使用其 **read()** 方法来读取数据。
- 关闭缓冲流。

由于发生错误时，文件流和缓冲流将引发 **IOException** 异常，因此所有涉及流的操作都放在 **try-catch** 块中，以捕获并处理这种异常。

> **注意**
>
> writeStream()和 readStream()方法返回的布尔值指出流操作是否成功。在这个程序中，没有使用它们，但让这些方法的调用者知道是否发生了错误是不错的做法。如果方法的返回值为 false，可尝试再次执行这些操作。

2. 控制台输入流

很多经验丰富的程序员学习 Java 时渴望的功能之一是，在运行应用程序时，从控制台读取文本或数字输入。但事实上并没有与输出方法 **System.out.print()** 和 **System.out.println()** 对应的输入方法。

有了缓冲输入流后，您可以使用它来读取控制台输入。

System 类（位于 **java.lang** 包中）有一个名为 **in** 的类变量，这是一个 **InputStream** 对象。该对象通过流从键盘读取输入。

可以像使用其他输入流那样使用缓冲输入流。下面的语句用于创建一个与输入流 **System.in** 相关联的缓冲输入流：

```
BufferedInputStream command = new BufferedInputStream(System.in);
```

下面的项目（**ConsoleInput** 类）包含一个类方法，您可以在任何 Java 应用程序中使用它来读取控制台输入。请在 **NetBeans** 中输入程序清单 16.4 所示的代码，并将其保存后放在 **com.java21days** 包中。

程序清单 16.4　完整的 ConsoleInput.java 源代码

```
 1: package com.java21days;
 2:
 3: import java.io.*;
 4:
 5: public class ConsoleInput {
 6:     public static String readLine() {
 7:         StringBuilder response = new StringBuilder();
 8:         try (BufferedInputStream buff = new
 9:             BufferedInputStream(System.in)) {
10:
11:             int in;
12:             char inChar;
13:             do {
14:                 in = buff.read();
15:                 inChar = (char) in;
16:                 if ((in != -1) & (in != '\n') & (in != '\r')) {
17:                     response.append(inChar);
18:                 }
19:             } while ((in != -1) & (inChar != '\n') & (in != '\r'));
20:             return response.toString();
21:         } catch (IOException e) {
```

```
22:            System.out.println("Exception: " + e.getMessage());
23:            return null;
24:        }
25:    }
26:
27:    public static void main(String[] arguments) {
28:        System.out.print("\nWhat is your name? ");
29:        String input = ConsoleInput.readLine();
30:        System.out.println("\nHello, " + input);
31:    }
32: }
```

ConsoleInput 类有一个 main()方法，用于演示类方法 readLine()的用法。编译这个类，并将其作为应用程序运行时，输出结果将如图 16.4 所示。

图 16.4 从控制台窗口读取键盘输入

ConsoleInput()使用缓冲输入流的 read()方法读取该流中的用户输入，而 read()方法在到达输入末尾时返回-1。输入末尾指的是用户按 Enter 键或者遇到字符'\r'（回车）或'\n'（换行）。

3. 数据流

要处理未表示为字节或字符的数据，可以使用数据输入流和数据输出流。这些流对字节流进行过滤，以便能够直接读写如下基本数据类型：boolean、byte、double、float、int、long 和 short。

要创建数据输入流，可使用构造函数 DataInputStream(InputStream)。其中的参数是一个既有的输入流，如缓冲输入流或文件输入流。

要创建数据输出流，可使用构造函数 DataOutputStream(OutputStream)，它指定了相关联的输出流。

可用于数据输入流和输出流的读写方法如下。

- readBoolean()、writeBoolean(boolean)。
- readByte()、writeByte(integer)。
- readDouble()、writeDouble(double)。
- readFloat()、writeFloat(float)。
- readInt()、writeInt(int)。
- readLong()、writeLong(long)。
- readShort()、writeShort(int)。

其中每个输入方法都返回相应的基本数据类型。例如，方法 readFloat()返回一个 float 值。

还有方法 readUnsignedByte()和 readUnsignedShort()，它们用于读取无符号的 byte 和 short 值。Java 并不支持这些数据类型，因此它们被作为 int 值返回。

注意   无符号 byte 的取值范围为 0～255，这不同于 Java 的变量类型 byte，后者的取值范围为-128～127。同样，无符号 short 的取值范围为 0～65535，而不是 short 类型的 -32768～32767。

数据输入流的各种读取方法并非都返回一个指出是否到达流的末尾的值。

读取方法到达流的末尾时，将引发 EOFException（文件末尾异常）。可将读取数据的循环放在 try 块中，而对应的 catch 块只处理 EOFException 异常。您可以在 catch 块中调用流的 close() 方法，并执行其他的清理工作。下面的程序演示了这一点。

程序清单 16.5 和程序清单 16.6 是两个使用数据流的程序。应用程序 PrimeWriter 将前 400 个素数作为整数写入文件 400primes.dat 中；应用程序 PrimeReader 读取这个文件中的整数，并将它们输出。请在 NetBeans 中创建这两个类，并将它们都放在 com.java21days 包中。

程序清单 16.5　完整的 PrimeWriter.java 源代码

```
 1: package com.java21days;
 2:
 3: import java.io.*;
 4:
 5: public class PrimeWriter {
 6:     public static void main(String[] arguments) {
 7:         int[] primes = new int[400];
 8:         int numPrimes = 0;
 9:         // candidate: the number that might be prime
10:         int candidate = 2;
11:         while (numPrimes < 400) {
12:             if (isPrime(candidate)) {
13:                 primes[numPrimes] = candidate;
14:                 numPrimes++;
15:             }
16:             candidate++;
17:         }
18:
19:         try (
20:             // Write output to disk
21:             FileOutputStream file = new
22:                 FileOutputStream("400primes.dat");
23:             BufferedOutputStream buff = new
24:                 BufferedOutputStream(file);
25:             DataOutputStream data = new
26:                 DataOutputStream(buff);
27:             ) {
28:
29:             for (int i = 0; i < 400; i++)
30:                 data.writeInt(primes[i]);
31:         } catch (IOException e) {
32:             System.out.println("Error -- " + e.toString());
33:         }
34:     }
35:
36:     public static boolean isPrime(int checkNumber) {
37:         double root = Math.sqrt(checkNumber);
38:         for (int i = 2; i <= root; i++) {
39:             if (checkNumber % i == 0)
40:                 return false;
41:         }
42:         return true;
43:     }
44: }
```

程序清单 16.6　完整的 PrimeReader.java 源代码

```
 1: package com.java21days;
 2:
 3: import java.io.*;
 4:
 5: public class PrimeReader {
 6:     public static void main(String[] arguments) {
 7:         try (FileInputStream file = new
 8:                 FileInputStream("400primes.dat");
 9:             BufferedInputStream buff = new
10:                 BufferedInputStream(file);
11:             DataInputStream data = new
12:                 DataInputStream(buff)) {
13:
14:             try {
15:                 while (true) {
16:                     int in = data.readInt();
17:                     System.out.print(in + " ");
18:                 }
19:             } catch (EOFException eof) {
20:                 buff.close();
21:             }
22:         } catch (IOException e) {
23:             System.out.println("Error -- " + e.toString());
24:         }
25:     }
26: }
```

应用程序 PrimeWriter 的大部分代码用于查找前 400 个素数。有了包含前 400 个素数的整数数组后，程序清单 16.5 的第 21～30 行将其写入一个数据输出流。

该应用程序对一个流使用了多个过滤器。开发这个流的步骤如下所示。

（1）创建一个与文件 **400primes.dat** 相关联的文件输出流。

（2）将一个缓冲输出流与文件流关联起来。

（3）将一个数据输出流与缓冲流关联起来。

数据流的 `writeInt()` 方法被用来将素数写入文件中。

应用程序 PrimeReader 的代码更加简洁，因为它不需要执行任何与素数有关的操作，而只需要使用数据输入流读取文件中的整数。

PrimeReader 的第 7～12 行与应用程序 PrimeWriter 中的语句几乎相同，但使用的是输入类，而不是输出类。

处理 `EOFException` 异常的 `try-catch` 块位于程序清单 16.6 的第 14～24 行。加载数据的操作是在分配资源的 `try` 块中完成的，这种 `try` 块在第 7 章介绍过。通过这种方法，可确保当输入流对象不再需要时将被妥善地关闭。

语句 `while(true)` 创建了一个死循环，这并没有什么问题：随着不断地读取数据流，将到达流的末尾，这将引发 `EOFException` 异常。程序清单 16.6 的第 16 行中的 `readInt()` 方法用于从流中读取整数。

应用程序 PrimeReader 的输出结果如图 16.5 所示。

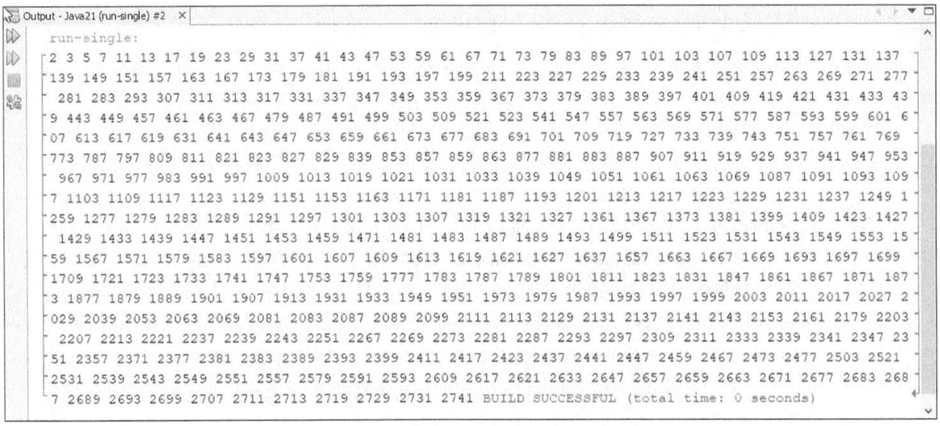

图 16.5　读取以整数方式写入文件中的素数

16.4　字符流

知道如何处理字节流后，便掌握了处理字符流所需的大部分技能。字符流用于处理用 ASCII 字符集或 Unicode（包含 ASCII 的国际字符集）表示的文本。

可以使用字符流来处理的文件有纯文本文件、网页和 Java 源代码文件。

用于读写这些流的类都是 **Reader** 和 **Writer** 的子类。对于所有的文本输入，都应使用字符流来处理，而不能直接使用字节流来处理。

16.4.1　读取文本文件

从文件中读取字符流时，通常使用 **FileReader** 类。这个类是从 **InputStreamReader** 继承而来的，用于读取字节流中的字节，并将其转换为表示 Unicode 字符的整数值。

要将字符输入流与文件关联起来，可使用构造函数 **FileReader(String)**。**String** 参数指定了要关联的文件，除文件名外，它还可以包含路径。

下面的语句用于创建一个名为 **look** 的 **FileReader** 对象，并将其与文本文件 **index.txt** 关联起来：

```
FileReader look = new FileReader("index.txt");
```

有了 **FileReader** 对象后，可以用它的下述方法来读取文件中的字符。

- **read()**：将流中的下一个字符作为整数返回。
- **read(char[], int, int)**：将指定数目的字符读入指定字符数组的指定位置。

第二个方法的工作原理与字节流输入类中的相应方法类似，它并不返回下一个字符，而是返回读取的字符数或–1（如果没有读取任何字符则到达了流的末尾）。

下面的方法使用 **FileReader** 对象 **text** 来读取一个文本文件中的字符，并将其输出：

```
FileReader text = new FileReader("readme.txt");
int inByte;
do {
    inByte = text.read();
    if (inByte != -1) {
        System.out.print( (char) inByte );
    }
} while (inByte != -1);
System.out.println("");
text.close();
```

　　由于字符流的 `read()` 方法返回一个整数，因此必须首先将返回值强制转换为字符，然后才能输出它、将它存储到数组中或使用它来构成一个字符串。每个字符都有一个对应的数值编码，用于表示该字符在 Unicode 字符集中的位置。从流中读取的整数就是数值编码。

　　要一次读取整行文本，而不是一个字符，可以结合使用 **FileReader** 和 **BufferedReader** 类。**BufferedReader** 类读取字符输入流，并将读取的字符存储到缓冲区，以提高效率。要创建缓冲区，必须要有 **Reader** 对象。下面的构造函数可用于创建 **BufferedReader** 对象。

- **BufferedReader(Reader)**：创建与指定的 **Reader** 对象（如 **FileReader**）相关联的缓冲字符流。
- **BufferedReader(Reader, int)**：创建与指定的 **Reader** 对象相关联的缓冲字符流，其缓冲区大小为 **int**。

　　缓冲字符流可使用方法 `read()` 和 `read(char[], int, int)` 来读取。要读取一行文本，可以使用方法 `readLine()`。

　　方法 `readLine()` 返回一个 **String** 对象，其中包含流中的下一行文本，但不包括表示行尾的字符。如果到达流的末尾，则返回 **null**。

　　行尾是通过下列字符来标识的。

- 换行符(`'\n'`)。
- 回车符(`'\r'`)。
- 换行符和回车符(`"\n\r"`)。

　　程序清单 16.7 所示的 Java 应用程序 **SourceReader** 通过缓冲字符流来读取自己的源代码。请在 NetBeans 中创建这个应用程序，并将其放在 **com.java21days** 包中。

程序清单 16.7　完整的 SourceReader.java 源代码

```
 1: package com.java21days;
 2:
 3: import java.io.*;
 4:
 5: public class SourceReader {
 6:     public static void main(String[] arguments) {
 7:         try (
 8:             FileReader file = new
 9:                 FileReader("SourceReader.java");
10:             BufferedReader buff = new
11:                 BufferedReader(file)) {
12:
13:             boolean eof = false;
14:             while (!eof) {
15:                 String line = buff.readLine();
16:                 if (line == null) {
17:                     eof = true;
18:                 } else {
19:                     System.out.println(line);
20:                 }
21:             }
22:             buff.close();
23:         } catch (IOException e) {
24:             System.out.println("Error -- " + e.toString());
25:         }
26:     }
27: }
```

　　该程序的大部分内容与本章前面的程序类似。

- **第 8～9 行**：创建一个输入源——与文件 **SourceReader.java** 相关联的 **FileReader** 对象。

- **第 10～11 行**：将一个缓冲过滤器（**BufferedReader** 对象 **buff**）与输入源关联起来。
- **第 13～21 行**：在 **while** 循环中使用 **readLine()**方法每次读取文本文件中的一行，当该方法返回 **null** 时，循环结束。

运行这个程序前，请将 **SourceReader.java** 复制到项目 Java21 的根目录中。为此，可采取如下步骤。

（1）在 Projects 窗格中，右键单击 **SourceReader.java** 并选择 Copy，将这个文件复制到剪贴板中。

（2）单击 Files 标签以显示这个选项卡。

（3）右键单击 Files 选项卡顶部的 Java21 并选择 Paste。

文件夹 Java21 将包含 **SourceReader.java** 的副本。现在运行这个程序以查看其输出——文本文件 **SourceReader.java** 的内容。

16.4.2 写文本文件

类 **FileWriter** 用于将字符流写入文件中，它是 **OutputStreamWriter** 的子类，能够将 Unicode 编码转换为字节。

FileWriter 类的构造函数有两个：**FileWriter(String)**和**FileWriter(String,boolean)**。其中，**String** 参数指定了字符流将被写入哪个文件中，该参数可以包含路径。如果要将数据追加到文本文件末尾，可将可选的**boolean** 参数设置为**true**。与其他流写入类一样，必须避免在追加数据时覆盖已有的数据。

可用于将数据写入流中的 **FileWriter** 类的方法如下。

- **write(int)**：写入一个字符。
- **write(char[], int, int)**：从指定位置开始，写入指定字符数组中指定数目的字符。
- **write(String, int, int)**：从指定位置开始，写入指定字符串中指定数目的字符。

下面的例子使用**FileWriter** 类和**write(int)**方法将字节流写入文件中：

```
FileWriter letters = new FileWriter("alphabet.txt");
for (int i = 65; i < 91; i++)
    letters.write( (char) i );
letters.close();
```

将所有的字符都发送到目标文件后，使用方法 **close()**关闭流。上述代码生成的 **alphabet.txt** 文件如下：

ABCDEFGHIJKLMNOPQRSTUVWXYZ

类 **BufferedWriter** 可用于写缓冲字符流。要创建这个类的对象，可使用构造函数 **BufferedWriter(Writer)** 或 **BufferedWriter(Writer, int)**。**Writer** 参数可以是任何字符输出流类，如 **FileWriter**。第二个参数是可选的，它是一个整数，指出了要使用的缓冲区大小。

BufferedWriter 类有 3 个与 **FileWriter** 类相同的输出方法：**write(int)**、**write(char[], int, int)**和**write(String, int, int)**。

另外一个有用的输出方法是 **newLine()**，用于发送运行程序的平台使用的行尾字符。

提示 ┃ 在将文件从一种操作系统传输到另一种操作系统中（如 Windows 10 用户将文件上传到运行 Linux 操作系统的 Web 服务器）时，不同的行尾标记可能导致转换问题。使用 **newLine()**而不是字面量（如**'\n'**），可使程序在跨平台时对用户更友好。

方法 **close()**用于关闭缓冲字符流，并确保将所有被缓冲数据都发送到流的目的地。

16.5　文件和路径

到目前为止的所有示例都使用字符串来指定流操作涉及的文件。通常，对于使用文件和流的程序而言，这就足够了；但如果要复制文件、重命名文件或处理其他任务，可以使用 java.nio.file 包中的 Path 对象。

Path 表示文件或文件夹引用，它改进了 java.io 包中的 File 类。下面的语句用于获取与指定字符串对应的路径：

```
Path source = FileSystems.getDefault().getPath("essay.txt");
```

这个过程包括两个步骤。

首先，调用了 FileSystems 类的一个类方法 getDefault()返回一个 FileSystem 对象，这个对象指出了当前计算机存储文件的方式。FileSystems 和 FileSystem 类都位于 java.nio.file 包中。

其次，有了 FileSystem 对象后，便可调用其 getPath(String)方法，这个方法返回一个与指定文件或文件夹对应的 Path 对象。

要根据 Path 对象创建 File 对象，可调用 Path 类的方法 toFile()，如下面的语句所示：

```
File sourceFile = source.toFile();
```

类似地，要根据 File 对象创建 Path 对象，可调用 File 类的 toPath()方法。

处理文件时，可调用 java.nio.file 包中 Files 类的多个类方法。

- move(Path, Path)：将第一个路径参数指定的文件重命名为第二个路径参数指定的文件。
- delete(Path)：删除路径参数指定的文件。

与其他文件处理操作一样，使用这些方法时必须小心，以避免误删文件和文件夹或损坏数据。没有用于恢复被删除的文件或文件夹的方法。如果程序没有执行指定文件操作的权限，上述方法将引发 SecurityException 异常；如果指定的路径不存在，将引发 NoSuchFileException 异常；如果出现其他 I/O 错误，将引发 IOException 异常；试图删除不为空的文件夹时，将引发 NoSuchFileException 异常。因此，必须使用 try-catch 块或在方法声明中使用 throws 子句来处理这些异常。

程序清单 16.8 所示的应用程序 AllCapsDemo 将文件中的所有文本转换为大写字符。它使用缓冲输入流来读取文件，每次读取一个字符。将字符转换为大写后，使用缓冲输出流将其发送到临时文件中。这里使用 File 对象（而不是字符串）来指出涉及的文件，因此可以在需要时删除文件和对其进行重命名。在 NetBeans 中，创建一个空 Java 文件，将其命名为 AllCapsDemo 并放在 com.java21days 包中，再输入程序清单 16.8 所示的源代码。

程序清单 16.8　完整的 AllCapsDemo.java 源代码

```
 1: package com.java21days;
 2:
 3: import java.io.*;
 4: import java.nio.file.*;
 5:
 6: public class AllCapsDemo {
 7:     public static void main(String[] arguments) {
 8:         if (arguments.length < 1) {
 9:             System.out.println("You must specify a filename");
10:             System.exit(-1);
11:         }
12:         AllCaps cap = new AllCaps(arguments[0]);
13:         cap.convert();
14:     }
```

```
15: }
16:
17: class AllCaps {
18:     String sourceName;
19:
20:     AllCaps(String sourceArg) {
21:         sourceName = sourceArg;
22:     }
23:
24:     void convert() {
25:         try {
26:             // Create file objects
27:             FileSystem fs = FileSystems.getDefault();
28:             Path source = fs.getPath(sourceName);
29:             Path temp = fs.getPath("tmp_" + sourceName);
30:
31:             // Create input stream
32:             FileReader fr = new FileReader(source.toFile());
33:             BufferedReader in = new BufferedReader(fr);
34:
35:             // Create output stream
36:             FileWriter fw = new FileWriter(temp.toFile());
37:             BufferedWriter out = new
38:                 BufferedWriter(fw);
39:
40:             boolean eof = false;
41:             int inChar;
42:             do {
43:                 inChar = in.read();
44:                 if (inChar != -1) {
45:                     char outChar = Character.toUpperCase(
46:                         (char) inChar);
47:                     out.write(outChar);
48:                 } else
49:                     eof = true;
50:             } while (!eof);
51:             in.close();
52:             out.close();
53:
54:             Files.delete(source);
55:             Files.move(temp, source);
56:         } catch (IOException|SecurityException se) {
57:             System.out.println("Error -- " + se.toString());
58:         }
59:     }
60: }
```

要运行该程序，需要一个可被转换为大写的文本文件。方法之一是复制 AllCapsDemo.java，并将其命名为 TempFile.java。TempFile.java 文件应存储到 NetBeans 项目的根文件夹中，并通过命令行参数（选择菜单 Run > Set Project Configuration > Customize）指定它。

该程序不产生任何输出。请在文本编辑器中打开转换后的文件，以查看该应用程序的输出结果。

16.6 总结

本章介绍了如何沿两个不同的方向来处理流：通过输入流将数据送入程序中和使用输出流将数据发送出去。

您使用字节流来处理各种类型的非文本数据，使用字符流来处理文本。要改变通过流发送信息的方式或修改信息本身，可以将过滤器与流关联起来。

除本章介绍的类外，`java.io` 包还提供了您可能想了解的其他类型的流。在不同的线程间传送数据时，管道流很有用，而字节数组流可将程序与计算机相连。

由于 Java 中的流类都很相似，因此您具备了使用其他类型的流类所需的大部分知识。它们的构造函数、读取方法和写入方法几乎都相同。

流是扩展 Java 程序功能的重要途径，因为它们提供了到各种数据类型的连接。

16.7　问与答

问：我使用 C 语言程序创建了一个由整数和其他数据组成的文件，可以使用 Java 程序来读取该文件吗？

答：可以，必须考虑的因素之一是，C 语言程序表示整数的方式是否与 Java 程序相同。您可能还记得，所有的数据都被表示为单字节或一系列的字节。在 Java 中，使用 4 字节来表示整数，这些字节以 big-endian 顺序排列。可以从左到右地将这些字节组合起来以确定整数的值。Intel PC 上实现的 C 语言程序很可能以 little-endian 顺序来表示整数，这意味着必须从右到左地组合字节来确定整数值。要使用 Java 之外的编程语言创建数据文件，您可能需要学习一些高级技术，如移位。

问：在 Java 中指定文件名时可以使用相对路径吗？

答：相对路径是根据当前的用户文件夹确定的，当前的用户文件夹存储在系统属性文件夹 `user.dir` 中，可以使用 `java.lang` 包中的 `System` 类来获悉该文件夹的完整路径，这个包不需要导入。

为此，可以调用 `System` 的类方法 `getProperty(String)`，并将这个系统属性的名称作为参数，如下例所示：

```
String userFolder = System.getProperty("user.dir");
```

这个方法以字符串的方式返回路径。

问：`FileWriter` 类有一个 `write(int)` 方法，用于将字符发送到文件中。该方法为何不是 `write(char)` 呢？

答：在很多方面，数据类型 `char` 和 `int` 是可互换的：可以在需要 `char` 的方法中使用 `int`，反之亦然。这是由于每个字符都被表示为一个数值编码（整数值）。当您使用 `int` 值作为参数调用 `write()` 方法时，它将返回该 `int` 值对应的字符。调用 `write()` 方法时，可以将 `int` 值强制转换为 `char` 值，以确保该方法按您的意愿被使用。

16.8　小测验

请回答下述 3 个问题，以复习本章介绍的内容。

16.8.1　问题

1. 如果创建 `FileOutputStream` 对象时使用的是指向已有文件的引用，将发生什么情况？
   A. 引发异常
   B. 写入流中的数据将被追加到该文件的末尾

C. 该文件的内容将被替换为写入流中的数据

2. 处理流时，哪两种基本数据类型可以互换？
   A. byte 和 boolean
   B. char 和 int
   C. byte 和 char

3. 在 Java 中，流的 byte 变量和无符号 byte 变量的最大值分别是多少？
   A. 都是 255
   B. 都是 127
   C. 前者为 127，后者为 255

16.8.2　答案

1. C。这是使用输出流时应注意的问题之一：一不小心就可能覆盖已有文件的内容。要在文件末尾追加数据，而不是替换原来的内容，可在调用构造函数时将第二个参数设置为 true。

2. B。由于在 Java 内部，char 被表示为整数值，因此在方法调用和其他语句中，char 和 int 可以互换。

3. C。基本数据类型 byte 的取值范围为 –128～127，而无符号 byte 的取值范围为 0～255。

16.9　认证练习

下面的问题是 Java 认证考试中可能出现的问题，请回答该问题，不要查看本章的内容，也不要使用 Java 编译器对代码进行测试。

请看下述代码：

```
import java.io.*;

public class Unknown {
    public static void main(String[] arguments) {
        String command = "";
        BufferedReader br = new BufferedReader(new
            InputStreamReader(System.in));
        try {
            command = br.readLine();
        }
        catch (IOException e) { }
    }
}
```

该程序能够成功地将一行控制台输入存储到名为 command 的 String 对象中吗？

A. 能

B. 不能，因为要读取控制台输入，必须使用缓冲输入流

C. 不能，因为该程序无法通过编译

D. 不能，因为它读取了多行控制台输入

16.10　练习

为巩固本章介绍的知识，请尝试完成下面的练习。

1. 修改第 7 章的程序 HexReader，使其从文本文件中读取两位的十六进制序列，并输出相应的十进制值。

2. 编写一个程序，用于读取一个文件以判断其中的字节数，然后使用 0 覆盖所有的字节（请不要使用要保留的文件来测试该程序，否则该文件的所有数据都将遭到破坏）。

第 17 章
通过 HTTP 进行通信

Java 最初是作为一种控制交互式消费设备网络的语言而开发的。当初设计该语言时，主旨之一是连接机器，而现在仍是如此。

java.net 包让 Java 程序能够通过网络进行通信，它提供了跨平台抽象，从而可以使用常见的 Web 协议建立连接和传输文件，以及创建套接字。

将 java.net 包与输入/输出流结合起来使用，使得通过网络读写文件几乎与读写本地磁盘文件一样容易。

java.nio 包扩展了 Java 输入/输出类。

在本章中，您将编写执行下述任务的网络 Java 程序。

- 通过 Web 加载文档。
- 模仿流行的 Internet 服务。
- 向客户端提供信息。

17.1 Java 联网技术

联网技术让不同的计算机能够彼此连接并交换信息。在 Java 中，基本的联网技术由 java.net 包中的类支持，这包括支持通过超文本传输协议（HTTP）和文件传输协议（FTP）进行连接和检索文件，以及在底层处理基本的 UNIX 套接字。

要同 Internet 上的系统进行通信，可以采取 3 种简单的方式。

- 在小程序中使用统一资源定位符（URL）加载网页和其他资源。
- 使用套接字类 Socket 和 ServerSocket，它们建立到主机的标准套接字连接，并通过这种连接执行读写。
- 调用 getInputStream() 方法，该方法建立到 URL 的连接，并通过该连接获取数据。

17.1.1 打开跨越网络的流

第 16 章介绍过，通过流将信息输入 Java 程序中的方式有多种。选择使用哪些类和方法取决于信息的格式和您要如何操纵它。

在 Java 程序中，可以访问的资源之一是 Web 上的文本文档，这可能是 HTML 文件、XML 文件或其他类型的纯文本文档。

要加载 Web 上的文本文档并逐行读取其中的内容，可以通过以下 4 步来实现。

（1）创建一个表示资源的网络地址的 URL 对象。

（2）创建一个 HttpURLConnection 对象，它能够加载 URL 并连接到相应的站点。

（3）使用 HttpURLConnection 对象的 getContent() 方法来创建一个 InputStreamReader

对象，用于读取来自 URL 的数据流。

（4）使用 InputStreamReader 对象创建一个 BufferedReader 对象，以便高效地从输入流中读取字符。

Web 文档和 Java 程序之间将进行大量的交互。URL 用于建立 URL 连接，URL 连接用于建立输入流阅读器，而输入流阅读器用于建立缓冲输入流阅读器。由于需要处理可能发生的任何异常，复杂程度增加了。

要加载资源，首先必须创建 URL 类的一个实例，它表示要加载的资源的地址。URL 是 Uniform Resource Locator（统一资源定位器）的缩写，它是可以通过 Internet 进行访问的文件或其他资源的唯一地址。

URL 类位于 java.net 包中，因此您必须在程序中导入这个包或使用全名来引用这个类。

要创建新的 URL 对象，可使用下述 4 个构造函数之一。

- URL(String)：使用完整的 Web 地址（如 http://www.epubit.com）创建一个 URL 对象。
- URL(URL, String)：将指定的 URL 作为基本地址，并将指定的 String 作为相对路径，以创建一个 URL 对象。
- URL (String, String, int, String)：根据协议（如 http 或 ftp）、主机名（如 www.epubit.com）、端口号（HTTP 端口号 80）和文件名或路径名创建一个新的 URL 对象。
- URL(String, String, String)：与前一个构造函数相同，只是没有端口号。

使用构造函数 URL(String) 时，必须处理 MalformedURLException 异常，该异常在指定字符串不是有效 URL 时引发。可以在 try-catch 块处理这种异常：

```
try {
    URL load = new URL("http://www.epubit.com");
} catch (MalformedURLException e) {
    System.out.println("Malformed URL");
}
```

程序清单 17.1 所示的应用程序 WebReader 通过前面介绍的 4 个步骤连接到一个网站，并读取其中的一个文本文档。加载该文档后，将其内容输出以显示到一个文本区域中。请在 NetBeans 中创建这个类，并将其放在 com.java21days 包中。

程序清单 17.1　完整的 WebReader.java 源代码

```
 1: package com.java21days;
 2:
 3: import javax.swing.*;
 4: import java.net.*;
 5: import java.io.*;
 6:
 7: public class WebReader extends JFrame {
 8:     JTextArea box = new JTextArea("Getting data ...");
 9:
10:     public WebReader() {
11:         super("Get File Application");
12:         setDefaultCloseOperation(JFrame.EXIT_ON_CLOSE);
13:         setSize(600, 300);
14:         JScrollPane pane = new JScrollPane(box);
15:         add(pane);
16:         setVisible(true);
17:     }
18:
19:     void getData(String address) throws MalformedURLException {
20:         setTitle(address);
21:         URL page = new URL(address);
```

```
22:            StringBuilder text = new StringBuilder();
23:            try {
24:                HttpURLConnection conn = (HttpURLConnection)
25:                    page.openConnection();
26:                conn.connect();
27:                InputStreamReader in = new InputStreamReader(
28:                    (InputStream) conn.getContent());
29:                BufferedReader buff = new BufferedReader(in);
30:                box.setText("Getting data ...");
31:                String line;
32:                do {
33:                    line = buff.readLine();
34:                    text.append(line);
35:                    text.append("\n");
36:                } while (line != null);
37:                box.setText(text.toString());
38:            } catch (IOException ioe) {
39:                System.out.println("IO Error:" + ioe.getMessage());
40:            }
41:        }
42:
43:        public static void main(String[] arguments) {
44:            if (arguments.length < 1) {
45:                System.out.println("Usage: java WebReader url");
46:                System.exit(1);
47:            }
48:            try {
49:                WebReader app = new WebReader();
50:                app.getData(arguments[0]);
51:            } catch (MalformedURLException mue) {
52:                System.out.println("Bad URL: " + arguments[0]);
53:            }
54:        }
55: }
```

应用程序 WebReader 需要一个命令行参数：一个 Web 地址。在 NetBeans 中，这个 Web 地址可在项目配置中（选择菜单 Run > Set Project Configuration > Customize）进行设置。

您可使用任何 URL，如图 17.1 所示。

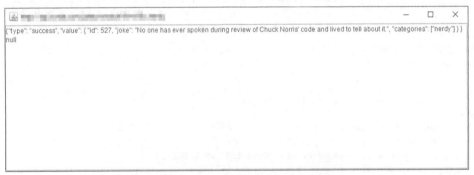

图 17.1　运行应用程序 WebReader

WebReader 类中 2/3 的代码用于运行应用程序、创建用户界面和一个有效的 URL 对象。getData() 方法用于通过流加载 Web 文档中的数据并将其显示在一个文本区域中。

首先创建了 4 个对象，分别属于类 URL、HttpURLConnection、InputStreamReader 和 BufferedReader。这些对象用于将数据从 Internet 上读取到 Java 程序中。另外还创建了两个对象，包括一个 String 和一个 StringBuilder，用于存储取回的数据。

第 24～26 行建立一个 HTTP URL 连接，这对于获得跨网络的输入流是必不可少的。

第 27～28 行使用连接的 getContent() 方法来创建一个输入流阅读器。该方法返回一个输入流，表示到 URL 的链接。

第 29 行使用输入流阅读器创建一个缓冲输入流阅读器——一个名为 buff 的 BufferedReader 对象。

有了 BufferedReader 对象，便可以调用其 readLine() 方法来从输入流中读取一行文本。该缓冲输入流阅读器将字符放到缓冲区中，并在被请求时将它们从缓冲区中取出。

第 32～36 行的 do-while 循环逐行读取 Web 文档的内容，并将其追加到用于存储页面文本的 StringBuilder 对象中。

读取所有数据后，第 37 行调用方法 toString() 将 StringBuilder 转换为字符串，然后调用文本区域组件的 setText(String) 方法将转换结果放到文本区域中。

HttpURLConnection 类有多个影响 HTTP 请求或提供额外信息的方法。

- getHeaderField(int)：返回一个字符串，其中包含诸如"Server"（存储文档的 Web 服务器）或"Last-Modified"（文档最后一次修改的日期）等 HTTP 报头。报头从 0 开始编号，到达报头末尾时，该方法返回 null。
- getHeaderFieldKey(int)：返回一个字符串（其中包含指定报头的名称，如"Server"或"Last-Modified"）或返回 null。
- getResponseCode()：返回一个整数，指出请求的 HTTP 响应编码，如 200（有效请求）或 404（请求的文档找不到）。
- getResponseMessage()：返回一个字符串，其中包含 HTTP 响应编码和解释性消息，如"HTTP/1.0 200 OK"。对于每个有效的响应编码，HttpURLConnection 类都有一个相应的整型类变量，如"HTTP_OK"、"HTTP_NOT_FOUND"和"HTTP_MOVED_PERM"。
- getContentType()：返回一个字符串，其中包含 Web 文档的 MIME 类型。可能的类型包括"text/html"（网页）和"text/xml"（XML 文件）。
- SetFollowRedirects(boolean)：决定是遵循（true）URL 重定向请求还是忽略（false）。支持重定向请求时，Web 服务器可以将 URL 请求转发到正确的地址。

可以将下述代码加入应用程序 WebReader 的 getData() 方法中（第 26 行后面），以便同时显示报头和文档中的文本：

```
String key;
String header;
int i = 0;
do {
    key = conn.getHeaderFieldKey(i);
    header = conn.getHeaderField(i);
    if (key == null) {
        key = "";
    } else {
        key = key + ": ";
    }
    if (header != null) {
        text.append(key);
        text.append(header);
        text.append("\n");
    }
    i++;
} while (header != null);
text.append("\n");
```

17.1.2 套接字

对于 URL 和 URLConnection 类的功能不能满足其要求的网络应用程序（例如，使用其他协议或更通用的网络应用程序），Java 提供了 Socket 和 ServerSocket 类，它们是标准的传输控制协议（TCP）套接字编程技术的抽象。

Socket 类提供了一个类似于标准 UNIX 套接字的客户端套接字接口。要建立连接，可创建一个 Socket 实例（其中 hostName 是要连接的主机，portNumber 是端口号）：

```
Socket connection = new Socket(hostName, portNumber);
```

创建套接字后，应设置其超时值，以指定应用程序将为数据的到来等待多长时间。为此，可调用套接字的 setSoTimeOut(int) 方法，该方法接收一个参数——等待时间（单位为毫秒）：

```
connection.setSoTimeOut(50000);
```

调用上述方法后，从 connection 表示的套接字中读取数据时，将只等待 50000ms（50s）。如果超时，将引发 InterruptedIOException 异常，因此您可以在 try-catch 块中关闭套接字或再次读取数据。

如果使用套接字的程序没有设置超时，它可能一直等待下去，直到数据到来。

提示	为了避免超时问题，通常将网络操作放在单独的线程中，并让它和程序的其他部分分开运行，这在第 7 章讨论过。

建立套接字后，可以使用输入/输出流来读写它：

```
BufferedInputStream bis = new
    BufferedInputStream(connection.getInputStream());
DataInputStream in = new DataInputStream(bis);

BufferedOutputStream bos = new
    BufferedOutputStream(connection.getOutputStream());
DataOutputStream out = new DataOutputStream(bos);
```

实际上，并不需要给这些对象命名，因为它们只用于创建流或流阅读器。为了提高效率，可使用一个名为 sock 的 Socket 对象来将上述多条语句合并为一条：

```
DataInputStream in = new DataInputStream(
    new BufferedInputStream(
        sock.getInputStream()));
```

在这条语句中，sock.getInputStream() 调用返回一个与套接字相关联的输入流；然后使用该输入流创建一个 BufferedInputStream 对象，而这个缓冲输入流对象被用来创建一个 DataInput Stream 对象。这样，只使用了变量 sock 和 in，从连接中接收数据然后关闭该连接时需要使用这两个变量。中间对象（BufferedInputStream 和 InputStream）只被使用一次。

使用完套接字后，别忘了调用 close() 方法来关闭它。这也将关闭您为套接字建立的所有输入/输出流，例如：

```
connection.close();
```

套接字编程可用于使用 TCP/IP 联网技术提供的众多服务中，包括 Telnet、简单邮件传送协议（SMTP，用于接收邮件）、WHOIS 协议（用于请求域名记录）和 Finger。

Finger 是向系统查询用户的协议。通过建立 Finger 服务器，系统管理员让连接到 Internet 的机器能够回答有关用户信息的查询。用户可以通过创建 .plan 文件来提供有关自己的信息，这些信息将被发送给使用 Finger 来询问的用户。

虽然由于安全方面的原因，目前 Finger 已不再使用，但在博客和社交媒体出现前，它是 Internet 用户发布有关其情况和活动的最流行方式。例如，您可以对另一所大学或公司的朋友的账号使用 Finger，以查看他是否在线，并读取其最新的 .plan 文件。

作为一个套接字编程练习，应用程序 Finger 是一个基本的 Finger 客户端。请在 NetBeans 中新建一个名为 Finger 的类，并输入程序清单 17.2 所示的源代码。

程序清单 17.2　完整的 Finger.java 源代码

```
 1: package com.java21days;
 2:
 3: import java.io.*;
 4: import java.net.*;
 5: import java.util.*;
 6:
 7: public class Finger {
 8:     public static void main(String[] args) {
 9:         String user;
10:         String host;
11:         if ((args.length == 1) && (args[0].contains("@"))) {
12:             StringTokenizer split = new StringTokenizer(args[0],
13:                 "@");
14:             user = split.nextToken();
15:             host = split.nextToken();
16:         } else {
17:             System.out.println("Usage: java Finger user@host");
18:             return;
19:         }
20:         try (Socket digit = new Socket(host, 79);
21:             BufferedReader in = new BufferedReader(
22:                 new InputStreamReader(digit.getInputStream()));
23:             ) {
24:
25:             digit.setSoTimeout(20000);
26:             PrintStream out = new PrintStream(
27:                 digit.getOutputStream());
28:             out.print(user + "\015\012");
29:
30:             boolean eof = false;
31:             while (!eof) {
32:                 String line = in.readLine();
33:                 if (line != null) {
34:                     System.out.println(line);
35:                 } else {
36:                     eof = true;
37:                 }
38:             }
39:             digit.close();
40:         } catch (IOException e) {
41:             System.out.println("IO Error:" + e.getMessage());
42:         }
43:     }
44: }
```

发出 Finger 请求时，指定用户名，并加上 @ 和主机名，其格式与电子邮件地址相同。例如 icculus@icculus.org，这是游戏开发人员 Ryan Gordon 的 Finger 地址。要请求他的 .plan 文件，您可以运行应用程序 Finger，并将上述地址作为唯一的命令行参数。

如果 icculus 在 Finger 服务器 icculus.org 上有账号，该程序的输出结果将是他的 .plan 文件，还可能有其他信息。如果找不到用户，服务器将指出这一点。这种请求的输出结果如图 17.2 所示。

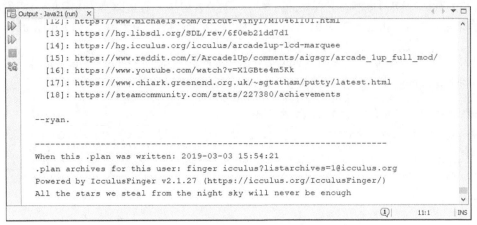

图 17.2　使用套接字发出 Finger 请求

应用程序 Finger 使用类 StringTokenizer 将一个格式为 user@host 的地址转换为两个 String 对象：user 和 host（第 11～15 行）。

程序执行了下述套接字操作。

- **第 20 行**：使用主机名和端口 79（通常保留给 Finger 服务的端口）创建了一个新的 Socket。
- **第 21～23 行**：使用该套接字创建一个 InputStream 对象，再使用该 InputStream 对象创建一个 BufferedReader 对象。
- **第 25 行**：将套接字的超时值设置为 20000 毫秒。
- **第 26～27 行**：使用该套接字创建一个 OutputStream 对象，再使用该 OutputStream 创建一个 PrintStream 对象。
- **第 28 行**：Finger 协议要求通过套接字来发送用户名，并在后面加上回车（'\015'）和换行符（'\012'）。这是通过调用 PrintStream 对象的 print() 方法完成的。
- **第 31～38 行**：通过循环不断地从缓冲阅读器中读取文本行，到达服务器的输出的末尾后，in.readLine() 将返回 null，至此循环结束。

用于通过套接字同 Finger 服务器进行通信的技术也可用于连接到其他流行的 Internet 服务。只需修改第 20 行的端口号并做一些其他修改，该程序便可变成一个 Telnet 或 Web 读取客户端。

> **提示**　应用程序 Finger 在 try 块中分配资源，如程序清单 17.2 的第 20～23 行所示。在 try 语句的括号内声明套接字和阅读器，可确保即便连接因异常而失败，这些资源也将被释放。因此，第 39 行显式地对套接字调用 close() 方法是多余的。

17.1.3　Socket 服务器

服务器套接字的工作原理与客户端套接字类似，只是它还包含 accept() 方法。服务器套接字监听 TCP 端口上的客户端连接；当客户端连接到该端口时，accept() 方法将接收该连接。使用客户端套接字和服务器套接字，可以创建通过网络进行通信的应用程序。

要创建服务器套接字，并将其绑定到某个端口，可创建一个 ServerSocket 实例，并将该端口号作为参数传递给构造函数，如下例所示：

```
ServerSocket servo = new ServerSocket(8888);
```

然后，使用方法 `accept()` 来监听该端口（并接收来自客户端的连接）：

```
servo.accept();
```

建立套接字连接后，可以分别使用输入流和输出流来从客户端读取数据和将数据写入客户端。

要扩展套接字类的行为，如允许网络连接跨越防火墙或代理，可以使用抽象类 `SocketImpl` 和接口 `SocketImplFactory` 来创建一个新的传输层套接字实现。这种方法让这些类能够被移植到使用不同传输机制的系统中。这种机制存在的问题是，虽然在简单情况下有效，但它不允许您将其他协议添加到 TCP 上（例如，以实现诸如安全套接字层[SSL]等加密机制），也不允许单个 Java 运行环境包含多个套接字实现。

由于 `Socket` 类和 `ServerSocket` 类不是 final 的，因此您可以创建这些类的子类，并使用默认套接字实现或自定义实现。这使网络功能灵活得多。

17.1.4 设计服务器应用程序

下面的 Java 程序示例使用 `Socket` 类来实现一个简单的、基于网络的服务器应用程序。应用程序 TimeServer 与连接到端口 4415 的客户端建立连接，显示当前时间，然后关闭该连接。

应用程序要充当服务器，必须监听主机上至少一个端口的客户端连接。这里监听的是端口 4415，但也可以监听 1024～65535 之间的任何一个端口。

> **注意**　端口 0～1023 的用途由 Internet 地址分配机构控制，但编号更大的端口也可能已被占用，只是没有正式通知而已。为自己的客户端/服务器应用程序选择端口号时，应了解哪些端口已被他人使用了。为此，可在网上搜索您要使用的端口号，再使用 "registered port numbers" 和 "well-known port numbers" 进行搜索，以找到已占用的端口清单。

检测到客户端后，服务器将创建一个表示当前日期和时间的 `Date` 对象，并将其作为字符串发送给客户端。

服务器和客户端之间交换信息时，几乎所有的工作都是由服务器完成的。客户端只是负责建立到服务器的连接，并显示从服务器那里收到的信息。

虽然您可以开发一个简单的客户端，但也可以将任何 Telnet 应用程序用作客户端，只要它能够连接到指定的端口。Windows 包含一个名为 Telnet 的命令行应用程序，您可以将它用作客户端。

程序清单 17.3 列出了服务器应用程序（`TimeServer` 类）的源代码。

程序清单 17.3　完整的 TimeServer.java 源代码

```
 1: package com.java21days;
 2:
 3: import java.io.*;
 4: import java.net.*;
 5: import java.util.*;
 6:
 7: public class TimeServer extends Thread {
 8:     private ServerSocket sock;
 9:
10:     public TimeServer() {
11:         super();
12:         try {
13:             sock = new ServerSocket(4415);
14:             System.out.println("TimeServer running ...");
15:         } catch (IOException e) {
```

```
16:                System.out.println("Error: couldn't create socket.");
17:                System.exit(1);
18:            }
19:        }
20:
21:        @Override
22:        public void run() {
23:            Socket client;
24:
25:            while (true) {
26:                if (sock == null)
27:                    return;
28:                try {
29:                    client = sock.accept();
30:                    BufferedOutputStream bb = new BufferedOutputStream(
31:                        client.getOutputStream());
32:                    PrintWriter os = new PrintWriter(bb, false);
33:                    String outLine;
34:
35:                    Date now = new Date();
36:                    os.println(now);
37:                    os.flush();
38:
39:                    os.close();
40:                    client.close();
41:                } catch (IOException e) {
42:                    System.out.println("Error: couldn't connect.");
43:                    System.exit(1);
44:                }
45:            }
46:        }
47:
48:        public static void main(String[] arguments) {
49:            TimeServer server = new TimeServer();
50:            server.start();
51:        }
52:
53: }
```

应用程序 TimeServer 在端口 4415 上创建了一个服务器套接字。当客户端连接到端口 4415 时，服务器将根据缓冲输出流创建一个 PrintWriter 对象，以便能够将一个字符串（当前时间）发送给客户端。

发送该字符串后，使用写入器的方法 flush() 和 close() 结束数据交换并关闭套接字，以便等待新连接。

17.1.5　测试服务器

仅当应用程序 TimeServer 正在运行时，客户端才能连接到它。如果成功运行，服务器将只显示一行输出，如图 17.3 所示。

图 17.3　在 ServerSocket 实例中启动一个 Internet 服务器

运行服务器后，您可以在计算机上使用 Telnet 程序通过端口 4415 连接到它。

要在 Windows 中运行 Telnet，可单击"开始"按钮并选择搜索图标，再搜索 `telnet`，并单击搜索结果中的 `telnet`。

警告 > 在 Windows 中，可能默认禁用了 Telnet 程序。要启用它，可打开控制面板，选择"程序和功能"，再单击"打开或关闭 Windows 功能"，打开"Windows 功能"对话框。在该对话框中，选择复选框"Telnet 客户端"，再单击"确定"按钮。

主机名 `localhost` 表示您的计算机——运行该服务器应用程序的系统。您可以在本地对服务器应用程序进行测试，再将其部署到 Internet。在 Windows 中，可在 Telnet 中输入命令 open localhost 4415；在 macOS 中，相应的命令为 telnet localhost 4415。

要在 Telnet 客户端和应用程序 TimeServer 之间建立套接字连接，您可能需要登录 Internet，这取决于您操作系统的 Internet 连接配置。

如果该服务器位于与 Internet 相连的另一台计算机上，则需要指定该计算机的主机名或 IP 地址，而不是 `localhost`。

使用 Telnet 连接到 TimeServer 应用程序后，Telnet 将显示服务器的当前时间，然后关闭连接。Telnet 程序的输出如图 17.4 所示。

图 17.4　建立到 TimeServer 的 Telnet 连接

17.2　java.nio 包

`java.nio` 包中的类扩展了 Java 语言的网络功能，对读写数据，使用文件、套接字和内存，以及处理文本很有帮助。

当您使用新的输入/输出特性时，常常需要用到另外两个相关的包：`java.nio.channels` 和 `java.nio.charset`。

17.2.1　缓冲区

`java.nio` 包提供了对缓冲区（buffer）的支持，缓冲区是一种对象，表示存储在内存中的数据流。缓冲区常被用来提高那些读取输入和发送输出的程序的性能。它们让程序能够将大量的数据存储到内存中，这样读写或修改这些数据时速度将快得多。

对于 Java 中的每种基本数据类型，都有相应的缓冲类。

- `ByteBuffer`。
- `CharBuffer`。
- `DoubleBuffer`。
- `FloatBuffer`。
- `IntBuffer`。
- `LongBuffer`。
- `ShortBuffer`。

上述缓冲类都有一个名为 `wrap()` 的静态方法，可用于创建缓冲区。该方法只接收一个参数：一个相应数据类型的数组。例如，下面的语句创建了一个 `int` 数组和一个 `IntBuffer` 对象，后者将这些整数存储在作为缓冲区的内存中：

```
int[] temperatures = { 90, 85, 87, 78, 80, 75, 70, 79, 85, 92 };
IntBuffer tempBuffer = IntBuffer.wrap(temperatures);
```

缓冲区存储下一个将被读写的数据项的位置，以跟踪自己是如何被使用的。创建缓冲区后，可以调用其 `get()` 方法来读取当前位置的数据项。下面的语句用于输出前面创建的整数缓冲区中的所有内容：

```
for (int i = 0; tempBuffer.remaining() > 0; i++)
    System.out.println(tempBuffer.get());
```

另一种创建缓冲区的方式是，首先建立一个空的缓冲区，然后加入数据。要创建缓冲区，可调用缓冲区类的静态方法 `allocate(int)`，并将缓冲区的大小作为参数传递给它。

有 5 个 `put()` 方法可用于将数据存储到缓冲区中（或替换缓冲区中的数据）。这些方法接收的参数取决于被操纵的缓冲区的类型。下述方法用于整数缓冲区。

- `put(int)`：将指定整数存储到缓冲区的当前位置，再将位置加 1。
- `put(int, int)`：将指定整数（第二个参数）存储到缓冲区的指定位置（第一个参数）。
- `put(int[])`：将指定整数数组的所有元素存储到缓冲区中——从缓冲区的第一个位置开始。
- `put(int[], int, int)`：将指定数组中的所有或部分元素存储到缓冲区中。其中第二个参数指定了第一个元素将被存储在缓冲区的什么位置，而第三个参数指定了要将数组中的多少个元素存储到缓冲区中。
- `put(IntBuffer)`：将指定整数缓冲区存储到当前整数缓冲区中——从当前缓冲区的第一个位置开始。

将数据存储到缓冲区中时，通常必须跟踪当前位置，以便知道接下来的数据将存储到什么位置。

要知道当前位置，可调用缓冲区的 `position()` 方法。该方法返回一个整数，用于指出当前位置。如果为 `0`，则说明位于缓冲区的开头。

要改变当前位置，可调用 `position(int)` 方法，并将目标位置作为参数传递给它。

使用缓冲区时，需要跟踪的另一个重要的位置是缓冲区中最后一个数据项的位置。

如果缓冲区总是满的，则没有必要跟踪最后一个数据项的位置。因为在这种情况下，缓冲区的最后一个位置肯定存储了数据。

然而，如果缓冲区存储的数据量少于分配给它的内存空间，则将数据读入缓冲区后，应调用缓冲区的 `flip()` 方法。这将当前位置设置为前一次读入的数据的开头，并将最后一个数据项的位置设置为前一次读入的数据的末尾。

本章后面将使用字节缓冲区来存储从 Internet 上的网页中加载的数据。在这种情况下，必须调用 `flip()` 方法，因为请求时您并不知道页面中包含多少数据。

如果缓冲区的大小为 1024 字节，而页面中包含的数据量为 1500 字节，则首次读取数据时将把 1024 字节的数据加载到缓冲区中，将其填满。

第二次读取数据时，将填充缓冲区的前 476 字节，其余的为空。如果之后再调用 `flip()` 方法，则当前位置将被设置为缓冲区的开头，最后一项数据的位置为 476。

下面的代码创建了一个 `int` 数组，其中包含的是华氏温度。然后将华氏温度转换为摄氏温度，并将结果存储到一个缓冲区中：

```
int[] temps = { 90, 85, 87, 78, 80, 75, 70, 79, 85, 92, 99 };
IntBuffer tempBuffer = IntBuffer.allocate(temps.length);
```

```
for (int i = 0; i < temps.length; i++) {
    float celsius = ( (float) temps[i] - 32 ) / 9 * 5;
    tempBuffer.put( (int) celsius );
}
tempBuffer.position(0);
for (int i = 0; tempBuffer.remaining() > 0; i++) {
    System.out.println(tempBuffer.get());
}
```

将当前位置设置为缓冲区的开头后,输出缓冲区的内容。

1. 字节缓冲区

对于字节缓冲区,您可以使用前面介绍的方法,但它还包含其他方法。

字节缓冲区包含用于存储和检索非字节数据的方法。

- `putchar(char)`:将两字节存储到缓冲区中,这两字节表示指定的 `char` 值。
- `putDouble(double)`:将 8 字节存储到缓冲区中,这 8 字节表示指定的 `double` 值。
- `putFloat(float)`:将 4 字节存储到缓冲区中,这 4 字节表示指定的 `float` 值。
- `putInt(int)`:将 4 字节存储到缓冲区中,这 4 字节表示指定的 `int` 值。
- `putLong(long)`:将 8 字节存储到缓冲区中,这 8 字节表示指定的 `long` 值。
- `putShort(short)`:将两字节存储到缓冲区中,这两字节表示指定的 `short` 值。

这些方法都将多字节存储到缓冲区中,并将当前位置向前移动相应数目的字节。

另外,还有用于从字节缓冲区中获取非 `byte` 数据的方法:`getChar()`、`getDouble()`、`getFloat()`、`getInt()`、`getLong()`和 `getShort()`。

2. 字符集

字符集位于 `java.nio.charset` 包中,包中的类用于在字节缓冲区和字符缓冲区之间转换数据。主要的类有以下 3 个。

- `Charset`:一个 Unicode 字符集,其中每个字符都有不同的字节值。
- `CharsetDecoder`:将一系列的字节转换为一系列字符。
- `CharsetEncoder`:将一系列的字符转换为一系列字节。

在字节缓冲区和字符缓冲区之间进行转换之前,必须首先创建一个 `Charset` 对象,它将字符映射到相应的字节值。

要创建字符集,可调用 `Charset` 类的静态方法 `forName(String)`,并将字符编码技术的名称作为参数传递给它。

Java 支持的常见字符编码如下。

- **US-ASCII**:包含 128 个字符的 ASCII 字符集,是 Unicode 的基本拉丁字符,也叫 ISO 646-US。
- **ISO-8859-1**:256 个字符的拉丁字母字符集,也叫 ISO-LATIN-1。
- **UTF-8**:包括 US-ASCII 和通用字符集(也叫 Unicode)的字符集,由全世界各种语言中的数千个字符组成。
- **UTF-16BE**:使用 16 位表示的通用字符集,其中的字节按 big-endian 顺序排列。
- **UTF-16LE**:使用 16 位表示的通用字符集,其中的字节按 little-endian 顺序排列。
- **UTF-16**:使用 16 位表示的通用字符集,使用可选择的字节顺序标记来指出字节的排列顺序。

下面的语句用于创建一个表示 ISO—8859-1 字符集的 `Charset` 对象:

```
Charset isoset = Charset.forName("ISO-8859-1");
```

有了字符集对象后,便可以使用它来创建编码器和解码器。要创建 `CharsetDecoder` 和

CharsetEncoder，可分别调用字符集对象的方法 newDecoder() 和 newEncoder()。

要将字节缓冲区转换为字符缓冲区，可调用解码器的 decode(ByteBuffer) 方法。该方法返回一个 CharBuffer 对象，其中包含转换得到的字符。

要将字符缓冲区转换为字节缓冲区，可调用编码器的 encode(CharBuffer) 方法。该方法返回一个 ByteBuffer 对象，其中包含字符的字节值。

下面的语句使用 ISO—8859-1 字符集将一个名为 netBuffer 的字节缓冲区转换为一个字符缓冲区：

```
ByteBuffer netBuffer = ByteBuffer.allocate(20480);
// code to fill byte buffer would be here
Charset set = Charset.forName("ISO-8859-1");
CharsetDecoder decoder = set.newDecoder();
netBuffer.position(0);
CharBuffer netText = decoder.decode(netBuffer);
```

警告　使用解码器创建字符缓冲区之前，调用方法 position(0) 将 netBuffer 的当前位置重置到缓冲区开头。刚开始使用缓冲区时，很容易忽略这一点，导致缓冲区的数据比期望的少得多。

17.2.2　通道

缓冲区常与输入/输出流相关联。您可以使用输入流中的数据来填充缓冲区或将缓冲区中的数据写入输出流中。为此，必须使用通道（channel）———一种将缓冲区和流连接起来的对象。通道类位于 java.nio.channels 包中。

可通过调用 getChannel() 方法将通道与流关联起来，java.io 包中的一些流类包含这种方法。FileInputStream 和 FileOuputStream 类有 getChannel() 方法，它返回一个 FileChannel 对象。文件通道可用于读写和修改文件的数据。

下面的语句用于创建一个文件输入流和一个与该文件相关联的通道：

```
try {
    String source = "prices.dat";
    FileInputStream inSource = new FileInputStream(source);
    FileChannel inChannel = inSource.getChannel();
} catch (FileNotFoundException fne) {
    System.out.println(fne.getMessage());
}
```

创建文件通道后，可以调用其 size() 方法来获悉文件中包含的字节数。如果要创建一个字节缓冲区来存储文件的内容，则必须这样做。

要将通道中的字节读入 ByteBuffer 中，可使用方法 read(ByteBuffer, long)。其中第一个参数是缓冲区；第二个参数是缓冲区的当前位置，它决定了文件的内容将被存储到什么位置。

下面的语句扩展了前一个示例，使用文件通道 inChannel 将文件读入字节缓冲区中：

```
long inSize = inChannel.size();
ByteBuffer data = ByteBuffer.allocate( (int) inSize );
inChannel.read(data, 0);
data.position(0);
for (int i = 0; data.remaining() > 0; i++) {
    System.out.print(data.get() + " ");
}
```

如果读取通道时发生问题，将引发 **IOException** 异常。虽然上述字节缓冲区的大小与文件相同，但并不一定非得这样。如果将文件读入缓冲区旨在能够修改文件，则可以分配一个比文件大的缓冲区。

接下来的应用程序使用了前面介绍的输入/输出新特性：缓冲区、字符集和通道。

应用程序 BufferConverter 将一个小型文件的内容读入字节缓冲区中，并输出缓冲区的内容，然后将该缓冲区转换为字符缓冲区，并输出字符缓冲区的内容。

请新建一个名为 BufferConverter 的 Java 类，将其放在 **com.java21days** 包中，并输入程序清单 17.4 所示的源代码。

程序清单 17.4　完整的 BufferConverter.java 源代码

```
 1: package com.java21days;
 2:
 3: import java.nio.*;
 4: import java.nio.channels.*;
 5: import java.nio.charset.*;
 6: import java.io.*;
 7:
 8: public class BufferConverter {
 9:     public static void main(String[] arguments) {
10:         try {
11:             // read byte data into a byte buffer
12:             String data = "friends.dat";
13:             FileInputStream inData = new FileInputStream(data);
14:             FileChannel inChannel = inData.getChannel();
15:             long inSize = inChannel.size();
16:             ByteBuffer source = ByteBuffer.allocate((int) inSize);
17:             inChannel.read(source, 0);
18:             source.position(0);
19:             System.out.println("Original byte data:");
20:             for (int i = 0; source.remaining() > 0; i++) {
21:                 System.out.print(source.get() + " ");
22:             }
23:             // convert byte data into character data
24:             source.position(0);
25:             Charset ascii = Charset.forName("US-ASCII");
26:             CharsetDecoder toAscii = ascii.newDecoder();
27:             CharBuffer destination = toAscii.decode(source);
28:             destination.position(0);
29:             System.out.println("\n\nNew character data:");
30:             for (int i = 0; destination.remaining() > 0; i++) {
31:                 System.out.print(destination.get());
32:             }
33:             System.out.println();
34:         } catch (FileNotFoundException fne) {
35:             System.out.println(fne.getMessage());
36:         } catch (IOException ioe) {
37:             System.out.println(ioe.getMessage());
38:         }
39:     }
40: }
```

要运行这个程序，您需要一个 **friends.dat** 的副本——这个应用程序使用小型字节数据文件。要将这个文件复制到应用程序所在的项目中，可通过执行如下步骤实现。

（1）在下载的 **friends.dat** 所在的文件夹中，右键单击这个文件并选择"复制"。

（2）在 NetBeans 中，单击 Files 标签以显示这个选项卡。

（3）右键单击这个选项卡顶部的文件夹 Java21 并选择"粘贴"。

这个文件将存储到项目的主文件夹中。

提示

> 您也可以自己创建文件。为此，可以在 NetBeans 中选择菜单 File > New File 。在 New File 对话框中，选择类别 Other，并选择文件类型 Empty File，将文件命名为 friends.dat。在源代码编辑器中输入一两个句子，再将文件保存。

如果您使用的是本书配套网站的 friends.dat，应用程序 BufferConverter 的输出将如图 17.5 所示。

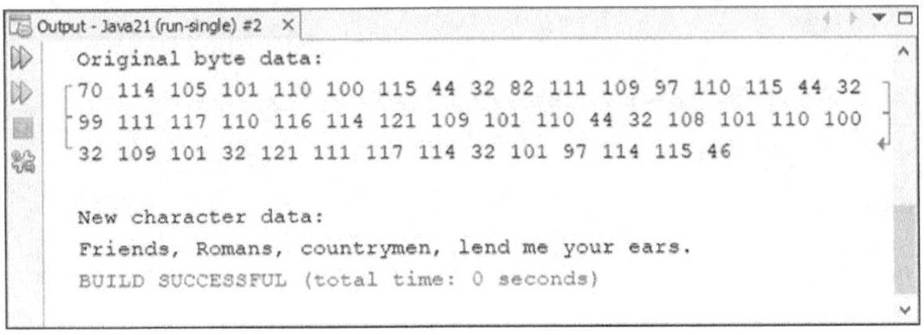

图 17.5　从缓冲区中读取字符数据

应用程序 BufferConverter 使用本章介绍的技术来读取数据，并将其输出为字节和字符。然而，使用旧的输入/输出包 java.io 也能够完成这项任务。既然如此，为何要学习这个新包呢？原因之一是，缓冲区让您能够以快得多的速度操纵大量的数据，下面将介绍另一个原因。

1. 网络通道

java.nio 包中最流行的特性可能是对通过网络连接的非阻断（non-blocking）输入/输出的支持。

在 Java 中，阻断（blocking）指的是程序中的语句必须执行完毕后，才执行其他操作。前面完成的所有套接字编程都只使用了阻断方法。例如，在应用程序 TimeServer 中，当服务器套接字的 accept() 方法被调用时，仅当客户端与服务器建立连接后，程序才执行其他操作。

正如您所认为的，网络程序等待特定的语句被执行是一个问题，因为可能导致错误的因素很多，和连接可能断开，服务器可能离线等。由于被阻断的语句需要等待某种事情发生，因此套接字连接的速度可能很慢。例如，使用 HTTP 连接读取数据并将其放到缓冲区中的客户端应用程序，可能要等待缓冲区被填满，即使没有其他的数据需要发送。由于被阻断的语句不能执行完毕，因此程序就好像已经停止了。

使用 java.nio 包可创建网络连接，并使用非阻断方法通过网络连接进行读写。

其工作原理如下。

（1）将套接字通道与输入/输出流关联起来。

（2）对通道进行配置，使之能够识别您要监听的网络事件——建立新连接、通过通道读/写数据。

（3）调用一个方法来打开通道。由于该方法是非阻断的，因此程序将继续执行，让您能够处理其他任务；如果监听的网络事件发生，则调用与该事件相关联的方法，以通知程序。

这类似 Swing 中的用户界面组件编程。界面组件同一个或多个事件监听器相关联，并被加入容器。界面组件收到监听器监听的输入后，将调用事件处理方法。在此之前，程序可以处理其他任务。

要使用非阻断输入和输出，必须利用通道，而不是流。

2. 非阻断套接字客户端和服务器

要开发非阻断套接字客户端或服务器软件，首先需要创建一个对象，该对象表示您要连接到的 Internet 地址。为此，可以使用 java.net 包中的 InetSocketAddress 类。

如果服务器是使用主机名标识的，则可以调用 `InetSocketAddress(String, int)` 方法，其中的两个参数分别是服务器的名称和端口号。

如果服务器是使用 IP 地址标识的，则可使用 `java.net` 包中的 `InetAddress` 类来标识主机。为此，可以调用静态方法 `InetAddress.getByName(String)`，并将主机的 IP 地址作为参数传递给它。`InetAddress.getByName(String)` 方法返回一个表示地址的 `InetAddress` 对象，您可以将该对象作为参数来调用 `InetSocketAddress(InetAddress, int)` 方法，其中第二个参数是服务器的端口号。

要建立非阻断连接，必须使用套接字通道——`java.nio` 包中的一个新类。要创建这种通道，可调用 `SocketChannel` 类的静态方法 `open()`。

套接字通道可被配置为进行阻断通信或非阻断通信。要配置为非阻断通信，可调用通道的 `configureBlocking(boolean)` 方法，并将参数 `false` 传递给它；要配置为阻断通信，则传递参数 `true`。

配置好通道后，可调用其 `connect(InetSocketAddress)` 方法来连接到套接字。

对于阻断通道，`connect()` 方法将试图建立到服务器的连接，并等待这项操作的完成，然后返回 `true`，指出已成功地建立连接。

对于非阻断通道，`connect()` 方法将立即返回 `false`。要监听通道发生的事件，并对事件进行响应，必须使用通道监听对象 `Selector`。`Selector` 对象跟踪套接字通道（或属于 `SelectableChannel` 的子类的通道）发生的事件。

要创建 `Selector` 对象，可调用其 `open()` 方法，如下面的语句所示：

```
Selector monitor = Selector.open();
```

使用 `Selector` 对象时，必须指出要监听的事件。为此，可以调用通道的 `register(Selector, int, Object)` 方法。`register()` 方法的 3 个参数的含义依次描述如下。

- 您创建的用于监听通道的 `Selector` 对象。
- 表示要监听的事件的 `int` 值（也叫选定键）。
- 随键一起被传递的 `Object`，如果没有，则为 `null`。

对于第二个参数，使用 `SelectionKey` 类的类变量（而不是整数值）将更容易。这些类变量包括 `SelectionKey.OP_CONNECT`（监听连接操作）、`SelectionKey.OP_READ`（监听读操作）、`SelectionKey.OP_WRITE`（监听写操作）。

下面的语句创建了一个名为 `spy` 的 `Selector` 对象，用于监听套接字通道的读操作：

```
Selector spy = Selector.open();
channel.register(spy, SelectionKey.OP_READ, null);
```

要监听多种事件，可将 `SelectionKey` 类的类变量相加，例如：

```
Selector spy = Selector.open();
channel.register(spy, SelectionKey.OP_READ + SelectionKey.OP_WRITE, null);
```

配置好通道和选择器（selector）后，可以调用选择器的 `select()` 或 `select(long)` 方法，来等待事件的发生。

`select()` 是一个阻断方法，用于等待通道发生某种事件。

`select(long)` 也是一个阻断方法，用于等待通道发生某种事件或经过指定的时间（单位为毫秒）。

这两个方法都返回发生的事件数，如果没有发生任何事件，则返回 0。可以在 `while` 循环中调用 `select()` 方法，直到某种事件发生后才退出循环。

事件发生后，可以调用选择器的 `selectedKeys()` 方法来了解事件的细节，该方法返回一个 Set

对象，其中包含每个事件的细节。

　　该 Set 对象的用法与其他集合（set）相同——创建一个 Iterator，然后使用其 hasNext() 和 next() 方法来遍历集合。

　　调用集合的 next() 方法返回一个对象，您应将其强制转换为 SelectionKey 对象，该对象表示通道发生的事件。

　　在客户端中，可以使用 SelectionKey 类的 3 个方法来确定键：isReadable()、isWritable() 和 isConnectible()。这些方法都返回一个布尔值（将数据写入服务器时，需要使用第 4 个方法：isAcceptable()）。

　　取回集合中的键后，调用键的 remove() 方法，以指出您要对它执行某种操作。

　　关于事件，需要了解的最后一项内容是，它发生在哪个通道上。为此，可以调用键的 channel() 方法，它返回相关联的 SocketChannel 对象。

　　如果事件与连接相关，则使用通道之前，必须确保该连接已经建立。为此，可以调用键的 isConnectionPending() 方法。如果连接仍在建立中，该方法返回 true；如果已经建立，则返回 false。

　　要处理仍在建立中的连接，可调用套接字的 finishConnect() 方法，它试图完成连接。

　　使用非阻断套接字通道时，涉及 java.nio 和 java.net 包中大量新类的交互。为了让读者更清晰地了解这些类是如何协同工作的，本章的最后一个项目 FingerServer（这是一个 Web 应用程序）使用了非阻断套接字通道来处理 Finger 请求。

　　新建一个名为 FingerServer 的类，将其放在 com.java21days 包中，输入程序清单 17.5 所示的源代码，再将其保存。

程序清单 17.5　完整的 FingerServer.java 源代码

```
 1: package com.java21days;
 2:
 3: import java.io.*;
 4: import java.net.*;
 5: import java.nio.channels.*;
 6: import java.util.*;
 7:
 8: public class FingerServer {
 9:
10:     public FingerServer() {
11:         try {
12:             // Create a non-blocking server socket channel
13:             ServerSocketChannel sock = ServerSocketChannel.open();
14:             sock.configureBlocking(false);
15:
16:             // Set the host and port to monitor
17:             InetSocketAddress server = new InetSocketAddress(
18:                 "localhost", 79);
19:             ServerSocket socket = sock.socket();
20:             socket.bind(server);
21:
22:             // Create the selector and register it on the channel
23:             Selector selector = Selector.open();
24:             sock.register(selector, SelectionKey.OP_ACCEPT);
25:
26:             // Loop forever, looking for client connections
27:             while (true) {
28:                 // Wait for a connection
29:                 selector.select();
30:
31:                 // Get list of selection keys with pending events
```

```
32:                    Set keys = selector.selectedKeys();
33:                    Iterator it = keys.iterator();
34:
35:                    // Handle each key
36:                    while (it.hasNext()) {
37:
38:                        // Get the key and remove it from the iteration
39:                        SelectionKey sKey = (SelectionKey) it.next();
40:
41:                        it.remove();
42:                        if (sKey.isAcceptable()) {
43:
44:                            // Create a socket connection with client
45:                            ServerSocketChannel selChannel =
46:                                (ServerSocketChannel) sKey.channel();
47:                            ServerSocket sSock = selChannel.socket();
48:                            Socket connection = sSock.accept();
49:
50:                            // Handle the Finger request
51:                            handleRequest(connection);
52:                            connection.close();
53:                        }
54:                    }
55:                }
56:            } catch (IOException ioe) {
57:                System.out.println(ioe.getMessage());
58:            }
59:        }
60:
61:        private void handleRequest(Socket connection)
62:            throws IOException {
63:
64:            // Set up input and output
65:            InputStreamReader isr = new InputStreamReader (
66:            connection.getInputStream());
67:            BufferedReader is = new BufferedReader(isr);
68:            PrintWriter pw = new PrintWriter(new
69:                BufferedOutputStream(connection.getOutputStream()),
70:                false);
71:
72:            // Output server greeting
73:            pw.println("Nio Finger Server");
74:            pw.flush();
75:
76:            // Handle user input
77:            String outLine = null;
78:            String inLine = is.readLine();
79:
80:            if (inLine.length() > 0) {
81:                outLine = inLine;
82:            }
83:            readPlan(outLine, pw);
84:
85:            // Clean up
86:            pw.flush();
87:            pw.close();
88:            is.close();
89:        }
90:
91:        private void readPlan(String userName, PrintWriter pw) {
92:            try {
93:                FileReader file = new FileReader(userName + ".plan");
```

```
94:                 BufferedReader buff = new BufferedReader(file);
95:                 boolean eof = false;
96:
97:                 pw.println("\nUser name: " + userName + "\n");
98:
99:                 while (!eof) {
100:                     String line = buff.readLine();
101:
102:                     if (line == null) {
103:                         eof = true;
104:                     } else {
105:                         pw.println(line);
106:                     }
107:                 }
108:
109:                 buff.close();
110:             } catch (IOException e) {
111:                 pw.println("User " + userName + " not found.");
112:             }
113:         }
114:
115:         public static void main(String[] arguments) {
116:             FingerServer nio = new FingerServer();
117:         }
118: }
```

该 Finger 服务器要求有一个或多个以纯文本方式存储的用户.plan 文件，它们的文件名的形式为 username.plan，如 linus.plan、lucy.plan 和 franklin.plan。运行这个服务器程序之前，创建一个或多个.plan 文件，并将它们保存到项目 Java21 的根文件夹中。然后，运行该服务器。该应用程序将等待 Finger 请求，创建一个非阻断服务器套接字通道，并注册一种选择器寻找的键（key）：连接事件。

在从第 27 行开始的 while 循环中，服务器调用 Selector 对象的 select() 方法来确定选择器是否接收到键——这种情况将在 Finger 客户端试图建立连接时发生。如果接收到了，select() 方法将返回键数，而循环中的语句将被执行。

建立连接后，创建一个缓冲阅读器，用于保留对.plan 文件的请求。该命令的语法是被请求的.plan 文件的用户名。

启动该 Finger 服务器后，可使用 Finger 客户端对其进行测试。在 NetBeans 中，创建一种自定义项目配置，以设置 Finger 客户端的命令行参数。

（1）选择菜单 Run > Set Project Configuration > Customize 打开 Project Properties 对话框。

（2）在 Main Class 文本框中，输入 com.java21days.Finger。

（3）在 Arguments 文本框中输入 franklin@localhost，再单击 OK 按钮。

（4）选择菜单 Run > Run Project 以运行应用程序 Finger Server。

使用命令行参数 franklin@localhost 运行时，应用程序 Finger Server 的输出结果，如图 17.6 所示。

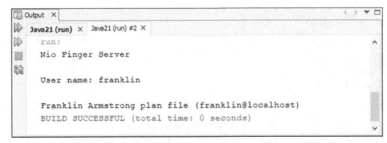

图 17.6　向您的 Finger 服务器发出 Finger 请求

再次使用命令行参数 lucy@localhost 运行该应用程序，以查看 Lucy 的 .plan 文件；然后，使用命令行参数 linus@localhost 运行该应用程序，以查看 Linus 的 .plan 文件。

使用完 Finger 服务器后，单击 Output 窗格左边的 Stop 按钮将其关闭。

警告

> .plan 文件必须存储在项目 Java21 的根文件夹中，这样应用程序 FingerServer 才能找到它们。如果这些文件存储在其他地方，可在 NetBeans 中拖动来移动它们。为此，可单击 Projects 窗格中的 Files 标签，以显示项目文件列表。找到这些 .plan 文件，并将它们拖曳到 friends.dat 所在的文件夹中。

17.3　总结

本章介绍了如何结合使用 URL、URL 连接和输入流将网上的数据读取到程序中。

网络技术很有用。程序 WebReader 是一个基本的 Web 浏览器，它能将网页或 RSS 文件加载到 Java 程序中，并将其显示出来。然而，它没有对 HTML 标记进行解析，而只显示了 Web 服务器提供的原始文本。

您创建了一个套接字应用程序，它实现了 Finger 协议的基本功能。Finger 协议是一种获取 Internet 上用户信息的方式。

您还学习了如何使用 java.nio 包中的非阻断技术来编写客户端和服务器程序。为了使用非阻断技术，您学习了新 Java 网络包中的基本类：缓冲区、字符编码器和解码器、套接字通道，以及选择器。

17.4　问与答

问：其他计算机能够通过网络连接到我的 Finger 服务器吗？

答： 也许不能。大多数计算机有防火墙设置和路由器安全设置，这些设置导致计算机不接受经 Finger 协议使用的端口 79 到来的请求。

如果您搭建的服务器并非仅仅用于测试，就必须搞清楚如何配置防火墙和路由器，让服务器能够访问其所需的所有端口。

鉴于 Internet 服务器常常成为攻击目标，您必须确保您的服务器能够应对恶意的客户端请求和其他攻击。您还应对用户的权限进行限制，使其只能访问所需的文件和系统资源，而不能访问服务器上的其他文件和系统资源。这可防止攻击者攻入服务器并使用它来读取机密数据、使其感染计算机病毒，或者发起其他攻击。

17.5　小测验

请回答下述问题，以复习本章介绍的内容。

17.5.1　问题

1. 下列哪项不是 java.nio 包及其相关包的优点？
   A. 通过使用缓冲区，能够快速处理大量的数据
   B. 应用程序的网络连接可以是非阻断的，因此更可靠
   C. 通过网络读写数据时不需要流
2. 在 Finger 协议中，哪个程序请求有关用户的信息？
   A. 客户端

    B. 服务器

    C. 都可以

3. 要将网页中的数据加载到 Java 应用程序中，哪种方式最佳?

    A. 创建一个套接字，并使用它来创建一个输入流

    B. 创建一个 URL，并使用该 URL 来创建一个 URLConnection

    C. 使用方法 toString() 加载页面

17.5.2 答案

1. C。java.nio 包和流协同工作，不能替代流。

2. A。客户端请求信息，服务器发回信息，对请求进行响应。这是传统客户端/服务器应用程序的工作原理，有些程序可同时充当客户端和服务器。

3. B。套接字适用于低级连接，如实现新协议时。对于诸如 HTTP 等现有协议，有更适合的类，如 URL 和 URLConnection。

17.6 认证练习

下面的问题是 Java 认证考试中可能出现的问题，请回答该问题，不要查看本章的内容，也不要使用 Java 编译器对代码进行测试。

```java
import java.nio.*;

public class ReadTemps {
    public ReadTemps() {
        int[] temperatures = { 78, 80, 75, 70, 79, 85, 92, 99, 90 };
        IntBuffer tempBuffer = IntBuffer.wrap(temperatures);
        int[] moreTemperatures = { 65, 44, 71 };
        tempBuffer.put(moreTemperatures);
        System.out.println("First int: " + tempBuffer.get());
    }
}
```

上述应用程序运行时，其输出结果为:

A. First int: 78

B. First int: 71

C. First int: 70

D. 都不是

17.7 练习

为巩固本章介绍的知识，请尝试完成下面的练习。

1. 编写一个应用程序，将您喜欢的网页存储到计算机中，以便离线时能够阅读它们。

2. 修改应用程序 FingerServer，在其中使用 Java 中支持资源分配的 try-catch 块。

第 18 章
使用 JDBC 和 Derby 访问数据库

几乎所有 Java 程序都以某种方式处理数据。在本书前面的内容中，您使用了基本数据类型、对象、数组、哈希映射和其他数据结构。

本章将探索 Java Database Connectivity（JDBC）——将 Java 程序连接到关系数据库的一系列类，以更复杂的方式来处理数据。

Java 包含 Java DB，这是一个小型关系数据库，让您能够轻松地在应用程序中集成数据库。Java DB 是 Oracle 版的 Apache Derby，而 Apache Derby 是 Apache 软件基金会（Apache Software Foundation）维护的一个开源数据库。

本章通过以下方式探索 JDBC。
- 通过 JDBC 驱动程序使用各种关系数据库。
- 使用结构化查询语言（SQL）访问数据库。
- 使用 SQL 和 JDBC 读取数据库中的记录。
- 使用 SQL 和 JDBC 将记录加入数据库。
- 创建一个 Java DB 数据库并读取其中的记录。

18.1   JDBC

Java 数据库连接（Java Database Connectivity，JDBC）是一组类，可用于开发客户端/服务器应用程序，以使用 Microsoft、Sybase、Oracle、IBM 开发的数据库或其他数据源。JDBC 是 Java 程序和关系数据库之间的标准接口。

通过 JDBC，可以在 Java 程序中使用相同的类和方法来读写记录，以及执行其他数据库访问操作。被称为驱动程序的类是连接到数据源的桥梁——对于每种流行的数据库，都有相应的驱动程序。

数据库程序员面临的最大挑战是，数据库格式众多，且每种格式都使用专用的方法来访问数据。

为了简化关系数据库程序的用法，人们开发了一种名为结构化查询语言（SQL）的标准语言，从而避免了学习针对每种数据库格式的数据库查询语言。Java DB 也支持 SQL。

在数据库编程中，请求数据库中的记录被称为查询。使用 SQL，您可以将复杂的查询发送给数据库，并按指定的顺序获得查找的记录。

来看一个例子，某数据库程序员在一个贷款公司工作，他需要准备一份有关拖欠贷款时间最长的贷款人的报告。该程序员可以使用 SQL 在数据库中查询最近一次偿还在 180 天以前，且拖欠金额超过 $0.00 的记录。SQL 还可用于控制记录被返回的顺序，因此程序员可以按某种顺序（如社会保险号、借方姓名、所欠金额或贷款数据库中的其他字段）排列记录。所有这些操作都可通过 SQL 来完成，程序员无须使用与数据库格式相关联的专用语言。

警告	很多数据库工具都支持 SQL，因此从理论上说，对于每种支持 SQL 的数据库工具，您都能使用相同的 SQL 命令。然而，当您通过 SQL 访问特定数据库工具时，还是需要了解它的一些特征。

SQL 是访问关系数据库的行业标准。JDBC 支持 SQL，让开发人员能够使用各种数据库格式，而无须知道底层数据库的具体细节。它还允许使用针对特定数据库格式的数据库查询。

JDBC 类库通过 SQL 访问数据库的方式与现有数据库开发技术类似，因此使用 JDBC 和 SQL 数据库交互与使用传统的数据库工具没有太大的区别。使用过数据库的 Java 程序员在使用 JDBC 时将轻车熟路。

对于以下每种常见的数据库使用任务，JDBC 类库中都有相应的类。

- 连接到数据库。
- 使用 SQL 创建语句。
- 在数据库中执行 SQL 查询。
- 查看结果。

这些任务对应的 JDBC 类都位于 `java.sql` 包中。

18.1.1　数据库驱动程序

使用 JDBC 类的 Java 程序可以遵循这样的编程模型：执行 SQL 语句和处理查询结果。数据库的格式及其针对的平台是无关紧要的。

这种平台和数据库无关性是通过驱动程序管理器实现的。JDBC 类库中的类主要依赖于驱动程序管理器，驱动程序管理器跟踪访问数据库记录所需的驱动程序。对于每种数据库格式，都需要不同的驱动程序。有时候，对于同一种格式的不同版本，也需要使用多个不同的驱动程序。Java DB 也有驱动程序。

JDBC 还包括一个这样的驱动程序，即能够将 JDBC 和另一种名为 ODBC 的数据库连接标准连接起来。

18.1.2　查看数据库

NetBeans 为数据库编程提供了广泛支持。编写代码前，可使用 NetBeans 连接到一个数据库，了解这个数据库包含哪些表，而这些表又包含什么样的数据。

要连接到 Java DB 数据库，必须先启动数据库服务器。

在 Projects 窗格中，单击标签 Services 切换到图 18.1 所示的 Services 选项卡。条目 Databases 包含一个 Java DB 条目，右键单击该条目并选择 Start Server。

在 NetBeans 中首次启动 Java DB 服务器时，可能因安全性错误而失败。在这种情况下，NetBeans 将弹出一个对话框，表示出现了安全管理器问题，如图 18.2 所示。

运行 Java DB 以开发并测试本章的 JDBC 应用程序时，不存在严重的安全问题。因此，请单击按钮 Disable Security Manager（禁用安全管理器），再在 Projects 窗格的 Services 选项卡中重新启动 Java DB：右键单击 Java DB 并选择 Start Server。

图 18.1　启动 Java DB 数据库服务器

解决安全问题并启动 Java DB 后，output 窗格中将显示几行文本，指出它正在做什么，如图 18.3 所示。

这个数据库服务器称为 Apache Derby 网络服务器，这是因为 Oracle 的 Java DB 是一种 Derby 实现。

图 18.2　提示安全管理器错误

Wed Sep 11 20:10:31 EDT 2019 : Security manager installed using the Basic server security policy.
Wed Sep 11 20:10:41 EDT 2019 : Apache Derby Network Server - 10.11.1.2 - (1629631) started and ready
to accept connections on port 1527

图 18.3　在 NetBeans 中启动 Java DB 服务器

上述输出结果表明，服务器正运行在端口 1527 上，且为接受连接做好了准备。请不要关闭 Output 窗格，以便能够监视服务器的运行情况。

在 Services 选项卡中，Java DB 包含一个名为 `sample` 的示例数据库。右键单击该数据库并选择 Connect，以连接到该数据库。

在 Services 选项卡中，`jdbc:derby://localhost:1527/sample` 左边的图标不再是断裂的了。这是一条活动的数据库连接。展开条目 `jdbc:derby://localhost:1527/sample`，再依次展开 APP、`Tables` 和 CUSTOMER，将列出 CUSTOMER 表中的所有字段，如图 18.4 所示。

要查看 CUSTOMER 表中的记录，可右键单击 CUSTOMER 并选择 View Data。接下来将在 NetBeans 的其他窗格中发生两件事情。

首先，在源代码编辑器中，将出现一条 SQL 命令：

```
select * from APP.CUSTOMER
```

这条命令是一个 SQL 查询，用于选择 `APP.CUSTOMER` 的所有字段。可将星号字符（`*`）替换为一个字段或用逗号分隔的多个字段的名称。

其次，在另一个窗格中显示了该命令的结果：CUSTOMER 表中的所有数据，被组织成行和列。每列对应一个字段，每行对应一条记录。

图 18.5 显示了 CUSTOMER 表的内容。后面将编写 Java 代码来访问这个表。

图 18.4　查看 Java DB 数据库中的表

#	CUSTOMER_ID	DISCOUNT_CODE	ZIP	NAME	ADDRESSLINE1	ADDRESSLINE2
1	1	N	95117	Jumbo Eagle Corp	111 E. Las Olivas Blvd	Suite 51
2	2	M	95035	New Enterprises	9754 Main Street	P.O. Box 567
3	25	M	85638	Wren Computers	8989 Red Albatross Drive	Suite 9897
4	3	L	12347	Small Bill Company	8585 South Upper Murray Drive	P.O. Box 456
5	36	H	94401	Bob Hosting Corp.	65653 Lake Road	Suite 2323
6	106	L	95035	Early CentralComp	829 E Flex Drive	Suite 853

图 18.5　显示表中的数据库记录

18.1.3 读取数据库记录

本章的第一个项目是一个这样的 Java 应用程序：它连接到 NetBeans 自带的 Java DB 示例数据库，并读取一个表中的记录。

如果您熟悉 SQL，在 Java 程序中使用数据库将比较容易。

在 JDBC 程序中，首先需要加载用于连接到数据源的驱动程序。驱动程序是使用方法 `Class.forName(String)` 来加载的。`Class` 类位于 `java.lang` 包中，可用于将类加载到 Java 虚拟机中。方法 `forName(String)` 用于加载字符串参数指定的类，并可能引发 `ClassNotFoundException` 异常。

使用 Java DB 的程序可使用 `org.apache.derby.jdbc.ClientDriver`——数据库自带的驱动程序。要将这个类加载到 JVM 中，可使用如下语句：

```
Class.forName("org.apache.derby.jdbc.ClientDriver");
```

加载驱动程序后，可以使用 `java.sql` 包中的 `DriverManager` 类来建立到数据源的连接。`DriverManager` 类的方法 `getConnection(String, String, String)` 可用于建立这种连接。该方法返回对 `Connection` 对象的引用，该对象表示一个活动的数据连接。

这个方法的 3 个参数依次描述如下。

- 数据源和用于连接到该数据源的数据库连接类型。
- 用户名。
- 密码。

仅当数据源通过用户名和密码进行保护时，才需要后两个参数；否则，这两个参数可设置为空字符串（`""`）。

下面是用于连接到数据库 `sample` 的字符串：

```
jdbc:derby://localhost:1527/sample
```

您在 Projects 窗格的 Services 选项卡中见过这个字符串，它表示一个数据库连接。

该字符串指出了数据库类型（`jdbc:derby:`）、数据库服务器所在的主机和端口号（`localhost:1527`）以及数据库名称（`sample`）。请注意，数据库类型后面有两个斜杠字符（`//`），而主机和端口号后面只有一个斜杠字符。

使用的第二个和第三个参数为 `app` 和 `APP`，它们分别是用户名和密码。

下面的语句使用用户名 `doc` 和密码 `1rover1` 连接到数据库 `payroll`：

```
Connection payday = DriverManager.getConnection(
    "jdbc:derby://localhost:1527/payroll",
    "doc", "1rover1");
```

建立连接后，每当需要检索该连接的数据源或将信息存储到数据源中时，都可以复用它。

如果使用数据源时发生了错误，方法 `getConnection()` 和数据源的其他所有方法都可能引发 `SQLException` 异常。SQL 有自己的错误消息，它们将作为 `SQLException` 对象的一部分而被传递。

> **提示** NetBeans 显示连接到数据库所需的信息，包括驱动程序类、数据库连接字符串、用户名和密码。右键单击一个数据库连接（如 `jdbc:derby://localhost:1527/sample`，）并选择 Properties。将出现一个对话框，其中列出了驱动程序类和其他信息。

在 Java 中，SQL 语句是用 `Statement` 对象表示的。`Statement` 是一个接口，因此不能直接被实例化。然而 `Connection` 对象的 `createStatement()` 方法用于返回一个实现了这种接口的对象，如下例所示：

```
Statement lookSee = payday.createStatement();
```

有了 Statement 对象后，可以调用其 executeQuery(String)方法来执行 SQL 查询。其中的 String 参数是一个符合 SQL 语法的 SQL 查询。

警告　介绍 SQL 超出了本章的范围。SQL 是一种内容丰富的数据检索和存储语言。如果要大量使用 SQL，就需要学习它，但通过示例（如本章的示例）可掌握其大部分功能。

下面的 SQL 查询可用于数据库 sample：

```
select NAME, CITY from APP.CUSTOMER where (STATE = 'FL')
    order by CITY;
```

该 SQL 查询检索 CUSTOMER 表中 STATE 字段为 FL 的各条记录的多个字段。返回的记录按 CITY 字段排序。在上述 SQL 查询中，小写内容为 SQL 关键字，大写内容为表的信息。

下面的 Java 语句对 Statement 对象 lookSee 执行上述查询：

```
ResultSet set = lookSee.executeQuery(
    "select NAME, CITY from APP.CUSTOMER "
    + " where (STATE = 'FL') order by CITY";
);
```

虽然 SQL 查询以分号结尾，但作为 executeQuery()方法的参数时不需要分号。

如果 SQL 查询的语法正确，方法 executeQuery()将返回一个 ResultSet 对象，其中包含从数据源中取回的所有记录。

注意　要将记录添加到数据库中而不是检索数据库中的记录，应调用 Statement 对象的 executeUpdate()方法，这将在后面介绍。

executeQuery()方法返回的 ResultSet 对象指向取回的第一条记录。可调用 ResultSet 对象的下述方法来获取当前记录中的信息。

- getDate (String)：返回指定字段中的 Date 值（使用 java.sql 包而不是 java.util 包中的 Date 类）。
- getDouble(String)：返回指定字段中的 double 值。
- getFloat(String)：返回指定字段中的 float 值。
- getInt(String)：返回指定字段中的 int 值。
- getLong(String)：返回指定字段中的 long 值。
- getString(String)：返回指定字段中的 String 值。

这些只是接口 ResultSet 中比较简单的方法。应使用的方法取决于数据库创建时数据字段的格式，虽然诸如 getString()和 getInt()等方法在检索记录中的信息方面可能更灵活。

您也可以将整数（而不是字符串）作为参数传递给上述方法，例如 getString(5)。该整数指定要检索哪个字段（1 表示第一个字段，2 表示第二个字段，以此类推）。

当您试图从结果集中检索信息时，如果发生错误，将引发 SQLException。要获取有关错误的更详细的信息，可调用该异常的 getSQLState()和 getErrorCode()方法。

从记录中获取所需的信息后，可以调用 ResultSet 对象的 next()方法来移到下一条记录。移动时，如果超出结果集末尾，该方法将返回布尔值 false。

通常，可以从头到尾遍历整个结果集一次，之后便不能再检索其内容。

使用完到数据源的连接后，可以调用 close()方法（不提供任何参数）来关闭它。

程序清单 18.1 是应用程序 CustomerReporter 的代码，该应用程序使用 Java DB 驱动程序和 SQL 语句检索 sample 数据库中一个表的一些记录。对于 SQL 语句指定的每条记录，都检索 4 个字段：TABLEID、TABLENAME、TABLETYPE 和 SCHEMAID。结果集按 TABLENAME 字段排序，并根据指定的 4 个字段进行输出。

在 NetBeans 中创建该应用程序前，必须将 JavaDB 库加入项目中。

（1）单击 Projects 窗格中的 Projects 标签，以显示 Projects 选项卡。

（2）向下滚动到窗格底部，再右键单击文件夹 Libraries。

（3）从出现的弹出式菜单中选择 Add Library，这将打开 Add Library 对话框。

（4）在 Available Libraries 列表中选择 Java DB Driver 或 JavaDB，再单击 Add Library 按钮。

这个库将出现在文件夹 Libraries 中。在 Projects 窗格中，Libraries 文件夹包含 3 个新的 JAR 文件：derby.jar、derbyclient.jar 和 derbynet.jar。要访问 Java DB 服务器中的 sample 数据库，必须能够在应用程序 CustomerReporter 中使用这个驱动程序。

在 NetBeans 中新建一个类，将其命名为 CustomerReporter 并放在 com.java21days 包中，再输入程序清单 18.1 所示的源代码。

程序清单 18.1 完整的 CustomerReporter.java 源代码

```
 1: package com.java21days;
 2:
 3: import java.sql.*;
 4:
 5: public class CustomerReporter {
 6:     public static void main(String[] arguments) {
 7:         String data = "jdbc:derby://localhost:1527/sample";
 8:         try (
 9:             Connection conn = DriverManager.getConnection(
10:                 data, "app", "app");
11:             Statement st = conn.createStatement()) {
12:
13:             Class.forName("org.apache.derby.jdbc.ClientDriver");
14:
15:             ResultSet rec = st.executeQuery(
16:                 "select CUSTOMER_ID, NAME, CITY, STATE " +
17:                 "from APP.CUSTOMER " +
18:                 "order by CUSTOMER_ID");
19:             while (rec.next()) {
20:                 System.out.println("CUSTOMER_ID: "
21:                     + rec.getString(1));
22:                 System.out.println("NAME: " + rec.getString(2));
23:                 System.out.println("CITY: " + rec.getString(3));
24:                 System.out.println("STATE: " + rec.getString(4));
25:                 System.out.println();
26:             }
27:             rec.close();
28:         } catch (SQLException s) {
29:             System.out.println("SQL Error: " + s.toString() + " "
30:                 + s.getErrorCode() + " " + s.getSQLState());
31:         } catch (Exception e) {
32:             System.out.println("Error: " + e.toString()
33:                 + e.getMessage());
34:         }
35:     }
36: }
```

如果您没有修改数据库 sample，该程序的输出结果如图 18.6 所示。

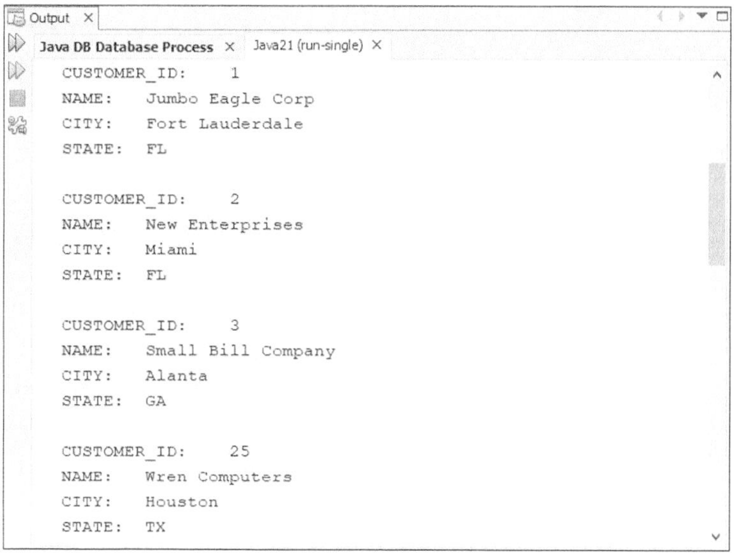

```
Output  ×
Java DB Database Process  ×    Java21 (run-single)  ×
    CUSTOMER_ID:     1
    NAME:    Jumbo Eagle Corp
    CITY:    Fort Lauderdale
    STATE: FL

    CUSTOMER_ID:     2
    NAME:    New Enterprises
    CITY:    Miami
    STATE: FL

    CUSTOMER_ID:     3
    NAME:    Small Bill Company
    CITY:    Alanta
    STATE: GA

    CUSTOMER_ID:     25
    NAME:    Wren Computers
    CITY:    Houston
    STATE: TX
```

图 18.6 读取 Java DB 数据库中的记录

警告

> 如果您运行这个应用程序时出现 SQL 错误消息 "Connection authentication failure occurred. Reason: Userid or password invalid"（发生连接验证失败。原因：ID 或密码无效），这可能是 NetBeans 中的 bug 导致的。请尝试将第 9～10 行传递给方法 getConnection() 的最后一个参数（密码）从 APP 改为 app，看看能否解决这个问题。

18.1.4 将记录写入数据库

在应用程序 CustomerReporter 中，您使用字符串表示的 SQL 语句来检索数据库中的数据：

```
select CUSTOMER_ID, NAME, CITY, STATE from APP.CUSTOMER
    order by CUSTOMER_ID;
```

这是一种常见的使用 SQL 的方式。编写程序时，也可让用户输入 SQL 查询，再输出查询结果（但这不是个好主意，因为 SQL 查询可用于删除记录、表，甚至整个数据库）。

java.sql 包还支持另一种创建 SQL 语句的方式：准备好的语句。

准备好的语句（prepared statement）是用 PreparedStatement 类表示的，它是执行前已被编译的 SQL 语句。这加快了语句返回数据的速度，因此对于在程序中重复执行 SQL 语句或者多次执行插入或更新来说，这是一种更好的选择。

要创建准备好的语句，可调用连接的 prepareStatement(String) 方法，并将一个字符串传递给它。该字符串指出了 SQL 语句的结构。

要指出结构，可编写一条 SQL 语句，并将其中的参数替换为问号。下面的例子演示了如何调用连接对象 cc 的 prepareStatement() 方法：

```
PreparedStatement ps = cc.prepareStatement(
    "select * from APP.CUSTOMER where (ZIP=?) "
    + "order by NAME");
```

下面的示例使用了多个问号：

```
PreparedStatement ps = cc.prepareStatement(
    "insert into APP.CUSTOMER " +
    "VALUES(?, ?, ?, ?, ?, ?, ?, ?, ?, ?, ?, ?, ?)");
```

这些 SQL 语句中的问号为数据占位符。执行这些语句之前，您必须使用 PreparedStatement 类的方法将数据放入这些地方。

要将数据放入准备好的语句中，必须调用一个方法，并将占位符的位置和要插入的数据作为参数传递给它。

例如，要将字符串"Acme Corp."插入第 5 条准备好的语句中，可以调用方法 setString(int, String)：

```
ps.setString(5, "Acme Corp.");
```

第一个参数指定了占位符的位置（从左到右进行编号）：1 表示第一个问号，2 表示第二个问号，以此类推。第二个参数是要插入指定位置的数据。

可用的方法如下所述。

- setAsciiStream(int, InputStream, int)：将指定的 InputStream（表示一个 ASCII 字符流）插入第一个参数指定的位置；第三个参数指定插入流中的字节数。
- setBinaryStream(int, InputStream, int)：将指定的 InputStream（表示 1 字节流）插入第一个参数指定的位置；第三个参数指定插入流中的字节数。
- setCharacterStream(int, Reader, int)：将指定的 Reader（表示一个字符流）插入第一个参数指定的位置；第三个参数指定插入流中的字符数。
- setBoolean(int, boolean)：将一个布尔值插入 int 参数指定的位置。
- setByte(int, byte)：将一个 byte 值插入指定的位置。
- setBytes(int, byte[])：将一个 byte 数组插入指定的位置。
- setDate(int, Date)：将一个 Date 对象（位于 java.sql 包中）插入指定的位置。
- setDouble(int, double)：将一个 double 值插入指定的位置。
- setFloat(int, float)：将一个 float 值插入指定的位置。
- setInt(int, int)：将一个 int 值插入指定的位置。
- setLong(int, long)：将一个 long 值插入指定的位置。
- setShort(int, short)：将一个 short 值插入指定的位置。
- setString(int, String)：将一个 String 值插入指定的位置。

还有一个 setNull(int, int)方法，它将一个空值插入第一个参数指定的位置。

setNull()方法的第二个参数应为 Types 类（位于 java.sql 包中）的一个类变量，它指出了该位置的 SQL 值的类型。

对于每种 SQL 数据类型,都有一个相应的类变量。其中常用的变量有 BIGINT、BIT、CHAR、DATE、DECIMAL、DOUBLE、FLOAT、INTEGER、SMALLINT、TINYINT 和 VARCHAR（请注意，这里并没有列出所有的变量）。

下面的代码将一个空的 CHAR 值放入准备好的语句 ps 的第 5 个位置：

```
ps.setNull(5, Types.CHAR);
```

接下来的程序演示了如何使用准备好的语句将股价数据放入数据库。下面的引文来自《华尔街日报》。

As a service to people who follow the stock market, the Wall Street Journal offers a way to request stock quote data via a URL such as http://quotes.wsj.com/fb/historical-prices/download?num_rows=1.

在上述 URL 中，"fb"是某公司的股票代码，您可修改它来请求其他公司的股票数据。

您访问这个 URL 以打开文件或将其下载到您的计算机中。该文件只有一行，其中包含最后一个交易日收盘时的股价和成交量。例如，在 2019 年 9 月 11 日，该公司的数据如下：

```
Date, Open, High, Low, Close, Volume
09/11/19, 186.46, 189.44, 186.08, 188.49, 11538300
```

其中第一行为字段标识符，依次为日期、开盘价、最高价、最低价、收盘价和成交量。

应用程序 QuoteData 使用了所有字段，并执行了以下操作。

- 从命令行参数中获取股票代码。
- 创建一个 QuoteData 对象，并将其实例变量 ticker 设置为股票代码。
- 调用该对象的 retrieveQuote() 方法下载股票数据，并将其作为一个 String 返回。
- 调用该对象的 storeQuote() 方法，并将前述 String 作为参数传递给它，该方法使用 JDBC-ODBC 连接将股票数据存储到数据库中。

要运行这个应用程序，必须有一个用于存储股票报价的数据库表。为此，可在 sample 数据库中新建一个表。要在 NetBeans 中完成这项任务，可采取以下步骤。

1. 在 Projects 窗格的 Services 选项卡中，展开文件夹 jdbc:derby://localhost:1527/sample 中的文件夹 APP。
2. 右键单击其中的文件夹 Tables 并选择 Create Table，这将打开图 18.7 所示的 Create Table 对话框。

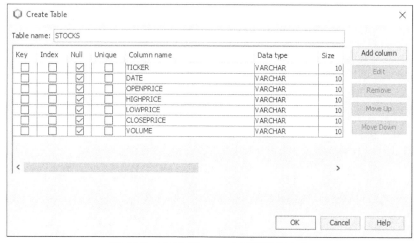

图 18.7　在 NetBeans 中新建数据库表

3. 在文本框 Table name 中输入 STOCKS。
4. 单击 Add column 按钮打开 Add column 对话框。
5. 在文本框 Name 中输入 TICKER。
6. 在 Type 下拉列表中选择 VARCHAR。
7. 在文本框 Size 中输入 10。
8. 单击 OK 按钮，新添加的字段将出现在 Create Table 对话框中。
9. 重复第 4～8 步，分别添加字段 DATE、OPENPRICE、HIGHPRICE、LOWPRICE、CLOSEPRICE 和 VOLUME，将它们的类型和大小都分别设置为 VARCHAR 和 10。
10. 单击 OK 按钮，STOCKS 表将出现在 Tables 文件夹中。

有了所需的数据库表后，便可创建程序清单 18.2 所示的应用程序 QuoteData 了，它将股票数据作

为新记录存储到 **STOCKS** 表中。请在 NetBeans 中新建一个类，将其命名为 **QuoteData** 并放在 `com.java21days` 包中，再输入程序清单 18.2 所示的源代码。

程序清单 18.2　完整的 QuoteData.java 源代码

```
 1: package com.java21days;
 2:
 3: import java.io.*;
 4: import java.net.*;
 5: import java.sql.*;
 6: import java.util.*;
 7:
 8: public class QuoteData {
 9:     private final String ticker;
10:
11:     public QuoteData(String inTicker) {
12:         ticker = inTicker;
13:     }
14:
15:     private String retrieveQuote() {
16:         StringBuilder builder = new StringBuilder();
17:         try {
18:             URL page = new URL(
19:                 "https://quote.***.com/" + ticker
20:                     + "/historical-prices/download?"
21:                     + "num_rows=1");
22:             String line;
23:             URLConnection conn = page.openConnection();
24:             conn.connect();
25:             InputStreamReader in = new InputStreamReader(
26:                 conn.getInputStream());
27:             BufferedReader data = new BufferedReader(in);
28:             while ((line = data.readLine()) != null) {
29:                 if (line.contains("Date")) continue;
30:                 builder.append(line);
31:                 builder.append("\n");
32:             }
33:         } catch (MalformedURLException mue) {
34:             System.out.println("Bad URL: " + mue.getMessage());
35:         } catch (IOException ioe) {
36:             System.out.println("IO Error:" + ioe.getMessage());
37:         }
38:         return builder.toString();
39:     }
40:
41:     private void storeQuote(String data) {
42:         StringTokenizer tokens = new StringTokenizer(data, ",");
43:         String[] fields = new String[6];
44:         for (int i = 0; i < fields.length; i++) {
45:             fields[i] = stripQuotes(tokens.nextToken());
46:         }
47:         String datasource = "jdbc:derby://localhost:1527/sample";
48:         try (
49:             Connection conn = DriverManager.getConnection(
50:                 datasource, "app", "app")
51:         ) {
52:
53:             Class.forName("org.apache.derby.jdbc.ClientDriver");
54:             PreparedStatement prep2 = conn.prepareStatement(
55:                 "insert into " +
56:                 "APP.STOCKS(TICKER, DATE, OPENPRICE, HIGHPRICE, " +
57:                 "LOWPRICE, CLOSEPRICE, VOLUME) " +
```

```
58:                    "values(?, ?, ?, ?, ?, ?, ?)");
59:              prep2.setString(1, ticker);
60:              prep2.setString(2, fields[0]);
61:              prep2.setString(3, fields[1]);
62:              prep2.setString(4, fields[2]);
63:              prep2.setString(5, fields[3]);
64:              prep2.setString(6, fields[4]);
65:              prep2.setString(7, fields[5]);
66:              prep2.executeUpdate();
67:              prep2.close();
68:              conn.close();
69:          } catch (SQLException sqe) {
70:              System.out.println("SQL Error: " + sqe.getMessage());
71:          } catch (ClassNotFoundException cnfe) {
72:              System.out.println(cnfe.getMessage());
73:          }
74:      }
75:
76:      private String stripQuotes(String input) {
77:          StringBuilder output = new StringBuilder();
78:          for (int i = 0; i < input.length(); i++) {
79:              if (input.charAt(i) != '\"') {
80:                  output.append(input.charAt(i));
81:              }
82:          }
83:          return output.toString();
84:      }
85:
86:      public static void main(String[] arguments) {
87:          if (arguments.length < 1) {
88:              System.out.println("Usage: java QuoteData ticker");
89:              System.exit(0);
90:          }
91:          QuoteData qd = new QuoteData(arguments[0]);
92:          String data = qd.retrieveQuote();
93:          qd.storeQuote(data);
94:      }
95: }
```

运行该程序前，必须设置命令行参数。为此，可选择菜单 Run > Set Project Configuration > Customize，再将主类设置为 com.java21days.QuoteData，并将参数设置为一个有效的股票代码，如 FB（Facebook）、GOOG（Google）或 PSO（Pearson.PLC）。

这个应用程序存储股票数据，但不显示任何输出。

要查看其效果，右击 Services 选项卡中的 **STOCKS** 表并选择 View Data，将显示这个表中的记录，其中至少应包含指定股票一天的数据，如图 18.8 所示。

图 18.8　STOCKS 表中的记录

retrieveQuote() 方法（第 15～39 行）从《华尔街日报》网站下载股票数据，并将其存储为一个字符串。这里使用的技术在第 17 章介绍过。

storeQuote() 方法（第 41～74 行）使用了本节介绍的 SQL 技术。该方法首先使用

StringTokenizer 类以 "," 为分隔符将股票数据分为一系列字符串标记（token），再将这些标记存储到一个包含 9 个元素的 String 数组中。在数组中字段的存储顺序与《华尔街日报》网站上的相同。

接下来，第47～51 行使用 Java DB 数据库驱动程序建立到数据源 QuoteData 的连接。

第54～58 行使用该连接创建了一条准备好的语句。该语句使用了 SQL 语句 insert into，这将导致数据被存储到数据库中。这里的数据库为 sample，而 insert into 语句指向的是该数据库中的 APP. STOCKS 表。这条准备好的语句中有 6 个占位符。

第60～65 行调用一系列的 setString()方法，将 String 数组中的元素插入准备好的语句中。插入顺序与字段在数据库中的顺序相同，依次为日期、开盘价、最低价、最高价、收盘价和成交量。

由于字段的类型为日期、浮点数和整数，因此您可能认为，对于这些数据，使用方法 setDate()、setFloat()和 setInt()更合适。但这个应用程序以字符串的形式存储所有股票数据，因为这样更可行，不用管使用的是什么数据库软件。

> **警告**　有些数据库（包括 Microsoft Access）不支持上述一些方法，虽然 Java 有这些方法。如果您试图使用不支持的方法，如 setFloat()，将发生 SQLException 异常。
>
> 发送数据库字符串，让数据库程序自动将其转换为正确的格式更容易。处理其他数据库时，情况可能也是如此；对 SQL 的支持程度随数据库产品和驱动程序而异。

编写好准备好的语句，并替换了其中的所有占位符后，第66行调用该语句对象的 executeUpdate()方法。这可能将股票数据加入数据库，也可能引发 SQL 错误。

私有方法 stripQuotes()用于删除《华尔街日报》网站的股票数据中的引号。第45 行调用该方法来删除 3 个字段中的引号：股票代码、日期和时间。

18.1.5　遍历结果集

默认情况下，结果集只允许被遍历一次：使用其方法 next()来检索每条记录。

通过修改创建语句和准备好的语句的方式，可以生成支持下述方法的结果集。

- afterLast()：移到结果集的最后一条记录的后面。
- beforeFirst()：移到结果集的第一条记录的前面。
- first()：移到结果集的第一条记录。
- last()：移到结果集的最后一条记录。
- previous()：移到结果集的前一条记录。

调用数据库连接的方法 createStatement()和 prepareStatement()时，如果通过参数指定了结果集的策略，则生成的结果集将支持上述方法。

通常，方法 createStatement()不接收任何参数，如下例所示：

```
Connection payday = DriverManager.getConnection(
    " jdbc:derby://localhost:1527/sample", "Doc", "1rover1");
Statement lookSee = payday.createStatement();
```

为了使得到的结果集更为灵活，可在调用方法 createStatement()时指定 3 个整型参数，这些参数指定了如何使用结果集。下面是上述语句的修订版本：

```
Statement lookSee = payday.createStatement(
    ResultSet.TYPE_SCROLL_INSENSITIVE,
    ResultSet.CONCUR_READ_ONLY,
    ResultSet.CLOSE_CURSORS_AT_COMMIT);
```

调用方法 `prepareStatemet(String, int, int, int)` 时，也可以指定上述参数，这些参数位于语句字符串的后面。

`ResultSet` 类还包括其他类变量，它们提供了有关结果集可被如何读取和修改的选项。

18.2 总结

本章介绍了如何使用处理流行关系数据库的类来读写数据库记录。用于处理 Java DB 的技巧也可用于 Microsoft Access、MySQL 和其他数据库，唯一的差别在于，创建连接时使用的数据库驱动程序类和字符串不同。

使用 Java DataBase Connectivity（JDBC），可在 Java 程序中集成既有的数据存储解决方案。

使用 JDBC 和结构化查询语言（SQL，一种读写和管理数据库的标准语言），可以连接到多种关系数据库。

18.3 问与答

问：Java DB 同 Microsoft Access 和 MySQL 等常见数据库有何不同？应使用哪种数据库？

答：Java DB 是为需求简单的数据库应用程序提供的，它占据的空间不超过 4 MB，这使其更容易同需要连接数据库的 Java 应用程序捆绑。

Oracle 在 Java Enterprise Edition 的多个地方都使用了 Java DB，这表明它在执行重要任务时能够提供稳定、可靠的性能。

18.4 小测验

请回答下述问题，以复习本章介绍的内容。

18.4.1 问题

1. 在数据库程序中，`Statement` 对象表示什么？
   A. 到数据库的连接
   B. 用 SQL 编写的数据库查询
   C. 数据源
2. 哪个 Java 类用于表示执行前已编译的 SQL 语句？
   A. `Statement`
   B. `PreparedStatement`
   C. `ResultSet`
3. 方法 `Class.forName(String)` 有何功能？
   A. 提供类的名称
   B. 加载可用于访问数据库的数据库驱动程序
   C. 删除一个对象

18.4.2 答案

1. B。这个类位于 `java.sql` 包中，表示一条 SQL 语句。

2. B。由于执行前已被编译，因此对于要多次执行的 SQL 查询，`PreparedStatement` 类是更合适的选择。

3. B。这个静态方法加载数据库驱动程序。

18.5 认证练习

下面的问题是 Java 认证考试中可能出现的问题，请回答该问题，不要查看本章的内容，也不要使用 Java 编译器对代码进行测试。

对于下述代码：

```java
public class ArrayClass {

    public static ArrayClass newInstance() {
        count++;
        return new ArrayClass();
    }

    public static void main(String arguments[]) {
        new ArrayClass();
    }

    int count = -1;
}
```

哪行代码将导致该程序无法通过编译？

A. `count++;`

B. `return new ArrayClass();`

C. `public static void main(String arguments[]) {`

D. `int count = -1;`

18.6 练习

为巩固本章介绍的知识，请尝试完成下面的练习。

1. 修改应用程序 CustomerReporter，读取 App 中另一个表中的字段。

2. 编写一个应用程序，从《华尔街日报》股票报价数据库中读取记录并输出它们。

第 19 章
读写 RSS Feed

在本章中，您将使用可扩展标记语言（XML），这是一种被广泛实现的流行格式标准，让数据实现可移植性。

XML 是一种文本标记，创建过网页的人都会觉得很眼熟，它让您能够在文本文件中以结构化方式表示数据。您可使用 Java 来读写按 XML 规则组织的文件。

本章将从以下方面介绍 XML。

- 将数据表示为 XML 格式。
- 为何 XML 是一种有效的数据存储方式。
- 使用 XML 发布 Web 内容。
- 读写 XML 数据。

本章将使用的 XML 格式是 Really Simple Syndication（RSS），这是一种发布 Web 内容和共享信息的方式，被众多网站所采用。

19.1 使用 XML

Java 的主要特点之一是，使用它可以编写出能够运行在不同操作系统中的程序，而无须做任何修改。在当前的计算环境中，Windows、Linux、macOS、iOS、Android、Chrome OS 和其他操作系统被广泛使用，也有很多人使用多种操作系统，因此软件的可移植性提供了极大的便利。

XML 是一种用于存储和组织数据的格式，独立于处理数据的软件程序。XML 格式的数据易于被复用，原因有以下几个。

首先，数据是以标准方式组织的，这样，支持 XML 的软件程序都能够读写这种数据。如果您创建了一个 XML 文件，用于表示公司的雇员数据库，则几十个 XML 分析程序都能够读取该文件，并理解其内容。不管您收集的雇员信息是什么，情况都将如此。如果数据库只包含雇员的姓名、ID 号和薪资，XML 分析程序能够读取它；如果它包含 25 个不同的数据项，如生日、血型和头发颜色等，分析程序也能够读取它。

其次，数据对自身作了说明，这使人们只需使用文本编辑器对文件进行查看，就能知道其用途。只要打开您的 XML 雇员信息数据库，任何人都能够知道每条雇员记录的结构和内容，而不需要您的解释。程序清单 19.1 说明了这一点。该程序清单包含一个 RSS 文件。由于 RSS 是一种 XML 格式，因此其结构符合 XML 规则。请在 NetBeans 中新建一个文件，选择类别 Other 和文件类型 Empty File，将文件命名为 workbench.rss，并输入程序清单 19.1 所示的源代码。

程序清单 19.1 完整的 workbench.rss 源代码

```
1: <?xml version="1.0" encoding="utf-8"?>
2: <rss version="2.0">
3:   <channel>
```

```
 4:     <title>Workbench</title>
 5:     <link>http://workbench.cadenhead.org/</link>
 6:     <description>Programming, publishing, and popes</description>
 7:     <docs>http://www.rssboard.org/rss-specification</docs>
 8:     <item>
 9:       <title>His Majesty's Dragon by Naomi Novik</title>
10:       <link>http://workbench.cadenhead.org/news/739</link>
11:       <pubDate>Sat, 12 Oct 2019 13:12:45 -0400 </pubDate>
12:       <guid isPermaLink="false">tag:cadenhead.org,2019:w.3787</guid>
13:       <enclosure length="2498623" type="audio/mpeg"
14:           url="http://mp3.cadenhead.org/3787.mp3" />
15:     </item>
16:     <item>
17:       <title>Enter the TV Deadpool Contest </title>
18:       <link>http://workbench.cadenhead.org/news/737</link>
19:       <pubDate>Sat, 14 Sep 2019 17:17:38 -0400</pubDate>
20:       <guid isPermaLink="false">tag:cadenhead.org,2019:w.3786</guid>
21:     </item>
22:     <item>
23:       <title>I'm a ServiceNow Certified Application Developer</title>
24:       <link>http://workbench.cadenhead.org/news/736</link>
25:       <pubDate>Mon, 05 Aug 2019 19:21:25 -0400</pubDate>
26:       <guid isPermaLink="false">tag:cadenhead.org,2019:w.3785</guid>
27:     </item>
28:   </channel>
29: </rss>
```

您知道这些数据表示的是什么吗？虽然开头的**?xml** 标记可能不太好懂，但其他内容显然是一个网站数据库。

第 1 行的**?xml** 标记有一个 version 属性，其值为"**1.0**"，还有一个值为"**utf-8**"的 encoding 属性。这表明该文件遵循 XML 1.0 的规则，使用的字符集为 UTF-8。

XML 中的数据位于标记元素之间，而标记元素对数据进行了描述。开始标记以**<**开头，然后是标记名和**>**；结束标记以**</**开头，然后是标记名和**>**。例如，在程序清单 19.1 中，第 8 行的**<item>**是开始标记，而第 15 行的**</item>**是结束标记。这两个标记之间的所有内容都被视为元素的值。

元素可嵌套在其他元素中，从而形成 XML 数据的层次结构，这种结构指定了数据之间的关系。在程序清单 19.1 中，第 9～14 行的内容都是相关的，其中的每个元素都定义了同一项网站内容的某方面。

元素也可以包含属性，属性由数据构成，对与标记相关联的数据进行补充。属性是在开始标记中定义的。属性名后是等号和用引号引起来的文本。

在程序清单 19.1 的第 12 行，元素 guid 包含一个值为"**false**"的 isPermaLink 属性，这表明该元素的值 tag:cadenhead.org,2019:w.3787 不是 Permalink——可加载到浏览器中的内容的 URL。

XML 还支持使用单个（而不是一对）标记来定义元素。在这种情况下，使用的标记以**<**开头，然后是标记名，再以字符**/>**结尾。在上述 RSS 文件中，第 13～14 行是一个 enclosure 元素，它描述了一个相关联的 MP3 音频文件。

XML 鼓励创建易于理解和使用的数据，即使用户没有创建这些数据的程序且找不到任何描述它的文档。

对于程序清单 19.1 中的 RSS 文件，在很大程度上来说，只需通过查看就能知道其用途。其中的每项内容（item）表示一个最近更新过的网页。

当前，通过 RSS 和类似的格式 Atom 发布新的网站内容已成为通过网络建立读者关系的最佳方式之一。很多人都使用诸如 Feedly 和 My Yahoo！等阅读器软件订阅 RSS 文件，这种文件称为 feed。

本书作者当前是 RSS 顾问委员会的主席，该委员会是发布 RSS 2.0 规范的小组。

还有另一个 RSS 版本（RDF Site Summary），有些网站使用它来提供 feed。

遵循 XML 格式规则的数据称为格式良好（well-form）的数据，任何支持 XML 的软件都能够读写格式良好的 XML 数据。

通过支持格式良好的标记，XML 简化了编写处理数据的程序的任务。RSS 确保能够以软件易于处理的格式提供网站更新。针对 Workbench 的 RSS feed 可供两种受众使用：使用自己喜欢的 RSS 阅读器阅读博客的用户；使用这些数据的计算机。Feedly、GoodReads 等众多网站从 RSS feed 获取数据并将其呈现给用户。

19.2　设计 XML 语言

虽然人们将 XML 视为一种语言，并将其与超文本标记语言（HTML）相提并论，但 XML 的范畴要大得多。

XML 是一种标记语言，它定义了如何定义标记语言。这种说法很古怪，类似于哲学书上的内容。然而理解这种概念非常重要，因为它解释了如何使用 XML 来定义各种数据——卫生保健知识、家谱、报刊文章和分子等。

XML 中的 X 表示 Extensible（可扩展的），它指的是根据自己的目的来组织数据。使用 XML 的规则组织起来的数据可以表示任何内容。

- 电话销售公司的程序员可使用 XML 来存储外拨电话、拨出时间、电话号码、打电话的人，以及结果。
- 业余爱好者可使用 XML 来记录收到的推销电话、打电话的时间、打电话的公司，以及推销的产品。
- 政府机构的程序员可使用 XML 来记录有关电话推销的投诉——推销公司的名称和被投诉次数。

上述例子都使用 XML 来定义一种能够满足特定目的的新语言。您可以将其称作 XML 语言，或 XML 文档类型。

可使用文档类型定义（Document Type Definition，DTD）来设计 XML 语言，DTD 指出了其涵盖的潜在元素和属性。

在 XML 文件中，可在开头的 **?xml** 后面放置特殊的 **!DOCTYPE** 声明，用于指出该文件的 DTD，如下所示：

```
<!DOCTYPE Library SYSTEM "librml.dtd">
```

声明 **!DOCTYPE** 用于标识用于数据的 DTD。有了 DTD 后，很多 XML 工具就可以读取根据该 DTD 创建的 XML，并判断数据是否遵循了所有规则。如果没有，XML 工具将拒绝它，并指出导致错误的代码行。这被称为 XML 验证。

使用 XML 时，您将遇到的一种情况是，数据作为 XML 被组织起来，但没有使用 DTD 对其进行定义。大多数 RSS 文件不需要指定 DTD。这些数据可被分析（只要它们是格式良好的），因此您可以将其读入程序中，并对其进行处理，但您无法检查其有效性以确保它按相应语言的规则被正确地组织起来。

要了解人们开发了哪些类型的 XML 语言，请参阅 Cover Pages 官网提供的相关清单。

19.3 使用 Java 处理 XML

Java 通过用于处理 XML 的 Java API 支持 XML，这是一组用于读写和操纵 XML 数据的 Java 包。`javax.xml.parsers` 包是其他包的入口，其中的类可用于分析和验证 XML 数据，这需要使用两种技术：Simple API for XML（SAX）和文档对象模型（Document Object Model，DOM）。然而，它们难以实现，这促使其他组织提供了用于处理 XML 的类库。

在本章余下的内容中，将使用其中的一个类库：XML 对象模型（XOM）类库。这是一个开源的 Java 类库，它使读写和转换 XML 数据都非常简单。

19.4 使用 XOM 处理 XML

作为 Java 程序员，最重要的技能之一是找到适合在自己的项目中使用的包和类。使用设计良好的类库显然比自己开发类更容易。

虽然 Java 类库包含数千个设计良好的类，能够满足多种开发需求，但并非只有 Oracle 提供对您的工作有帮助的类。

其他公司、团体和个人以商业和开源许可的方式提供了数十个 Java 包。其中一些较著名的包来自 Apache 软件基金会，其旗下的 Java 项目包括 Web 应用程序框架 Wicket、Java servlet 容器 Tomcat 和日志类库 Log4J。

另一个了不起的开源 Java 类库是 XOM 库，这是一个基于树（tree-based）的 XML 处理包，其宗旨是易于学习和使用，同时遵循格式良好的 XML。这个库是程序员兼计算机图书作者 Elliotte Rusty Harold 根据自己使用 Java 处理 XML 的心得体会开发出来的。

XOM 最初是 JDOM 的一部分。JDOM 是一个基于树的、表示 XML 文档的模型。Harold 为这个开源项目编写代码，并参与了开发工作。但 Harold 没有继承 JDOM 代码，而是决定从头开始，并在 XOM 中修改了 JDOM 的一个核心设计原则。这个 XOM 库采用了如下所述的原则。

- 将 XML 文档视为一棵树，并用 Java 类来表示树中的节点，如元素、注释、处理指令和文档类型声明等。程序员可以添加和删除节点，从而对内存中的文档进行操纵，这种简单的方法可以使用 Java 来妥善地实现。
- XOM 生成的所有 XML 数据都是格式良好的，并有格式良好的名称空间。
- 对于 XML 文档中的每个元素，都用一个包含构造函数的类表示。
- 不支持对象串行化，而是提倡程序员将 XML 用作串行化数据的格式，这样将能够与任何能够读取 XML 的软件交换这种数据，无论这些软件是使用哪种编程语言开发的。
- 这个库依赖于另一个 XML 解析器来读取 XML 文档和填充树，而不是自己直接去完成低级工作。XOM 使用一个 SAX 解析器，该解析器必须单独下载和安装。为此，可使用 Apache Xerces 2.6.1 或更高的版本。

警告 ──── XOM 是按开源 GNU 宽通用公共许可证（LGPL）中的条款发布的。该许可方式允许在不对 XOM 进行修改的情况下随 Java 程序发布 XOM 库。您也可对 XOM 类库进行修改，只要提供它时遵循 LGPL 即可。

下载 XOM 时，有一个 `ZIP` 归档文件和一个 `TAR.GZ` 归档文件可供选择。下载这个库并解压缩后，按下述步骤将其加入 NetBeans。

（1）选择菜单 Tools > Libraries 打开 Ant Library Manager。
（2）单击 New Library 按钮打开 New Library 对话框。
（3）将库名设置为 `XOM 1.3.2`，再单击 OK 按钮。

（4）在 Ant Library Manager 中，单击 Add JAR/Folder 按钮。

（5）切换到 XOM 归档文件解压缩后文件所在的文件夹。

（6）选择文件 xom-1.3.2.jar。

（7）单击 Add JAR/Folder 按钮。

（8）在 Ant Library Manager 中，单击 OK 按钮。

将库加入 NetBeans 后，需要将其加入当前项目，以便能够在程序中使用 XOM 类。

（1）在 Projects 窗格中，向下滚动，掠过所有的 .java 文件，直到看到文件夹 Libraries。

（2）右键单击该文件夹并选择 Add Library，打开 Add Library 对话框。

（3）选择 XOM 1.3.2 并单击 OK 按钮。

在 Projects 窗格中，文件夹 Libraries 中有一个表示 XOM 的条目。

19.4.1 创建 XML 文档

本章的第一个应用程序（RssStarter）用于创建一个 XML 文档，该文档包含一个 RSS feed 开头的内容，如程序清单 19.2 所示（您不必输入该程序清单）。

程序清单 19.2 完整的 feed.rss 的源代码

```
1: <?xml version="1.0"?>
2: <rss version="2.0">
3:   <channel>
4:     <title>Workbench</title>
5:     <link>http://workbench.cadenhead.org/</link>
6:   </channel>
7: </rss>
```

nu.xom 包中包含表示 XML 文档的类（Document）和表示文档中节点的类（Attribute、Comment、DocType、Element、ProcessingInstruction 和 Text）。

应用程序 RssStarter 使用了其中的几个类。首先通过将元素的名称指定为参数来创建 Element 对象：

```
Element rss = new Element("rss");
```

上述语句创建了一个用作文档根元素的对象：rss。可以使用 Element 的只接收一个参数的构造函数，因为该文档没有使用一种名为名称空间的 XML 特性。如果使用了这种特性，必须指定第二个参数：名称空间统一资源标识符（URI）。XOM 库中的其他类以类似的方式支持名称空间。

在程序清单 19.2 所示 XML 文档的第 2 行，元素 rss 包括一个名为 version 的属性，该属性的值为 2.0。属性可通过指定其名称和值来创建：

```
Attribute version = new Attribute("version", "2.0");
```

要将属性加入元素中，可调用元素的方法 addAttribute()，并将属性作为唯一的参数：

```
rss.addAttribute(version);
```

元素中的文本用 Text 对象表示，这种对象可通过将文本指定为 String 参数来创建：

```
Text titleText = new Text("Workbench");
```

在 XML 文档中，所有元素都位于根元素内部，根元素用于创建一个 Document 对象。创建 Document 对象的方法是，调用构造函数 Document()，并将根元素作为参数。在应用程序 RssStarter

中,根元素名为 rss。任何 Element 对象都可用作文档的根:

```
Document doc = new Document(rss);
```

在 XOM 的树形结构中,表示 XML 文档及其组成部分的类被组织成层次结构,其中最顶层是通用超类 nu.xom.Node。这个类有 3 个子类,即 Attribute、LeafNode 和 ParentNode,它们位于同一个包中。

要将子节点加入父节点中,可调用父节点的 appendChild() 方法,并将要加入的节点作为参数。下面的代码创建了两个元素——父元素 channel 和子元素 link:

```
Element channel = new Element("channel");
Element link = new Element("link");
Text linkText = new Text("http://workbench.cadenhead.org/");
link.appendChild(linkText);
channel.appendChild(link);
```

方法 appendChild() 将一个新的子节点附加到父节点的其他所有子节点的后面。上述语句生成如下 XML 文档片段:

```
<channel>
    <link>http://workbench.cadenhead.org/</link>
</channel>
```

调用方法 appendChild() 时,也可以指定一个 String 参数,而不是将节点作为参数。Text 对象表示要加入元素中的字符串:

```
link.appendChild("http://workbench.cadenhead.org/");
```

创建好树并加入节点后,便可以调用 Document 的方法 toXML() 来显示它。这个方法返回一个字符串,其中包含格式良好的整个 XML 文档。

程序清单 19.3 是该应用程序的源代码。请在 NetBeans 中新建一个类,将其命名为 RssStarter 并放在 com.java21days 包中,再输入程序清单 19.3 所示的源代码。

程序清单 19.3 完整的 RssStarter.java 源代码

```
 1: package com.java21days;
 2:
 3: import java.io.*;
 4: import nu.xom.*;
 5:
 6: public class RssStarter {
 7:     public static void main(String[] arguments) {
 8:         // create an <rss> element to serve as the document's root
 9:         Element rss = new Element("rss");
10:
11:         // add a version attribute to the element
12:         Attribute version = new Attribute("version", "2.0");
13:         rss.addAttribute(version);
14:         // create a <channel> element and make it a child of <rss>
15:         Element channel = new Element("channel");
16:         rss.appendChild(channel);
17:         // create the channel's <title>
18:         Element title = new Element("title");
19:         Text titleText = new Text("Workbench");
20:         title.appendChild(titleText);
21:         channel.appendChild(title);
22:         // create the channel's <link>
23:         Element link = new Element("link");
```

```
24:            Text lText = new Text("http://workbench.cadenhead.org/");
25:            link.appendChild(lText);
26:            channel.appendChild(link);
27:
28:            // create a new document with <rss> as the root element
29:            Document doc = new Document(rss);
30:
31:            // Save the XML document
32:            try (
33:                FileWriter fw = new FileWriter("feed.rss");
34:                BufferedWriter out = new BufferedWriter(fw);
35:            ) {
36:                out.write(doc.toXML());
37:            } catch (IOException ioe) {
38:                System.out.println(ioe.getMessage());
39:            }
40:            System.out.println(doc.toXML());
41:    }
42: }
```

应用程序 RssStarter 将其创建的 XML 文档显示到标准输出中，并将输出结果保存到文件 `feed.rss` 中。输出结果如图 19.1 所示。

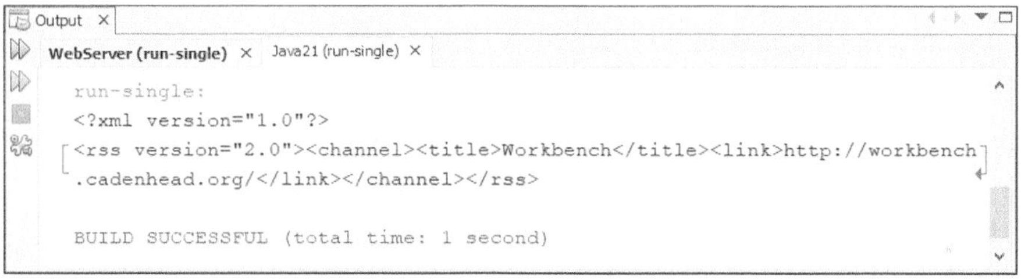

图 19.1　使用 XOM 创建 XML 文档

XOM 自动在文档开头加上 XML 声明。

从图 19.1 可知，该应用程序生成的 XML 文档没有采用缩进格式，所有元素都放在一行。

警告　XOM 只保留对表示 XML 数据来说必不可少的空白——程序清单 19.2 所示的 RSS feed 包含的空白只是为了方便演示，XOM 创建 XML 文档时，并不会自动生成这些空白。接下来的示例将演示如何控制缩进格式。

19.4.2　修改 XML 文档

下一个应用程序 DomainEditor 对应用程序 RssStarter 生成的 XML 文档（`feed.rss`）做了几处修改。对元素 `link` 中的文本做了修改，还新增了一个 `item` 元素：

```
<item>
  <title>Free the Bound Periodicals</title>
</item>
```

使用 `nu.xom` 包，可以将 XML 文档加载到树中。这些文档可以位于多个地方：`File` 对象、`InputStream` 对象、`Reader` 对象或 URL。URL 是用 `String` 而不是 `java.net.URL` 对象指定的。

`Builder` 类表示 SAX 解析器，能够将 XML 文档加载到 `Document` 对象中。可以在调用构造函数时指定要使用的解析器。如果没有指定，XOM 将按下列顺序使用第一个可用的解析器：Xerces 2、Piccolo、GNU Aelfred、Oracle、XP、Saxon Aelfred 和 Dom4J Aelfred。如果没有找到上述任何一个解析器，将使用系统属性 org.xml.sax.driver 指定的解析器。构造函数还决定了解析器是否进行有效性检查。

构造函数 Builder() 和 Builder(true) 都使用默认解析器：很可能是某个版本的 Xerces。在上述第二个构造函数中，布尔参数 true 使得分析程序对 XML 文档进行有效性检查。如果没有指定该参数，将不进行有效性检查。如果根据文档类型定义的规则 XML 文档不能通过有效性检查，解析器将引发 nu.xom.ValidityException 异常。

Builder 对象的 build() 方法用于加载 XML 文档，并返回一个 Document 对象：

```
Builder builder = new Builder();
File xmlFile = new File("feed.rss");
Document doc = builder.build(xmlFile);
```

上述语句加载了文件 feed.rss 中的 XML 文档，这可能出现下列两个问题之一：如果文件中没有包含格式良好的 XML 文档，将引发 nu.xom.ParseException 异常；如果输入操作失败，将引发 java.io.IOException 异常。

要检索树中的元素，可调用其父节点的相应方法。Document 对象的 getRootElement() 方法用于返回文档的根元素：

```
Element root = doc.getRootElement();
```

在 XML 文档 feed.rss 中，根元素是 rss。

要检索有名称的元素，可调用其父节点的 getFirstChildElement() 方法，并将元素的名称作为方法的 String 参数：

```
Element channel = root.getFirstChildElement("channel");
```

这条语句用于取回元素 rss 中的元素 channel，如果没有找到 channel，将返回 null。和其他示例一样，这里出于简化的目的，在文档中没有使用名称空间，也有将元素名称和名称空间作为参数的方法。

如果同一个父节点中有多个名称相同的元素，可以使用父节点的 getChildElements() 方法来取回这些元素：

```
Elements children = channel.getChildElements();
```

getChildElements() 方法返回一个 Elements 对象，其中包含所有符合条件的元素。这个对象是一个只读的链表。如果调用 getChildElements() 方法后，父节点的内容发生了变化，那么这个对象的内容不会自动变化。

Elements 有一个 size() 方法，该方法返回一个整数，以指出 Elements 包含多少个元素。可以在循环中使用这个方法来遍历所有元素，元素编号从 0 开始。方法 get() 用于取回 Elements 中的一个指定元素，它接收一个整型参数，该参数指出了要取回的元素的位置：

```
for (int i = 0; i < children.size(); i++) {
    Element link = children.get(i);
}
```

上述 for 循环用于遍历根元素 channel 的所有子元素。

要取回没有名称的元素，可调用其父节点的 getChild() 方法，并指定一个参数：一个指出元素在父节点中位置的整数：

```
Text linkText = (Text) link.getChild(0);
```

上述语句创建了一个 Text 对象，用于存储元素 link 中的文本 http://workbench.cadenhead. org/。在其父元素中，Text 元素的位置总是 0。

要将上述文本作为字符串进行处理，可调用 Text 对象的 getValue() 方法，如下述语句所示：

```
if (linkText.getValue().equals("http://workbench.cadenhead.org/"))
    // ...
}
```

仅当 link 元素包含文本 http://workbench.cadenhead.org/ 时，应用程序 DomainEditor 才对其进行修改。该应用程序对文档做如下修改：删除 link 元素的文本，并在原来的位置加入新文本 http://www.cadenhead.org/，再新添一个 item 元素。

父节点有两个 removeChild() 方法，可用于将子节点从文档中删除。使用一个整型参数调用该方法时，将删除相应位置的子节点：

```
Element channel = domain.getFirstChildElement("channel");
Element link = dns.getFirstChildElement("link");
link.removeChild(0);
```

上述语句用于删除 channel 中第一个 link 元素的 Text 对象。

使用节点作为参数调用 removeChild() 方法时，将删除指定的节点。例如，要删除 link 元素，可使用如下语句：

```
channel.removeChild(link);
```

程序清单 19.4 列出了应用程序 DomainEditor 的源代码。请在 NetBeans 中创建这个类，并将其放在 com.java21days 包中。

程序清单 19.4　完整的 DomainEditor.java 源代码

```
 1: package com.java21days;
 2:
 3: import java.io.*;
 4: import nu.xom.*;
 5:
 6: public class DomainEditor {
 7:     public static void main(String[] args) throws IOException {
 8:         try {
 9:             // create a tree from the XML document feed.rss
10:             Builder builder = new Builder();
11:             File xmlFile = new File("feed.rss");
12:             Document doc = builder.build(xmlFile);
13:
14:             // get the root element <rss>
15:             Element root = doc.getRootElement();
16:
17:             // get its <channel> element
18:             Element channel = root.getFirstChildElement("channel");
19:
20:             // get its <link> elements
21:             Elements children = channel.getChildElements();
22:             for (int i = 0; i < children.size(); i++) {
23:
24:                 // get a <link> element
25:                 Element link = children.get(i);
26:
```

```
27:                    // get its text
28:                    Text linkText = (Text) link.getChild(0);
29:
30:                    // update any link matching a URL
31:                    if (linkText.getValue().equals(
32:                        "http://workbench.cadenhead.org/")) {
33:
34:                        // update the link's text
35:                        link.removeChild(0);
36:                        link.appendChild("http://www.cadenhead.org/");
37:                    }
38:                }
39:
40:                // create new elements and attributes to add
41:                Element item = new Element("item");
42:                Element itemTitle = new Element("title");
43:
44:                // add them to the <channel> element
45:                itemTitle.appendChild(
46:                    "Free the Bound Periodicals"
47:                );
48:                item.appendChild(itemTitle);
49:                channel.appendChild(item);
50:
51:                // Save the XML document
52:                try (
53:                    FileWriter fw = new FileWriter("feed2.rss");
54:                    BufferedWriter out = new BufferedWriter(fw);
55:                ) {
56:                    out.write(doc.toXML());
57:                } catch (IOException ioe) {
58:                    System.out.println(ioe.getMessage());
59:                }
60:                System.out.println(doc.toXML());
61:            } catch (ParsingException pe) {
62:                System.out.println("Parse error: " + pe.getMessage());
63:                System.exit(-1);
64:            }
65:        }
66: }
```

应用程序 DomainEditor 将修改后的 XML 文档显示到标准输出中,并将其保存到文件 `feeds2.rss`
中。这个程序的输出结果如图 19.2 所示。

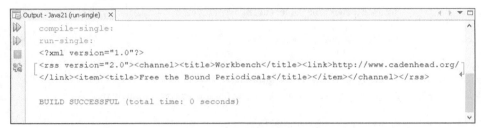

图 19.2　加载并修改 XML 文档

19.4.3　格式化 XML 文档

正如前面指出的,表示 XML 文档时,XOM 不会保留没有意义的空白。这符合 XOM 的设计目标之一：不考虑 XML 文档中任何没有语法意义的内容。不管文本是使用字符实体、CDATA 部分还是常规字符创建的，处理的方式都一样。

本章的下一个应用程序 DomainWriter 在 XML 文档 feeds2.rss 的开头添加注释，并采用缩进格式将文档内容排列成多行，从而生成程序清单 19.5 所示的版本。

程序清单 19.5　完整的 feeds2.rss 源代码

```
 1: <?xml version="1.0" encoding="ISO-8859-1"?>
 2: <!--File created Sat Oct 12 19:22:00 EDT 2019-->
 3: <rss version="2.0">
 4:   <channel>
 5:     <title>Workbench</title>
 6:     <link>http://www.cadenhead.org/</link>
 7:     <item>
 8:       <title>Free the Bound Periodicals</title>
 9:     </item>
10:   </channel>
11: </rss>
```

nu.xom 包中的 Serializer 类让您能够在显示或存储 XML 文档时控制其格式化方式。缩进、字符编码方法、换行符，以及其他格式都是使用这种类的对象指定的。

要创建 Serializer 对象，可调用其构造函数，并将输出流和字符编码方法作为参数：

```
FileOutputStream fos = new FileOutputStream("feed3.rss");
Serializer output = new Serializer(fos, "ISO-8859-1");
```

上述语句使用字符编码方法 ISO-8859-1 串行化一个文件，文件名是使用一个命令行参数指定的。

Serializer 支持 22 种编码方法，其中包括 ISO-10646-UCS-2、ISO-8859-1～ISO-8859-10、ISO-8859-13～ISO-8859-16、UTF-8 和 UTF-16。还有一个只接收输出流作为参数的 Serializer() 构造函数，这样将默认使用编码方法 UTF-8。

要设置缩进，可调用 Serializer 的 setIndentation() 方法，并指定一个整型参数，以指出空格数：

```
output.setIndentation(2);
```

要将整个 XML 文档写入 Serializer，可调用其 write() 方法，并将文档作为参数：

```
output.write(doc);
```

应用程序 DomainWriter 将注释插入 XML 文档的开头，而不是将其放在父节点的子节点后面。为此，需要使用父节点的另一个方法 insertChild()，该方法接收两个参数——要加入的元素和插入的位置：

```
Builder builder = new Builder();
Document doc = builder.build(arguments[0]);
Comment timestamp = new Comment("File created " +
    new java.util.Date());
doc.insertChild(timestamp, 0);
```

注释被放在文档开头，这使 domains 标记下移了一行，但仍位于 XML 声明的后面。

程序清单 19.6 列出了该应用程序的源代码。

程序清单 19.6　完整的 DomainWriter.java 源代码

```
 1: package com.java21days;
 2:
```

```
 3: import java.io.*;
 4: import nu.xom.*;
 5:
 6: public class DomainWriter {
 7:     public static void main(String[] args) throws IOException {
 8:         try {
 9:             // Create a tree from an XML document
10:             // specified as a command-line argument
11:             Builder builder = new Builder();
12:             File xmlFile = new File("feed2.rss");
13:             Document doc = builder.build(xmlFile);
14:
15:             // Create a comment with the current time and date
16:             Comment timestamp = new Comment("File created "
17:                 + new java.util.Date());
18:
19:             // Add the comment above everything else in the
20:             // document
21:             doc.insertChild(timestamp, 0);
22:
23:             // Create a file output stream to a new file
24:             FileOutputStream f = new FileOutputStream("feed3.rss");
25:
26:             // Using a serializer with indention set to 2 spaces,
27:             // write the XML document to the file
28:             Serializer output = new Serializer(f, "ISO-8859-1");
29:             output.setIndent(2);
30:             output.write(doc);
31:         } catch (ParsingException pe) {
32:             System.out.println("Parsing error: " + pe.getMessage());
33:             System.exit(-1);
34:         }
35:     }
36: }
```

应用程序 DomainWriter 将文件 `feed2.rss` 作为输入，并创建一个新版本——`feed3.rss`。

19.4.4　评估 XOM

本章前面创建的应用程序涵盖了 XOM 包的核心特性，它们表明 XOM 包处理 XML 文档的方法相当简单。

另外还有一些小型包，如 `nu.xom.canonical`、`nu.xom.converters`、`nu.xom.xinclude` 和 `nu.xom.xslt`，用于支持 XInclude、可扩展的样式表语言变换（Extensible Stylesheet Language Transformation，XSLT）、规范 XML 串行化，以及 XOM 模型与 DOM 和 SAX 使用的模型之间的转换。

程序清单 19.7 所示的应用程序 RssFilter 使用来自动态源的 XML 文档：RSS 提供的最新 Web 内容。应用程序 RssFilter 在新闻标题中查找指定文本，然后生成一个新的 XML 文档，其中只包含符合条件的内容，并采用缩进格式。它还修改了标题，并在必要时添加 RSS 0.91 文档类型声明。

请在 NetBeans 中创建应用程序 RssFilter，并将其放在 `com.java21days` 包中。

程序清单 19.7　完整的 RssFilter.java 源代码

```
1: package com.java21days;
2:
3: import nu.xom.*;
4:
5: public class RssFilter {
6:     public static void main(String[] arguments) {
```

```
 7:
 8:         if (arguments.length < 2) {
 9:             System.out.println("Usage: java RssFilter file term");
10:             System.exit(-1);
11:         }
12:
13:         // Save the RSS location and search term
14:         String rssFile = arguments[0];
15:         String term = arguments[1];
16:
17:         try {
18:             // Fill a tree with an RSS file's XML data
19:             // The file can be local or something on the
20:             // Web accessible via a URL.
21:             Builder bob = new Builder();
22:             Document doc = bob.build(rssFile);
23:
24:             // Get the file's root element (<rss>)
25:             Element rss = doc.getRootElement();
26:
27:             // Get the element's version attribute
28:             Attribute rssVersion = rss.getAttribute("version");
29:             String version = rssVersion.getValue();
30:
31:             // Add the DTD for RSS 0.91 feeds, if needed
32:             if ( (version.equals("0.91")) &
33:                 (doc.getDocType() == null) ) {
34:
35:                 DocType rssDtd = new DocType("rss",
36:                     "http://my.netscape.com/publish/formats/rss-0.91.dtd");
37:                 doc.insertChild(rssDtd, 0);
38:             }
39:
40:             // Get the first (and only) <channel> element
41:             Element channel = rss.getFirstChildElement("channel");
42:
43:             // Get its <title> element
44:             Element title = channel.getFirstChildElement("title");
45:             Text titleText = (Text) title.getChild(0);
46:
47:             // Change the title to reflect the search term
48:             titleText.setValue(titleText.getValue() +
49:                 ": Search for " + term + " articles");
50:
51:             // Get all of the <item> elements and loop through them
52:             Elements items = channel.getChildElements("item");
53:             for (int i = 0; i < items.size(); i++) {
54:                 // Get an <item> element
55:                 Element item = items.get(i);
56:
57:                 // Look for a <title> element inside it
58:                 Element iTitle = item.getFirstChildElement("title");
59:
60:                 // If found, look for its contents
61:                 if (iTitle != null) {
62:                     Text iTitleText = (Text) iTitle.getChild(0);
63:
64:                     // If the search text is not found in the item,
65:                     // delete it from the tree
66:                     if (!iTitleText.toString().contains(term)) {
67:                         channel.removeChild(item);
68:                     }
```

```
69:                 }
70:             }
71:
72:             // Display the results with a serializer
73:             Serializer output = new Serializer(System.out);
74:             output.setIndent(2);
75:             output.write(doc);
76:         } catch (Exception exc) {
77:             System.out.println("Error: " + exc.getMessage());
78:         }
79:     }
80: }
```

　　选择菜单 Run > Set Project Configuration > Customize 设置命令行参数，再运行该应用程序。第一个参数是要检查的 feed，第二个参数是要在标题中搜索的单词。要测试该应用程序，可使用来自博客 Hacker News 的 feed，并搜索单词 Microsoft、JavaScript 或 Linux。图 19.3 显示了使用 RssFilter 在这个 feed 中查找 framework 时的部分输出。

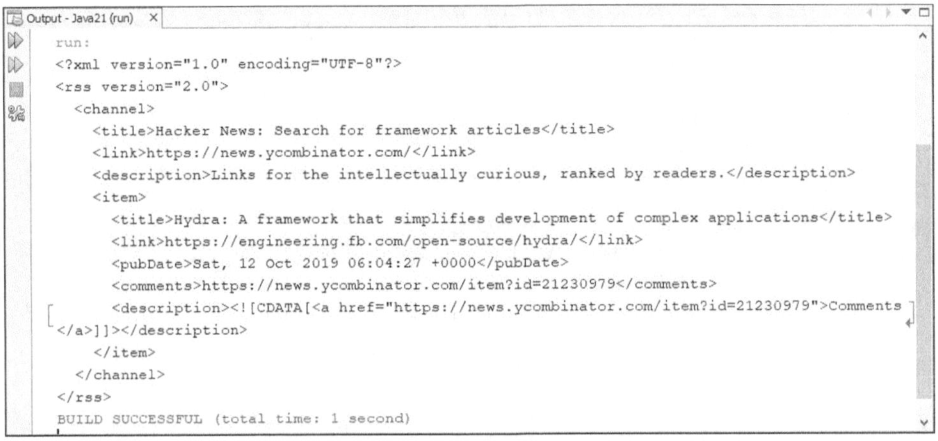

图 19.3　读取网站的 RSS feed 中的 XML 数据

　　XOM 的设计遵循了一个首要原则：坚持尽可能简单。

　　在这个类库的网站上，Elliotte Rusty Harold 指出，XOM 可帮助没有经验的开发人员做正确的事情，并避免他们做错误的事情。学习曲线不应陡峭，这包括不依赖于业界著名但并非显而易见的最佳实践。

　　对于需要在程序中少量处理 XML 的 Java 程序员来说，XOM 类库很有帮助。

19.5　总结

　　在本章中，您探索了可扩展标记语言（XML）一种常见的用途 RSS feed，从而学习了另一种流行的数据表示格式——XML 的基本知识。

　　从某种程度上说，XML 是数据领域的 Java 语言。它使数据独立于创建它的软件和该软件所在的操作系统，就像 Java 使软件独立于操作系统一样。

　　通过使用诸如开源的 XML 对象模型（XOM）等类库，可轻松地创建 XML 文件并从中检索数据。

　　使用 XML 表示数据的最大优点之一是，您总能将数据取回。如果您决定将数据移到关系数据库、MySQL 数据库或其他数据源中，可以很容易地从 XML 文档中取回这些信息。在当前和未来，可使用软件以各种方式挖掘 RSS feed 中的数据。

您也可以使用各种技术（Java 或使用其他语言开发的工具）将 XML 转换为其他格式（如 HTML）。

19.6 问与答

问：RSS 1.0、RSS 2.0 和 Atom 之间有何不同？

答： RSS 1.0 是一种使用资源描述框架（RDF）来描述 feed 中的内容的联合格式。RSS 2.0 的起源与 RSS 1.0 相同，但不使用 RDF。Atom 是另一种联合格式，它是在 RSS 1.0 和 RSS 2.0 之后开发的，并被 Internet 工程任务小组（Internet Engineering Task Force，IETF）采纳为 Internet 标准。

这 3 种格式都适用于以 XML 格式提供 Web 内容，这种内容可被诸如 Feedly 和 My Yahoo!等阅读器读取，也可被软件读取并存储、操作或变换。

问：为什么 Extensible Markup Language 被简称为 XML 而不是 EML？

答： 该语言的创建者没有说明选择缩略语 XML 的原因。XML 社区中的普遍说法是，XML 比 EML "更酷"。在人们讥笑这种区别方式之前，Java 之父选择 Java 作为一种新编程语言的名称时使用了同样的标准，而没有使用技术性更强的称谓，如 DNA 和 WRL（还考虑并否决了名称 Ruby，Ruby 后来被用作另一门语言的名称）。

也可能是因为 XML 的创建者想避免与早期的编程语言 EML（Extended Machine Language）混为一谈。

19.7 小测验

请回答下述问题，以复习本章介绍的内容。

19.7.1 问题

1. RSS 表示什么？
   A. Really Simple Syndication
   B. RDF Site Summary
   C. 两者
2. 使用 XOM 时，不能使用下面哪个方法给 XML 元素添加文本？
   A. `addAttribute(String, String)`
   B. `appendChild(Text)`
   C. `appendChild(String)`
3. 在文档中以一致的方式使用所有的开始元素标记、结束元素标记和其他标记时，使用哪个形容词来描述该文档？
   A. 验证的
   B. 可解析的
   C. 格式良好的

19.7.2 答案

1. C。RSS 2.0 宣称它表示的是 Really Simple Syndication；而 RSS 1.0 宣称它表示的是 RDF Site

Summary。

2. A。B 和 C 都可行，一个以字符数据的方式添加 **Text** 元素的内容，另一个以字符串的方式添加。

3. C。数据要成为 XML，必须是格式良好的。

19.8 认证练习

下面的问题是 Java 认证考试中可能出现的问题，请回答该问题，不要查看本章的内容，也不要使用 Java 编译器对代码进行测试。

对于下述代码：

```java
public class NameDirectory {
    String[] names;
    int nameCount;

    public NameDirectory() {
        names = new String[20];
        nameCount = 0;
    }

    public void addName(String newName) {
        if (nameCount < 20) {
            // answer goes here
        }
    }
}
```

NameDirectory 类必须能够存储 20 个不同的名称。要使这个类正确运行，应使用哪条语句替换 `//answer goes here`？

A. `names[nameCount] = newName;`

B. `names[nameCount] == newName;`

C. `names[nameCount++] = newName;`

D. `names[++nameCount] = newName;`

19.9 练习

为巩固本章介绍的知识，请尝试完成下面的练习。

1. 创建一个简单的 XML 文档，用于表示包含 10 本图书的图书集。再创建一个 Java 应用程序，搜索作者为 Naomi Novik 的图书并输出搜索结果。

2. 创建两个应用程序：一个检索数据库中的记录，并生成一个包含这些数据的 XML 文件；另一个读取该 XML 文件中的数据，并将其输出。

第 20 章
请求 Web 服务

多年来，人们为开发远程过程调用（Remote Procedure Call，RPC）协议投入了大量精力。RPC 让计算机程序能够通过 Internet 或其他网络调用其他程序中的过程。通常，这些协议都是与语言无关的，使用诸如 C++等语言编写的客户程序可以调用 Java 或其他语言编写的远程数据库服务器，而任何一方都无须知道也不用关心对方的具体实现语言。

Web 服务（使用 Web 以其他软件易于理解的格式提供数据的网络程序）正在以惊人的速度推动 RPC 的发展。Web 服务被用来在网站之间共享账号验证信息、在商店之间处理电子商务事务、实现 B2B（business-to-business）信息交换，以及支持其他新生事物。

在实现这种理念方面，一个简单而有用的例子是 XML-RPC，它是一种使用超文本传输协议（HTTP）和可扩展标记语言（XML）进行远程过程调用的协议。本章将介绍如何使用 Java 来实现这种技术，包括以下内容。

- XML-RPC 的发展历程。
- 如何使用 XML-RPC 与另一台计算机通信。
- 如何结构化 XML-RPC 请求和 XML-RPC 响应。
- 如何在 Java 程序中使用 XML-RPC。
- 如何发送 XML-RPC 请求。
- 如何接收 XML-RPC 响应。

20.1 XML-RPC 简介

Java 支持一种久负盛名的远程过程调用技术：远程方法调用（Remote Method Invocation，RMI）。RMI 是为大量不同的远程计算任务而设计的一种复杂而健壮的解决方案。这种完善性和复杂性阻碍了 RPC 的应用。实现这些解决方案的复杂程度远远超出了程序员的期望：通过网络交换信息。

一种简单得多的替代方案是 XML-RPC，它已被广泛应用于提供 Web 服务。

大多数平台和广泛使用的编程语言都支持 XML-RPC 的客户端/服务器实现。

XML-RPC 结合使用 HTTP（最常见的 Web 协议）和 XML（一种组织数据的格式，独立于用于读写数据的软件）来交换信息。

XML-RPC 支持以下数据类型。

- `array`：一个数据结构，存储多个其他数据类型（包括数据）的元素。
- `base64`：Base 64 格式的二进制数据。
- `boolean`：布尔型值，取值为 1（true）或 0（false）。
- `dateTime.iso8601`：一个包含日期和时间的字符串，采用 ISO 8601 格式（如 20190927T12:01:15 表示 2019 年 9 月 27 日午夜 12 点 1 分 15 秒）。
- `double`：8 字节的带符号浮点数。

- int（也叫 i4）：带符号整数，取值范围为–2147483648～2147483647，与 Java 语言中的 int 数据类型相同。
- string：文本。
- struct：由相关数据组成的名称-值组合，其中名称为字符串，值可以为任何其他数据类型（类似于 Java 中的 HashMap 类）。

在 XML-RPC 中，缺乏一种将数据存储为对象的方法。这种协议在最初设计时并没有考虑面向对象编程，但使用 array 和 struct 类型可以表示相当复杂的对象。

XML-RPC 是一种非常适用于网络编程的远程过程调用协议。在 Windows、macOS 和 Linux 系统上运行的 Web 服务都实现了这种协议。

注意 完整的 XML-RPC 规范可在 XML-RPC 官网找到。

XML-RPC 发布后，对其规范进行了扩展，创建了另一种 RPC 协议——简单对象访问协议（Simple Object Access Protocol，）SOAP。

SOAP 与 XML-RPC 的有些设计目标相同，但对 XML-RPC 进行了扩展，以更好地支持对象、用户定义数据类型及其他高级功能。SOAP 在 Web 服务和其他分布式网络编程中也得到越来越多的应用。

注意 既然 SOAP 是 XML-RPC 的扩展，为何 XML-RPC 仍在使用呢？SOAP 面世后，人们认为它比 XML-RPC 复杂，因此有些程序员继续使用更简单的协议 XML-RPC。
有关 SOAP 和可与 SOAP 客户端一起使用的公共服务器的更详细信息，请访问 W3C 官网。

20.2 使用 XML-RPC 进行通信

XML-RPC 是一种通过 HTTP（用于在 Web 服务器与 Web 浏览器之间进行数据交换的标准）进行传输的协议。它所传输的信息不是网页，而是以特定方式编码的 XML。

XML-RPC 主要用于进行两种数据交换：客户端请求和服务器响应。

20.2.1 发送请求

XML-RPC 请求是作为 HTTP post 请求的一部分发送到 Web 服务器的 XML 数据。

post 请求通常用于从 Web 浏览器传送数据到 Web 服务器：Java servlet、CGI 程序及其他从 post 请求收集数据并发回 HTML 响应的软件。当从网页提交电子邮件或进行在线投票时，可使用 post 或另一种类似的 HTTP 请求——get。

另外，XML-RPC 只是使用 HTTP 作为一种方便的协议与服务器通信并接收响应。

请求由两部分组成：post 传输所需的 HTTP 报头及以 XML 格式表示的 XML-RPC 请求。

程序清单 20.1 是一个 XML-RPC 请求示例。

程序清单 20.1 一个 XML-RPC 请求

```
1: POST / HTTP/1.0
2: Host: ping.blo.gs
3: Connection: Close
4: Content-Type: text/xml
5: Content-Length: 151
6: User-Agent: OSE/XML-RPC
7:
```

```
 8: <?xml version="1.0"?>
 9: <methodCall>
10:     <methodName>weblogUpdates.ping</methodName>
11:     <params>
12:         <param>
13:             <value>
14:                 <string>Cadenhead.org</string>
15:             </value>
16:         </param>
17:         <param>
18:             <value>
19:                 <string>http://cadenhead.org/</string>
20:             </value>
21:         <param>
22:     </params>
23: </methodCall>
```

在程序清单 20.1 中，第 1~6 行是 HTTP 报头，第 8~23 行是 XML-RPC 请求。该程序清单包含以下信息。

- XML-RPC 服务器位于 http://ping.blo.gs/（第 1 行和第 2 行）。
- 被调用的远程方法是 `weblogUpdates.ping`（第 10 行）。
- 调用该方法时使用了两个参数，这两个参数都是字符串，它们的值分别为 Cadenhead.org（第 14 行）和 http://cadenhead.org/（第 19 行）。

与 Java 不同，XML-RPC 请求中的方法名不包括括号。XML-RPC 请求中的方法名由对象名称、句点和方法名组成，或只包含方法名（这取决于 XML-RPC 服务器）。

> **警告**　在各种计算机程序语言中得到实现的 XML-RPC 协议，在术语方面与 Java 有几个不同之处：方法（method）被称为过程（procedure），而方法参数（method argument）则被称为参数（parameter）。本章介绍 Java 编程技术时将主要使用 Java 术语。

20.2.2　响应请求

XML-RPC 响应是从 Web 服务器返回的 XML 数据，就像任何其他 HTTP 响应一样。同样，XML-RPC 在已建立的进程上返回响应——正如 Web 服务器借助于 HTTP 发送数据给 Web 浏览器，并以一种新的方式使用它。

响应也由 HTTP 报头和 XML 格式的 XML-RPC 响应组成。

程序清单 20.2 是一个 XML-RPC 响应示例。

程序清单 20.2　XML-RPC 响应

```
 1: HTTP/1.0 200 OK
 2: Date: Sun, 15 Sep 2019 22:20:13 GMT
 3: Server: nginx
 4: Content-Type: text/xml
 5:
 6: <?xml version="1.0"?>
 7: <methodResponse>
 8:   <params>
 9:     <param>
10:       <value>
11:         <struct>
12:           <member>
13:             <name>flerror</name>
14:             <value>
15:               <boolean>0</boolean>
16:             </value>
```

```
17:              </member>
18:              <member>
19:                  <name>message</name>
20:                  <value>
21:                      <string>Succeeded.</string>
22:                  </value>
23:              </member>
24:          </struct>
25:        </value>
26:      </param>
27:    </params>
28: </methodResponse>
```

在程序清单 20.2 中，第 1～4 行是 HTTP 报头，第 6～28 行是 XML-RPC 响应。从该程序清单中可了解到以下信息。

- 响应为 XML 格式（第 4 行）。
- 远程方法返回的值是一个 struct，它定义了两个字段：包含布尔值 0（false）的字段 flerror 和包含字符串值 Succeeded 的字段 message（第 11～24 行）。

XML-RPC 响应只包含一个参数，这与第 8 行中的 params 标记不太相符。如果远程方法没有返回值（如它可能是一个返回 void 的 Java 方法），XML-RPC 服务器仍将返回一些信息。

返回值可以是基本数据类型、字符串、一维或多维数组及其他复杂数据结构（如键-值对，在 Java 中可使用 HashMap 来实现）。

注意　　上述 XML-RPC 请求和响应示例都是由 WordPress 开发商在 Blo.gs 上运行的服务器生成的。网上有多种 XML-RPC 调试器，可用于调用远程方法并查看完整的 XML-RPC 请求和响应，这使判断客户端或服务器是否正确运行容易得多。

20.3　选择 XML-RPC 实现

虽然可创建自己的类来读写 XML 并在 Internet 上交换数据，以利用 XML-RPC 技术，但更好的方法是使用支持 XML-RPC 的 Java 类库。其中最流行的一个是 Apache XML-RPC，它是由 Apache Web 服务器、Tomcat Java servlet 引擎和其他开源软件的开发人员管理的一个开源项目。

Apache XML-RPC 项目由 org.apache.xmlrpc 包和 3 个相关的包组成。通过使用其中的类，只需编写很少的代码便可实现 XML-PRC 客户端和服务器。

该项目有一个主页，网址为 http://xml.apache.org/xmlrpc，本章中的该项目使用的是 3.1.3 版。要使用该项目，必须下载并安装它。

下载 Apache XML-RPC 时，有.zip 归档文件和 tar.gz 归档文件可供选择。

警告　　如果无法从 Apache 网站下载 Apache XML-RPC，可从本书的配套网站下载。为此，可访问与第 20 章相关的网页，再单击链接 Apache XML-RPC Library Version 3.1.3。这是一个.zip 归档文件，包含这个项目的所有文件。这个项目是开源的，可按 Apache 许可方式进行分享。

下载这个库并解压缩后，按下述步骤将 Apache XML-RPC 加入 NetBeans。

1. 选择菜单 Tools > Libraries 打开 Ant Library Manager。
2. 单击 New Library 按钮，打开 New Library 对话框。
3. 将库名设置为 Apache XML-RPC 3.1.3，再单击 OK 按钮。
4. 在 Ant Library Manager 中，单击 Add JAR/Folder 按钮。

5. 切换到归档文件解压缩后的文件所在的文件夹。
6. 切换到子文件夹 lib，并选择其中的全部 5 个 JAR 文件：`commons-logging-1.1.jar`、`ws-commons-util-1.0.2.jar`、`xmlrpc-client-3.1.3.jar`、`xmlrpc-common-3.1.3.jar` 和 `xmlrpc-server-3.1.3.jar`（要选择多个文件，可按住 Shift 键并单击每个文件）。
7. 单击 Add JAR/Folder 按钮。
8. 在 Ant Library Manager 中，单击 OK 按钮。

将库加入 NetBeans 后，需要将其加入当前项目，以便能够使用 Apache XML-RPC 类。

1. 在 Projects 窗格中，找到您创建的 `.java` 文件后面的文件夹 Libraries。
2. 右键单击该文件夹并选择 Add Library，这将打开 Add Library 对话框。
3. 选择 XML-RPC 3.1.3 并单击 OK 按钮。

在 Projects 窗格中，文件夹 Libraries 包含组成该类库的 5 个 JAR 文件。

添加库后，为方便引用这个包中的类，可添加一条 `import` 语句，如下例所示：

```
import org.apache.xmlrpc.*;
```

它使我们可以直接引用主包 `org.apache.xmlrpc` 中的类，而不需要使用完整的包名称。接下来的两节将介绍如何使用这个包。

20.4 使用 XML-RPC Web 服务

XML-RPC 客户端是一个程序，它连接到服务器，调用服务器上程序的方法，并存储返回的结果。

使用 Apache XML-RPC 时，其过程类似于调用 Java 中的任何其他方法：不需要创建 XML 请求、分析 XML 响应或使用 Java 的网络类连接到服务器。

`org.apache.xmlrpc` 包中的 `XmlRpcClient` 类表示客户端。要设置客户端，可使用 `XmlRpcClientConfigImpl`，它用于存储客户端配置。

要设置服务器，可调用配置对象的 `setServerURL(URL)`方法，并将包含服务器地址和端口号的 URL 作为参数。

设置好客户端配置后，调用客户端的方法 `setConfig()`，并将配置作为唯一的参数。

下列语句用于创建一个客户端，并连接到主机 `cadenhead.org` 的端口 4413 上的 XML-RPC 服务器：

```
XmlRpcClientConfigImpl config = new XmlRpcClientConfigImpl();
URL server = new URL("http://cadenhead.org:4413/");
config.setServerURL(server);
XmlRpcClient client = new XmlRpcClient();
client.setConfig(config);
```

如果使用任意数目的参数调用远程方法，应将参数存储在 `ArrayList` 对象（一种用于保存类对象的数据结构）中。

> **注意**　ArrayList 在第 8 章介绍过，它位于 `java.util` 包中。

要使用 `ArrayList`，可不带参数调用构造函数 `ArrayList()`，再调用它的 `add(Object)`方法，将每个对象添加到该 `ArrayList` 中。对象可以是任何类，且必须按远程方法调用中的次序添加它们。

下列数据类型可作为远程方法的参数。
- `byte[]`数组，用于存储 `base64` 数据。
- `Boolean` 对象，用于存储布尔值。
- `Date` 对象，用于存储 `dateTime.iso8601` 值。

- Double 对象，用于存储 double 值。
- Integer 对象，用于存储 int 值。
- String 对象，用于存储 string 值。
- HashMap 对象，用于存储 struct 值。
- ArrayList 对象，用于存储数组。

其中 Date、HashMap 和 ArrayList 类都在 java.util 包中。

例如，如果 XML-RPC 服务器有一个方法，它接收一个 String 和一个 Double 参数，下列代码用于创建一个 ArrayList，并保存这些参数：

```
String code = "conical";
Double xValue = 175;
ArrayList parameters = new ArrayList();
parameters.add(code);
parameters.add(xValue);
```

要调用 XML-RPC 服务器上的远程方法，可使用以下两个参数调用 XmlRpcClient 对象的 execute()方法。

- 方法的名称。
- 存储方法参数的 ArrayList。

指定方法名称时不要用任何括号或参数。XML-RPC 服务器通常公开其包含的方法。

方法 execute()返回一个包含响应的对象。应将该对象转换为下列数据类型之一，再将其作为参数发送给方法：Boolean、byte[]、Date、Double、Integer、String、HashMap 或 ArrayList。

与 Java 中的其他网络方法一样，当服务器报告 XML-RPC 错误时，execute()方法将引发 XmlRpcException 异常。

方法 execute()返回的对象的数据类型如下：对于布尔型 XML-RPC 值，为 Boolean；对于 base64 数据，为 byte[]；对于 dateTime.iso8601，为 Date；对于双精度数据，为 Double；对于 int（或 i4）值，为 Integer；对于字符串，为 String；对于 struct 值，为 HashMap；对于数组，为 ArrayList。

为了在一个实际可运行的程序中查看这些内容，在 NetBeans 中创建一个类，将其命名为 SiteClient 并放在 com.java21days 包中，再输入程序清单 20.3 所示的源代码。

程序清单 20.3　完整的 SiteClient.java 源代码

```
 1: package com.java21days;
 2:
 3: import java.io.*;
 4: import java.net.*;
 5: import java.util.*;
 6: import org.apache.xmlrpc.*;
 7: import org.apache.xmlrpc.client.*;
 8:
 9: public class SiteClient {
10:     public static void main(String arguments[]) {
11:         SiteClient client = new SiteClient();
12:         try {
13:             HashMap<String, String> resp = client.getRandomSite();
14:             // Report the results
15:             if (resp.size() > 0) {
16:                 System.out.println("URL: " + resp.get("url")
17:                     + "\nTitle: " + resp.get("title")
18:                     + "\nDescription: " + resp.get("description"));
19:             }
20:         } catch (IOException | XmlRpcException ioe) {
21:             System.out.println("Exception: " + ioe.getMessage());
```

```
22:        }
23:    }
24:
25:    public HashMap getRandomSite()
26:        throws IOException, XmlRpcException {
27:
28:            // Create the client
29:            XmlRpcClientConfigImpl config = new
30:                XmlRpcClientConfigImpl();
31:            URL server = new URL("http://localhost:4413/");
32:            config.setServerURL(server);
33:            XmlRpcClient client = new XmlRpcClient();
34:            client.setConfig(config);
35:            // Create the parameters for the request
36:            ArrayList params = new ArrayList();
37:            // Send the request and get the response
38:            HashMap result = (HashMap) client.execute(
39:                "curlie.getRandomSite", params);
40:            return result;
41:    }
42: }
```

应用程序 SiteClient 连接到 XML-RPC 服务器，并不带参数调用服务器上的 `curlie.getRandomSite()`方法。如果成功，该方法将返回一个 `HashMap` 对象，其中包含用字符串表示的网站 URL、标题和描述，这些字符串值的键分别为 `url`、`title` 和 `description`。

这个应用程序能够运行，但肯定会以失败告终，因为 XML-RPC 服务器还没有实现。

20.5 创建 XML-RPC Web 服务

XML-RPC 服务器是一个程序，接收来自客户端的请求，通过调用方法来响应客户端请求，然后返回结果。服务器维护一个允许客户端调用的方法列表，它们是 Java 类，被称为处理程序。

Apache XML-RPC 负责处理所有 XML 和网络，使您可将注意力全部集中在希望远程方法完成的任务上。

提供远程方法服务的方式有几种，最简单的方式是使用 `org.apache.xmlrpc.webserver` 包中的 `WebServer` 类，它表示一个简单的 HTTP Web 服务器，只响应 XML-RPC 请求。这个类有两个构造函数。

- `WebServer(int)`：创建一个监听指定端口的 Web 服务器。
- `WebServer(int, InetAddress)`：在指定端口和 IP 地址创建一个 Web 服务器。第二个参数是一个 `java.net.InetAddress` 类对象。

如果在创建和启动服务器时发生输入/输出错误，这两个构造函数都将引发 `IOException` 异常。

Web 服务器有一个与之相关联的 `XmlRpcServer` 对象，负责处理与 XML-RPC 协议相关的任务。这个类位于 `org.apache.xmlrpc.server` 包中。要获取该对象，可调用 Web 服务器的方法 `getXmlRpcServer()`，且不提供任何参数。

下列语句用于在端口 4413 上创建一个 Web 服务器，并获取其 `XmlRpcServer` 对象：

```
WebServer server = new WebServer(4413);
XmlRpcServer xmlRpcServer = server.getXmlRpcServer();
```

Web 服务器不包含客户端通过 XML-RPC 调用的远程方法，这些方法位于处理程序中。

要设置处理程序，可使用 `PropertyHandlerMapping` 类，它位于 `org.apache.xmlrpc.server` 包中。这个类包含 XML-RPC 服务器的配置。要设置这些配置，可使用属性文件或调用 `PropertyHandlerMapping` 类的方法。创建 `PropertyHandlerMapping` 对象时，可调用不带参数的构造函数：

```
PropertyHandlerMapping phm = new PropertyHandlerMapping();
```

要添加处理程序, 可调用 **PropertyHandlerMapping** 的方法 **addHandler(String,Object)**, 并提供两个参数。

方法 **addHandler()** 的第一个参数是处理程序的名称, 可以为任何内容: 给 XML-RPC 命名与给变量命名类似。客户端调用远程方法时将使用该名称。

本章前面创建的 SiteClient 应用程序调用远程方法 **curlie.getRandomSite()**。该调用的第一部分(句点前面的文本)引用了一个名为 **curlie** 的处理程序。

方法 **addHandler()** 的第二个参数是一个 **Class** 对象, 指出了处理程序所属的类。

下述语句将处理程序 **curlie** 加入一个 **PropertyHandlerMapping** 对象中, 再使用该对象来配置一个 XML-RPC 服务器:

```
phm.addHandler("curlie", CurlieHandlerImpl.class);
xmlRpcServer.setHandlerMapping(phm);
```

CurlieHandlerImpl 类实现了 **getRandomSite()** 方法和可通过 XML-RPC 远程调用的其他方法。稍后将创建这个类。

用于处理远程方法调用的类可以是任何符合如下条件的 Java 类: 包含 **public** 方法, 而这些方法有返回值, 并接受 Apache XML-RPC 支持的数据类型(**boolean**、**byte[]**、**Date**、**double**、**HashMap**、**int**、**String** 和 **ArrayList**)的参数。

可以很容易地将已有 Java 类用作 XML-RPC 处理程序而无须进行修改, 只要它们未包含不该被调用的 **public** 方法, 且每个 **public** 方法都返回合适的值。

> **警告**
>
> 返回值是否合适取决于 Apache XML-RPC 实现(而不是 XML-RPC 本身)。该协议的其他实现很可能在远程方法调用中所接收的参数数据类型和返回值数据类型方面有所不同。

通过使用 Apache XML-RPC, Web 服务器将允许处理程序中的任何公有方法被调用, 因此应该使用访问控制来限制调用远程方法的客户端。

作为创建 XML-RPC 服务的第一步, 下列代码创建了一个简单的 Web 服务器, 它可接收 XML-RPC 请求。在 NetBeans 中, 新建一个 Java 类, 将其命名为 **CurlieServer** 并放在 **com.java21days** 包中, 再输入程序清单 20.4 所示的源代码。

程序清单 20.4 完整的 CurlieServer.java 源代码

```
 1: package com.java21days;
 2:
 3: import java.io.*;
 4: import org.apache.xmlrpc.*;
 5: import org.apache.xmlrpc.server.*;
 6: import org.apache.xmlrpc.webserver.*;
 7:
 8: public class CurlieServer {
 9:     public static void main(String[] arguments) {
10:         try {
11:             startServer();
12:         } catch (IOException ioe) {
13:             System.out.println("Server error: " +
14:                 ioe.getMessage());
15:         } catch (XmlRpcException xre) {
16:             System.out.println("XML-RPC error: " +
17:                 xre.getMessage());
18:         }
19:     }
20:
```

```
21:    public static void startServer() throws IOException,
22:        XmlRpcException {
23:
24:        // Create the server
25:        System.out.println("Starting Curlie server ...");
26:        WebServer server = new WebServer(4413);
27:        XmlRpcServer xmlRpcServer = server.getXmlRpcServer();
28:        PropertyHandlerMapping phm = new PropertyHandlerMapping();
29:
30:        // Register the handler
31:        phm.addHandler("curlie", CurlieHandlerImpl.class);
32:        xmlRpcServer.setHandlerMapping(phm);
33:
34:        // Start the server
35:        server.start();
36:        System.out.println("Accepting requests ...");
37:    }
38: }
```

要让这个类通过编译，还需创建处理程序类 `CurlieHandlerImpl` 及其实现的接口 `CurlieHandler`。

在第 25～26 行，应用程序 CurlieServer 在端口 4413 上创建一个 Web 服务器和相关联的 XML-RPC 服务器。

使用属性映射给服务器添加了一个名为 `curlie` 的处理程序：一个 `CurlieHandlerImpl` 对象；然后调用服务器的 `start()` 方法，以开始监听请求。

这是实现 XML-RPC 服务器所需的全部代码。多数工作都位于客户端要调用的远程方法中，不需要任何特殊技巧，只要它们都是公有的，且返回适当的值即可。

为提供一个完整示例，便于您进行测试并根据需求进行修改，下面两个程序清单提供了接口 `CurlieHandler` 和 `CurlieHandlerImpl` 类的代码。

接口 `CurlieHandler` 定义了可通过 XML-RPC 远程调用的公有方法。请在 NetBeans 中新建一个空 Java 文件，将其命名为 `CurlieHandler`，并输入程序清单 20.5 所示的源代码。

程序清单 20.5　完整的 CurlieHandler.java 源代码

```
1: package com.java21days;
2:
3: import java.util.*;
4:
5: public interface CurlieHandler {
6:     HashMap getRandomSite();
7: }
```

这个接口只包含方法 `getRandomSite()`，它返回一个 `HashMap` 对象。没有其他方法可供调用。`CurlieHandlerImpl` 类实现了接口 `CurlieHandler`。

这个类使用的技术都在第 18 章介绍过，通过它可以很好地复习如何使用 JDBC 从数据库（这里是名为 `cool` 的数据库）检索记录。

在 NetBeans 中新建一个名为 `CurlieHandlerImpl` 的类，并输入程序清单 20.6 所示的源代码。

程序清单 20.6　完整的 CurlieHandlerImpl.java 源代码

```
1: package com.java21days;
2:
3: import java.sql.*;
4: import java.util.*;
5:
6: public class CurlieHandlerImpl implements CurlieHandler {
7:
8:     @Override
9:     public HashMap getRandomSite() {
```

```
10:          Connection conn = getMySqlConnection();
11:          HashMap<String, String> response = new HashMap<>();
12:          try {
13:              Statement st = conn.createStatement();
14:              ResultSet rec = st.executeQuery(
15:                  "SELECT * FROM cooldata ORDER BY RAND() LIMIT 1");
16:              if (rec.next()) {
17:                  response.put("url", rec.getString("url"));
18:                  response.put("title", rec.getString("title"));
19:                  response.put("description",
20:                      rec.getString("description"));
21:              } else {
22:                  response.put("error", "no database record found");
23:              }
24:              st.close();
25:              rec.close();
26:              conn.close();
27:          } catch (SQLException sqe) {
28:              response.put("error", sqe.getMessage());
29:          }
30:          return response;
31:      }
32:
33:      private Connection getMySqlConnection() {
34:          Connection conn = null;
35:          String data = "jdbc:mysql://localhost/cool";
36:          try {
37:              Class.forName("com.mysql.jdbc.Driver");
38:              conn = DriverManager.getConnection(
39:                  data, "cool", "mrfreeze");
40:          } catch (SQLException s) {
41:              System.out.println("SQL Error: " + s.toString() + " "
42:                  + s.getErrorCode() + " " + s.getSQLState());
43:          } catch (ClassNotFoundException e) {
44:              System.out.println("Error: " + e.toString()
45:                  + e.getMessage());
46:          }
47:          return conn;
48:      }
49: }
```

应对应用程序 CurlieHandlerImpl 的第 35～39 行进行修改，替换成您自己的数据库、用户名和密码。在这个类中，访问的是本地计算机上的 MySQL 数据库 cool，用户名和密码分别是 cool 和 mrfreeze。另外，还需要根据使用的驱动程序，对用于连接到数据库的字符串的其他部分进行修改。

当服务器程序启动并运行后，可运行应用程序 SiteClient，以查看一个随机选择的网站的信息，如图 20.1 所示。

图 20.1　通过 XML-RPC 接收 Curlie 网站的数据

注意

要运行该 XML-RPC 服务器，还需要一个数据库。本书的配套网站提供了一个 MySQL 数据库，其中包含来自 Open Directory Project 的 1000 个网站的信息。这是一个名为 curliedata.data 的文本文件，其中的 SQL 命令可用于在 MySQL 服务器上创建前述数据库。

这些网站是从 Open Directory Project 的数据库中挑选出来的，该目录列出了 500 多万个网站。只要遵守开放目录许可（Open Directory License）条款，就可分发这个项目的数据。

20.6　总结

XML-RPC 曾被认为是远程过程调用协议的"最低标准"，但它的创始人并不认为这是对 XML-RPC 的一种贬低。很多用于帮助软件通过网络进行通信的技术太复杂，吓退了很多只有简单需求的开发人员。

XML-RPC 协议可用于与任何支持 HTTP（Web 通用语言）和 XML（一种更高级的人类可读的数据格式）的软件交换信息。

通过查看 XML-RPC 请求和响应，可了解到如何使用该协议，甚至无须阅读该协议规范。

然而，由于有些实现（如 Apache XML-RPC）已经应用得相当广泛，开发人员即使不了解该协议也可以很快上手。

20.7　问与答

问：当我试图从远程方法返回一个 `String` 数组时，**Apache XML-RPC** 返回 `XmlRpcException` 异常，指出不支持这种对象。它支持哪些对象？

答：Apache XML-RPC 返回下列数据类型：`Boolean`（布尔型 XML-RPC 值）、`byte[]`（base64 数据）、`Data`（`dataTime.iso8601` 数据）、`Double`（双精度值）、`Integer`（`int` 或 `i4` 值）、`String`（字符串）、`HashMap`（`struct` 值）、`ArrayList`（数组）。

这里仅针对 Apache XML-RPC 的情况，其他类库可能支持不同的 Java 数据类型和类，详情请参阅这些类库的相关文档。

问：我正在编写一个 **XML-RPC** 客户端，它调用一个返回二进制数据（base64）的方法。`XmlRpcClient` 的 `execute()` 方法返回一个对象（而不是 `byte` 数组）。如何进行这种转换？

答：数组在 Java 中是对象，因此可通过强制转换将 `execute()` 方法返回的对象转换为 `byte` 数组（假定该对象实际上是一个数组）。下面的语句对包含 `byte` 数组的对象 `fromServer` 进行这种转换：

```
byte[] data = (byte []) fromServer;
```

20.8　小测验

请回答下述 3 个问题，以复习本章介绍的内容。

20.8.1　问题

1. 以下哪种流行的 Internet 协议不是 XML-RPC 需要的？
   A. HTML
   B. HTTP
   C. XML
2. 哪种 XML-RPC 数据类型最适合用于存储数字 8.67？
   A. `boolean`
   B. `double`
   C. `int`
3. 哪个 XML 标记指出数据是 XML-RPC 请求？

    A. `methodCall`

    B. `methodResponse`

    C. `params`

20.8.2　答案

1. A。XML-RPC 使用 HTTP（超文本传输协议）来传输 XML（可扩展标记语言）格式的数据。它不使用 HTML（超文本标记语言）。

2. B。在 XML-RPC 中，所有浮点数（如 8.67）都用 `double` 类型表示。它不像 Java 那样有两种不同的浮点数类型（`float` 和 `double`）。

3. A。`methodCall` 标记只用于请求中，`methodResponse` 只用于响应中，而 `params` 则可用于两者中。

20.9　认证练习

下面的问题是 Java 认证考试中可能出现的问题，请回答该问题，不要查看本章的内容，也不要使用 Java 编译器对代码进行测试。

给定如下代码：

```
public class Operation {
    public static void main(String[] arguments) {
        int x = 1;
        int y = 3;
        if ((x != 1) && (y++ == 3)) {
            y = y + 2;
        }
    }
}
```

y 的最终值是多少？

A. 3

B. 4

C. 5

D. 6

20.10　练习

为巩固本章介绍的知识，请尝试完成下面的练习。

1. WordPress 提供了一个功能丰富的 XML-RPC 接口。请编写一个应用程序，它使用一个空 `ArrayList` 作为参数来调用方法 "system.listMethods"、获取响应并输出该 XML-RPC 接口支持的每个方法的名称。

2. ***.gs 在 http://***.gs/ ping.php 提供了一个 XML-RPC 接口，该接口提供了博客更新服务。请编写一个客户端和服务器，它们能够发送和接收 `weblogUpdates.ping` 方法。

第 21 章
使用 Java 编写游戏

阅读写得好的程序可能给您以启迪。软件开发人员通过代码来表达，通过阅读他人的代码可以学到很多。

这是本书最后一章，编写假定可正常运行的程序来介绍主题。阅读代码，了解代码背后的故事，进而自己动手编写代码，这种学习方法与本书其他部分及大部分介绍编程语言的图书采用的方法相反。典型的方法是，先简要地介绍主题并列举一个简单示例，再通过程序演示介绍的特性。程序员学习新的编程语言和技术时，采用的大都是先看代码的方法。

本章将编写的应用程序是一款游戏，名为 Banko。通过编写这个应用程序，将介绍以下技术。

- 创建自定义按钮。
- 递归地检查相邻按钮。
- 使用操作事件监听器监听按钮单击。
- 生成随机数。
- 使用三目运算符设置值。
- 使用常量而不是字面量，提高类设计的灵活性。
- 让对象协同工作，形成一个完整的程序。

21.1 游戏 Banko 简介

图 21.1 显示了运行中的游戏 Banko。

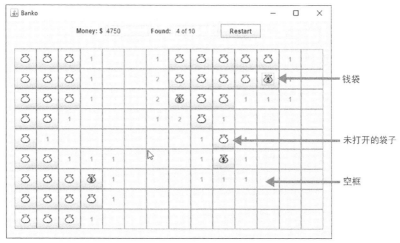

图 21.1 益智游戏 Banko

这款游戏开始时，显示的是 126 个未打开的袋子，它们排列成 9 行 14 列的网络，玩家需要做的是找出其中 10 个装有钱的袋子。

游戏规则很简单。

（1）打开一个空袋需要支付 250 美元。

（2）打开一个钱袋将得到 1000 美元。

空袋被打开后将消失，而相应的位置将显示一个空框，其中包含一条线索——这个空框周围的钱袋数，这可帮助玩家找到钱袋。在有些情况下，可据此找出钱袋，例如，在图 21.1 中，画框的袋子肯定是钱袋。

周围没有钱袋的空框中，没有任何数字；空框周围的袋子将自动打开。

玩家的目标是以尽可能少的花费找出 10 个钱袋。

游戏 Banko 包含一个名为 Banko 的框架类，用于加载游戏板类 Board，而游戏板类将加载游戏的组成部分类 Button。

还需要另外两个文件——GIF 图形 money_bag.gif 和 unopened_bag.gif，这些文件可从本书配套网站下载。

这款游戏包含的类都放在 com.java21days.banko 包中，这些类之间的关系如下。

- Button 类表示一种自定义按钮，用于显示未打开的袋子、钱袋或空框。
- Board 类将所有的按钮放在游戏板上，将钱袋隐藏起来，并在空框中显示它周围有多少个钱袋。
- Banko 类将游戏板放在框架上、加载图形、接收用户输入并跟踪玩家的表现。

21.2 第一部分：创建自定义按钮

在这里，您将以从内向外的方式创建游戏 Banko，因此将首先创建游戏板上的按钮。这些按钮用于显示钱袋、未打开的袋子或空框，它们都是 Button 类（如程序清单 21.1 所示）的对象。这个类演示了如何创建自定义按钮、在程序运行过程中如何修改按钮的图标和标签、如何存储按钮的属性和行为，以及如何递归地检查网格中相邻的按钮。

首先，在 NetBeans 中创建这款游戏中的第一个类——Button，如程序清单 21.1 所示。

程序清单 21.1 完整的 Button.java 源代码

```
 1: package com.java21days.banko;
 2:
 3: import javax.swing.ImageIcon;
 4: import javax.swing.JButton;
 5:
 6: public class Button extends JButton {
 7:     // the button's position
 8:     public int row;
 9:     public int column;
10:     // the button's state (-2 money, -1 cleared, 0 uncleared)
11:     public int state;
12:     // the number of adjacent money bags
13:     public int near;
14:     // true if this is a money bag that has been found
15:     public boolean found;
16:     // the game board
17:     private final Board board;
18:     // the two bag graphics
19:     private static ImageIcon unknownBag;
20:     private static ImageIcon moneyBag;
21:
22:
23:     // create a new button
24:     Button(Board board, int row, int column) {
25:         super("");
26:         // store the board that contains this button
27:         this.board = board;
```

```
28:        // store the button's position
29:        this.row = row;
30:        this.column = column;
31:        // set up button graphics (if necessary)
32:        if (unknownBag == null) {
33:            unknownBag = board.app.getImageIcon("unknown_bag.gif");
34:            moneyBag = board.app.getImageIcon("money_bag.gif");
35:        }
36:        // set up the button
37:        setup();
38:    }
39:
40:    // set up the button for gameplay
41:    public final void setup() {
42:        fill();
43:        state = 0;
44:        near = 0;
45:        found = false;
46:        // remove the background color (from a previous game)
47:        setBackground(null);
48:    }
49:
50:    // reveal an unopened bag in the square
51:    public void fill() {
52:        // give this button the unopened bag icon
53:        setIcon(unknownBag);
54:        // remove the label
55:        setText("");
56:        // enable the button
57:        setEnabled(true);
58:    }
59:
60:    // reveal an empty square and count adjacent money bags
61:    public void clear(boolean clicked) {
62:        if (clicked) {
63:            /* this square was manually cleared by the user, so tell
64:                the frame to charge the player */
65:            board.app.spendMoney();
66:        }
67:        // remove the icon
68:        setIcon(null);
69:        // tell the button it is clear and disable it
70:        state = -1;
71:        setEnabled(false);
72:        if (near > 0) {
73:            // reveal that one or more money bags are nearby
74:            setText("" + near);
75:        } else {
76:            /* inspect the buttons above, below, left, and right
77:                of this one */
78:            Button above = above();
79:            Button below = below();
80:            Button left = left();
81:            Button right = right();
82:            /* if any of these buttons is clear and has no money bags
83:                nearby, clear it -- using recursion to fan out around
84:                the board */
85:            if ((above != null) && (above.state == 0)) {
86:                // clear the button above
87:                above.clear(false);
88:            }
89:            if ((below != null) && (below.state == 0)) {
90:                // clear the button below
91:                below.clear(false);
92:            }
93:            if ((left != null) && (left.state == 0)) {
94:                // clear the button to the left
```

```
 95:                    left.clear(false);
 96:                }
 97:                if ((right != null) && (right.state == 0)) {
 98:                    // clear the button to the right
 99:                    right.clear(false);
100:                }
101:        }
102:    }
103:
104:    // reveal a money bag
105:    public void revealMoney() {
106:        // give this button the money bag icon
107:        setIcon(moneyBag);
108:        // remove the label
109:        setText("");
110:        if (!found) {
111:            /* this bag has never been found, so tell the frame
112:                to award money to the player */
113:            board.app.earnMoney();
114:            // tell this bag it has been found
115:            found = true;
116:        }
117:    }
118:
119:    /* these four directional methods inspect four buttons adjacent
120:        to this one, returning null on the edges of the game board */
121:    public Button above() {
122:        if (row > 0) {
123:            // return the adjacent button
124:            return board.square[row - 1][column];
125:        }
126:        // return null to indicate a board edge has been passed
127:        return null;
128:    }
129:
130:    public Button below() {
131:        if (row < board.rows - 1) {
132:            return board.square[row + 1][column];
133:        }
134:        return null;
135:    }
136:
137:    public Button left() {
138:        if (column > 0) {
139:            return board.square[row][column - 1];
140:        }
141:        return null;
142:    }
143:
144:    public Button right() {
145:        if (column < board.columns - 1) {
146:            return board.square[row][column + 1];
147:        }
148:        return null;
149:    }
150: }
```

这个类需要等到后面创建 Board 类后才能通过编译。

接下来介绍 Button 类使用的新技术。

21.2.1　使用 Swing 设计自定义按钮

按钮用于填充游戏 Banko 中的游戏板，它们的外观将随游戏的进行而变化。通过继承 javax.

swing.JButton 类，可定义这种行为，同时还可利用 JButton 类定义的属性和行为。

在这款游戏中，按钮可能的状态有 3 种。

- 显示一个未打开的袋子（图标为 unknownBag.gif 且没有文本标签）。
- 显示一个钱袋（图标为 moneyBag.gif 且没有文本标签）。
- 显示一个空框（没有图标，如果周围至少有一个钱袋，则文本标签为相应的数字）。

按钮的状态将随着游戏的进行发生变化。应用程序 Banko 还复用了按钮：在游戏开始时，所有的按钮显示的都是未打开的袋子。

图像图标为 Swing 类 javax.swing.ImageIcon 的对象，它们分别存储了表示未打开袋子和钱袋的 GIF 图像：

```
private static ImageIcon unknownBag;
private static ImageIcon moneyBag;
```

这些都是类变量，声明时使用了关键字 static。为何这样做呢？因为无须让每个按钮都有自己的图标实例。

构造函数 Button() 用于加载这些图标，这是通过调用 21.4 节定义的框架类 Banko 的一个方法实现的：

```
if (unknownBag == null) {
    unknownBag = board.app.getImageIcon("unknown_bag.gif");
    moneyBag = board.app.getImageIcon("money_bag.gif");
}
```

Button 是 javax.swing.JButton 的子类，因此还继承了一个这样的构造函数——在创建按钮时指定图像图标和文本标签：

```
Button button = new Button("", unknownBag);
```

要修改按钮的状态，可调用 setIcon(ImageIcon) 和 setText(String) 方法来设置图标和标签，这些方法是从 JButton 类继承而来的：

```
setIcon(unknownBag);
setText("" + near);
```

设置按钮的图像图标后，将在图形用户界面中立即反映出来。要删除图标，可调用方法 setIcon(null)。标签设置的工作原理与此类似：通过指定一个空字符串，可让按钮不显示标签。

按钮表示的是空框时，调用方法 setEnabled(false)，以防止该按钮接收用户输入；要让按钮重新接收用户输入，可调用方法 setEnabled(true)：

```
setEnabled(true);
```

21.2.2 定义按钮的行为和属性

按钮存储其所在的位置、当前状态、周围有多少个钱袋，以及它表示的钱袋是否被用户找到（如果它表示的是钱袋）：

```
public int row;
public int column;
public int state;
public int near;
public boolean found;
```

按钮还记录了它所在的游戏板：

```
private Board board;
```

Board 类将在下一阶段创建。按钮所在的位置和游戏板是在其构造函数中指定的:

```
Button(Board board, int row, int column) {
    this.board = board;
    this.row = row;
    this.column = column;
}
```

其他实例变量是分别通过调用下面 3 个方法设置的,调用这些方法的代码可能位于 **Button** 类中,也可能位于其他类中。

(1)方法 **fill()**在按钮上绘制未打开的袋子、删除文本标签并让按钮能够接收用户输入。

(2)方法 **setup()**让按钮准备就绪,它将状态设置为 0(显示未打开的袋子)并设置其他初始值,再调用方法 **fill()**。

(3)方法 **revealMoney()**用于显示钱袋并删除文本标签;同时,如果这个钱袋是玩家刚找到的,还让框架给玩家奖励。

21.2.3 递归地显示空框

从编程的角度看,**Button** 类最重要的部分是方法 **clear(boolean)**。这个方法用于显示空框,导致它被调用的原因可能是用户单击(参数为 **true**),也可能是其他原因(参数为 **false**)。

方法 **clear()**被调用时,将删除按钮的图标,并将其状态从 0 改为-1,还可能向玩家收费:

```
setIcon(null);
state = -1;
setEnabled(false);
```

如果空框周围至少有一个钱袋,**clear()**还将在最后把按钮的标签设置为周围有多少个钱袋:

```
setText("" + near);
```

如果空框周围没有钱袋,情况将变得很有趣——自动打开满足如下两个条件的袋子。

- 与当前空框共边。
- 周围一个钱袋也没有。

这种做法将递归地进行下去,因此玩家单击一次可能打开很多袋子。

Button 类定义了找出上方、下方、左方、右方按钮的方法:

```
public Button above() {
    if (row > 0) {
        return board.square[row - 1][column];
    }
    return null;
}
```

其中每个方法都核实相应的方向上是否有按钮。如果当前按钮位于最上面那行(第 0 行),方法 **above()**将返回 **null**。在游戏板类中,数组 **square** 存储了游戏板中所有的按钮(这些按钮呈行列分布,组成一个网格),您可根据位置获取相应的按钮:

```
return square[row - 1][column];
```

获取相邻的按钮(如果有的话)后,就可检查它们,看看是否要将其包含的袋子打开:

```
if ((above != null) && (above.state == 0)) {
    above.clear(false);
}
```

上述语句将递归地调用方法 clear()，从而在游戏板中沿扇形向外检查按钮，看看是否要将其包含的袋子打开。

参数 false 指出这种操作并非玩家触发的，以免向玩家收取费用。

通过检查按钮的变量 state，可避免没完没了地调用方法 clear()，因为打开空袋后，这个方法将把按钮的 state 设置为-1。

将沿扇形向外递归地调用方法 clear()，直到遇到这样的空袋，即它周围至少有一个钱袋。

Button 类是 JButton 的子类，包含自己特有的行为和属性，这种封装使按钮是独立的。其他类需要让按钮打开其包含的袋子或显示周围有多少个钱袋时，可调用其方法 revealMoney() 和 clear()。

当玩家打开一个空袋，并触发检查周围按钮的动作时，Button 类将通过 left() 和 right()等方法找出周围的按钮，并在必要时调用方法 clear()。

21.3　第二部分：显示游戏板

在游戏 Banko 中，接下来要创建的类表示用于放置按钮的游戏板。游戏板用于放置尺寸相同的按钮，这些按钮呈行列分布，形成一个矩形网格。

Board 类如程序清单 21.2 所示，它演示了如何在 Swing 图形用户界面中生成上述网格、如何生成随机数、如何使用三目运算符设置值，还有如何指定事件监听器监听玩家在游戏板上单击鼠标的操作。

程序清单 21.2　完整的 Board.java 源代码

```
 1: package com.java21days.banko;
 2:
 3: import java.awt.Insets;
 4: import java.awt.GridLayout;
 5: import javax.swing.JPanel;
 6:
 7: public class Board extends JPanel {
 8:     // the board's rows, columns, and total money bags
 9:     protected int rows;
10:     protected int columns;
11:     protected int money_bags;
12:     // the buttons on the board
13:     public Button[][] square;
14:     // the game frame
15:     public Banko app;
16:
17:     public Board(Banko app, int rows, int columns, int money_bags) {
18:         // store the frame
19:         this.app = app;
20:         // store the rows, columns, and money bags on the board
21:         this.rows = rows;
22:         this.columns = columns;
23:         this.money_bags = money_bags;
24:         // create the board and set its layout
25:         square = new Button[rows][columns];
26:         GridLayout grid = new GridLayout(rows, columns);
27:         setLayout(grid);
28:         // set up each button
29:         for (int row = 0; row < rows; row++) {
30:             for (int column = 0; column < columns; column++) {
31:                 // create the button
32:                 Button button = new Button(this, row, column);
33:                 // add it to the board
34:                 square[row][column] = button;
35:                 // assign the frame to monitor button clicks
36:                 button.addActionListener(app);
37:                 // add the button to the user interface
```

```
38:                     add(button);
39:                 }
40:             }
41:         setup();
42:     }
43:
44:     // set up the board for gameplay
45:     public final void setup() {
46:         // set up each button for gameplay
47:         for (int row = 0; row < rows; row++) {
48:             for (int column = 0; column < columns; column++) {
49:                 square[row][column].setup();
50:             }
51:         }
52:         // count the number of money bags hidden so far
53:         int hidden = 0;
54:         while (hidden < money_bags) {
55:             // choose a random position for the money bag
56:             int row = (int)Math.floor(Math.random() * rows);
57:             int column = (int)Math.floor(Math.random() * columns);
58:             if (square[row][column].state == -2) {
59:                 // there's already a money bag in that square
60:                 continue;
61:             }
62:             // hide a money bag and increment the count
63:             square[row][column].state = -2;
64:             hidden++;
65:         }
66:         // count the number of bags in adjacent squares
67:         for (int row = 0; row < rows; row++) {
68:             for (int column = 0; column < columns; column++) {
69:                 if (square[row][column].state == 0) {
70:                     // count the bags adjacent to this square
71:                     square[row][column].near = getBagCount(row, column);
72:                 }
73:             }
74:         }
75:     }
76:
77:     // determine the money bags adjacent to a square
78:     private int getBagCount(int row, int column) {
79:         // start counting
80:         int count = 0;
81:         /* set the lower and upper boundaries of the search area around
82:            a square, making sure not to go outside the game board */
83:         int above = (row > 0) ? row - 1 : row;
84:         int below = (row < rows - 1) ? row + 1 : row;
85:         int left = (column > 0) ? column - 1 : column;
86:         int right = (column < columns - 1) ? column + 1 : column;
87:         for (int i = above; i <= below; i++) {
88:             for (int j = left; j <= right; j++) {
89:                 if (square[i][j].state == -2) {
90:                     /* a money bag is nearby, so increment the count
91:                        for this square */
92:                     count++;
93:                 }
94:             }
95:         }
96:         return count;
97:     }
98:
99:     // set the margins of the game board to 15 pixels
100:     @Override
101:     public Insets getInsets() {
102:         // set the top, left, bottom and right inset margins
```

```
103:         return new Insets(15, 15, 15, 15);
104:     }
105: }
```

在下一阶段创建好这个项目的最后一个类（游戏框架 Banko）后，这个类才能通过编译。
接下来详细介绍 Board 类。

21.3.1　将组件排列成网格

Board 类表示游戏板，用于放置呈行列分布的按钮网格。按钮存储在一个类型为 Button 对象的
二维数组中，并由布局管理器 java.awt.GridLayout 负责显示：

```
square = new Button[rows][columns];
GridLayout grid = new GridLayout(rows, columns);
setLayout(grid);
```

网格布局管理器生成一个容器，其中包含指定行数和列数的单元格。加入容器中的每个组件都占
据一个单元格，排列顺序为：按从左到右的顺序放置，一行占满后进入下一行。
　　Board 对象很灵活，能够支持其他组件尺寸，但在游戏 Banko 中，将其设置成 9 行 14 列，总共
126 个单元格。
　　分别创建各个按钮，再将其添加到数组 Button 和容器中：

```
Button button = new Button(this, row, column);
square[row][column] = button;
add(button);
```

add(component)方法将按钮加入容器中，这个容器是 Board 类中的一个面板。这个容器的网
格布局管理器负责确定将按钮放在什么地方。
　　另外，给每个按钮都指定了监听器——包含游戏板的框架：

```
button.addActionListener(app);
```

监听器是监听用户与图形用户界面交互引发的事件的对象。操作事件是用户单击按钮触发的。
通过将框架指定为按钮的操作监听器，Board 类将响应用户单击按钮的任务分配给了框架。
在 Board 类中，没有任何响应用户单击按钮的行为。

21.3.2　生成随机数

方法 setup()将游戏板准备就绪，它首先设置了游戏板中的每个按钮：

```
for (int row = 0; row < rows; row++) {
    for (int column = 0; column < columns; column++) {
        square[row][column].setup();
    }
}
```

接下来，它将钱袋放在游戏板中随机选择的位置：

```
int row = (int)Math.floor(Math.random() * rows);
int column = (int)Math.floor(Math.random() * columns);
```

为将钱袋放在随机选择的行和列中，使用了 Math 类的两个类方法，这个类位于标准包 java.lang 中。
方法 Math.random()随机地生成一个 0.0～1.0 的双精度值（更准确地说，是对这款游戏而言

足够随机）。

将这个随机值乘以总行数或总列数，再使用 `Math.floor()` 方法将得到的双精度值向下取整。
最终的结果是一个 0 到总行数（总列数）减 1 的随机整数。

如果随机选择的位置已经有钱袋，就将该按钮的状态设置为-2，表示这里有一个钱袋：

```
square[row][column].state = -2;
```

注意	Math 使用的随机数生成器（`java.util.Random` 类）并非真正随机的，它生成一个极大且始终不变的数字序列。 种子值决定了从序列的什么位置获取随机数。如果两个生成器使用的种子值相同，它们将生成相同的随机数，且顺序一样。对于 Banko 这样的游戏，这无关紧要。每次调用函数 `random()` 时，都将从序列的不同位置获取数字，对大多数 Java 类来说，这足够接近随机了。然而，对安全应用程序来说，这是个大问题。可预测的随机序列将导致软件容易被破解，例如，让黑客能够破解 Sony 在 PlayStation 3 中用来对软件进行数字签名的私钥。

21.3.3 使用三目运算符

在 Board 类中，设置过程调用了 `getBagCount(int, int)` 方法，这个方法用于计算当前按钮周围有多少个钱袋（其 state 值为-2）：

```
int count = 0;
for (int i = above; i <= below; i++) {
    for (int j = left; j <= right; j++) {
        if (square[i][j].state == -2) {
            count++;
        }
    }
}
```

计算周围有多少个钱袋时，检查了 8 个相邻的按钮，但当前按钮位于边缘时，与之相邻的按钮将只有 3 个或 5 个。

试图访问不在数组 `square` 的边界内的按钮将引发异常，为避免这种情况发生，可通过计算确定检查范围。

下面的语句分别确定检查范围中最左边和最右边的列：

```
int left = (column > 0) ? column - 1 : column;
int right = (column < columns - 1) ? column + 1 : column;
```

这些语句使用三目运算符(?)根据表达式的结果来设置值。三目表达式的形式为 `(expression)? valueIfTrue : valueIfFalse`。

在上面的代码中，第一个三目表达式根据表达式 `column > 0` 的结果来设置 `left` 的值。如果这个表达式的结果为 `true`，就将 `left` 设置为 `column - 1`；如果为 `false`，就将 `left` 设置为 `column`。

如果按钮位于游戏板的第 0 列，检查范围将为第 0 列到第 1 列；否则，检查范围为按钮的左边一列到按钮的右边一列。

至此，游戏 Banko 包含显示袋子的按钮，还有用于放置按钮的游戏板。

Board 类的超类为 `javax.swing.JPanel`，这是一个很方便的容器，可用于将图形用户界面划分成不同的部分，而这些部分可能使用不同的布局管理器。

游戏板将被添加到框架的主图形用户界面，主图形用户界面将在游戏运行时显示。

21.4 第三部分：显示游戏框架

框架类 Banko 将 com.java21days.banko 包中的所有类关联起来，形成一个可在桌面运行的寻宝游戏。

Banko 类创建应用程序的图形用户界面、响应用户输入并执行游戏规则。这个类如程序清单 21.3 所示，它演示了如何使用边框布局管理器来排列图形用户界面、如何将用户单击按钮作为操作事件进行处理、如何将图形加载到框架中，以及如何对游戏进行管理。

程序清单 21.3　完整的 Banko.java 源代码

```
 1: package com.java21days.banko;
 2:
 3: import java.awt.BorderLayout;
 4: import java.awt.Color;
 5: import java.awt.event.ActionListener;
 6: import java.awt.event.ActionEvent;
 7: import javax.swing.ImageIcon;
 8: import javax.swing.JButton;
 9: import javax.swing.JFrame;
10: import javax.swing.JLabel;
11: import javax.swing.JPanel;
12: import javax.swing.JTextField;
13:
14: public class Banko extends JFrame implements ActionListener {
15:     // the money inside a money bag
16:     public static int REWARD = 1000;
17:     // the cost of opening an empty bag
18:     public static int COST = 250;
19:     // the size of the game board and total number of money bags
20:     public static int ROW_COUNT = 9;
21:     public static int COLUMN_COUNT = 14;
22:     public static int BAG_COUNT = 10;
23:     // the fields that report how a player's doing
24:     private final JTextField moneyField;
25:     private final JTextField foundField;
26:     // the restart button
27:     public JButton restart;
28:     // a player's money and the number of money bags found
29:     public int money;
30:     public int found;
31:     // the game board
32:     private final Board board;
33:
34:     // create the frame
35:     public Banko() {
36:         // call the superclass and give the frame a title
37:         super("Banko");
38:         // set its layout manager
39:         BorderLayout border = new BorderLayout();
40:         setLayout(border);
41:
42:         // create the top panel
43:         JPanel top = new JPanel();
44:         // create the "Money:" label and text field
45:         JLabel moneyLabel = new JLabel("Money: $");
46:         moneyField = new JTextField("", 8);
47:         // prevent it from being edited
48:         moneyField.setEditable(false);
49:         // create the "Found:" label and text field
50:         JLabel foundLabel = new JLabel("Found: ");
51:         foundField = new JTextField("", 8);
52:         foundField.setEditable(false);
```

```
53:            // create the Restart button
54:            restart = new JButton("Restart");
55:            // assign the frame to monitor clicks of this button
56:            restart.addActionListener(this);
57:            // add the components to the top panel
58:            top.add(moneyLabel);
59:            top.add(moneyField);
60:            top.add(foundLabel);
61:            top.add(foundField);
62:            top.add(restart);
63:            // add the panel to the border's topmost position
64:            add(top, BorderLayout.NORTH);
65:
66:            // create the game board
67:            board = new Board(this, ROW_COUNT, COLUMN_COUNT, BAG_COUNT);
68:            // add the board to the border's center position
69:            add(board, BorderLayout.CENTER);
70:            // set up the game
71:            setup();
72:            // set the size of the frame
73:            setSize(650, 450);
74:            // make the application end when the frame is closed
75:            setDefaultCloseOperation(EXIT_ON_CLOSE);
76:            // display the user interface
77:            setVisible(true);
78:        }
79:
80:        // set up the frame for gameplay
81:        public final void setup() {
82:            found = -1;
83:            money = 0;
84:            // give the player starting money
85:            earnMoney();
86:        }
87:
88:        // take money from the player for opening an empty bag
89:        public void spendMoney() {
90:            // deduct funds and display the new total
91:            money = money - COST;
92:            moneyField.setText("" + money);
93:            if (money <= 0) {
94:                // the player's broke, so end the game
95:                revealBoard();
96:            }
97:        }
98:
99:        // award money to the player for finding a money bag
100:       public void earnMoney() {
101:           // add funds and display the total
102:           money = money + REWARD;
103:           moneyField.setText("" + money);
104:           // count the newly found bag
105:           found++;
106:           foundField.setText("" + found + " of " + BAG_COUNT);
107:           if (found >= BAG_COUNT) {
108:               // the player's found all bags, so end the game
109:               revealBoard();
110:           }
111:       }
112:
113:       // reveal the entire board at game's end
114:       public void revealBoard() {
115:           // inspect every square on the board
116:           for (int row = 0; row < ROW_COUNT; row++) {
117:               for (int column = 0; column < COLUMN_COUNT; column++) {
```

```
118:                        // get the current button
119:                        Button button = board.square[row][column];
120:                        if (button.state == -2) {
121:                            // display this money bag
122:                            button.found = true;
123:                            button.revealMoney();
124:                        } else {
125:                            // set up happy and sad colors
126:                            Color green = new Color(204, 255, 204);
127:                            Color red = new Color(255, 204, 204);
128:                            if (money > 0) {
129:                                // the player won, so make this empty square green
130:                                button.setBackground(green);
131:                            } else {
132:                                // the player lost, so make this empty square red
133:                                button.setBackground(red);
134:                            }
135:                        }
136:                        if (button.state == 0) {
137:                            // this square has never been cleared, so do so now
138:                            button.clear(false);
139:                        }
140:                    }
141:                }
142:        }
143:
144:        // load a button graphic using its filename
145:        public ImageIcon getImageIcon(String filename) {
146:            // load an image icon
147:            ImageIcon icon = new ImageIcon(filename);
148:            return icon;
149:        }
150:
151:        // monitor button clicks on the game board and restart button
152:        @Override
153:        public void actionPerformed(ActionEvent event) {
154:            // determine the button the player clicked
155:            Object source = event.getSource();
156:            if (source instanceof Button) {
157:                // the button's on the game board
158:                Button button = (Button) event.getSource();
159:                if (button.state == -2) {
160:                    // it contains a money bag, so reveal it
161:                    button.revealMoney();
162:                } else {
163:                    // it doesn't contain a money bag, so clear it
164:                    button.clear(true);
165:                }
166:            } else {
167:                // the restart button was clicked
168:                // set up the frame anew
169:                setup();
170:                // set up the board too
171:                board.setup();
172:            }
173:        }
174:
175:        public static void main(String[] arguments) {
176:            // start the application
177:            new Banko();
178:        }
179: }
```

Banko 类将项目 com.java21days.banko 中的其他类组合起来，以使游戏呈现在框架中。
对 Banko 类进行编译时，如果有必要，也将编译 Board 和 Button 类。

下面将详细介绍应用程序 Banko 的开发和部署情况。

21.4.1　绘制图形用户界面

像 Banko 这样的 Swing 应用程序继承了 **javax.swing.JFrame** 类，这让它具备在浏览器中运行所需的行为。

在浏览器中加载这个应用程序时，将调用其构造函数。Banko 在构造函数中设置了框架的布局管理器：

```
BorderLayout border = new BorderLayout();
setLayout(border);
```

BorderLayout 将容器分成 5 个区域：北部区域、南部区域、东部区域、西部区域和中部区域。中部区域占据的空间最大，这种布局让您能够轻松地创建 1～4 个小组件环绕一个大组件的界面。

Banko 使用 **BorderLayout** 将游戏板放在中央，并在游戏板上方放置一个计分面板，用于显示玩家的资金和找到的钱袋数。

计分面板是一个 **JPanel** 对象：

```
JPanel top = new JPanel();
JLabel moneyLabel = new JLabel("Money: $");
JTextField moneyField = new JTextField("", 8);
JLabel foundLabel = new JLabel("Found: ");
JTextField foundField = new JTextField("", 8);
```

将计分面板加入框架的界面之前，先将组件加入计分面板：

```
top.add(moneyLabel);
top.add(moneyField);
top.add(foundLabel);
top.add(foundField);
```

由于这个面板没有指定布局管理器，因此将使用面板的默认布局管理器——**java.awt.FlowLayout**。顺序布局排列组件的方式为：在每行中从左到右排列，到达行尾后再从下一行最左边开始。

为将面板加入框架，需要指定面板及其在边框布局中的位置：

```
add(top, BorderLayout.NORTH);
```

要指定第二个参数，可使用 **BorderLayout** 类中的类变量：NORTH、SOUTH、EAST、WEST 和 CENTER。为了添加游戏板，调用构造函数 **Board(Banko, int, int, int)**：

```
board = new Board(this, ROW_COUNT, COLUMN_COUNT, BAG_COUNT);
add(board, BorderLayout.CENTER);
```

21.4.2　运行游戏 Banko

在游戏 Banko 中，游戏规则主要是通过框架类的类变量制定的：

```
public static int REWARD = 1000;
public static int COST = 250;
public static int ROW_COUNT = 9;
public static int COLUMN_COUNT = 14;
public static int BAG_COUNT = 10;
```

使用这些变量（而不是字面量），可以让这款游戏更灵活。

编写 Banko 这样的益智游戏时，需要通过尝试找出合理的钱袋数、奖励和惩罚组合，让游戏玩起来更有意思。

早期的测试表明，对于 9×14 的网格来说，16 个钱袋太多了。要将钱袋数从 16 个减少到 10 个，只需修改一个地方——类变量 BAG_COUNT。

框架类的方法 spendMoney() 和 earnMoney() 负责执行游戏规则。方法 spendMoney() 用于从玩家的资金中扣除打开空袋的费用（250 美元），并将文本框 moneyField 设置为得到的结果。方法 earnMoney() 用于将玩家的资金增加找到一个钱袋获得的收入（1000 美元），并检查是否找到了全部钱袋。这两个方法所做的修改将在计分面板中反映出来。

如果 spendMoney() 或 earnMoney() 方法确定游戏已结束（玩家已身无分文或已找到最后一个钱袋），将调用框架类的方法 revealBoard()。

这个方法用于检查游戏板上的每个按钮：

```
Button button = board.square[row][column];
```

如果按钮包含钱袋，就显示钱袋，但不增加玩家的资金：

```
button.found = true;
button.revealMoney();
```

否则，就根据玩家是否赢了将按钮的背景色设置为淡红色或淡绿色：

```
Color green = new Color(204, 255, 204);
Color red = new Color(255, 204, 204);
if (money > 0) {
    button.setBackground(green);
} else {
    button.setBackground(red);
}
```

至此，就只剩下未打开的袋子了：

```
if (button.state == 0) {
    button.clear(false);
}
```

调用按钮的方法 clear() 时，将参数设置为 false，可避免因打开空袋收取玩家费用。

21.4.3 响应单击按钮事件

在 Java 中，除非指定了对其进行监听的事件监听器，否则按钮单击和其他用户输入事件将被忽略。类可以处理与之相关的事件，也可将这项任务委托给其他类。

Board 类给游戏板上的所有按钮都指定了操作监听器，这是使用组件的 addActionListener (Object)方法实现的：

```
Button button = new Button(this, row, column);
square[row][column] = button;
button.addActionListener(app);
```

在这里，对象 app 指的是框架，因此游戏板将处理按钮单击事件的任务交给了框架。

Banko 类自己承担了响应用户单击 Restart 按钮的职责：

```
JButtonrestart = new JButton("Restart");
restart.addActionListener(this);
```

要充当事件监听器，类必须实现与要监听的事件对应的接口。实现了接口 java.awt.event. ActionListener 的类可处理操作事件，这个接口只包含一个方法——actionPerformed

(ActionEvent):

```
public void actionPerformed(ActionEvent event) {
    // take action in response to event
}
```

通过 ActionEvent 对象可获悉事件的来源——被单击的按钮：

```
Object source = event.getSource();
```

这个监听器跟踪来自两类按钮的单击事件，即游戏按钮（Button 对象）和重新开始按钮（JButton 对象）。

运算符 instanceof 用于检查对象所属的类，以确定被单击的是哪种对象：

```
if (source instanceof Button) {
    // game button clicked
} else {
    // restart button clicked
}
```

如果单击的是 Restart 按钮，将设置框架和游戏板，以便开始新游戏：

```
setup();
board.setup();
```

设置游戏板还将导致每个游戏按钮的 setup()方法被调用，因此这将重置 com.java21days.banko 包中的 3 个类。

如果单击的对象是 Button 类的实例，必须确定单击的到底是哪个按钮：

```
Button button = (Button) event.getSource();
```

事件的 getSource()方法返回被单击的对象，但必须将其转换为合适的类型。检查按钮的变量 state（是否为-2），可确定它是否包含钱袋：

```
if (button.state == -2) {
    button.revealMoney();
} else {
    button.clear(true);
}
```

框架让按钮显示钱袋或空框；如果显示的是空框，将递归地显示相邻的空框。

21.5 总结

本章的游戏 Banko 表明，使用 Java 时，只需不到 500 行代码，就可编写出可玩性很高的益智游戏。虽然使用注释对代码进行解释是一种良好的编程实践，但本章使用得有点过度了，这旨在让程序的含义一目了然。

这款游戏包含 3 个类，它们分工明确，让这款游戏易于理解——其游戏板由按钮组成。任务是由对象中的方法执行的：需要在按钮上显示钱袋时，调用其方法 revealMoney()；需要在开始新游戏时配置游戏板，就调用其方法 setup()。

读完教材或学完在线课程后，再通过阅读代码来学习是一种很有意思的编程经验获取方式。

在编程管理网站 GitHub 上，有 500 多个使用 Java 编写的益智游戏，而且可直接查看其源代码。

21.6 问与答

问:为何 Button 类包含检查相邻按钮的方法？从面向对象编程的角度看,将这种行为放在 Board

类中不是更合理吗?

答：从理论上说，让每个按钮只关心自己，并让游戏板负责跟踪按钮并跟踪按钮之间的关系确实更合理。但在开发游戏 Banko 的过程中，我发现让按钮能够检查与之相邻的按钮更合适。这种设计能够利用递归，这样检查一个按钮的四周时，将导致它们在自己为空时进而检查与自己相邻的按钮，使玩家一次单击就可能导致游戏板中很多按钮中的袋子被打开。

在面向对象编程中，应始终对最初的假设抱有怀疑之心。如果将行为从一个类移到另一个类后，能够更有效地完成任务，就应这样做。

问：在项目 **Banko** 中，为何每个类都包含大量 import 语句，而没有使用通配语句（如 import javax.swing.*）导入指定包中的所有类?

答：大多数 Java 程序员不在 import 语句中使用通配符，原因有两个。首先，这可降低两个包中包含同名类导致类名冲突的可能性。在 java.awt 包中，有一个名为 Button 的类，在 com.java21days.banko 包中，也有一个名为 Button 的类。如果您在 Board 类中使用 import java.awt.*，并编写了一条引用 Button 的语句，NetBeans 等 Java IDE 将认为这条语句有错，因为它无法判断您要使用的到底是哪个 Button 类。在这种情况下，必须使用包含包名的完整类名；例如，对于程序清单 21.2 中的第 32 行，必须修改为下面这样：

```
com.java21days.banko.Button button = new Button(this, row, column);
```

其次，IDE 使分别导入各个类易如反掌。在 NetBeans 中，当您在语句中使用简写名引用类时，代码行左边可能出现红色图标。如果您单击该图标，将打开上下文菜单，其中包含命令 Add Import。您只需单击这个命令，就将自动添加导入这个类的语句。

在 NetBeans 中，我从不在使用类之前导入它。相反，我总是在语句中引用类，并让 NetBeans 添加导入类的语句。

21.7 小测验

请回答下述 3 个问题，以复习本章介绍的内容。

21.7.1 问题

1. 要清除 Swing 用户界面组件的背景色，应如何做?
   A. 调用方法 setColor() 且不指定任何参数
   B. 调用方法 setBackground() 且不指定任何参数
   C. 调用方法 setBackground(null)

2. 下面哪种表示法指出要覆盖超类中的方法?
   A. @Super
   B. @Override
   C. @Inherited

3. NetBeans 源代码编辑器将实例变量显示为哪种颜色?
   A. 绿色
   B. 蓝色
   C. 棕色

21.7.2 答案

1. C。调用方法 `setBackground()` 并将参数设置为 null 将清除背景色。在游戏 Banko 中，这样做让按钮不再为红色或绿色，并恢复到默认色。调用 Swing 组件的方法 `setColor()` 设置的是前景色而不是背景色。
2. B。通过在方法前面使用表示法 `@Override`，可告诉 Java 编译器您要覆盖一个方法。如果没有它，编译器将无法获悉这一点，进而无法核实方法的特征标记是否正确。
3. A。实例变量为绿色；`class`、`void` 和 `true` 等关键字为蓝色；字符串字面量为棕色；注释为灰色。

21.8 认证练习

下面的问题是 Java 认证考试中可能出现的问题，请回答该问题，不要查看本章的内容，也不要使用 Java 编译器对代码进行测试。

给定如下代码：

```
public class CharCase {
    public static void main(String[] arguments) {
        float x = 9;
        float y = 5;
        char c = '1';
        switch (c) {
            case 1:
                x = x + 2;
            case 2:
                x = x + 3;
            default:
                x = x + 1;
        }
        System.out.println("Value of x: " + x);
    }
}
```

显示的 x 值将是多少？

A. 9.0
B. 10.0
C. 11.0
D. 这个程序不能通过编译

21.9 练习

为巩固本章介绍的知识，请尝试完成下面的练习。

1. 在本章的游戏程序 Banko 中添加一个类，用于存储 10 个最高得分，并在玩家跻身得分排行榜时打开一个对话框，以获取玩家的姓名。让这个类将玩家姓名和得分存储在同一个文件中。
2. 在游戏程序 Banko 的框架中添加一个 Difficult? 复选框。如果玩家选择了这个复选框，则在玩家开始新游戏时将行数和列数都翻倍，即在游戏板上显示 18 行、28 列按钮。

附录

附录 A

使用集成开发环境 NetBeans

只需使用 Java 开发包和文本编辑器就可创建 Java 程序，但使用集成开发环境（IDE）来创建 Java 程序更方便。

本书大都使用 Apache NetBeans，这是 Java 程序员可使用的一款免费 IDE，以前归 Oracle 所有，现归属于开源基金会 Apache Software Foundation。NetBeans 让您能够更轻松地组织、编写、编译和调试 Java 程序，它包含项目和文件管理器、图形用户界面设计器，以及众多其他的工具。一项极方便的特性是，代码编辑器在您输入 Java 代码时自动检测语法错误。

NetBeans 已成长为卓越的 IDE，提供了只有商业开发工具才具有的功能和性能，而且是免费的，在本书编写期间，其最新版本为 11。对 Java 新手来说，NetBeans 还是最容易使用的 IDE 之一。

在本附录中，您将安装 NetBeans，并学习如何使用它来创建本书的项目。

A.1　安装 NetBeans

最初推出 NetBeans IDE 时并不顺利，但它现已成为强大的 Java 开发工具之一。多年来，我尝试使用了大部分 Java IDE，但现在是 NetBeans 的忠实用户。

NetBeans 全面支持 Java 编程，这包括 Web 应用程序开发、Web 服务、Swing、JavaFX 和微服务。

NetBeans 支持 Windows、macOS 和 Linux 系统，要下载它，可访问 NetBeans 官方网站，再单击导航链接 Downloads，并根据您使用的操作系统下载相应的安装程序。

如果您找不到本书使用的 NetBeans 版本，可访问本书配套网站，其中的链接 Download NetBeans 可帮助您找到正确的安装程序。

下载 NetBeans 安装程序后运行它，这是一个安装向导，将引导您完成安装过程。

> **提示**　　安装 NetBeans 后，可通过这个 IDE 来获取其最新版本。为此，可选择菜单 Help > Check for Updates（在 Windows 中，您可能需要以管理员身份运行 NetBeans。为此，可右键单击 NetBeans 启动图标，并选择"以管理员身份运行"）。

A.2　新建项目

下载 NetBeans 时，下载的是软件安装向导。您可将软件安装到任何文件夹和"开始"菜单组中，但最好使用默认安装选项。

安装后首次运行 NetBeans 时，您将看到开始页，其中包含指向演示程序和编程教程的链接，如图 A.1 所示。您可使用内置的 Web 浏览器在 NetBeans 中阅读这些内容。

NetBeans 项目由一组相关的 Java 类、这些 Java 类使用的文件以及 Java 类库组成。每个项目都存储在一个独立的文件夹中，您可在 NetBeans 外部使用文本编辑器和其他编程工具查看和修改该文件夹中的文件，就像查看和修改您在 NetBeans 外部创建的 Java 源代码一样。

要新建项目，可单击图 A.1 所示的 New Project 按钮，也可选择菜单 File > New Project。这将打开 New Project 向导，如图 A.2 所示。

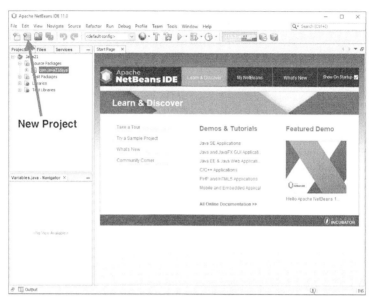

图 A.1　NetBeans 的用户界面

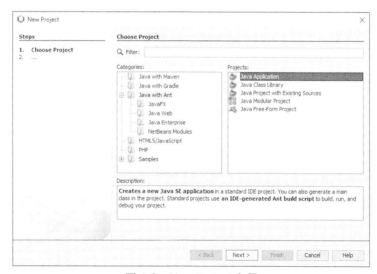

图 A.2　New Project 向导

在 NetBeans 中，可创建多种不同类型的项目，但本书专注于其中的一种：Java 应用程序。

对于您的第一个项目(以及本书的大部分项目)，选择类别 Java with Ant 和项目类型 Java Application，再单击 Next 按钮。向导将要求您指定项目名称和项目位置。在文本框 Project Location 中，当前设置为 NetBeans 的编程项目根文件夹，在 Windows 中很可能是文件夹 Documents\NetBeansProjects。默认情况下，您创建的项目都将存储在该文件夹中，每个项目都有独立的子文件夹。

在文本框 Project Name 中，输入 Java21。文本框 Create Main Class 的内容将相应地变成 java21.Java21，这是 NetBeans 为该项目推荐的主 Java 类名称。将该名称改为 Spartacus，接受

其他默认设置，并单击 Finish 按钮。NetBeans 将创建该项目及其第一个类。

A.3 新建 Java 类

新建项目时，NetBeans 将设置必要的文件和文件夹，并创建主类的默认代码。在图 A.3 中，在源代码编辑器中打开了该项目的第一个类——Spartacus.java。

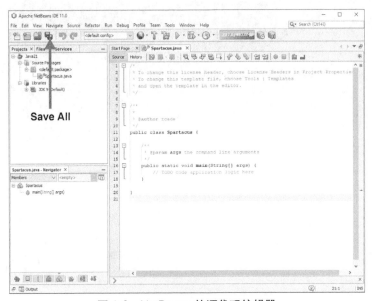

图 A.3 NetBeans 的源代码编辑器

Spartacus.java 是一个骨架 Java 类，只包含 main() 方法。在这个类中，所有呈淡灰色的代码行都是注释，用于说明这个类的功能和目的。类运行时，将忽略注释。

为了让这个类具备一定的功能，在注释 // TODO code application logic here 后面新建一行，并输入如下代码行：

```
System.out.println("I am Spartacus!");
```

方法 System.out.println() 输出一个文本字符串，这里是句子 I am Spartacus!。

务必确保输入的代码与上面显示的完全一样。确保输入的代码行正确并以分号结束后，单击图 A.3 所示的工具栏按钮 Save All 保存这个类（也可选择菜单 File > Save All）。

> **注意** 当您输入代码时，源代码编辑器将显示与 System 类、out 实例变量和方法 println() 相关的帮助信息。您会喜欢这种功能的，但就现在而言，请尽可能不要管它。

要运行 Java 类，必须先将其编译成可执行的字节码；这种字节码将由被称为 Java 虚拟机的解释器运行。NetBeans 将尝试自动进行编译。您也可以手动编译这个类，方法有两种。

- 选择菜单 Run > Compile File。
- 在 Project 窗格中，右键单击 Spartacus.java 打开一个上下文菜单，再选择 Compile File。

如果无法选择这两个选项，说明 NetBeans 已经编译了这个类。

如果不能成功地编译这个类，则在 Project 窗格中，文件名 Spartacus.java 旁边将出现一个包含白色惊叹号的红圈。要修复错误，请将您在源代码编辑器中输入的代码与程序清单 A.1 所示的 Spartacus.java 的完整源代码进行比较，修复后再次保存文件。在您编写的程序中，不要包含程序清单 A.1 中的行号，本书使用这些行号只是为了方便描述代码的工作原理。另外，请将第 9 行的 User 替换为您的用户名。

程序清单 A.1 完整的 Spartacus.java 源代码

```
 1: /*
 2: * To change this license header, choose License Headers in Project Properties.
 3: * To change this template, choose Tools | Templates
 4: * and open the template in the editor.
 5: */
 6:
 7: /**
 8: *
 9: * @author User
10: */
11: public class Spartacus {
12:
13:     /**
14:      * @param args the command line arguments
15:      */
16:     public static void main(String[] args) {
17:         // TODO code application logic here
18:         System.out.println("I am Spartacus!");
19:     }
20:
21: }
```

这个类是在第 11～21 行定义的。第 1～10 行是注释，在项目类型为 Java Application 的每个新类中，NetBeans 都会添加这样的注释。注释用于向阅读源代码的程序员阐述程序，编译器会忽略它们。

A.4 运行应用程序

创建 Java 应用程序 Spartacus 并成功编译后，便可在 NetBeans 的 JVM 中运行它了。运行的方法有两种。

- 选择菜单 Run > Run File。
- 右键单击 Project 窗格中的 Spartacus.java，并选择菜单 Run File。

当您运行 Java 类时，JVM 将调用其 main() 方法。就这个 Java 类 Spartacus 而言，将在 Output 窗格中显示字符串 I am Spartacus!，如图 A.4 所示。

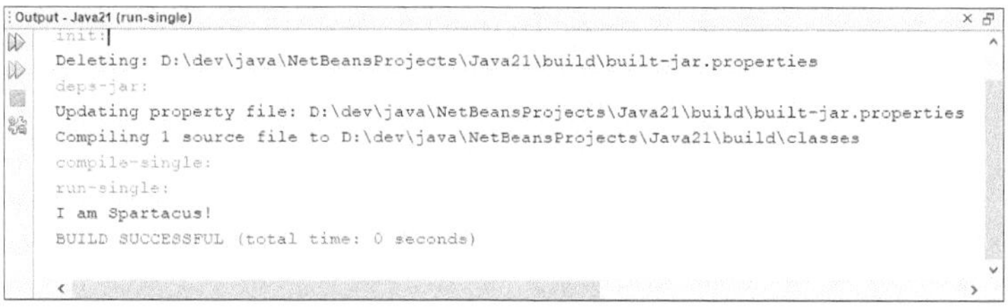

图 A.4 在 NetBeans Output 窗格中查看程序的输出

要运行 Java 类，它必须含有 main() 方法。如果您试图运行没有 main() 方法的类，NetBeans 将报告错误。

查看完程序的输出后，请将 Output 窗格关闭，为此可单击其右上角的×图标。这将使得源代码编辑器可以显示更多的代码行，为编写程序提供便利。

A.5 修复错误

编写、编译并运行应用程序 Spartacus 后，故意搞点破坏，看看 NetBeans 在代码错得离谱时如何应对。与其他 Java 程序员一样，您很快就会拥有大量将事情搞砸的经验，因此务必注意接下来的内容。

回到源代码编辑器中的 Spartacus.java，在调用方法 System.out.println() 的代码行（程序清单 A.1 的第 18 行）中，将行尾的分号删除。在您还未保存文件时，NetBeans 就发现了错误，并在该代码行左边显示了一个警告图标，如图 A.5 所示。

将鼠标指针指向该警告图标，将出现一个对话框，其对 NetBeans 认为的错误做了描述。这里的错误消息很简单，为 ';' expected。

当您编写 Java 程序时，NetBeans 源代码编辑器能即时识别众多常见的编程错误和输入错误。发现错误后，NetBeans 将禁止您编译文件，直到您将错误修复。

在代码行末尾加上分号，错误图标将消失，现在可以保存并运行这个类了。

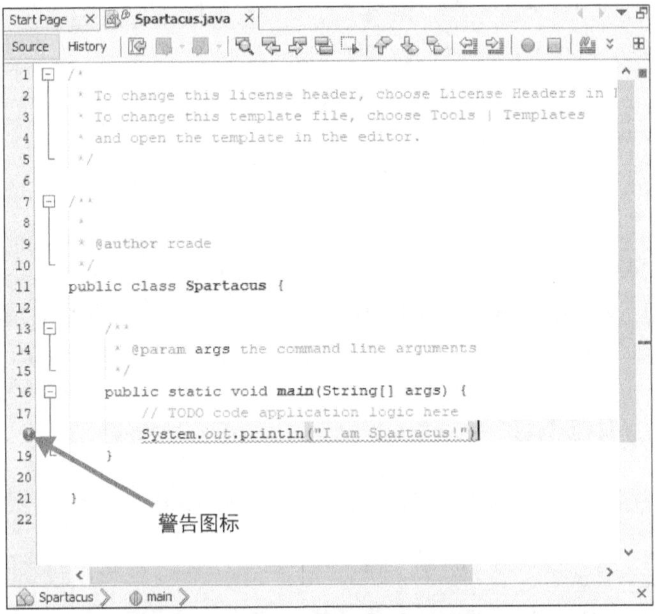

图 A.5　在源代码编辑器中标记错误

A.6 展开和折叠窗格

当您使用 NetBeans 时，通常需要同时打开多个窗格，这包括源代码编辑器、Project 窗格和 Output 窗格，它们都将占用有限的用户界面空间。

您可让某个窗格占据整个 NetBeans 界面，为此可双击其标签。

例如，如果您双击标签 Spartacus.java，源代码编辑器将展开，为您查看和修改源代码提供更多的空间，如图 A.6 所示。

其他的窗格关闭后，其标签出现在这个窗格的左边。在图 A.6 中，列出了 4 个标签：Projects、Services、Files 和 Navigator。

要折叠源代码编辑器，让 NetBeans 界面恢复正常，可再次双击标签 Spartacus.java。

使用 NetBeans 时，经常会不小心展开某个窗格，导致它占据整个界面。在任何情况下，都可双击窗格的标签使其恢复正常。另外，NetBeans 还提供了菜单 Windows，其中包含可用于打开和关闭各个窗格的菜单项。

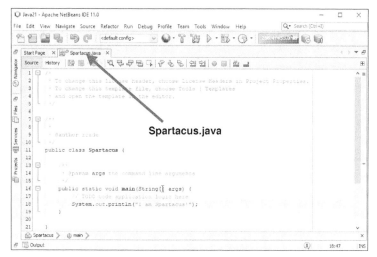

图 A.6 在更大的窗口中编辑源代码

A.7 探索 NetBeans

以上就是您创建和编译本书的程序时将用到的所有 NetBeans 基本功能。

NetBeans 还有很多其他的功能，但深入探索该 IDE 之前，您应将重点放在学习 Java 编程上。请将 NetBeans 作为一个简单的项目管理器和文本编辑器来使用；使用它来编写类并找出错误，确保您能成功地编译和运行每个项目。

附录 B
在 NetBeans 中修复包不可用错误

Java 9 新增了被称为模块的特性，让 Java 程序能够指出它需要使用 Java 类库的哪部分和要导出哪些包。

通过使用模块，还可访问 Java 类库中通常无法访问的 Java 包。例如，要在编程项目中使用新的试验性 HTTP 客户端，需要添加模块 `jdk.incubator.httpclient`。本附录介绍在 NetBeans 中出现模块不可用错误时该如何办。

添加模块信息

Java 类库包含数百个包，其中有很少一部分这样的包：要使用它们，必须在项目中添加它们所属的模块。

如果您试图导入其所属模块不可用的类，相应的 **import** 语句将引发错误，而 NetBeans 源代码编辑器将指出这种错误。

如下面的例子：

```
import jdk.incubator.http.*;
```

如果这条语句引发了错误，即在源代码编辑器左边缘出现红色禁行图标，请将鼠标指针指向该图标，您将看到相应的错误消息：

```
Package jdk.incubator.http is not visible
(package jdk.incubator.http is declared in module
jdk.incubator.httpclient, which is not in the module
graph)
```

错误消息指出了要解决问题，则必须将哪个模块添加到项目中，这里为模块 `jdk.incubator.http`。

要添加模块，可在名为 **module-info** 的 Java 类中指定，并将其放在默认包中（在这个类中，不指定它所属的包）。

在 NetBeans 中，要在项目 Java21 中添加模块，可采取如下步骤。

（1）选择菜单 File > New File，再在 Categories 窗格中选择 Java。

（2）在 File Types 窗格中，选择 Java Module Info。

（3）单击 Next 按钮。

（4）对话框将显示类名 **module-info** 且不允许您修改包名。您可直接单击 Finish 按钮。

这将在源代码编辑器中打开文件 **module-info.java**，让您能够对其进行编辑。在这个文件中，只需包含类似于下面这样的语句：

```
module Java21 {
    requires jdk.incubator.httpclient;
}
```

关键字 module 后面是 Java21，这是您要在其中添加模块的项目。如果您要在其他项目中添加模块，需要相应地修改项目名。

在花括号内，是指定模块的代码块，其中包含关键字 requires 和模块名 jdk.incubator.httpclient。如果您要添加其他模块，需要相应地修改模块名。

可使用多条 requires 语句在项目中添加多个模块。

保存文件 module-info.java 后，在指定项目的任何程序中，都可使用指定模块中的类。这样，导入指定模块中包的 import 语句将不会引发错误，而程序也能够通过编译并运行了。

附录 C
配套网站

　　阅读完本书 21 章的内容后，读者可能有不太明白的地方，虽然我不希望如此。编程是一种专业性很强的技术领域，初学者将面临一些陌生的概念和术语，如实例化、三目运算符，以及字节顺序 big-endian 和 little-endian 等。

　　如果您对本书介绍的任何内容不清楚，请参阅本书配套网站。

　　配套网站包含如下所述的内容。

- **勘误和说明**：发现本书的错误后，作者将在该配套网站上进行说明——提供正确的内容和其他有帮助的材料。
- **读者问题解答**：如果读者有问题，但在本书的"问与答"中找不到答案，也许在配套网站上能够找到。
- **示例文件**：本书所有程序的源代码和类文件。
- **Java 示例程序**：本书的某些程序的工作版本（working version）。
- **章末作业的答案**：每章末尾的练习答案（包括源代码）和认证练习答案。
- **本书提到的网站的最新链接**：对于本书提到的网站，如果其地址有变，配套网站将列出新地址。

　　在本书配套网站中，您可给我发电子邮件。单击链接 author Rogers Cadenhead，您将进入一个可直接给我发送电子邮件的页面。我还有一个 Twitter 账号——@rcade，您可通过它与我取得联系，并就本书、Java 编程，以及众多其他的主题（包括 Minecraft、杰克逊维尔美洲虎（NFL 橄榄球队）、谢菲尔德星期三足球俱乐部、科幻小说和流行音乐）展开讨论。

——罗格斯·卡登海德

附录 D
使用 Java 开发包

Oracle 提供了 Java 开发包（Java Development Kit, JDK），这是一组免费的命令行程序，用于创建、编译和运行 Java 程序。每次发布新的 Java 版本时，都会提供新的开发包，编写本书时的最新 JDK 版本为 12。

虽然 NetBeans 和其他集成开发环境（IDE，如 IntelliJ JDEA、Eclipse）更高级，但很多程序员依然使用 JDK。本附录介绍如何下载、安装和设置 JDK，以及如何使用它来创建、编译和运行 Java 程序。

另外，还将介绍如何修复 JDK 用户面临的一个常见配置问题。

D.1 选择 Java 开发工具

如果您使用的是 Windows 或 macOS 系统，其中可能安装了能够运行 Java 程序的 Java 虚拟机（JVM）。

要开发 Java 程序，不仅需要 JVM，还需要编译器以及用于创建、运行和测试程序的其他工具。

JDK 包含编译器、JVM、调试器、文件归档程序，以及几个其他的程序。

JDK 比其他开发工具简单。它没有提供图形用户界面、文本编辑器，以及很多程序员需要使用的其他特性。

要使用 JDK，请在命令提示符下执行命令。MS-DOS、Linux 和 UNIX 用户应熟悉这种提示符，它也被称为命令行。

下面是一个命令示例，使用 JDK 时，您可能输入这样的命令：

```
javac MailRetriever.java
```

它命令程序 `javac`（JDK 中的 Java 编译器）读取源代码文件 `MailRetriever.java`，并创建一个或多个类文件。类文件包含编译后的字节码，可被 JVM 执行。

`MailRetriever.java` 被编译时，生成的文件之一名为 `MailRetriever.class`。如果这个类文件是应用程序，JVM 将能够运行它。

熟悉命令行环境的用户在使用 JDK 时将很顺手；其他人在编写程序时，必须习惯没有图形环境的状态。

如果有 NetBeans 或其他 Java 开发工具，且与较新的 Java 版本兼容，则无须使用 JDK。很多开发工具都可用来创建本书的示例程序。

安装 JDK

JDK 可从 Oracle 官网的 Java 网站下载。

该网页的 Downloads 选项卡提供了到多个 JDK 版本的链接，还提供了开发环境 NetBeans 及其他与 Java 相关的产品。应下载的是 Java 标准版（Java SE），名为 JDK SE 12.0。

JDK 有 Windows 版本、macOS 版本、Linux 版本和 Solaris SPARC 版本。

当您查找该产品时,可能发现在 JDK 的版本号中,12 后面有一个数字,如 JDK SE 12.0.1。为修复 bug 和安全方面的问题,Oracle 定期发布新的 JDK 版本,版本号的形式为在主版本号后面加上句点和数字。请选择最新的 JDK 版本,不管其编号是 12.0、12.1、12.2 还是更高。

警告 不要从 Oracle 的网站下载两个名称类似的产品:Java Runtime Environment(JRE) 12.0 和 Java Standard Edition 12.0 Source Release。

要安装 JDK,必须下载并运行一个安装程序。在 Oracle Java 网站,选择针对您的操作系统的 JDK 版本后,可将其作为单个文件进行下载。

下载该文件后,便可以开始安装 JDK 了。

1. 在 Windows 平台上安装

要在 Windows 系统上安装该程序,可双击安装文件,也可单击"开始"按钮并选择"运行",再找到并运行该文件。

安装向导将引导您完成软件安装过程。接受使用该 JDK 的条款和要求后,需要选择要安装的 JDK 组件,默认情况下,向导将安装所有的 JDK 组件。

- **开发工具**:可执行程序,用于创建 Java 程序。
- **源代码**:Java 类库中成千上万个类的源代码。
- **公共 JRE**:一个 JVM(也叫 Java 运行环境),您可将其随程序一起分发。

您可忽略除程序文件外的其他项,以节省硬盘空间。然而,源代码和 Java 运行环境很有用,最好也安装它们。

要删除不想安装的组件,可单击它旁边的硬盘图标,再选择"此功能将不可用"。

选择要安装的组件后,单击"下一步"按钮,安装向导可能询问是否要安装 JRE。安装向导指定了 JDK 的默认安装位置,如果您要安装到其他位置,可单击"更改"按钮,选择一个既有文件夹或新建一个文件夹,再单击"确定"按钮返回到安装向导。

提示 进入下一步之前,将选择的文件夹名称记录下来。后面配置 JDK 和修复配置问题时需要用到。

完成配置后,向导将在您的操作系统上安装 JDK。

2. 在 macOS 平台上安装

要在 macOS 系统中安装 JDK,可单击安装程序,再单击它打开的包(.pkg)文件。

安装向导将询问您一系列问题,引导您完成安装过程,您可在回答每个问题后单击"继续"按钮。

您回答完所有的问题后,安装向导将在您的操作系统中安装 JDK。安装完成后,将询问您是否要将安装程序移到回收站,如果您不再需要它,可作肯定回答。

D.2 配置 JDK

安装 JDK 后,您必须编辑计算机的环境变量,以包含对 JDK 的引用。

经验丰富的 MS-DOS 用户可通过调整一个变量来完成 JDK 配置工作:编辑计算机的 `Path` 变量,添加到 JDK 的 `bin` 文件夹的引用(如果 JDK 安装在文件夹 `C:\Program Files\Java\jdk-12.0.1` 中,则为 `C:\Program Files\Java\jdk-12.0.1\bin`)。

不熟悉 MS-DOS 的读者可参阅接下来的内容，其中详细介绍了如何在 Windows 系统上设置变量 Path。

在 macOS 中，无须配置变量 Path，因为安装向导已经替您这样做了。

对于使用其他操作系统的用户，应参阅 Oracle 在 JDK 下载页面提供的指南。

D.2.1 使用命令行界面

使用 JDK 时，必须通过命令行来编译和运行 Java 程序及处理其他任务。

命令行提供了通过键盘（而不是鼠标）输入命令以操纵计算机的方式。当前，Windows 和 macOS 程序很少需要使用命令行。

注意

> 在 Windows 系统中，要切换到命令行，可执行下述操作。
> - 在搜索框中输入"命令提示符"。
> - 单击"开始"按钮，在搜索框中输入"命令提示符"，再单击"命令提示符"图标。
> - 单击"开始"按钮，再选择"所有程序" > "附件" > "命令提示符"。
>
> 在 macOS 中，命令行被称为终端。要找到这个程序，可单击时间右上方的"搜索"图标（放大镜），再查找"终端"。

在 Windows 中打开命令行时，将打开一个窗口，用来输入命令，如图 D.1 所示。

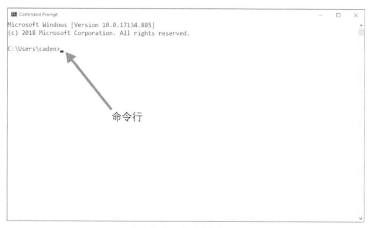

图 D.1　命令行窗口

Windows 命令行使用 MS-DOS（Windows 之前的 Microsoft 操作系统）命令。MS-DOS 支持众多 Windows 功能：复制、移动，以及删除文件和文件夹；运行程序；扫描和修复硬盘；格式化磁盘等。

如果允许输入命令，该窗口的命令行将有一个不断闪烁的光标。在图 D.1 中，命令行为 C:\Users\caden>。

由于在 MS-DOS 窗口中可以删除文件甚至格式化硬盘，因此尝试使用其命令前，您应对 MS-DOS 有基本了解。

然而，就使用 JDK 而言，您只需了解几个常用的 MS-DOS 操作：创建文件夹、切换文件夹，以及运行程序。

D.2.2 在 MS-DOS 中切换文件夹

在 Windows 系统中使用 MS-DOS 时，可以访问在 Windows 中能够使用的所有文件夹。例如，如果 C 盘有一个 Users 文件夹，则在 MS-DOS 提示符下，该文件夹为 C:\Users。

要在 MS-DOS 中切换到某个文件夹，可输入命令 cd 并指定文件夹名，再按 Enter 键，如下例所示：

```
cd C:\Temp
```

执行上述命令后，将切换到 C 盘的 Temp 文件夹（如果有这样的文件夹）。切换到某个文件夹后，命令行将变为该文件夹的名称，如图 D.2 所示。

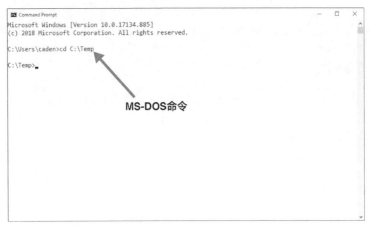

图 D.2　在命令行窗口中切换文件夹

也可以通过其他方式使用 cd 命令。

- cd\ ：切换到当前硬盘驱动器的根目录。
- cd foldername：切换到当前文件夹的子文件夹 foldername（如果有这样的文件夹）。
- cd..：切换到当前文件夹的父文件夹。例如，如果当前文件夹为 C:\Windows\Fonts，则执行命令 cd..后，将切换到文件夹 C:\Windows。

建议创建一个名为 J21work 的文件夹，用于存储本书的程序。如果已经创建了该文件夹，可以使用下述命令切换到该文件夹：

```
cd \
cd J21work
```

如果还没有创建该文件夹，可在 MS-DOS 中完成这项任务。

D.2.3　在 MS-DOS 中创建文件夹

要在命令行中创建文件夹，可输入 md 命令和要创建的文件夹名称，再按 Enter 键，如下例所示：

```
md C:\Stuff
```

这将在 C 盘的根目录中创建文件夹 Stuff。要切换到新建的文件夹，可使用 cd 命令和该文件夹的名称，如图 D.3 所示。

如果还没有创建文件夹 J21work，可在命令行中完成这项任务。

（1）切换到根目录（使用 cd \ 命令）。

（2）输入命令 md J21work 并按 Enter 键。

创建文件夹 J21work 后，可在命令行使用如下命令切换到该文件夹：

```
cd \J21work
```

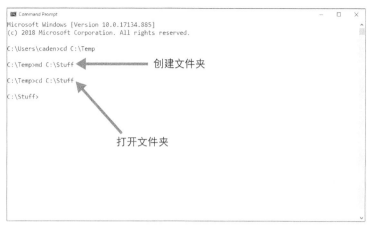

图 D.3 在命令行窗口中新建文件夹

为使用 JDK，您需要学习的最后一项 MS-DOS 操作是运行程序。

D.2.4 在 MS-DOS 中运行程序

要在命令行中运行程序，最简单的方式是输入其名称并按 Enter 键。例如，输入 dir 并按 Enter 键，可以查看当前文件夹中的文件和子文件夹。

您也可以在程序名后加上空格和控制程序如何运行的选项。这些选项被称为参数。

我们来看一个这样的例子。切换到根目录（使用 cd \），然后输入 dir J21work。您将看到一个列表，其中包含文件夹 J21work 下的所有文件和子文件夹。

安装 JDK 后，应运行 JVM，看看它能否正常工作。为此，在命令行中输入如下命令：

```
java -version
```

其中，java 是 JVM 的名称，-version 是一个参数，让 JVM 显示其版本号。

该命令的输出结果如图 D.4 所示，但您的版本号可能与此不同，这取决于您安装的是哪个 JDK 版本。

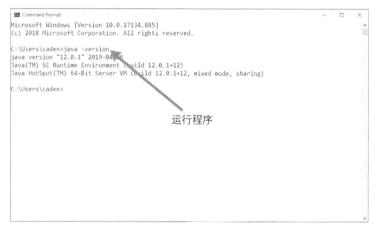

图 D.4 在命令行窗口中运行 Java 虚拟机

如果 java -version 正常运行，并显示了版本号，则它应以 12 开头。Oracle 在版本号中添加了第二甚至第三个数字，但只要它以 12 开头，便说明您使用的 JDK 版本是正确的（如果您安装的是

JDK12）。

如果运行 `java -version` 后，显示的版本号不正确或显示错误消息 `Bad command or filename`，则需要对 JDK 的配置进行修改。

D.2.5 修复配置错误

当您首次编写 Java 程序时，错误的原因很可能不是输入错误、语法错误或其他编程错误。大多数错误是由 JDK 配置不正确引起的。

如果在命令行执行 `java -version` 命令，而系统找不到包含 `java.exe` 的文件夹，将出现下面的错误消息或与之类似的错误消息（这取决于您使用的操作系统）：

- `"Bad command or file name"`
- `"'java' is not recognized as an internal or external command, operable program, or batch file"`

要修复这种错误，必须配置系统的 `Path` 变量。

在 Windows 系统中设置 Path 变量

在大多数版本的 Windows 系统中，变量 `Path` 是通过"环境变量"（Environment Variables）对话框（"控制面板"的属性之一）来配置的。

要在 Windows 中打开这个对话框，请执行以下步骤。

（1）单击"开始"按钮并找到搜索框。

（2）输入"环境变量"。

（3）单击搜索结果"编辑系统环境变量"，这将打开"系统属性"对话框，且其中显示的是"高级"选项卡。

（4）单击"环境变量"按钮，打开"环境变量"对话框，如图 D.5 所示。

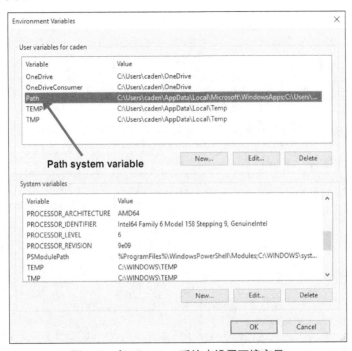

图 D.5 在 Windows 系统中设置环境变量

要在其他版本的 Windows 系统中打开这个对话框，请执行以下步骤。

（1）右键单击桌面或"开始"菜单中的图标"计算机"，再选择"属性"打开"系统属性"对话框。

（2）单击标签"高级"或链接"高级系统设置"。

（3）单击"环境变量"按钮打开"环境变量"对话框，如图 D.5 所示。

可编辑的环境变量有两种：系统变量和用户变量。前者用于计算机上的所有用户，后者只用于当前用户。

Path 是一个系统变量，当您在命令行运行程序时，它帮助 MS-DOS 查找该程序。该变量包含一系列由分号分隔的文件夹路径。

要正确设置 JDK，必须在系统变量 Path 中包含 Java 虚拟机所在的文件夹路径。该虚拟机的文件名为 java.exe。如果 JDK 安装在文件夹 C:\Program Files\Java\jdk-12.0.1 中，java.exe 将位于文件夹 C:\Program Files\Java\jdk-12.0.1\bin 中。

如果记不起 JDK 的安装位置，可查找 java.exe，方法是在搜索框中输入这个文件名。可能多个文件夹中都包含这样的文件。要确定哪个是正确的，可在命令行窗口对每个这样的文件执行下述操作。

（1）使用 cd 命令切换到 java.exe 所在的文件夹。

（2）在该文件夹下运行命令 java -version。

知道正确的文件夹后，回到"环境变量"对话框，选择"用户变量"列表框中的 Path，再单击"编辑"按钮。这将打开"编辑环境变量"对话框，其中显示了变量 Path 的值（一系列文件夹路径），如图 D.6 所示。

图 D.6　编辑环境变量 Path

要在 Path 变量中添加文件夹，可单击"新建"按钮，将光标移动到最后一项内容后面的空白单元格中。

例如，如果正确的文件夹为 C:\Program Files\Java\jdk-12.0.1\bin，则在空白单元格中输入如下文本：

```
C:\Program Files\Java\jdk-12.0.1\bin
```

修改后，单击"确定"按钮三次：第一次关闭"编辑环境变量"对话框；第二次关闭"环境变量"对话框；最后一次关闭"系统属性"对话框。

然后，打开命令行窗口并执行命令 java -version。如果显示的 JDK 版本是正确的，则说明环境变量的配置可能是正确的，不过只有到本附录后面使用 JDK 时才能完全确定这一点。

D.3 使用文本编辑器

不同于高级 Java 开发工具（如 NetBeans），JDK 没有提供文本编辑器创建源代码文件。

只要是能够保存没有任何格式的文本文件的编辑器，就可用于 JDK。

这种特性的名称随编辑器而异。保存文档或设置文档的属性时，请使用下述格式选项之一。

- 纯文本。
- DOS 文本。
- 仅有文本（Text-only）。

如果您使用的是 Windows，可使用该操作系统包含的编辑器。

"记事本"是一个简单的文本编辑器，只能处理纯文本文件，且不能同时处理多个文档。要在 Windows 中运行"记事本"，可单击"开始"按钮，在搜索框中输入"记事本"，再单击搜索结果中的 "记事本"。要在较早版本的 Windows 系统中运行"记事本"，可单击"开始"按钮，再选择"程序"> "附件">"记事本"。

"写字板"要比"记事本"高级些。它能够同时处理多个文档，且能够处理纯文本文件和 Word 文档。它还能够记住最后处理的几个文档，并将它们的名称列在菜单"文件"中。查找并运行"写字板"的方法与"记事本"类似。

UNIX 和 Linux 用户可以使用 emacs、pico 和 vi 来编写程序；Mac 用户可使用 SimpleText 或前面提到的 UNIX 工具编写 Java 源代码文件。

使用诸如"写字板"和"记事本"等简单文本编辑器的缺点之一是，当您编辑时它们不会显示行号。

在 Java 编程中，行号很有帮助，因为很多编译器都通过行号指出错误的位置。请看下述由 JDK 编译器生成的错误消息：

```
Palindrome.java:21: Class Font not found in type declaration.
```

其中 Java 源代码文件名后面的数字"21"指出了导致编译器错误的行。使用支持行号的文本编辑器时，您可以直接跳到这一行，并查找错误。

通常，使用 Java 集成开发环境（如 NetBeans）来调试程序更佳，但 JDK 用户必须使用 javac 指出的行号来查找编译错误。这是使用 JDK 学习 Java 后应使用高级 Java 开发工具的重要原因之一。

提示	另一种选择是使用具备行号和其他特性的文本编辑器。jEdit 是最流行的 Java 编辑器之一，这是一个免费的编辑器，可用于 Windows、Linux 和其他操作系统。我使用的是 Brackets，对程序员和 Web 设计人员来说，这是一款卓越的开源编辑器。

D.4 创建示例程序

安装并设置 JDK 后，便可创建 Java 程序，以核实 JDK 是否能正常工作。

Java 程序开始为源代码：使用文本编辑器创建的一系列语句，并被保存为文本文件。您可以使用任何编辑器来创建这种文件，只要它能够将文件保存为没有任何格式的纯文本。

JDK 没有文本编辑器，但大多数 Java 开发工具内置了用于创建源代码文件的编辑器。

请运行您选择的编辑器，并输入程序清单 D.1 中的 Java 程序代码。请正确地输入其中的圆括号、花括号和引号，同时确保字母大小写完全与该程序清单相同。如果您使用的编辑器要求输入文本前提供文件名，请提供 HelloUser.java。

程序清单 D.1 HelloUser.java 的源代码

```
1: public class HelloUser {
2:     public static void main(String[] arguments) {
3:         String username = System.getProperty("user.name");
4:         System.out.println("Hello " + username);
5:     }
6: }
```

每行开头的行号和冒号并非程序的组成部分，这里提供它们旨在方便引用程序中的行。如果您对本书列出的代码持怀疑态度，可将其与本书配套网站提供的代码进行比较。

输入上述程序后，将其保存到硬盘中，文件名为 HelloUser.java。保存 Java 源代码文件时，其扩展名必须是.java。

> **提示**
>
> 如果您创建了文件夹 J21work，可将 HelloUser.java 保存到这个文件夹中。这样，使用命令行窗口时，查找这个文件将更容易。

如果您使用的是 Windows，文本编辑器可能在您保存的 Java 源代码文件名后加上扩展名.txt。例如，HelloUser.java 被保存为 HelloUser.java.txt。为避免这种问题，可在保存源代码文件时，将文件名用引号引起来。

这个程序旨在测试 JDK，本附录不会介绍这个 6 行程序使用的任何 Java 编程概念。

在本书前几章中，您已学习了有关 Java 的基本知识。

在 Windows 中编译和运行程序

现在，可以使用 JDK 中的 Java 编译器（名为 javac 的程序）对源代码进行编译。编译器读取扩展名为.java 的源代码文件，并创建一个或多个可被 Java 虚拟机运行的.class 文件。

打开命令行窗口，切换到 HelloUser.java 所在的文件夹。

如果该文件位于主盘根目录的 J21work 文件夹中，则可以使用下述命令来切换到该文件夹：

```
cd \J21work
```

切换到正确的文件夹后，可以在命令提示符下输入下述命令来编译 HelloUser.java：

```
javac HelloUser.java
```

图 D.7 显示了用于切换到文件夹\J21work 并编译 HelloUser.java 的 MS-DOS 命令。

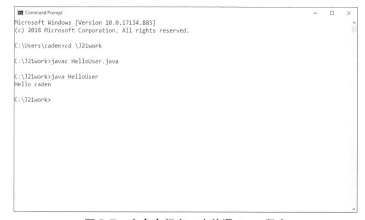

图 D.7 在命令行窗口中编译 Java 程序

如果程序通过了编译，JDK 编译器将不会显示任何消息；如果程序有错误，编译器将显示一条消息，其中指出了错误和导致错误的代码行。

如果该程序编译时没有发生任何错误，将创建一个名为 `HelloUser.class` 的类文件，它位于 `HelloUser.java` 所在的文件夹中。

类文件中包含将被 Java 虚拟机执行的 Java 字节码。如果发生错误，请查看源代码文件，确保您输入的内容与程序清单 D.1 完全相同。

创建类文件后，可以使用 JVM 来运行它。JDK 中的 JVM 名为 `java`，可以使用它通过命令行运行类文件。

要运行程序 HelloUser，请切换到 `HelloUser.class` 所在的文件夹，再执行下述命令：

```
java HelloUser
```

您将看到"**Hello**"、空格和您的用户名。

注意

> 使用 JDK 的 JVM 运行 Java 类时，请不要在类名后指定文件扩展名 `.class`。如果这样做，将看到类似于下面的错误消息：
>
> ```
> Exception in thread "main" java.lang.
> NoClassDefFoundError: HelloUser/class
> ```

创建并编译这个程序时，采用的是正常流程，这种流程适用于全书的示例。但对于像 `HelloUser.java` 这样的单文件 Java 程序来说，Java 11 引入了一种更简单的流程，让您能够跳过编译过程，直接运行源代码，如下所示：

```
java HelloUser.java
```

这样，JVM 将自动将源代码编译为字节码并执行它们。

图 D.7 显示了用于编译、运行该程序的命令，以及该程序的输出。如果能够成功地编译并运行该程序，说明 JDK 能正常工作，您可以开始阅读本书第 1 章。

如果即使代码与书中完全相同，仍无法编译该程序，您就需要这样做：卸载所有的 JDK 版本，然后重启计算机，再重新安装 JDK。

附录 E

使用 Java 开发包编程

虽然对大多数 Java 编程新手来说，使用 IDE NetBeans 来创建、编译和运行本书的 Java 程序更容易，但也完全可以使用 Java 开发包（Java Development Kit，JDK）。

本附录介绍用于创建和测试 Java 程序的 JDK 功能。

E.1　JDK 概览

虽然很多 IDE 都可用来创建 Java 程序，但使用最广泛的可能还是 Oracle 提供的 JDK，这是一组命令行工具，可用于使用 Java 语言来开发软件。

JDK 流行的主要原因有两个。

- 它是免费的，可从 Java 官方网站免费下载。
- 它最早面世，每次发布新的 Java 版本时，首先支持该版本的工具都位于 JDK 中。

JDK 使用命令行。在 Windows 中，这被称为 MS-DOS 提示符、命令提示符或控制台；在 UNIX 中，被称为 Shell 提示符。命令是使用键盘输入的，如下所示：

```
javac VideoDB.java
```

上述命令使用 JDK 编译器编译名为 `VideoDB.java` 的 Java 程序。该命令由两个元素组成：JDK 编译器的名称（`javac`）和要编译的程序的名称（`VideoDB.java`），它们之间用空格隔开。

所有 JDK 命令都采用相同的格式：要使用的工具的名称和一个或多个指出工具应做什么的元素。这些元素称为参数。

下面的例子演示了如何使用命令行参数：

```
java VideoDB add DVD "Catch Me If You Can"
```

它命令 Java 虚拟机（JVM）运行类文件 `VideoDB`，并给它提供 3 个命令行参数：字符串 `add`、`DVD` 和`"Catch Me If You Can"`。

> **注意**　您可能认为这里不止 3 个命令行参数，因为字符串`"Catch Me If You Can"`中有空格。`Catch Me If You Can`两边的引号使它被视为一个命令行参数，且使参数可以包含空格。

有些 JDK 参数可限制工具的运行方式。这些参数前面有连字符，被称为选项。

下面的命令演示了如何使用选项：

```
java -version
```

它命令 JVM 显示其版本号，而不是运行类文件。这可用于确定 JDK 是否配置正确，以运行 Java

程序。下面是在安装了 JDK 12 的系统上执行该命令得到的输出：

▼ **输出：**

```
java version "12.0.1" 2019-04-16
Java(TM) SE Runtime Environment (build 12.0.1+12)
Java HotSpot(TM) 64-Bit Server VM (build 12.0.1+12, mixed mode, sharing)
```

有时候，可以结合使用选项和其他参数。例如，编译使用了被摒弃的方法的 Java 类时，可以使用选项 `-deprecation`，以查看关于这些方法的更详细的信息，如下所示：

```
javac -deprecation OldVideoDB.java
```

E.2　Java 虚拟机（java）

Java 虚拟机（`java`）用于从命令行运行 Java 应用程序。它接收一个参数——要运行的类文件名，如下所示：

```
java BidMonitor
```

虽然 Java 类文件的扩展名为 `.class`，但使用虚拟机时不应指出扩展名。JVM 也被称为 Java 解释器。

JVM 运行的类必须包含一个 `main()` 方法，该方法的格式如下：

```
public static void main(String[] arguments) {
    // method here
}
```

简单的 Java 程序可能只包含一个类：包含 `main()` 方法的类。对于使用了其他类的复杂程序，Java 虚拟机将自动加载所需的其他类。

JVM 运行的是字节码——由虚拟机执行的编译后的指令。当 Java 程序被作为 `.class` 文件保存为字节码后，可被不同的 JVM 执行，而无须做任何修改。编译后的 Java 程序与任何全面支持 Java 的 JVM 都兼容。

从 Java 11 起，对于单文件 Java 程序，可直接执行它，而无须先编译成类。例如，如果 `BidMonitor.java` 完全是在这个文件中实现的，就可使用下面的命令来运行它：

```
java BidMonitor.java
```

注意　　有意思的是，Java 并不是可用于创建 Java 字节码的唯一一种语言。Closure、Groovy、Scala、Kotlin、JRuby、Jpython 等语言都可使用专用的编译器编译为可执行字节码的.class 文件。

要指定由 JVM 运行的类文件，有两种方式。如果类不位于任何包中，可以通过指定其名称来运行它，如前面的 `java BidMonitor` 示例所示；如果类位于某个包中，则必须指定完整的包名和类名。

例如，假设 `ItemSeller` 类位于 `org.cadenhead.auction` 包中。要运行该应用程序，需要使用下面的命令：

```
java org.cadenhead.auction.ItemSeller
```

包名的每个部分对应于相应的子文件夹。JVM 将在下面几个地方查找 `ItemSeller.class` 文件。

- 当前文件夹中的 `org\cadenhead\auction` 子文件夹（如果当前文件夹为 `C:\J21work`，

且 `ItemSeller.class` 位于文件夹 `C:\J21work\org\cadenhead\auction` 中，则它将被成功执行）。

- `Classpath` 设置中任何文件夹的 `org\cadenhead\auction` 子文件夹。

如果要创建自己的包，则一种简单的管理方式是，将一个文件夹加入 `Classpath` 中，该文件夹是您创建的所有包的根目录，如 `C:\javapackages`。创建对应于包名的子文件夹后，将这个包的类文件放到正确的子文件夹中。

运行 Java 应用程序时，可使用命令行选项 `-cp` 指定 `Classpath`，如下所示：

```
java -cp . org.cadenhead.auction.ItemSeller
```

这个命令将 `Classpath` 设置为`.`，即当前文件夹。

E.3 编译器 javac

Java 编译器 `javac` 将 Java 源代码转换为一个或多个由字节码组成的类文件，这些类文件可被 JVM 执行。

Java 源代码存储在扩展名为 `.java` 的文件中。这种文件可使用任何能够将文档保存为纯文本的文本编辑器或字处理程序来创建。这里使用的文件术语随文本编辑软件而异，但这种文件通常被称为纯文本、ASCII 文本等。

Java 源代码文件可包含多个类，但只有一个可被声明为公有的类。Java 源代码文件甚至可以不包含任何公有类。

如果源代码文件包含被声明为公有的类，则该文件名必须与该类名相同。例如，公有类 `ItemBuyer` 的源代码必须存储在文件 `ItemBuyer.java` 中。

要编译文件，可使用命令 `javac`，并使用该文件的名称作参数，如下所示：

```
javac ItemBuyer.java
```

可以编译多个源文件，方法是将这些文件的名称作为命令行参数并用空格将其隔开，如下面的命令所示：

```
javac ItemBuyer.java ItemSeller.java
```

还可以使用通配符（如`*`和`?`）。下面的命令用于编译某个文件夹中的所有`.java`文件：

```
javac *.java
```

编译一个或多个 Java 源代码文件时，对于每个成功编译的 Java 类，都将创建一个`.class`文件。对于源代码文件中定义的每个类，都将创建一个`.class`文件。

运行编译器时，另一个很有用的选项是`-deprecation`，它使编译器对 Java 程序中使用的已被摒弃的方法进行描述。

被摒弃的方法指的是已被更好的方法替代，这个方法位于同一个类中或其他类中。虽然被摒弃的方法仍然可用，但 Oracle 在某个时候可能决定将其从类中删除。摒弃警告强烈建议您尽早停止使用这种方法。

通常情况下，如果程序使用了已摒弃的方法，编译器将发出警告。`-deprecation` 选项使编译器列出类中每个已被摒弃的方法，如下面的命令所示：

```
javac -deprecation ItemSeller.java
```

如果您更在乎 Java 程序的运行速度，而不是其类文件的大小，可以使用选项`-O`来编译其源代码。

这将创建一个被优化以提高执行速度的类文件。静态的、final 或私有的方法可能被编译为内联的（inline）方法，内联技术增加了类文件的体积，但使方法的执行速度更快。

如果要使用调试器来查找 Java 类中的 bug，可在编译源代码时使用选项-g，以便将所有的调试信息（包括行号引用、局部变量和源代码）加入类文件中；要防止这些内容被加入类文件中，可在编译时使用选项-g:none。

通常情况下，Java 编译器在创建类文件时，不会提供大量的信息。实际上，如果源代码被成功编译，且没有使用任何已摒弃的方法，编译器将不会有任何输出。在这种情况下，没有消息就是好消息。

要获悉 javac 工具在编译源代码时执行的操作的更详细信息，可使用-verbose 选项，这样将反馈用于完成各种功能的时间、加载的类，以及编译总共所需的时间。

E.4 文档工具 javadoc

javadoc 是 Java 的文档生成器，它以 .java 源代码文件或包名为输入，从而生成 HTML 格式的详细文档。

要使 javadoc 能够为程序创建完整的文档，必须在程序的源代码中使用一种特定的注释语句。本书的程序使用 //、/* 和 */ 来创建注释——帮助人们理解程序的信息。

Java 还有一种结构化程度更高的注释，可被 javadoc 读取。这种注释用于描述程序中的元素，如类、变量、对象和方法，其格式如下：

```
/** A descriptive sentence or paragraph.
 * @tag1 Description of this tag.
 * @tag2 Description of this tag.
 */
```

Java 文档注释应放在它所说明的程序元素前面，并简洁地说明该程序元素。例如，如果注释位于 class 语句之前，它应描述这个类的用途。

除描述性文本外，还可以使用其他条目来进一步说明程序元素。这些条目被称为标记（tag），它们以@开头，后面是一个空格和描述性句子或段落。

程序清单 E.1 是第 18 章的应用程序 QuoteData 的详细说明版本。该程序使用了如下标记。

- @author：程序的作者。该标记只能用于类，如果运行 javadoc 时没有使用-author 选项，这种标记将被忽略。
- @version text：程序的版本号。该标记也只能用于类，如果运行 javadoc 时没有使用-version 选项，这种标记将被忽略。
- @return text：对方法返回的变量和对象进行说明。
- @param name text：方法的参数名及其描述。

程序清单 E.1 完整的 QuoteData.java 源代码

```
 1: package com.java21days;
 2:
 3: import java.io.*;
 4: import java.net.*;
 5: import java.sql.*;
 6: import java.util.*;
 7:
 8: /**
 9:  * This class retrieves stock quote data from Yahoo Finance. The ticker
10:  * symbol of the stock to check is specified as a command-line argument
11:  * when the application is run.
12:  * @author <a href="http://www.java21days.com/">Rogers Cadenhead</a>
```

```
13:  * @version 1.0
14:  */
15: public class QuoteData {
16:     private final String ticker;
17:
18:     /**
19:      * Create a QuoteData object for the specified stock.
20:      * @param ticker The ticker symbol of the stock
21:      */
22:     public QuoteData(String ticker) {
23:         this.ticker = ticker;
24:     }
25:
26:     /**
27:      * Retrieve data from Yahoo for the stock.
28:      * @return The stock data as a string in CSV format.
29:      */
30:     private String retrieveQuote() {
31:         StringBuilder builder = new StringBuilder();
32:         try {
33:             URL page = new URL("http://quote.yahoo.com/d/quotes.csv?s=" +
34:                 ticker + "&f=sl1d1t1c1ohgv&e=.csv");
35:             String line;
36:             URLConnection conn = page.openConnection();
37:             conn.connect();
38:             InputStreamReader in = new InputStreamReader(
39:                 conn.getInputStream());
40:             BufferedReader data = new BufferedReader(in);
41:             while ((line = data.readLine()) != null) {
42:                 builder.append(line);
43:                 builder.append("\n");
44:             }
45:         } catch (MalformedURLException mue) {
46:             System.out.println("Bad URL: " + mue.getMessage());
47:         } catch (IOException ioe) {
48:             System.out.println("IO Error:" + ioe.getMessage());
49:         }
50:         return builder.toString();
51:     }
52:
53:     /**
54:      * Store the stock's quote data in a Derby database.
55:      * @param data The CSV stock data to split into database fields.
56:      */
57:     private void storeQuote(String data) {
58:         StringTokenizer tokens = new StringTokenizer(data, ",");
59:         String[] fields = new String[9];
60:         for (int i = 0; i < fields.length; i++) {
61:             fields[i] = stripQuotes(tokens.nextToken());
62:         }
63:         String datasource = "jdbc:derby://localhost:1527/sample";
64:         try (
65:             Connection conn = DriverManager.getConnection(
66:                 datasource, "app", "app");
67:             PreparedStatement prep2 = conn.prepareStatement("INSERT INTO " +
68:                 "app.stocks(ticker, price, date, change, low, " +
69:                 "high, priceopen, volume) " +
70:                 "VALUES(?, ?, ?, ?, ?, ?, ?, ?)");
71:         ) {
72:             Class.forName("org.apache.derby.jdbc.ClientDriver");
73:             prep2.setString(1, fields[0]);
74:             prep2.setString(2, fields[1]);
```

```
75:                    prep2.setString(3, fields[2]);
76:                    prep2.setString(4, fields[4]);
77:                    prep2.setString(5, fields[5]);
78:                    prep2.setString(6, fields[6]);
79:                    prep2.setString(7, fields[7]);
80:                    prep2.setString(8, fields[8]);
81:                    prep2.executeUpdate();
82:                } catch (SQLException | ClassNotFoundException oops) {
83:                    System.out.println("Error: " + oops.getMessage());
84:                }
85:    }
86:
87:    /**
88:     * Remove quote marks from a string
89:     * @param input The input string.
90:     * @return The modified string.
91:     */
92:    private String stripQuotes(String input) {
93:        StringBuilder output = new StringBuilder();
94:        for (int i = 0; i < input.length(); i++) {
95:            if (input.charAt(i) != '\"') {
96:                output.append(input.charAt(i));
97:            }
98:        }
99:        return output.toString();
100:    }
101:
102:    /**
103:     * The application's main method.
104:     * @param arguments An array with one element, a ticker symbol to check.
105:     */
106:    public static void main(String[] arguments) {
107:        if (arguments.length < 1) {
108:            System.out.println("Usage: java QuoteData ticker");
109:            System.exit(0);
110:        }
111:        QuoteData app = new QuoteData(arguments[0]);
112:        String data = app.retrieveQuote();
113:        app.storeQuote(data);
114:    }
115: }
```

可通过下面的命令使用源代码文件 QuoteData.java 来创建 HTML 文档：

```
javadoc -author -version QuoteData.java
```

Java 文档工具将创建多个网页，这些网页存储在 QuoteData.java 所在的文件夹中。这些页面以 Oracle Java 类库文档的方式对该程序进行说明。

要查看 javadoc 为 QuoteData 创建的文档，可在 Web 浏览器中加载新创建的网页 index.html。图 E.1 显示了在 Google Chrome 中加载该页面的结果。

javadoc 生成的网页包含大量的超链接。通过这些网页，可以知道文档注释和标记中的信息在哪里。

如果您熟悉 HTML，可在文档注释中使用诸如 a、b 和 i 等标记。QuoteData 程序中的第 12 行使用了一个 a 标记将文本 Rogers Cadenhead 转换为到本书配套网站的超链接。

javadoc 还可用于说明整个包，方法是将包名作为命令行参数。这将为包中的每个 .java 文件创建 HTML 文档，同时创建一个对这些页面进行索引的 HTML 文件。

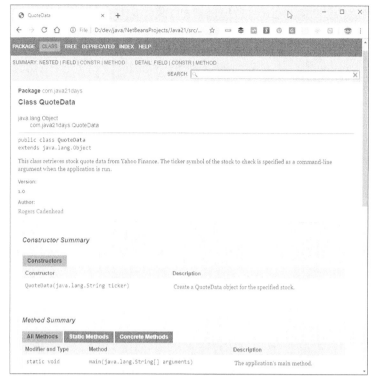

图 E.1 程序 QuoteData 的 Java 文档

如果要将生成的 Java 文档存储到非默认文件夹中，可使用 -d 选项，并在后面加上空格和文件夹名称。下面的命令为 QuoteData 创建 Java 文档，并将这些文档存储到文件夹 C:\JavaDocs\ 中：

```
javadoc -author -version -d C:\JavaDocs\ QuoteData.java
```

下面详细地列出了可在 Java 文档注释中使用的其他标记。

- @deprecated text：指出类、方法或变量已被摒弃。这将导致使用该特性的程序被编译时，javac 编译器发出摒弃警告。
- @exception class description：用于可能引发异常的方法，指出异常的类名及其描述。
- @see class：指出另一个类的名称，这个类将被转换为一个超链接——指向这个类的 Java 文档。该标记在注释中的使用不受任何限制。
- @see class#method：指出另一个类的方法名，这个类将被转换为一个超链接——指向该方法的 Java 文档。其使用也不受任何限制。
- @serial text：描述可被序列化（存储到磁盘中供以后检索）的变量或对象的数据类型和可能的取值。
- @since text：描述方法或特性是何时被加入 Java 类库中的。

E.5 Java 文件存档工具 jar

部署 Java 程序时，跟踪程序所需的所有类文件和其他文件是极其烦琐的。

为了简化这项工作，JDK 提供了一个名为 jar 的工具，它将程序的所有文件打包成一个 Java 存档文件——也叫 JAR 文件。jar 工具也可用于将这种存档文件拆包。

打包成 JAR 文件时，可以使用 Zip 格式进行压缩，也可以不进行任何压缩。

要使用该工具，请输入命令 jar，以及命令行选项和一系列的文件名、文件夹名或通配符。

下面的命令将一个文件夹中的所有类文件和 GIF 图像文件打包成一个名为 Animator.jar 的 Java 存档文件：

```
jar cf Animator.jar *.class *.gif
```

参数 cf 指定了运行 jar 程序时可以使用的两个命令行选项。c 指出应创建一个 Java 存档文件，而 f 指出文件名由接下来的参数指定。

您也可以使用下面这样的命令，将特定的文件加入 Java 存档文件中：

```
jar cf MusicLoop.jar MusicLoop.class muskratLove.mp3 shopAround.mp3
```

这将创建一个名为 MusicLoop.jar 的存档文件，它包含 3 个文件：MusicLoop.class、muskratLove.mp3 和 shopAround.mp3。

运行 jar 时，如果没有提供任何参数，将显示可用于该工具的选项列表。

E.6 调试器 jdb

Java 调试器 jdb 是一个复杂的工具，用于帮助您查找和修复 Java 程序中的 bug。您还可以使用它来更深入地了解程序运行时在 JVM 中发生的情况。它包含大量功能，其中的一些超出了对 Java 语言比较陌生的 Java 程序员的技术范畴。

您不一定非得使用该调试器来调试 Java 程序，尤其当您阅读本书期间创建 Java 程序时。Java 编译器生成错误后，最常见的措施是将源代码加载到编辑器中，找到错误消息指出的代码行，并确定问题所在。编译—报错—查找—修正的循环将不断进行下去，直到程序通过编译。

使用这种调试方法一段时间后，您可能认为，对编程而言调试器是多余的，因为这种工具很复杂，不好掌握。而且修复会导致编译器出错的问题时，很多问题都是简单错误，如错放了分号、{和}不匹配或将错误的数据类型作为方法的参数。然而，当您开始查找逻辑错误时——更微妙的 bug，这些 bug 不会导致程序无法编译和运行——调试器将成为宝贵的工具。

Java 调试器的两项功能对于查找其他方式无法发现的 bug 很有用：单步执行和断点。单步执行（single execution）在每行代码执行后都暂停；断点（breakpoint）是程序暂停的位置。使用 Java 调试器时，断点由指定的代码行、方法调用或捕获的异常触发。

Java 调试器的工作原理是，使用它能够完全控制 JVM 来运行程序。

使用 Java 调试器对程序进行调试之前，应使用 -g 选项来编译该程序，这样，类文件中将包含额外的信息。这些信息对调试的帮助非常大。同样，不应使用 -O 选项，因为优化技术可能生成不与程序源代码直接对应的类文件。

E.6.1 调试应用程序

要调试应用程序，可运行工具 jdb，并将 Java 类作为参数，如下所示：

```
jdb Calculator
```

它使用调试器来调试第 12 章的应用程序 Calculator.class。请将文件 Calculator.class 和 Calculator.java 的副本存储到某个文件夹中（如 Windows 系统中的 C:\Temp 文件夹），再打开命令行并切换到该文件夹，然后执行前面的命令，使用 jdb 对 Calculator 类进行调试。

Calculator 是一个将两个数字相加的 Swing 应用程序。调试器将加载该程序，但并不会立刻运行它，而是显示如下输出结果：

```
Initializing jdb...
>
```

要控制调试器，需要在提示符>下输入命令。

要在程序中设置断点，可使用命令 stop in 和 stop at。命令 stop in 在类中指定在方法的第一行设置断点。您通过参数来指定类和方法名，如下所示：

```
stop in Calculator.setLookAndFeel()
```

该命令在方法 setLookAndFeel() 的第一行设置一个断点。注意，方法名后不需要参数或括号。命令 stop at 在类中指定的行设置一个断点。您通过参数来指定类和行号，如下所示：

```
stop at Calculator:23
```

如果对类 Calculator 执行上述命令，您将看到如下输出：

```
Deferring breakpoint Calculator:23
It will be set after the class is loaded.
```

可在类中设置任意数目的断点。要查看当前设置的断点，可使用不带任何参数的 clear 命令。clear 命令按行号而不是方法名列出当前所有的断点，即使这些断点是使用 stop in 命令设置的。

使用带有类名和行号的 clear 命令可删除指定行的断点；使用带类名和方法名的 clear 命令可删除指定方法中的断点。下面的示例删除类中指定行的断点：

```
clear Calculator:23
```

在调试器中，可以使用命令 run 来启动程序。下面是当您开始运行 Calculator 类时，调试器的输出结果：

```
run Calculator
VM Started: Set deferred breakpoint Calculator:23

Breakpoint hit: "thread=main", Calculator.main(), line=23 bci=413
23                value1 = new JTextField("0", 5);
```

到达 Calculator 类中的断点后，请尝试执行下述命令。

- list：显示断点处的代码行及其前后的几行代码。这需要访问断点所在类的 .java 文件，因此 Calculator.java 文件必须存储在当前文件夹或 Classpath 列出的文件夹中。
- locals：显示当前使用的或将要定义的局部变量的值。
- print text：显示 text 指定的变量、对象或数组元素的值。
- step：执行下一行，然后停止。
- cont：从断点处开始继续执行程序。
- !!：重复前一个调试命令。

在该应用程序中尝试使用这些命令后，可以删除断点，并使用 cont 命令来继续执行该程序。要结束调试，可使用 exit 命令。

应用程序 Calculator 显示一个图形用户界面。您可使用这个程序来将两个数字相加，看看结果是否正确，从而验证该程序能否正确运行。

调试完程序，并确保它能正确运行后，重新编译它，但不要使用选项 -g。

E.6.2 高级调试命令

通过前面介绍的特性，可使用调试器来中止程序的执行和更详细地了解程序执行中所发生的情况。

对很多调试任务而言，这些就足够了，但调试器还提供了很多其他的命令。

- up：上移栈帧，以便能够使用命令 `locals` 和 `print` 来查看当前方法被调用之前的情况。
- down：下移栈帧，以便查看方法调用后的情况。

在 Java 程序中，可能调用一连串的方法——一个方法调用另一个方法，而后者又调用另一个方法，以此类推。在每个调用方法的地方，Java 都将作用域中的所有对象和变量组织在一起，以便进行跟踪。这称为栈，对象就像一副扑克牌一样堆叠在一起。程序运行过程中出现的各种栈被称为栈帧（stack frame）。

结合使用 `locals` 命令和 `up`、`down` 命令，可以更深入了解调用方法的代码是如何与该方法进行交互的。

您还可以在调试过程中使用以下命令。

- classes：列出当前被加载到内存中的类。
- methods：列出类的方法。
- memory：列出内存总量和当前未用的内存量。
- threads：列出当前执行的线程。

命令 `threads` 将所有线程编号，让您能够使用 `suspend` 命令和线程号来暂停线程，如 `suspend 1`。您可以使用 `resume` 命令和线程号来继续运行指定的线程。

另一种在 Java 程序中设置断点的方式是，使用 `catch text` 命令。捕获 `text` 指定的 `Exception` 类时，程序将暂停执行。

还可以使用 `ignore text` 命令来忽略异常，要忽略的异常由 `text` 指定。

E.7 使用系统属性

一项方便的 JDK 功能是，使用命令行选项 `-D` 可以调整 Java 类库的性能。

如果学习 Java 之前，您使用过其他编程语言，可能熟悉环境变量——提供了运行程序的机器使用的操作系统的信息。例如，`Classpath` 设置指出 JVM 应到哪些文件夹中去查找类文件。

由于环境变量的名称随操作系统而异，因此 Java 程序不能直接读取它们。Java 包含任何支持 Java 的平台都有的大量系统属性。

有些属性仅用于获取信息。下面的系统属性在任何 Java 实现中都可用。

- java.version：JVM 的版本号。
- java.vendor：一个字符串，指出 JVM 的厂商。
- os.name：当前使用的操作系统。
- os.version：操作系统的版本号。
- file.separator：操作系统使用的路径分隔符，根据您使用的是 Windows、Linux(UNIX) 还是 macOS，它可能是\、/或:。

用于 Java 程序中时，有些属性将影响 Java 类库的行为。例如属性 `java.io.tmpdir`，它指定了 Java 输入和输出类将用作临时工作区的文件夹。

属性可通过命令行进行设置，方法是使用 `-D` 选项、属性名、等号（=）和属性的新值，如下面的命令所示：

```
java -Duser.timezone=Asia/Jakarta Auctioneer
```

上面的例子在运行 `Auctioneer` 类之前，将默认时区设置为 Asia/Jakarta。这将影响 Java 程序中所有没有设置时区的 `Date` 对象。

这种修改属性的效果不是永久性的，只影响特定类及其使用的类的执行。

提示

> 在 `java.util` 包中，`TimeZone` 类中包含一个名为 `getProperties()` 的类方法，它返回一个字符串数组，其中包含 Java 支持的所有时区标识符。
>
> 下述代码显示了这些标识符：
>
> ```
> String[] ids = java.util.TimeZone.getAvailableIDs();
>
> for (int i = 0; i < ids.length; i++) {
>     System.out.println(ids[i]);
> }
> ```

您还可以创建自己的属性，并使用类 `System` 的方法 `getProperty()` 来读取它们，`System` 类位于 `java.lang` 包中。

程序清单 E.2 是程序 `ItemProp` 的源代码，该程序输出一个用户创建的属性的值。

程序清单 E.2　完整的 ItemProp.java 源代码

```
1: class ItemProp {
2:     public static void main(String[] arguments) {
3:         String n = System.getProperty("item.name");
4:         System.out.println("The item is named " + n);
5:     }
6: }
```

运行该程序时，如果没有在命令行中设置 `item.name` 属性，将输出如下结果：

```
The item is named null
```

可使用 `-D` 选项来设置 `item.name` 属性，如下面的命令所示：

```
java -Ditem.name="Microsoft Bob" ItemProp
```

这样，程序将输出如下结果：

```
The item is named Microsoft Bob
```

`-D` 选项用于 Java 虚拟机。

E.8　在 Shell 中编写 Java 语句

刚开始学习 Java 或要使用 Java 类库中以前没使用过的类时，您可能想尝试编写几行代码，以更深入地了解某些方面的工作原理。例如，您可能想使用不同的参数调用某个类方法、创建对象并对其调用方法或者对某个数据结构执行循环。

在 Java 历史的大部分时间内，做这样的试验通常都很麻烦：必须创建一个临时性的单文件 Java 类（我习惯将其命名为 Temp.java），在其中输入几行代码，再编译并执行。在我的计算机中，充斥着这样的小型类，因为使用完毕后，我总是忘记将它们删除。

从 Java 9 起，JDK 包含 JShell，这款工具让您能够编写 Java 代码并立即看到输出。要尝试使用它，可在命令行中执行如下命令：

```
jshell
```

这将运行 JShell，并显示其版本号和一行帮助信息，如下面的输出所示：

```
Welcome to JShell — version 12.0.1
For an introduction type: /help intro
```

```
jshell>
```

其中最后一行是命令提示符，它不断闪烁，提醒用户输入。您可输入任何有效的 Java 语句并看到其输出。例如，如果您输入语句 `Math.random();`，将看到类似于下面的输出（在您的计算机中，显示的浮点数与这里的不同）：

```
jshell> Math.random();
$1 ==> 0.26142932910043104
```

`java.lang.Math` 类的方法 `random()` 返回一个 0.0～1.0 的浮点数（更准确地说，它是伪随机的，至于个中原因就没有必要在这里说了）。在输出行中，开头是美元符号（`$`）和一个数字。

在 Java 代码中，可使用 `Math.random()` 来生成掷骰子的结果，但刚开始使用这些类时，可能需要做些尝试，而 JShell 为您完成这种尝试提供了方便。

在现实世界中，每个骰子的面数都是固定的，可能是 4 面、6 面、8 面、12 面或 20 面。这里在 JShell 中模拟掷 6 面骰子的结果，因此需要将生成的随机数乘以 6：

```
jshell> Math.random() * 6;
$2 ==> 1.6161030592507815;
```

美元符号后面的数字会不断递增，这里递增到了 2。

这里的输出大于 1，这表明生成的数字不再是 0.0～1.0 的，但也不是掷 6 面骰子可能得到的点数，因为它包含小数部分。

`Math` 类还包含方法 `floor()`，它将指定的数字向下取整为与之最接近的整数。下面来尝试使用它，并将结果加 1：

```
jshell> Math.floor(Math.random() * 6) + 1;
$3 ==> 5.0;
```

现在结果看起来像是掷 6 面骰子可能得到的点数了。之所以要加 1，是因为 `floor()` 将小于 1.0 的数字都向下取整为 0。

下面使用 JShell 再运行前述代码两次：

```
jshell> Math.floor(Math.random() * 6) + 1;
$4 ==> 1.0;
jshell> Math.floor(Math.random() * 6) + 1;
$5 ==> 3.0;
```

1.0 和 3.0 也都是掷 6 面骰子可能得到的点数，但这些数字都是带小数点的整数。可通过强制转换将返回值转换为整数，从而将多余的小数部分删除，如下所示：

```
jshell> (int) Math.floor(Math.random() * 6) + 1;
$6 ==> 4;
```

JShell 让您能够交互式地运行代码，从而轻松地检查它们的语法和用法是否正确，而无须编写完整的 Java 程序，再编译并运行它。

这种工具被称为 REPL，即读取—评估—打印—循环（Read–Evaluate–Print–Loop）。在其他语言中，程序员已习惯使用 REPL 了，鉴于此，JDK 也提供了它。

要退出 JShell，可执行如下命令：

```
jshell> /exit
```